面向21世纪课程教材

北京市高等教育精品教材立项项目

有害生物综合治理学

张青文　主编

中国农业大学出版社

主　编　张青文　中国农业大学
副主编　梁广文　华南农业大学
李正跃　云南农业大学
国立耘　中国农业大学
刘小侠　中国农业大学
参编人员(按姓氏拼音排序)
蔡青年　中国农业大学
洪晓月　南京农业大学
雷朝亮　华中农业大学
孟瑞霞　内蒙古农业大学
师光禄　山西农业大学
徐环李　中国农业大学

前　言

农作物在生产和贮存过程中，要遭受病、虫、草、鼠等有害生物的危害，造成农业生产的巨大损失。据联合国粮农组织(FAO)统计，8 种主要农作物(水稻、小麦、大麦、玉米、马铃薯、大豆、棉花和咖啡)因为有害动物、病原菌和杂草危害造成的损失分别为 15.6%、13.3%和 13.2%，合计为 42.1%。如果再加上收获后病虫害造成的损失 9%～20%，全世界农业有害生物所导致的农作物损失总计达 48%左右。

我国随着经济全球化进程的加快，国际旅游、交流的迅猛发展，外来入侵生物的问题日趋加重，异常天气的发生频率增高，加上有不少地区种植制度不合理和管理粗放，导致农作物重大病虫灾害此起彼伏，频繁成灾。迄今，全国农作物有害生物发生面积约 3.5 亿 hm^2/次，防治后仍损失粮食 500 万 t、棉花 30 万 t、油料作物 93 万 t、其他作物 1 084 万 t。因此，加强农业有害生物综合治理的实践任务重大。同时，随着生活水平的提高，人们对农副产品不仅要求能解决温饱问题，而且还要求优质、安全、有保健等功能。这就对有害生物治理的教学和实践提出了更高的要求。

有害生物综合治理(Integrated Pest Management，IPM)的概念是由著名昆虫学家 Geiser(1961)首次提出的，1974 年联合国粮农组织在意大利召开的会议上，将 IPM 确定为农业有害生物治理的指导思想。1975 年，我国的植保专家聚集在黄山，根据当时的国际动态和国内实情，制定了我国的植物保护工作方针，即“预防为主，综合防治”。时至今日，从提出 IPM 的概念到现在，40 多年已经过去了，但是 IPM 的课程还没有正式进入大学的课堂，更没有相应的 IPM 教材。

1999 年，中国农业大学植保学院就植保学科教学改革问题组织了多次研讨会，针对目前植保学科走向综合，社会对植保人才的需求也要求综合背景的新特点，植保学科教学与实践的相互关系等问题进行了多次讨论，做出了如下决定：将“农业昆虫学”、“农业植物病理学”、“杂草防治”和“农田鼠害”4 门课程合并，形成一个完整的体系，即“有害生物综合治理学”。这样，使总论一致，各论的总体思路一致，围绕“综合治理”这一思路展开教学，使学生既能看到“树木”，又能看到“森林”，从而提高学生的综合思想和综合素质，为中国农业的现代化服务。2000 年，中国农业大学植保学院的主要领导在联合国教科文组织的一次研讨会上，阐述了中国农业大学计划开设“有害生物综合治理学”课程的设想，得到了与会专家的赞同和肯定，大家认为，这种情况在国际上尚属首次。2001 年，中国农业大学教务处就此立项，将“有害生物综合治理学”设为“一类课程”建设项目。2002 年，北京市教委将《有害生物综合治理学》教材的编写纳入了 2001—2002 年度北京市高等教育精品教材建设立项项目，教育部将其定为面向 21 世纪课程教材。

在上述背景下，我们组织了有关人员进行教材的编写。由于内容庞杂，人员的组合也是临时形成的，因此，教材中一定还存在这样或那样的问题，请读者朋友们批评指正。

编　者

2006 年 12 月

目　录

第1章 绪 论

农作物在生长发育过程中，以及在收获后的农产品储藏期间，即在整个农作物产前、产中和产后的过程中，往往要遭受到各种有害生物的危害，造成农作物种子不能正常发芽，生长发育受阻，减少产量，降低品质等等。这些有害生物包括有害昆虫、有害螨类、植物病害、农田杂草及害鼠等。为了农作物稳产高产、丰产丰收，人类就必须对农作物的有害生物进行有效的治理。

我国历史上有许多关于蝗虫成灾的记载，公元707—1935年，共发生蝗灾情796次，常常被描述为"飞蝗蔽日"、"禾草一空"、"赤地千里，饿殍载道"等悲惨景象，1927年的蝗灾仅在山东就导致700多万难民流离失所，四处逃荒。另外，黏虫、稻螟、小麦吸浆虫等都是我国历史上重要的农业害虫。

随着农业生产的发展，有害生物的种类越来越多。据联合国粮农组织(1988)统计，8种主要农作物因为有害动物、病原菌和杂草危害造成的损失分别为15.6%、13.3%和13.2%，合计为42.1%。如果再加上收获后病虫害造成的损失9%～20%，全世界农业有害生物所导致的农作物损失总计达48%左右。我国地域辽阔，气候复杂，农作物有害生物繁多，发生量大，危害严重。据估计，20世纪90年代以前，我国每年因病虫杂草的危害，造成粮食损失500万～2 000万t，棉花损失30万～35万t。我国自20世纪70年代以来，农田鼠害不断加剧，每年造成粮食损失达1 500万t，棉花、蔬菜和果树等经济作物也受到严重危害，同时鼠害还传播人畜疾病。20世纪90年代，棉铃虫连年大发生。特别是1992年，山东、河北、河南、江苏、安徽、山西、陕西、湖北、辽宁等省400多万hm^2(6 000多万亩)棉田，棉铃虫特大发生，黄河流域棉区发生量是常年的20倍以上，发生期提前7～10 d，而且发育程度参差不齐、世代重叠，加上棉铃虫已对常用杀虫剂产生高抗药性，极难防治，造成我国各棉区棉花产量损失严重，华北棉区棉田平均损失率在50%以上，许多棉田绝产。

我国劳动人民在长期的与农作物病虫害斗争中，积累了丰富的防治病虫害的经验，也形成了一定的防治病虫害的策略和思想，例如：重视预防、采用多途径和多方法防治病虫害等，"先事修备，既事修救"的防先于治的思想和"地势有良薄，山泽有异宜，顺天时，量地利，则用力少而成功多"的观念早在1 000～2 000年前就已形成。利用农业防治措施、灯火诱杀、兴修水利和矿物药剂防治害虫都开始于公元前300年前，以虫治虫开始于1 900多年前，注意选择抗虫品种在春秋战国时期就有了比较详细的记载。可见防治农作物病虫害是与人类社会的发展紧密相伴随的。

因此，在农作物生长的产前、产中、产后过程中，加强农作物病、虫、草、鼠害的预测预报和综合治理工作，对于农作物及其产品的保质保量和丰产丰收，始终具有重要的意义。

1.1 有害生物综合治理研究的内容及任务

有害生物综合治理（Integrated Pest Management，IPM）的概念就是：从生物与环境的整体观念出发，本着“预防为主”的指导思想和安全、有效、经济、简便的原则，因地、因时制宜，合理运用农业、化学、生物、物理的方法以及其他有效的生态学手段，把有害生物控制在经济阈值之下，以达到保证人畜健康和增加农业生产的目的。

（1）有害生物综合治理研究的对象和内容　①有害生物综合治理研究的对象：农业害虫、农业螨类、农作物病害、杂草、鼠害、天敌、有益微生物、农作物、气象以及一切能够影响有害生物发生和为害的因素。②有害生物综合治理研究的内容：有害生物种类的正确辨识、生物学特性、分布规律、为害特征、发生消长规律、大暴发的影响因子及其机制、预测预报，发展新的单项防治措施及组建综合治理技术体系。

（2）有害生物综合治理研究的任务　通过对农业害虫、农业螨类、农作物病害、杂草及鼠害的研究，识别其种类，弄清其发生规律，科学地掌握和发展及合理应用各种防治方法，并为有害生物的可持续治理提供科学依据。

1.2 研究有害生物综合治理的目的及相关学科

（1）有害生物综合治理研究的目的　安全、有效、经济、简便地控制有害生物的发生、发展和为害，避免农作物遭受损失，保护农作物丰产丰收及人畜安全。

（2）学科基础　普通昆虫学及其分支学科，昆虫形态学、昆虫分类学、昆虫生物学、昆虫生态学、昆虫生理学、昆虫毒理学、昆虫遗传学、普通植物病理学、农业植物病理学、微生物学、农田杂草与防治、农田鼠害、害虫综合防治原理等。

(3)相关学科 植物学、作物栽培学、土壤肥料学、遗传学、作物育种学、农业气象、植物生理、微生物学、生态学、系统生态学、生物统计、分子生物学、化学生态学等。

1.3 我国有害生物综合治理的历史与进展

我国是世界上农业文明发展最早的文明古国之一,早在公元 304 年广东就有利用黄猄蚁防治柑橘害虫的记载,这是世界上最早的生物防治。农业防治、灯火诱杀和矿物药剂治虫都开始于公元前 300 年左右;选择和利用抗虫品种在公元前的春秋战国时期就有了比较详细的记载。据说除虫菊是 13 世纪由马可·波罗从中国传入欧洲,直到 19 世纪欧洲才重新发现并开始利用,这已比中国晚了六七百年。

我国早期的综合防治思想:明代徐光启在《农政全书》记载"先事修备,既事修救",并总结了当时民间治蝗的经验,对飞蝗的滋生地点和蔓延地区、生活习性、发生规律及防治方法做了详细的记述。

我国早期因时因地制宜的思想:后魏贾思勰在《齐民要术》里记载:"地势有良薄,山泽有异宜,顺天时,量地利,则用力少而成功多。"

新中国成立后,有害生物的治理有了进一步的发展,取得很大的成果。例如:根治了蝗灾、黏虫、小麦吸浆虫、麦秆蝇等重要害虫,基本控制了小麦的锈病、稻瘟病、玉米大小斑病等病害,基本建立了各主要农作物主要病虫害的综合防治体系。

20 世纪末 21 世纪初在华北地区全面推广 Bt 基因抗虫棉,取得了很好的抗棉铃虫、红铃虫、玉米螟等害虫的效果。

1.4 我国植物保护工作方针的发展

1955 年以前的植物保护方针是:"治虫以人工措施为主,化学防治为辅"。这是在当时工业比较落后、化学合成农药还未起步、而广大农民的生产积极性又很高的情况下制定的,对于病虫害则强调"防"重于"治"的思想。

1955 年提出了"主要以农业技术和化学防治相结合的综合防治方法"的植物保护方针。这是由于我国农业生产的恢复和农药工业的发展,特别是 666、DDT、1605 等农药已在国内开始批量生产,防治病虫害已从人工防治为主逐步过渡到以药剂防治为主。全国建立起病虫预测预报站，训练了一批病虫测报人员，加强了对重点病虫灾害的预测预报，还开展了对内植物检疫和防止危险性病虫害在国内的传播蔓延的工作。

1958年制定了“全面防治，土洋结合，全面消灭，重点肃清”的植保方针。这是在当时“大跃进”的形势下，根据全国农业发展纲要60条中的规定，要求在7～12年内消灭危害严重的10大病虫害而提出的植保方针。这种要求既不能做到，也没必要，因此，在病虫害防治过程中不顾经济效益和生态后果而滥用农药的现象十分严重。

1960年制定了“以防为主，防治结合”的植保方针。由于连年大面积使用化学农药，尤其是666、DDT等有机氯农药，造成农药残留增多，环境污染严重，害虫抗药性增强，农民用药中毒事件增多，这些问题引起了社会各界的重视和呼吁。这一植物保护方针是在上述情况下制订的。

全世界由于长期大量使用化学农药防治害虫，引起了“三大R问题”，即农药的残留(residue)、害虫的抗药性(resistance)及害虫的再猖獗(resurgence)，美国科普作家Rachel Carson(1963)在其著名的科普读物《寂静的春天》中描述了农药带来的污染和大量杀伤非靶标生物造成的严重后果和惨痛情景。联合国粮农组织(FAO)于1974年在意大利罗马召开了会议，将Geiser(1961)提出的有害生物综合治理(IPM)的概念确定为农业有害生物防治的指导思想。这一举动在全世界引起了巨大的反响。1975年，我国植保界专家聚集河南省新乡市，召开了全国植保工作会议，制定了新的植保方针，即“预防为主，综合防治”，这也是我国目前的植物保护工作方针。

1.5　学习本课程的要求

首先要注意学好课堂知识并掌握好课本的有关内容，从中了解农作物病虫害的历史发生情况和我国劳动人民与农作物病虫害作斗争的历史，以及在与病虫害作斗争过程中发明的一些防治农作物病虫害的技术和措施，并掌握我国历史上劳动人民在与病虫害斗争过程中产生的一些早期的综合防治的思想。其次是打好本学科基础，在学好相关学科课程的基础上，广泛阅读有关文献资料，尤其是推荐读物；端正学习本学科的目的，明确学习本学科的任务，并且坚持理论与实践相结合。因为本学科是一门理论综合实践性很强的学科，只有学以致用，始终把课堂和书本的理论知识与农业生产实践相结合才能学好本课程。

参考文献

[1]郭予元.棉铃虫的研究.北京:中国农业出版社,1998.
[2]湖南省教育委员会.作物病虫害防治学.长沙:湖南教育出版社,1986:1-4.
[3]华南农业大学.农业昆虫学.北京:农业出版社,1988:1-3.
[4]刘淦芝.中国近代害虫防治史.昆虫分类学报副刊,1983(4):20-28.
[5]周尧.中国昆虫学史.西安:昆虫分类学报社,1980.
[6]张青文,刘小侠.转基因抗虫植物研究进展//李典谟,伍一军,武春生,等.当代昆虫学研究.北京:中国农业科学技术出版社,2004:10-19.

思考题

1. 我国的植保方针是什么?
2. 学习本课程的目的是什么?
3. 结合病虫害为害事例说明为什么要加强植保工作。
4. 你对我国现行的植保方针是怎样认识的?
5. 结合我国加入WTO,想一想我们应该怎样加强植保工作?

第2章　有害生物综合治理的理论与方法

2.1　有害生物综合治理的原理与途径

有害生物是生态系统中的组成成分，它们是和生态系统中其他组成成分相互联系、相互作用的。有害生物或以植物及其种子为食，或对其进行生长抑制，从中取得物质和能量以维持自身的生命活动。当然有害生物的生长、发育、繁殖还与生态系统中其他生物的和非生物的因素有着密切的关系。在有害生物的防治史上，有很长一段时期仅仅是研究各类防治方法和技术的问题，甚至仅仅从寻找和追求新的方法来解决有害生物的防治问题。从德国的 Haeckel(1869)提出生态学(Ecology)概念以后，人们才逐渐开始从农业生态系统的整体角度来研究有害生物的发生和防治问题。

2.1.1　农业生态系统的特点

农业生态系统是人为干预下的生态系统，这种生态系统的组成成分还是由植物、动物、微生物和无机环境 4 个成分组成，在功能上也无本质的改变，只是由于人为因素的参与，人们按照经济目的所进行的各项农事活动使得农业生态系统与自然生态系统有着巨大的差异，包括对生物的种群、生物的群落与无机环境都有着显著的改变。农业生态系统的特点可以概括为：

①以栽培作物以及与之有关的营养链占据首要地位，以有着经济目的的作物为中心；

②各营养级的多样性较差，植物种群趋向单一化，植食性、捕食性、腐食性和寄生性类群也趋向于单一化；

③生态系统中能量交换过程也发生了很大的改变，人为因素影响较大，可以中断其部分能量交换，也可以通过施肥来补充作物所需要的物质和能量。

2.1.2 农业生态系统中有害生物的概念

人们一般认为为害农作物的生物就是有害生物，这一观念忽略了农业生态系统是以经济为中心的法则。在农业生态系统中是以经济杠杆来衡量一切的。在农作物的生长过程中，有许多生物以农作物为食，但是，在它们之中，对农作物能够造成经济损失的仅仅是少数。例如：取食棉花的植食性昆虫有300多种，能够造成经济损失的仅有10多种，而需要经常防治的仅有数种。取食水稻的昆虫也有300多种，而常年需要防治的仅有数种。因此，许多以农作物为食的生物都是中性的，最多也只能被称为潜在的有害生物。Stern等(1959)提出了经济危害水平和经济阈值的概念来划分害虫类型和指导害虫的防治。

2.1.2.1 经济危害水平和经济阈值

经济危害水平(economic injury level, EIL)：能够造成农作物经济损失的最低有害生物种群密度或数量。

经济阈值(economic threshold, ET)：应采取防治措施时的有害生物种群数量或密度，以防止有害生物种群密度或数量达到经济危害水平。也有人把它称为防治指标。

以上两个概念的关系是很明确的，从种群数量来看，经济阈值小于经济危害水平(图2-1(a))；从时间序列上来看，经济阈值在前，经济危害水平在后(图2-1(b))。经济阈值是经济危害的下限或可称为“危害零点”，在此种群密度下不造成经济损失，但应该采取防治行动，以免有害生物的种群密度达到经济危害水平。

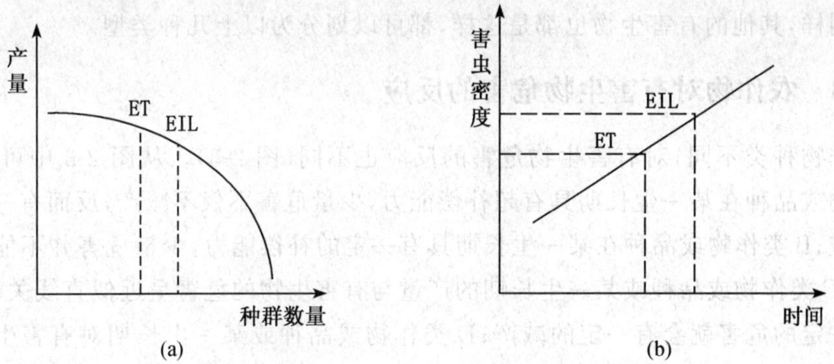

图2-1 经济阈值与经济危害水平的关系

2.1.2.2 有害生物的确定

Stern(1965)以黄毛灯蛾(*Diacrisia virginica*)、苜蓿绿夜蛾(*Plathypena sca-*

bra)、马铃薯甲虫(*Leptinatarsa decemlineata*)和苹果蠹蛾(*Laspeyresia pomonella*)4种植食性昆虫为例(图2-2),说明了用经济危害水平作为标准,根据某种植食性昆虫的种群常年发生情况来确定其是否为害虫。或者据此将植食性昆虫划分为以下4种类型:

(1)潜在性害虫　这类植食性昆虫的种群数量常年在经济危害水平之下(图2-2(a)),从来不需要进行防治。如玉米上的黄毛灯蛾、水稻上的大青叶蝉(*Tettigoniella ferruginca*)等。

(2)偶发性害虫　这类植食性昆虫的种群数量在环境条件适宜的情况下会暴发成灾,达到经济阈值和经济危害水平,需要进行防治,但成灾的频次较少(图2-2(b))。如苜蓿绿夜蛾、棉大卷叶螟(*Sylepta derogata*)等。

(3)常发性害虫　这类植食性昆虫的种群数量在较长时期内,维持在较高水平上,只要有适宜的环境条件,如气候、作物的敏感生育期、天敌数量减少等,就会暴发,其种群数量就会达到经济危害水平,及时防治才能将其种群数量压低到经济危害水平之下(图2-2(c))。如欧洲的马铃薯甲虫,我国的东亚飞蝗(*Locusta migratoria manilensis*),南方稻区的稻螟、稻飞虱、稻纵卷叶螟(*Cnaphalocrocis medinalis*)等。

(4)多发性害虫或猖獗性害虫　这类植食性害虫年年都发生,其种群水平可以持续稳定在经济危害水平之上,需要连续多次防治才能将其种群数量压低到经济危害水平之下(图2-2(d))。如欧洲的苹果蠹蛾、我国华北棉区的棉铃虫(*Helicoverpa armigera*)等。

同样,其他的有害生物也都是这样,都可以划分为以上几种类型。

2.1.3 农作物对有害生物危害的反应

作物种类不同,对有害生物危害的反应也不同(图2-3)。从图2-3中可见,A类作物或品种在某一生长期具有超补偿能力,少量危害不仅不减产,反而有一定增产效应;B类作物或品种在某一生长期具有一定的补偿能力,少量危害并不能造成减产;C类作物或品种或某一生长期的产量与有害生物的危害呈近似直线关系,只要有一定的危害就会有一定的减产;D类作物或品种或某一生长期对有害生物的危害非常敏感,只要一有危害就会大幅度减产。根据经济危害水平的概念,一般情况下,并不是一出现有害生物,就会对农作物造成危害或造成经济损失。因此,有害生物造成危害必须有一定的条件。将上述有关情况和问题归纳起来,对农作物造成危害的条件有:

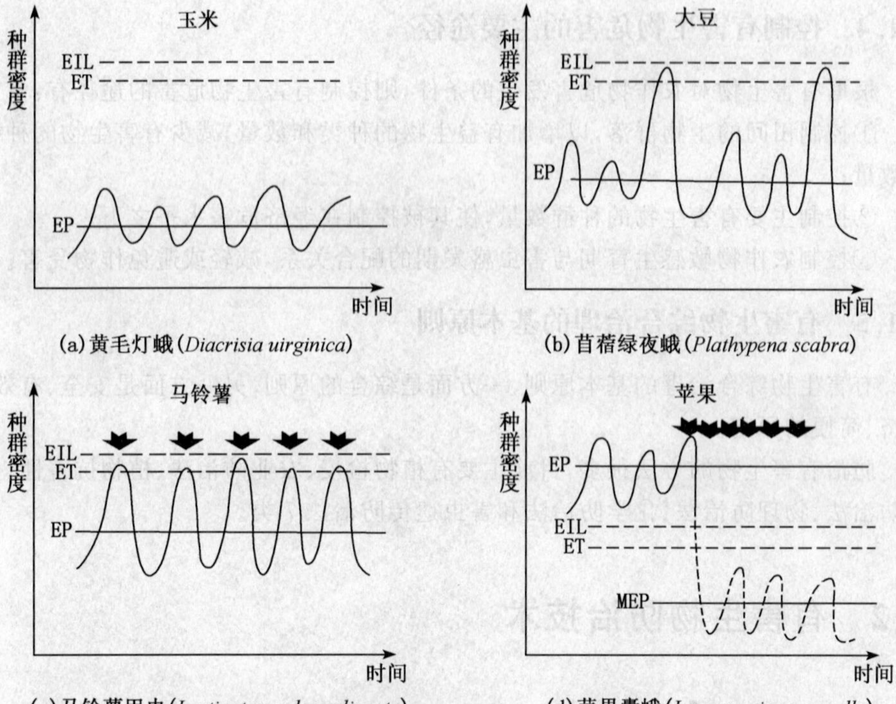

图 2-2　典型害虫的经济危害水平(MIL)、经济阈值(ET)、平衡位置(EP)和改变的平衡状态(MEP)("➡"表示防治)

①有害生物害源；

②适宜有害生物种群大发生的环境条件；

③有害生物的大发生期与作物的敏感期相吻合。

这是一种三角关系，如图 2-4 所示。

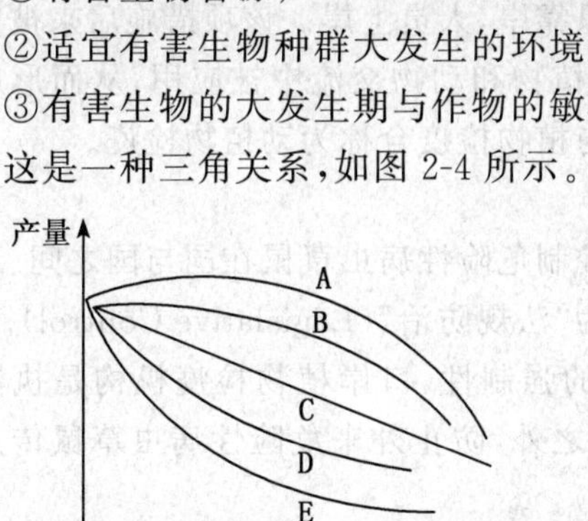

图 2-3　不同类型作物对有害生物危害的反应

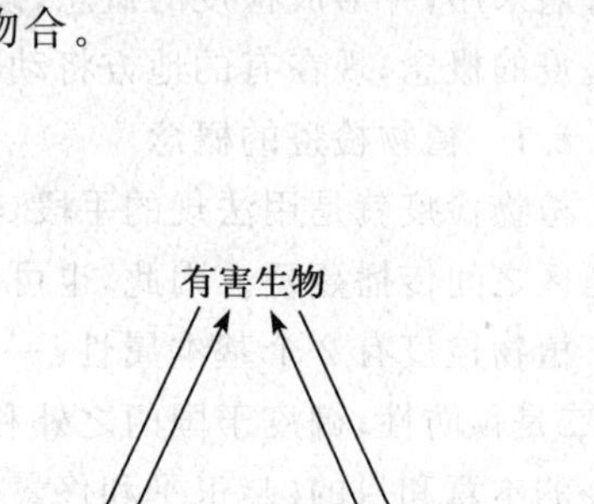

图 2-4　有害生物造成危害的条件

2.1.4 控制有害生物危害的主要途径

根据有害生物对农作物危害发生的条件，则控制有害生物危害的途径有：

①控制田间的生物群落，以增加有益生物的种类和数量，减少有害生物的种类和数量；

②控制主要有害生物的种群数量，使其被控制在经济危害水平之下；

③控制农作物敏感生育期与害虫盛发期的配合关系，减轻或避免作物受害。

2.1.5 有害生物综合治理的基本原则

有害生物综合治理的基本原则，一方面是综合的原则，另一方面是安全、有效、经济、简便的原则。

防治有害生物的方法很多，目前主要有植物检疫、农业防治法、植物抗害性、生物防治法、物理防治法、化学防治法和害虫遗传防治法 7 类。

2.2 有害生物防治技术

2.2.1 植物检疫

检疫(Quarantine)一词源自拉丁文 quarantum，本意是 40 d。14 世纪开始，威尼斯当局规定，外国船只靠岸前必须在抛锚处隔离观察 40 d，确信船上人员未感染鼠疫、霍乱、黄热病等严重疫病后，才准船只靠岸，人员上岸。该项措施后来被国际上普遍采用，并形成检疫的概念，以后又在植物和动物交流中被应用，从而形成植物检疫的概念，现在有的地方将动物检疫与植物检疫合称为动植物检疫。

2.2.1.1 植物检疫的概念

植物检疫就是用法规的手段，禁止和控制危险性病虫草鼠在国与国之间、地区与地区之间传播蔓延。因此，也可以称之为“法规防治”(Legislative Control)。

植物检疫有 2 个基本属性：一是法律的强制性，口岸植物检疫机构是执法机关；二是预防性，御疫于国门之外和非疫区之外，防止外来危险性病虫草鼠传入是检疫的本意和目的(赵玉平和佟景仁，1995)。

按照“预防为主，综合防治”的植保方针来看，植物检疫是一项根本性杜绝和控制危险性病虫草鼠的措施。有关危险性病虫害传播的实例很多，在此仅举几例：

①1858—1862 年，原产于美洲的葡萄根瘤蚜传入欧洲，19 世纪末传遍全世界，给法国的葡萄生产带来了极大的损失，甚至因为影响了酿酒业而几乎动摇了法帝国的实力。

②1907—1912 年，原产于印度的红铃虫传入埃及和澳洲，1912 年传遍世界，造成棉花极大损失。1944 年，全世界 79 个植棉国已有 71 个有此害虫。我国是在清朝时期传入的，现在除新疆和甘肃无红铃虫外，其他棉区均有此虫，每年因其为害而损失 20%～30%。

③1979 年，美国白蛾（*Hyphantria cunea*）传入中国辽宁省丹东市，现在已经在北京周边地区以及以北地区广泛发生。

④1988 年，稻水象甲（*Lissorhoptrus oryzophilus*）传入中国河北省唐山市，现在已在北京以北地区和浙江部分地区发生为害。

⑤1993 年，美洲斑潜蝇（*Liriomyza sativae*）传入中国海南，现在已在全国各地普遍发生为害。

⑥1981 年，原产于南美亚马逊河流域的福寿螺（*Pomacea canaliculata*）从中国台湾引入大陆，以后被引入广西等地，后来大面积为害水稻。

⑦1997 年，B 型烟粉虱（*Bermicia tabacci*）传入中国，目前已经在各地区棉田、菜田及温室内普遍发生为害。

⑧1982 年，松材线虫（*Bursaphelenchus xylophilus*）首次在江苏省南京市中山陵发现，短短的十几年内，相继在江苏、安徽、山东、浙江、广东、台湾及香港发现，并流行成灾，导致大量松树枯死，对我国的松树资源、自然景观和生态环境造成严重破坏。

⑨1903 年，水葫芦（*Eichhornia crassipes*）传入中国。

⑩20 世纪 40 年代，紫茎泽兰（*Eupatorium adenophorum*）传入中国。

⑪1963—1964 年间，南京大学先后 4 次从英国和丹麦引入大米草（*Spartina anglica*）。

⑫1957 年，马铃薯癌肿病菌（*Synchytrium endobioticum*）传入中国。

⑬1991 年，大豆疫病菌（*Phytophthora sojae*）传入中国。

⑭1981 年，番茄细菌性溃疡病菌（*Clavbater michiganensis* subsp.）传入中国。

⑮1953 年，水稻条斑病菌（*Xanthomanas oryzae*）传入中国。

⑯甘蔗霜霉病菌（*Peronosclerospora sahari*）很早传入中国，现已在云南、广西、四川、台湾广泛分布。

目前世界各国已将传入的检疫性生物作为入侵生物（invasive alien species，IAS）进行研究。IAS 会给人类的生态环境带来灾难性破坏，同时对人类的经济利益也会产生极大的负面影响(表 2-1)。

表 2-1 部分外来入侵物种的可指示成本

项 目	损 失	报道人
致病生物	美国每年损失(包括人、植物与动物)410 亿美元	Daszak 等,2000
动植物采样	美国每年的经济损失为 1 370 亿美元	Pimentel 等,2000
盐雪松	美国 55 年生态系统服务损失为 70 亿～160 亿美元	Zavaleta, 2000
杂草	美国每年直接损失 405 亿美元,间接损失 890 亿美元	Bangsund 等,1999
斑马贻贝	1989—2000 年美国与欧洲损失 7.5 亿～10 亿美元	National Aquatic Nuisances Clearinghouse,2000
植物种	1983—1992 年英国投入防治成本 3.44 亿美元	Williamson,1998
6 种杂草	澳大利亚农业生态系统每年损失 1.05 亿美元	CSIRO,1997
Pinus, Hakea, Acacia	南非为恢复原生生态系统投入成本 20 亿美元	Turpie 和 Heydenrych, 2000
风信子	非洲 7 个国家每年损失 2 000 万～5 000 万美元	Joffe-Cook, 1997
野兔	澳大利亚农业每年损失 3.73 亿美元	Wilson,1995
Varroa mite	新西兰养蜂业损失 2.67 亿～6.02 亿美元	GISP,2001
金苹果蜗牛	菲律宾稻谷生产每年损失 2 800 万～4 500 万美元	Naylor,1996

2.2.1.2 植物检疫的内容

(1)外检(即对外检疫) 防止将危险性病虫草鼠随同动物及其产品(如种子、苗木、块茎、块根、动植物产品及包装材料等)由国外传入和由国内传出。其执法机关是检疫检验部门。在执法过程中,还要与海关、海监、卫生检疫、边防检查站、交通运输、邮政等部门密切配合。

(2)内检(即对内检疫) 当危险性病虫草鼠已由国外传入或在国内局部地区发生时,应采取法律措施将其限制、封锁在一定范围内,防止传播蔓延到未发生的地区,并采取积极防治措施,力争彻底肃清。其执法单位是农业部农业技术推广中心下属的植检处。

2.2.1.3 植物检疫的主要任务

①做好植物及植物产品的进出口或国内地区间调运的检疫检验工作,杜绝危险性病虫草鼠的传播与蔓延;

②查清检疫对象的主要种类、分布及为害情况,并划定疫区和保护区,同时对疫区采取封锁、对检疫对象采取消灭措施;

③建立无危险性病虫草鼠的种子、苗木繁育基地,以供应无危险性病虫的

种苗。

2.2.1.4 植物检疫对象的确定和疫区、保护区的划分

(1)确定检疫对象的原则

①主要依靠人为力量而传播的危险性病虫草鼠；

②对农业生产威胁很大的病虫草鼠能造成经济上的严重损失，可以通过植物检疫方法，加以消灭和阻止其传播蔓延；

③仅在局部地区发生但分布尚不广泛的危险性病虫草鼠，或分布虽广，但还未发生的地区需要加以保护。

(2)疫区和保护区的划定

①疫区是某种检疫对象的发生地区。

②保护区是指某种检疫对象还没有发生的地区。

以上两者的划分要慎重考虑，要本着有利于农业生产的原则，并应根据情况的变化及时加以调整。

2.2.1.5 有害生物的风险性评估

有害生物的风险性评估(pest risk analysis 或 pest risk assessment，PRA)包括风险性分析和风险性管理两方面。

(1)有害生物的风险性分析　是指对外来生物的威胁性、暴发成灾的可能性及其量值的科学评价。通常需要有害生物的原产地情况，并对当地气候与其发生的关系、发生规律等进行考察研究和适生性分析。

(2)有害生物管理　是指考虑有害生物风险性分析的附属程序和对其他因素的科学评价，是与风险性有关的国家决策程序。

2.2.1.6 进出境植物检疫制度

(1)审批和报检

①检疫审批制度：指输入或过境运输的植物、植物产品和其他检疫物必须依法事先提出申请，办理检疫审批手续。

②报检制度：指输入或过境运输检疫物，必须向口岸植检机关或其他法定机关申报。

(2)检疫内容　包括产地检疫、现场检疫、室内检验、隔离检疫。

(3)检疫结果的处理

①发放检疫证书；

②退回或销毁处理。

2.2.2 农业防治法

2.2.2.1 农业防治法与 IPM

农业防治法(agricultural control)就是依据有害生物、作物、环境条件三者之间的关系,结合整个农事操作过程中土、肥、水、种、密、保、管、工等各方面的一系列农事技术措施,有目的地改变某些环境条件,使之不利于害虫的发生发展而有利于农作物的生长发育,或是直接消灭、减少虫源,从而达到防治害虫、保护农作物、增加生产的目的。

1975 年《全国植保工作会议纪要》中指出:IPM 应以农业防治法为基础。因为害虫种群的变化取决于自身的生命力和环境条件,而农业防治法能改变环境条件和田间的小气候,还可以影响害虫的存活和生命力。例如冬耕冬灌防治棉铃虫越冬蛹,从而压低其越冬基数。

2.2.2.2 农业防治法的优缺点

(1)农业防治法的优点

①有综合效应:对于控制田间生物群落,控制主要害虫的种群数量,控制作物危险生育期与有害生物盛发期的相互关系等均可发挥作用。

②省钱省力:在绝大多数情况下,农业防治措施不需要额外增加人力、物力的负担,一旦为农民接受,往往比较容易推行。

③无抗性和污染等问题:农业防治还可以避免因长期大量施用化学农药而产生的抗药性、环境污染问题及对天敌的不良影响。

(2)农业防治法的缺点

①农业防治措施有时与丰产措施有矛盾;

②农业防治措施是某一地区长期形成的,有区域局限性;

③农业防治措施季节性较强,主要是预防性为主,因此,防治病虫害速度较慢。

2.2.2.3 目前常用的主要农业防治措施

(1)轮作 如稻-麦轮作可防治小麦吸浆虫,稻-棉轮作可以有效地防治棉花枯黄萎病和棉铃虫。

(2)兴修水利 如改治结合,根治蝗区。我国东亚飞蝗的有效治理主要是依靠该项措施。

(3)耕地、整地、施肥、浇水 如冬耕冬灌防治棉铃虫。

(4)合理作物布局 可以调节田间生物群落,控制主要病虫害的种群数量。

(5)调节作物播种期 可以调节作物的危害生育期与病虫害的盛发期相吻合,以免受害。

(6)整枝、打杈等 将打下的枝、杈连同其上面的病虫一同带出田外,集中处理，以免病虫扩散蔓延。该项措施目前在温室栽培中普遍应用。

2.2.3　植物抗害性

2.2.3.1　什么是植物抗害性

植物抗害性(plant resistance to pests)是指植物能抵抗某些病虫害的一种可遗传特性。在同样的栽培条件和有害生物达到经济危害水平的情况下，具备这种特性的品种(抗性品种)就能不受损失或受损失较轻。

2.2.3.2　植物抗害性研究和应用的发展过程

(1)启蒙阶段　19世纪末以前的一个相当长的历史时期。最早是发现某些作物或品种抗虫的现象。《吕氏春秋》廿六卷记载有："得时之麻，必芒以长，疏节而色阳；小本而茎坚，原笞以均；后熟多荣；日夜分复生，如此者不蝗。得时之菽：长茎而短足，其荚二七以为族；多枝数节，竟叶蕃实，大菽则圆，小菽则搏以芳，称之重，食之息以香；如此者不虫。"后魏贾勰的《齐民要术》卷一中记载了14个品种的谷子具有"早熟、耐旱、免虫"的特性。

在国际上，19世纪60年代的法国葡萄根瘤蚜(*Phyttoxera vitifoliae*)严重为害，使法国的葡萄业及酿酒业濒于破产，后来耗资1亿法郎从美洲引进抗蚜砧木，才解决这一问题。

(2)开始发展阶段　20世纪初至40年代末期。1914年美国堪萨斯州开始了抗黑森瘿蚊(*Mayetiola destrutor*)的小麦育种工作。中国也开始出现抗稻螟、玉米螟、梁条螟、大卷叶螺、棉蚜的研究报道(周明牂，1992)。

(3)发展受阻阶段　第二次世界大战后，20世纪40年代中期至50年代末。有机氯合成杀虫剂出现，其杀虫范围广，残效长，被广泛应用，大家认为化学农药可能解决一切害虫问题，因此而忽略了其他防治方法的研究，其中包括植物抗虫性方面的研究。

(4)蓬勃发展阶段　20世纪60年代初至80年代。由于DDT、六六六等农药长期大量施用后带来了"三大R问题"，即害虫的抗药性(resistance)、农药的残留(residue)和害虫的再猖獗(resurgence)，人们开始对其他防治措施重新重视起来。Barttet(1956)提出了综合防治(integrated control)一词，其含义是指化学防治与生物防治的协调。其后Geiser等(1961)又提出了有害生物综合治理概念。1974年联合国粮农组织(FAO)在意大利罗马召开了会议，将IPM确定为农业有害生物防治指导思想，这一举动大大促进了植物抗虫性研究和应用的蓬勃发展。

(5)基因工程阶段　20世纪80年代后期至现在。1981年，Schnepf等人首次成功地克隆了第一个编码杀虫晶体蛋白基因，从此揭开了利用基因工程培育抗虫植物品种的序幕。1987年，Vaeck等报道了第一例转基因抗虫烟草。1995年转基因抗虫马铃薯开始进入田间应用。到目前为止，已有Bt玉米、Bt棉花等作物的商品化生产；转基因抗虫植物达几十种之多；所用的杀虫基因有Bt杀虫晶体蛋白基因、蛋白酶抑制剂（proteinase inhibitor，PI）基因（包括豇豆胰蛋白酶抑制剂基因 *CpTI* 和马铃薯蛋白酶抑制剂基因PI）和植物凝集素基因（Agglutinin、Lectint等）。虽然目前对转基因的安全性展开了激烈的讨论，但转基因抗虫植物的应用和发展是不可抗拒的。我们认为常规抗虫性与抗虫性基因工程应该相互结合，才会更有利于发展。

2.2.3.3 植物抗害性的类型

(1)根据抗害机制划分

①排趋性(antixenosis)：指有害生物不趋向在该种植物或品种上为害。在植物病理上称之为免疫(immunity)。

②抗生性(antibiosis)：有害生物能取食这类植物或品种，但由于这类植物的某些物性，导致有害生物不能扩展蔓延或生长发育迟缓、死亡率增高等，因此不能正常地生长、发育和繁殖。

③耐害性(tolorance)：有害生物能侵害这类植物或品种，并能正常生长、发育和繁殖，但不造成植物产量和品质降低。

(2)根据抗性的来源划分　Harborne(1988)提出了植物静态防御和植物诱导防御的概念，因此将其划分为：

①植物静态抗性(static resistance)，即植物固有的对有害生物的抗性。

②植物诱导抗性(induced resistance)，即由于外界因素的影响使植物产生的抗害性。

(3)根据抗性遗传划分

①单基因抗性(monogenic resistance)，即由一对等位基因所控制的抗性。

②寡基因抗性(oegogenic resistance)，即由数对等位基因所控制的抗性。

③多基因抗性(polygenic or multigenic resistance)，即由许多对等位基因所控制的抗性。

(4)根据抗性强弱程度划分

①免疫(immunity)，指某种植物或某个品种从不遭受某种病虫侵害。

②高抗(high resistance)，指某些品种在某些特定的病虫的侵害下受害较轻。

③中抗(middle resistance)，指某些品种对某种病虫害表现中等抗性。

④低抗(low resistance)，指某些品种对某种病虫害有较弱的抗性。

⑤感性(susceptibility)，指某些品种对某种病虫害没有抗性。

⑥高感(high susceptibility),指某些品种对某种病虫害不仅没有抗性,而且特别容易感染并遭受严重损失。

2.2.3.4　植物抗害品种的培育过程

抗害品种的培育过程如下。

(1)植物抗害品种的筛选　在收集某种作物的品种资源的基础上,在特定的小区设计条件下,对所收集的品种进行对某种病虫害田间小区抗性筛选。这一工作需要2个以上生长季的验证,才能确定品种的抗感特性。

(2)抗性机制的分析　在抗性筛选的基础上,对于抗性品种进行形态方面的、物理机械方面的、化学方面的机制研究,明确其抗性机制。

(3)遗传分析　在上述研究的基础上,进行遗传分析,弄清抗性品种的特性是否是可遗传的。当确定是可遗传性状后,还应弄清其性状是由单基因、寡基因还是多基因控制的,从而为抗性遗传育种提供依据。

(4)抗性育种　在上述工作的基础上,才能进行抗性育种工作。一般分为以下几种方式:

①杂交育种,筛选抗性好、产量高、品质好的单株培育成品系或品种。

②辐射诱变后,选单株育种,筛选抗性好、产量高、品质好的单株培育成品系或品种。

③直接在田间品种中选单株进行抗性品种选育,筛选抗性好、产量高、品质好的单株培育成品系或品种。

2.2.3.5　植物抗性基因工程

这一工作是从1981年Schnepf等人首次成功地克隆了第一个Bt编码的杀虫晶体蛋白的基因开始的,从此,为植物抗害基因工程揭开了序幕。目前已有*Cry* 1A(c)、*Cry* 1A(b)、豇豆胰蛋白酶抑制剂基因C*pTI*、凝集素基因(GNA)和淀粉酶抑制剂基因等被克隆,并导入植物中。广泛应用于农业生产的转基因抗虫植物有Bt棉花、Bt玉米、Bt大豆、Bt油菜等。目前在我国Bt棉的推广面积有200万hm^2(3 000万亩)以上。

2.2.4　生物防治法

2.2.4.1　生物防治的理论和依据

生物防治(biological control)就是利用自然界中的有益生物来控制害虫的种群数量,以达到保护农作物不受损失的目的。这是一般性生物防治的概念。但Huffaker(1971)、Price(1975)将其定义为:生物防治是利用生物有机体或其天然(无毒)产物控制害虫的科学。生物防治的理论依据是自然界生物与生物之间的相互依存、相互制约的关系。天敌以害虫为食,天敌种群的发展也是紧随害虫种群发展的,这叫做跟随现象。当然有时也就产生滞后效应。所以,人们采取各种方法来引诱天敌和天敌繁殖助增。长距离引诱靠作物颜色和化学物质,近距离靠害虫的利他素。而天敌的繁殖助增则是在农作物间作、套种蜜源等作物,以繁殖天敌,例如麦田套棉花,收割小麦后先不运走,放在田间几天后再运走,让小麦上的天敌转移到棉株上,棉田再套种油菜,以繁殖天敌。我国生防的历史悠久,公元 340 年,晋代稽含著的《南方草术状》中就曾记载广东人用"黄猄蚁"防治柑橘害虫的情况。

19 世纪,美国柑橘吹绵蚧大发生,严重威胁着柑橘生产。1888 年美国从澳洲引进澳洲瓢虫 129 只,引进后的第二年就将柑橘吹绵蚧的为害控制住了。美国 1888—1969 年曾对 223 种害虫做了输引天敌进行生防试验的工作,对其中 120 种害虫具有一定程度的防治效果,42 种害虫被彻底消灭,48 种害虫的经济危害性显著降低。

100 多年来,世界各地输引天敌成功的例子达 225 例。到 1970 年为止,全世界利用天敌防治害虫的实例已达 900 多例,其中成功的有 100 例以上。

生物防治是 IPM 的一项重要措施,在有些 IPM 体系中则作为主要内容(如以生防为主的综合治理体系)。这是目前昆虫学和植物保护学科中最活跃的领域之一。

2.2.4.2 生物防治的内容

1)害虫防治　自然界有捕食性天敌 18 个目近 200 个科,寄生性天敌 5 个目近 90 个科,都是有不同程度的利用价值的。

(1)利用天敌

①自然天敌的保护利用:

a. 直接保护。如螳螂越冬保护:在冬季把螳螂卵采回室内,到了春季再放回田间,这样能使其顺利度过冬天;卵寄生蜂保护:田间打下的作物花杈、赘枝、老叶上面会有许多已被天敌昆虫寄生的害虫及卵,将其放入类似鸟笼的保护器中,当其上的寄生性天敌羽化时就可以安全飞出。

b. 应用农业措施保护天敌。许多农业措施可以保护天敌。

c. 合理用药。使用选择性农药,改进用药方法,降低用药浓度。

②天敌昆虫的繁殖与释放:对有些天敌进行人工繁殖和大量饲养后,到田间释放,以控制害虫。

③天敌昆虫的引进:根据有关资料,可以从外国或外地引进有关某种害虫的天敌,在完成基础研究后,进行直接田间释放或人工大量繁殖后进行田间释放。

(2)利用病原微生物

①细菌:Bt用于防治害虫,荧光假单孢杆菌用于防治小麦全蚀病等病害。

②真菌:白僵菌、绿僵菌、虫霉等用于防治害虫。

③病毒:核多角体NPV、质多角体CPV、颗粒体GV用于防治害虫。

(3)利用其他有益天敌 鸟、蛙、蛇、蜥蜴等均可用来防治害虫。

(4)利用昆虫的激素 已知的昆虫激素有:

①内激素(hormone):包括保幼激素(juvenile hormone,JH)、蜕皮激素(molting hormone,MH或ecdysteroel)和脑激素(brain hormone)。

②外激素(pheromone):也称为信息素或信息物质,有如下2种。

a.种间信息素

利他素kairomone——一个物种所释放的信息素,对于接受该信息素的物种有利,这种信息素被称为利他素。

利己素allomone——一个物种所释放的信息素,释放后对于自己有利而对于接受者不利,则这种信息素被称为利己素。

互利素synomone——一个物种所释放的信息素,释放后对于释放的物种和接受的物种都有利,这种信息素被称为互利素。

b.种内信息素

性激素sex pheromone

追踪激素trail pheromone

聚集激素aggregation pheromone

报警激素alarm pheromone

性抑制激素inhibitory pheromone

产卵驱避激素oviposition-deterring pheromone

等等。这些信息素都可以用于害虫的防治。

(5)利用植物性物质 大蒜素、灰蒿素、苦参碱、烟碱、苦豆子碱等都可以用来防治害虫。

(6)利用动物性物质 蜂毒素、蝎毒素、蜈蚣毒素等都可以用来防治害虫。

2)病害防治

①利用抗生素防治植物病害。例如用井岗霉素防治水稻纹枯病;用链霉素防治水稻白叶枯病、大白菜软腐病、柑橘溃疡病等。

②利用Avermectin的系列产品来防治因线虫和螨类引起的病害,也可以防治某些害虫。目前已登记的产品有爱福丁等。

③利用真菌防治植物的线虫病害。

④利用病毒疫苗防治植物的病毒病。

2.2.5 物理防治法

2.2.5.1 物理防治的原理

根据有害生物对某些物理因素如光、声、色、温度、机械等的反应规律，利用物理因素的作用防治有害生物的方法被称物理防治法(physical control)。

2.2.5.2 物理防治的有关措施

(1)捕杀法　例如用拍虫板防治稻苞虫、人工捕捉棉铃虫等。

(2)诱杀法　利用有害生物的趋性来诱杀或趋避有害生物的方法。

①利用趋光性防治害虫：如20世纪70年代的“万盏灯火”防治水稻螟虫，涉及12个省市自治区水稻田，设置数万盏黑光灯，用于诱杀水稻螟蛾。20世纪90年代用高压汞灯、双波灯、频振灯等防治棉铃虫，山东茌平县一个村1993年第二代棉铃虫发生时，曾有一盏灯诱蛾4 t的记录。

②利用趋化性防治害虫：如糖醋液诱蛾等，主要是诱杀夜蛾科害虫。

③利用趋色性防治害虫：如黄色可引诱蚜虫、斑潜蝇等害虫，而银灰色薄膜可驱避蚜虫等。

④利用趋声性防治害虫：用声波诱虫和驱虫等以防治害虫。

(3)冬季树干刷白　可防治害虫下树产卵或越冬。

(4)温湿度防治法　如北方开仓冷冻防治红铃虫等。

(5)辐射防治　如用紫外线、X射线、激光等防治虫害和病害。电子束射线(4 kGy)可杀死矮星黑穗病(TCK)和其他病菌孢子及贮粮害虫。

(6)臭氧发生器杀菌　可用于温室病害防治。

2.2.6 化学防治法

2.2.6.1 化学防治(chemical control)的历史与发展

很久以前人类就使用有毒物质防治害虫：古希腊的《Ebers Papyrus》一书是于公元前1550年以前写成的，可译为《软体的昆虫》。该书列举了利用各种制剂如用硫来赶走室内害虫。几千年来，人们使用各种天然物质防治虫害，其中包括天然无机物，如砒霜、硫、矿物磷以及从植物中提取的天然物质。

最早使用的有毒物质是天然的无机盐类。除虫菊是意大利旅行家马可·波罗13世纪从中国带回欧洲的，但欧洲在19世纪才开始使用除虫菊，比中国晚了六七百年。

16世纪南美洲的土著人和东南亚一带的土著人已开始用黎芦防治害虫。

烟草是公认的杀虫物质,18世纪法国已开始使用烟草防治害虫。

19世纪中叶,人们开始做些简单的试验,以寻找新的杀虫物质。巴黎绿——一种纯净的砷酸铜就是这时发现的。

1892年,美国加州用氢氰酸HCN熏蒸防治柑橘螨类。

1920—1930年前后,人们才开始用有机合成的方法,合成一些简单的有机物,如二硝基酚、硫氰化物、煤焦油和石油制剂等,用于防治害虫。DDT的化学名称为Z,Z-双(对氯苯基)-1,1,1-三氯乙烷,简称为滴滴涕或二二三。它是由Zeidler(1874)首次合成的,但其杀虫性能直到1939年9月25日才被瑞士加基公司的Paul Muler发现,Paul Muler因此而获得了诺贝尔奖。从此以后,引起人们进行各种各样的合成农药试验。

1940年初,英国和法国发现了林丹。

1930—1940年,第二次世界大战前后,德国人Schrade首次发现有机磷,并进行了与战争有关的秘密研究,导致了大量有机磷杀虫剂的发现。

20世纪40年代中期,Hymam和Chem等先后在美国发现环戊二烯类化合物(cyclodienes)和毒杀芬(toxaphene)。50年代中期,瑞士和美国的科学家发现了氨基甲酸酯类化合物,用于防治害虫。

2.2.6.2 杀虫剂带来的问题

DDT的出现,曾使人们洋洋得意,认为病虫害的防治不成问题了。20世纪50年代害虫开始产生抗药性,60年代大量使用农药后,大量残余的农药随地下水进入江河湖泊,导致鸟、鱼等生物大量死亡。Rachel Carson(1962)在其《寂静的春天》一书中,以夸张、激动的语言,描述了一个没有蝴蝶、没有蜜蜂、没有鸟、没有生气的恐怖世界,引起了美国及全世界的关注。目前世界已禁用DDT和环戊二烯类化合物等剧毒或残效期过长的化学农药。

2.2.6.3 化学防治的优点

①可达到较高而稳定的防治效果;

②见效快;

③有害生物猖獗时,可用以应急,以保证防治效果。

2.2.6.4 化学防治在综合防治中的地位

化学防治由于其速效性,可以应急,能起到杀手锏的作用。因此,应将其作为IPM的最后一道关口。也就是说,在使用其他防治措施控制不了病虫害时,才应该在经济阈值指导下,采用化学防治措施。

2.2.6.5 化学防治与生物防治的协调

在化学防治与其他防治方法的协调方面,主要是与生物防治方法的协调困难最大。但是，经过许多植保工作者的努力，已摸索出一套协调方法：

①根据天敌的活动规律，尽量少在天敌高峰期用药。例如麦收时不要防治棉蚜，以免杀伤天敌，这些天敌就可以防治下茬作物的害虫。

②根据田间调查，对害虫实行挑治，减少施药面积。

③防治害虫时施用选择性农药，少用或不用高毒和剧毒农药。

④防治害虫时改进施药方法，例如使用种衣剂，或深层施药等。

⑤释放天敌期间不要用化学农药。

⑥制定科学的经济阀值，尽量减少用药次数。

2.2.6.6 害虫抗药性的治理

害虫抗药性是因杀虫剂大量和连续使用而产生的，是生物的一种“瞬间进化”现象，要终止其发展是非常困难的。但是，只要合理地施用杀虫剂，降低抗药性的发展速率及防治抗性害虫是可能的。Geoghior(1983)评述了 3 种害虫抗药性治理的策略。

(1)适度治理(management by moderation) 认为对杀虫剂敏感的害虫个体是可以耗尽的一种自然资源，是必须保存的，可通过降低选择压力达到这一目的。Geoghior 和 Toylor(1977)用计算模拟抗性进化方法证明，当抗性基因为一对隐性等位基因时，用药剂量为可导致害虫 50%死亡率，持续到第 15 代时，抗性基因频率达到 50%；用药剂量提高 1 倍后，只需 4 代，抗性基因频率就达到 50%。因此，应尽量少用农药，具体措施是提高经济阈值，降低用药次数和用药量。

(2)饱和治理(management by saturation) 这里的饱和不是农药对环境的饱和，而是指用能够克服抗性产生的最低剂量对昆虫防御机制的饱和。其主要依据是用足够高的杀虫剂量淘汰敏感的个体及抗药性杂合子，其策略是用高效、低毒的农药或选择性农药。

(3)多向进攻治理(management by multiple attacks) 其主要依据是，农药对生物的多位点作用，使靶标害虫不易产生抗药性突变。其具体措施为：①杀虫剂混用；②杀虫剂轮用；③镶嵌用药。

2.2.7 遗传防治法

2.2.7.1 全部种群治理(total population management，TPM)

即消灭全部有害生物种群。由于 20 世纪 40～50 年代全面依赖化学防治的失败，在 1960—1970 年期间，产生了 2 个害虫防治策略：IPM 与 TPM。两者差异见表 2-2。

表 2-2 有害生物综合治理(IPM)和全部种群治理(TPM)的区别

项 目	IPM	TPM
哲学思想	容忍哲学	消灭哲学
技术措施	多项	单项
一次性投入	小	大

从以上情况可以看出,TPM 是 20 世纪 40 年代消灭害虫思想的一种延续,但它发展了新的技术。例如释放不育雄虫 (sterile male release,SMR)的方法,使不育雄虫与自然界的雌虫交配,使其不育或产无效卵。这种方法又称为自杀技术(autocidal technique)。

2.2.7.2 遗传防治实例

(1)消灭可旋丽蝇(*Cochliomyia hominivoax*) 可旋丽蝇又叫羊皮螺旋蝇,它是中南美洲危害牛羊的重要害虫,但又很难防治。20 世纪 50 年代初,在 Curacao 岛(170 $mile^2$,约为 440 km^2)上,通过释放不育雄虫,使其与野生雌虫交配,成功地消灭了该虫;紧接着又在美国佛罗里达、德克萨斯等州全面消灭了这一害虫;1985 年,这一工作又在美国其他州展开。

(2)治理棉铃象甲(*Anthonomus grandis*) 受到上一成功例子的鼓舞,1960 年,美国开始用 TPM 治理棉铃象甲,并采取了一系列措施作为前期准备工作,以压低虫口密度。具体步骤是:

①在棉花生长季节用杀虫剂防治;

②越冬防治,压低虫口密度;

③脱叶,以减少越冬成虫的食物,增加其死亡率;

④压碎茎秆,以减少越冬场所;

⑤使用性诱剂诱杀,或在正常播种棉花前,先种几行棉花,诱集越冬成虫,集中处理;

⑥棉铃出现时,全面喷一次杀虫剂;

⑦释放不育雄虫。

这一计划只进行了 2 年即由于经费问题而停止,但棉铃象虫已经从原来的 807 头/英亩(约 1 993 头/hm^2)降低到 0.2 头/英亩(约 0.5 头/hm^2)。但到 1980 年底,处理区恢复到 15 头,而对照为 50 万头。

2.2.7.3 不育技术

①Co60 能产生 γ 射线,以一定剂量辐射后,导致雄性不育;

②化学不育剂处理后,导致雄性不育;

③遗传不育,由于染色体畸变或造成显性致死基因等使昆虫雄性不育。

2.2.7.4 不育基因

传统方法是通过辐射和化学不育剂处理导致雄性不育，现在采用分子遗传学手段导致不育，主要有3个方面：

①通过将雄性的Md位点分离，插入到果蝇的基因组，构成凡是含有Md位点的都是不育雄虫，而且Md还有体型体色的差异，在大量饲养时便于区别、筛选；

②果蝇有一种睾丸微管蛋白的缺陷基因，它是高度保守的，从而导致雄性不育；

③雌性不育基因FS，它仅在卵巢中表达，带有FS基因的雄虫与雌虫交配后，就可以使FS基因在雌虫卵巢中表达，破坏其卵巢功能，使雌虫不育。

参考文献

[1]周明牂，曾士迈.美国有害生物综合治理考察报告.北京农业大学科技情报室，1982:1-29.

[2]张青文，杨奇华，谢以铨，等.棉铃虫的经济危害水平和经济阈值.植物保护学报，1988，15(4):247-254.

[3]中国科学院动物研究所.中国主要害虫综合防治.北京:科学出版社:1-21，247-254.

[4]陈杰林.1988.害虫防治经济学.重庆:重庆大学出版社，1988:19-169.

[5]城所隆，桐谷圭治.被害许容水准与防除战略.植物防御，1982，39(1):5-10.

[6]Pedigo L P, et al. Economic injury level in theory and practice. Ann Rev of Entomol，1986，31:341-68.

[7]Stern V M, et al. The integrated control concept. Hilgardia，1959，29:81-101.

[8]Stern V M. Economic threshold. Ann Rev of Entomol，1973，18:259-180.

[9]华南农业大学.农业昆虫学:上.北京:农业出版社，1988:4-45.

[10]丁岩钦.昆虫种群数学生态学原理与应用，北京:科学出版社，1980.

[11]张孝羲，陈常铭，廖顺源，等.昆虫生态及预测预报.北京:农业出版社，1986.

[12]湖南省教育委员会.作物病虫害防治学.长沙:湖南教育出版社，1986.

[13]韩金声，王慧敏，刘奇志，等.植物医院实用技术指南.北京:中国农业大学出版社，1996.

[14]黄亦存，张斌成，译.植物病害管理原理.北京:科学出版社，1988.

[15]周明牂.作物抗虫性原理及应用北京:北京农业大学出版社，1992.

[16]翟凤林，袁士畴，张发成，等译.植物抗虫育种.北京:农业出版社，1982.

[17]赵玉平，佟景仁. 中国进出境植物检疫. 北京：中国农业出版社，1995.
[18]北京农业大学. 植物检疫学. 北京：北京农业大学出版社，1989.
[19]仵均祥. 农业昆虫学. 北京：中国农业出版社，2002.
[20]陈杰林. 害虫防治的经济学. 重庆：重庆大学出版社，1988.
[21]王德辉，McNeely J A. 防治外来入侵物种. 北京：中国环境科学出版社，2002

思考题

1. 什么是经济阈值(ET)和经济危害水平(EIL)?
2. 以经济危害水平为标准，有害生物可分为几类?
3. 什么是有害生物综合治理(IPM)? 如何搞好有害生物综合治理?
4. 控制有害生物的主要途径有哪些?
5. 什么是植物检疫? 如何划分疫区和保护区?
6. 什么是有害生物的风险评估?
7. 什么是植物抗虫性? 植物抗虫性有几种类型?
8. 什么是种间信息素? 利间信息素有几种? 各有什么作用?
9. 什么是“三大R问题”?
10. 如何协调化学防治与生物防治的关系?
11. 害虫抗药性治理有几种策略? 你认为如何治理最合适?
12. 如何进行害虫的不育防治?

第3章　有害生物田间调查与预测预报

3.1　有害生物的田间调查

3.1.1　有害生物调查的意义和原则

在病虫害的防治和研究工作中，要掌握病虫发生的时期、发生的数量、对农作物的危害程度及防治效果等，都必须进行田间调查。通过调查，获得准确的数据资料，经过分析，做出正确判断，为制订防治工作的策略和措施提供依据。同时，调查积累的资料，也可以为植保工作进一步开展科学研究、制定防治规划及长期预测预报提供参考。

要搞好病虫害调查工作，必须明确其任务、对象和目的，然后根据病虫发生特点和调查内容，写出调查计划；调查时要实事求是，防止主观片面、弄虚作假，必须正确地反映客观实际，弄清病虫害发生的具体情况。

3.1.2　有害生物田间调查方法

3.1.2.1　调查时期和次数

调查时期应根据调查的目的而定。对于病虫害一般发生和为害情况的调查，可在作物不同生育期（如水稻分蘖期、孕穗期）或规定适当时期进行调查；对某一病虫发生危害程度的调查，应在病虫发生盛期进行。如麦类赤霉病、黑穗病可在黄熟期进行，调查一次即可。对某种病虫的发生发展规律，或进行预测预报的调查，就必须从播种到收获，定点定期进行系统调查，一般每隔 3～5 d 调查一次，所得资料应反映出真实的规律。对储藏期发生的病虫，可定期取样观察，或结合查仓查窖进行检查。调查药剂防治的效果，则应事先确定处理区和对照区，在施药前和施药后的一定间隔期进行调查，最后测产，确定防治效果。

3.1.2.2 调查取样方法

取样方法的确定要根据调查对象的分布特点、集团大小和变异程度、要求的准确程度,采用不同的取样方法。一般在田间使用的取样方法有大五点式、对角线式、棋盘式、平行线式和"Z"字形取样等。

大五点式、棋盘式和对角线式取样方法适用于田间分布比较均匀的病虫;对于在边行发生较严重或点片发生的病虫,则应采用"Z"字形或平行线式取样方法。

3.1.2.3 取样单位和数量

取样单位依据作物种类和病虫发生特点而定,常用的取样单位如下。

(1)面积单位　常用于调查土壤害虫和密植作物的病虫害,如水稻秧田每平方米有多少头叶蝉,小地老虎卵和幼虫每平方米的数量。

(2)长度单位　多用于生长密集的条播作物。如调查条播麦田内黏虫幼虫,可以1 m内的虫量为单位;调查棉蚜在木槿枝条上的越冬卵量时,则取5寸(约16.7 cm)枝条为单位计算卵量。

(3)植株或植株的一部分　全株性的病虫,如枯萎病、病毒病和苗期的蚜虫、螨类,取样以株为单位,而叶部的病害,以叶片为单位。此外,还有以果实为单位的。

(4)诱集物为单位　如灯光诱蛾以一盏灯在一定时间内诱获的数量为单位;糖醋液诱集黏虫、地老虎等,以盘为单位;杨树枝诱蛾则以单位面积内设置的诱集物把数为单位。

(5)网捕单位　对于活动性大的害虫,以单位时间内一定大小口径的扫网摆次为单位,计算平均每网虫数。

3.1.2.4 病虫调查数据记载方法

病虫发生情况的记载和统计,是调查中的一项重要工作,是分析病虫发生情况和估计由病虫为害所造成损失的主要依据。

病虫调查记载内容,一般包括调查地点、日期、调查者姓名、作物和品种名称、病虫名称、被害率和田间的分布情况、土壤性质、肥水管理状况、耕作制度、种植密度,病虫害发生前和发生始、盛、末期的气候,病虫及其防治情况等。对田间植株发病程度不一致的病害,除记载调查总样本数及有病样本数外,还应该根据发病程度的轻重,将样本分级加以记载,计算病情指数,以表明其发病程度。记载表格形式如表3-1和表3-2所示。

表 3-1 棉田蚜虫调查表

调查日期(月/日)	调查地点	棉田类型	棉株生育期/d	调查株数	有蚜株数	卷叶株数	蚜虫数量					防治情况	气象要素	备注
							有翅成蚜数	有翅若蚜数	无翅蚜数	总蚜数	百株蚜量			

表 3-2 纹枯病病情调查表

调查日期(月/日)	调查地点	稻田类型	生育阶段	调查丛数	病丛		调查总株数	病株		严重度					病情指数	肥水管理	备注
					丛数	丛率/%		株数	株率/%	0	1	2	3	4			

注:系统病情调查或大田病情普查在备注栏内注明。

3.1.3 调查数据的计算

调查中获得的一系列数据和资料,必须进行整理、比较和分析,从而反映出实际的为害情况。一般调查资料用被害率、虫口密度、病情指数及损失率等项目的计算结果来表示。

3.1.3.1 被害率的计算

被害率主要反映病虫危害程度。根据不同调查对象,采取不同的取样单位。在病害方面,有病株率、病果率、病叶率;在虫害方面则为被害率和有虫株率、白穗率、卷叶率等。计算公式如下:

$$被害率=\frac{被害株(叶或果)数}{调查总株(叶或果)数}\times 100\%$$

$$发病率=\frac{病叶(株或穗)数}{调查总叶(株或穗)数}\times 100\%$$

3.1.3.2　虫口密度的计算

虫口密度表示一定数量植株上或面积内的害虫数量。一般用百株虫数或每亩虫数表示。计算公式如下：

$$\text{百株虫口数}=\frac{\text{查得总活虫数}}{\text{调查总株数}}\times 100\%$$

$$\text{亩虫数(以稻丛计算)}=\frac{\text{查得总活虫数}\times\text{亩稻丛总数}}{\text{调查稻丛数}}$$

$$\text{亩虫数(以面积计算)}=\frac{\text{查得总活虫数}\times 667\ \text{m}^2}{\text{调查面积(m}^2\text{)}}$$

3.1.3.3　病情指数的计算

为了反映单位面积上病害的严重程度，常计算病情指数。首先按病情轻重定出分级标准，每一级用一个数字表示，一般分4或5级。以5级为例，即用0、1、2、3、4为代表值，0级代表无病，4级代表最严重的发病程度，代入病情指数公式，即可算出病情指数：

$$\text{病情指数}=\frac{\sum[\text{各级病叶(株)数}\times\text{该级级数}]}{\text{调查总叶(株)数}\times\text{最高级级数}}\times 100\%$$

例如稻瘟病严重程度分级标准，以叶片为单位，分为：

0级：无病；

1级：叶片病斑少(少于5个)而小(小于1 cm)；

2级：叶片病斑小而多(多于5个)，或大(大于1 cm)而少；

3级：全叶病斑大而多；

4级：全叶枯死。

在害虫方面，也可以用分级记录的方法，统计计算其危害指数。0级代表无虫害，最高一级代表虫害最严重，然后进行指数计算，指数值越大，说明虫害越严重。危害指数一般用在总结经验、制定防治指标、比较不同品种的抗虫性等方面。计算公式如下：

$$\text{危害指数}=\frac{\sum(\text{级数}\times\text{该级虫害数})}{\text{调查总数}\times\text{虫害最高级数}}\times 100\%$$

3.1.3.4　损失率的计算

除少数病虫的为害率与造成的损失很接近以外，一般病虫用病情(虫害)指数和被害率都不能完全说明损失程度。损失主要表现在产量或经济收益的减少。因此，病虫为害造成的损失通常用生产水平相同的受害田和未受害田的产量或经济

---

* 1亩≈667 m^2。为方便计，以下保留使用“亩”。

总产值的对比来计算，也可用防治区与未防治区的产量或经济总产值的对比来计算。损失率的计算方法有下列几种。

(1)通过调查　用受害的地块和未受害的地块产量对比，来计算损失率。计算公式为：

$$损失率=\frac{未受害平均产量-受害平均产量}{未受害平均产量}\times 100\%$$

(2)通过试验　一般是在土壤肥力相似的田块上设立病虫防治区与不防治对照区，两者面积相等，品种及管理一致，再比较其产量，求得损失率。计算公式为：

$$损失率=\frac{防治区产量-对照区产量}{防治区产量}\times 100\%$$

(3)通过产品比较　除了计算产量损失外，还要估计因病虫而导致品质降低的损失，这种损失率是以经济价值来表示的。计算公式为：

$$损失率=\frac{未受害产品价值-受害产品价值}{未受害产品价值}\times 100\%$$

(4)采用调查分级法　将受害植株先行分级，定出各级的损失率，然后再计算。如水稻穗颈瘟的分级标准是：

0 级：无病；

1 级：每穗损失 5%以下(个别枝梗发病)；

2 级：每穗损失 20%左右(1/3 左右枝梗发病)；

3 级：每穗损失 50%左右(穗颈或主轴发病，谷粒半秕)；

4 级：每穗损失 70%左右(穗颈发病，大部瘪谷)；

5 级：每穗损失 90%左右(穗颈发病，造成白穗)。

计算公式为：

$$损失率=\frac{(1级病穗数\times 0.05)+(2级病穗数\times 0.2)+\cdots+(5级病穗数\times 0.9)}{调查总穗数\times 0.9}\times 100\%$$

3.1.3.5　药剂试验结果的计算

(1)杀虫剂药效试验结果的计算　药剂试验结果的计算可根据害虫的生活习性，一般可以用虫口减退率、挽回损失率等来表示。计算公式如下：

$$虫口减退率=\frac{施药前活虫总数-施药后活虫总数}{施药前活虫总数}\times 100\%$$

按上述计算的害虫死亡数中，含有药剂作用死亡数和自然死亡数。在一般情况下，自然死亡数是很少的，此法计算基本上反映了药剂的效果。但有时自然死亡数较高，以上式计算就不能反映实际效果。因此，应作校正计算，应设不施药做对照，这样即计算出校正死亡率或校正虫口减退率。计算公式如下：

校正死亡率或校正虫口减退率＝

$$\frac{\text{防治区虫口减退率}-\text{对照区虫口减退率}}{1-\text{对照区虫口减退率}}\times 100\%$$

计算药剂试验结果时，对蚜虫和螨类这类害虫，应考虑它们在为害期间繁殖力很强，施药后，如果药剂的作用缓慢或较差，往往害虫仍能繁殖，对照区蚜虫数在处理后要比处理前增加。红蜘蛛在为害时期，卵、幼螨、若螨、成螨同时存在，有些药剂无杀卵作用，施药后卵继续孵化为幼螨，不仅对照区螨的数量要比防治前增加，处理区螨的数量也可能增加，对于这种情况，药效计算可按下列公式：

$$\text{校正药效或防治效果}=\frac{P_e \pm P_{ck}}{100 \pm P_{ck}}\times 100\%$$

式中：P_e 为防治前后处理区虫(螨)增减百分率，%；P_{ck} 为防治前后对照区虫(螨)增减百分率，%。对照区增加时用“＋”号，减少时用“－”号。

此法应根据具体情况采用，一般情况只需要用虫口减退率即可。

(2)杀菌剂药效试验结果的计算　应根据病害种类、为害性质而异。如防治苗期立枯病、猝倒病或某种禾谷类黑穗病等，可随机或定点取样，检查一定数量苗株内的病株或死株数，计算发病率。根据防治前、后发病率，计算病害减退率或防治效果。

防治叶、茎、果等部位的病害，如花生叶斑病、锈病类等病害，在不同植株上或同一植株的不同部位上，危害程度有轻重之别，可分别检查药剂防治区和未施药对照区的各级病叶数(或病茎、病果数)，计算出防治区和对照区的病情指数，再用病情指数来计算防治效果：

$$\text{防治效果}=\frac{\text{对照区病情指数}-\text{防治区病情指数}}{\text{对照区病情指数}}\times 100\%$$

(3)除草剂药效试验结果的计算　施药后，在药效高峰期分别在对照区和处理区，以对角线式取样，各取3～5个点，每点面积1 m^2，统计各点内杂草株数(或鲜重)，平均后按下面公式统计除草效果：

$$\text{除草效果}=\frac{\text{对照区杂草株数(或鲜重)}-\text{处理区杂草株数(或鲜重)}}{\text{对照区杂草株数(或鲜重)}}\times 100\%$$

3.1.4　调查资料的整理和分析

调查所得的材料，必须经过加工整理，去粗取精，综合分析比较，才能更好地反映客观规律。为了反映不同年份或不同条件下病虫情况变化，可以列成比较表。例如，在多次调查不同类型棉田第二代棉铃虫的卵量和虫量以后，可以把多次调查资料综合整理成表(表3-3)。

表 3-3 不同类型棉田棉铃虫调查表

棉田类型	调查地块	每株平均蕾花数	有卵株率/%	有虫株率/%
一类田	8	12.7	46.0	17.6
二类田	9	6.4	19.2	11.3
三类田	9	0.5	12.1	0.9

通过比较,可以清楚地看出:越是长势好、发育早、蕾花多的田块,棉铃虫的卵和虫数也就越多。因此,在调查棉铃虫虫情和进行防治时,就应按照这一情况,先调查一类田,再调查二、三类田。

为了使调查的材料便于整理和分析,调查工作必须按计划进行,调查记录要尽量精确、清楚,特殊情况要加以注明。此外,调查记载的资料,应妥善保存,逐年积累,最好建立病虫档案,以便总结病虫发生规律,指导测报和防治。

3.2 有害生物的预测预报

有害生物预测预报是根据有害生物发生发展规律,以及生物的物候、气象预报等资料,进行全面分析,作出其未来的发生期、发生量、危害程度等估计,预测有害生物未来的发生动态,并提前向有关领导、植物保护部门、植保工作人员等提供虫情、苗情报告。

有害生物预测预报是 IPM 中的一个重要环节之一。

3.2.1 预测预报的类别

3.2.1.1 按预测内容分

①发生期预测:预测农作物病虫的发生时间。

②发生量预测:预测农作物病虫的发生数量。

③扩散蔓延预测:预测农作物病虫的扩散蔓延情况。

④灾害程度预测及损失估计:预测农作物病虫发生程度及可能造成的产量损失。

3.2.1.2 按预测时间长短分

①短期预测:期限大约在 20 d 以内,从上一虫态预测下一个虫态的发生情况。

②中期预测:一般为 20 d 到一个季度,从上一世代预测下一个世代的发生情况。

③长期预测:期限在一个季度以上。一般是根据越冬后或年初某种害虫的越冬有效虫口基数及气象预测资料作出其全年的发生动态和灾害程度的展望。

3.2.2 有害生物预测预报的方法

①统计法：根据田间病虫害发生发展情况的调查统计，进行预测预报。

②实验法：根据室内试验观察来确定病虫害的发生发展进度，从而为预测预报提供依据。

③观察法：是直接观察害虫的发生和作物物候变化，明确其虫口密度、生活史与作物生育期的关系，应用物候现象、发育进度、虫口密度和虫态历期等观察资料进行预测，为我国最通行的预测方法。

3.2.3 有害生物发生期预测

3.2.3.1 发育进度预测法

(1)有关概念

始见期：该虫态开始出现的日期。

始盛期：20%的害虫进入某一虫态的时期。

高峰期：50%的害虫进入某一虫态的时期。

盛末期：80%的害虫进入某一虫态的时期。

终见期：最后发生该虫态的日期。

(2)有关方法　有田间实查法、饲养观察法、诱集法等等。

3.2.3.2 历期预测法

根据某种害虫完成某一发育阶段所需的历期，预测下一虫态的发生期。例如根据将虫态分龄分级、卵巢发育分级等来预测下一虫态所需的时间(天数)。

3.2.3.3 期距预测法

根据历年两个高峰期之间的时间距离，来预测下一个高峰期。

3.2.3.4 有效积温预测法

有效积温：害虫的每一个阶段发育都需要的一定的有效温度的积累。

有效温度：害虫发育起点温度以上的温度。

发育起点温度：害虫开始发育的最低温度。

有效积温公式为：

$$K=N(T-C)$$

则

$$N=K/(T-C)$$

式中：N 为发育历期，d；T 为实际温度，C 为发育起点温度，K 为有效积温，℃。

3.2.3.5 物候预测法

利用害虫与其他环境条件的物候关系来预测害虫的发生期。例如：

①棉红蜘蛛预测:“天热少雨发生快,南洋风起棉叶红”。

②小地老虎预测:“榆钱落,幼虫多;桃花一片红,发蛾到高峰”。

③蝗虫预测:“先涝后旱,蚂蚱成片”。

3.2.4 有害生物发生量预测

(1)有效基数预测法

$$P=P_0\left[e\frac{f}{m+f}(1-M)\right]$$

式中:P 为繁殖量,即下一代的发生量(卵量);P_0 为上一代虫口基数;e 为每头雌虫产卵数;f 为雌虫数;m 为雄虫数;M 为死亡率,%。

(2)气候图预测法 昆虫属于变温动物,某种群数量变动受气候影响很大,有不少种类昆虫的数量变动受气候支配。因此,人们可以利用昆虫与气候的关系对昆虫发生量进行预测。气候图通常以某一时间尺度(日、旬、月、年)的降雨量或湿度为一轴向,同一时间尺度的气温为另一轴向,二者组成平面直角坐标系。然后将所研究时间范围的温、湿度组合点按顺序在坐标系内绘出来,并连成线(点太密时可不连)。由此图形可以分析害虫发生与气候条件的关系,并对害虫发生进行测报。

(3)经验指数预测法 如天敌指数、蚜情指数、病情指数、危害指数、温湿系数等。

(4)形态指标预测法 如有翅蚜(可迁飞扩散)与无翅蚜(繁殖量大),稻飞虱的长翅型(可迁飞扩散)与短翅型(繁殖量大)。

(5)数学回归分析法 利用回归分析的方法,对有害生物发生量与温度、湿度、上一代的发生基数等因素进行统计分析,建立回归模型,对害虫进行数量预测。例如:广东湛江地区水稻螟虫为害,当枯心率5%时,减产2.3%;枯心率10%~15%时,减产3.4%~5.7%等等,根据此类的对应关系,可以进行回归预测。

(6)专家系统(expert system,ES)预测法 专家系统是人工智能(artificial intelligence, AI)用于实践最多的一个分支。综合治理专家系统是针对以作物为中心的病虫害预测预报和防治决策支持系统。例如:美国的PSAOC(Penn State Apple Orchard Consultant)(Travis 等,1991),针对苹果的8种病害和17种虫害的发生期和发生量进行了预测预报,并提出了相应的防治措施及施药时期、施药量等防治方案。

参考文献

[1]南京农学院.昆虫生态及预测预报.北京:农业出版社,1985.

[2]湖南省教委.作物病虫害防治学.长沙:湖南教育出版社,1986.
[3]屈西峰,周伯龄,陆中泉,等.中国棉花害虫预测预报标准、区划和方法.北京:中国科学技术出版社,1992.
[4]曾士迈.植保系统工程导论.北京:北京农业大学出版社,1994.
[5]仵均祥.农业昆虫学.北京:中国农业出版社,2002.

思考题

1.为什么要进行作物病虫害田间调查?如何保证和提高调查结果的准确性?
2.什么叫病虫害预测预报?它对大田防治有何意义和作用?
3.病虫害预测预报的依据是什么?
4.现行病虫害预测的基本方法有哪几种?各有什么特点?

第4章 小麦病虫草鼠害

4.1 麦类病害

麦类作物主要包括小麦、大麦、燕麦和黑麦，我国以小麦为主，播种面积和产量仅次于水稻，居第二位。全世界记载的小麦病害有200多种，我国发生较重的有20多种，主要是真菌病害和病毒病。麦类病害的为害不仅造成严重产量损失，而且大大影响品质。由于小麦在我国分布很广，华北、西北、东北和长江流域均有种植，各地病害种类有所不同，因此各地在防治时应做到因地制宜。

4.1.1 主要种类及发生规律

4.1.1.1 小麦锈病

（1）小麦条锈病（wheat stripe rust，图4-1）

①病原：条形柄锈菌（*Puccinia striiformis* West. f. sp. *tritici* Eriks.），属担子菌亚门柄锈菌属。

②侵染循环：病菌春夏期间在平原冬麦区的小麦上侵染为害，至小麦生长后期病菌夏孢子随气流吹送至高寒麦区的晚熟春麦或自生麦苗上繁殖、蔓延，度过夏季，到秋天又随气流吹回平原冬麦区的小麦秋苗上侵染为害，并以潜伏菌丝在麦叶上度过冬季，于次年早春麦苗返青后重新活动，长出孢子继续进行再侵染，至小麦生长后期，再以夏孢子传播至高寒区，如此往返传播，完成周年循环。

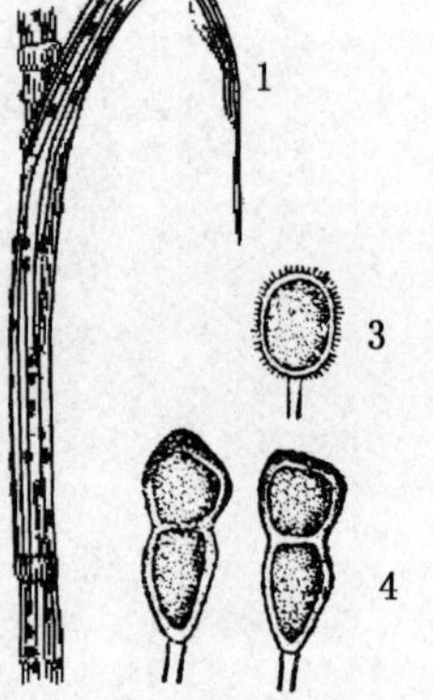

图4-1 小麦条锈病

1.病叶 2.病秆 3.条锈菌夏孢子 4.条锈菌冬孢子

（2）小麦叶锈病（wheat leaf rust，图4-2） 小麦叶锈病是禾谷类锈病中分布最广、发生最普遍的一种小麦病害，全世界小麦种植区，包括北美洲、欧洲、亚洲、澳洲、非洲等的许多国家都有发生。中国小麦叶锈病以西南和长江流域一带发生较重，华北和东北麦区次之。

①病原：小麦隐匿柄锈菌（*Puccinia recondite* Rob. ex Desm. f. sp. *tritici*

Erikss. et Henn.)，属担子菌亚门柄锈菌属。

②侵染循环：小麦叶锈病菌的周年循环与条锈病菌基本一致，不同的是：叶锈菌耐高温，在平原麦区可以侵染当地的自生麦苗，进行再侵染并且在其上越夏，至秋播冬小麦出苗后，至秋苗上为害，在贵州等气温较高的麦区，叶锈菌可以夏孢子进行再侵染的方式越冬。

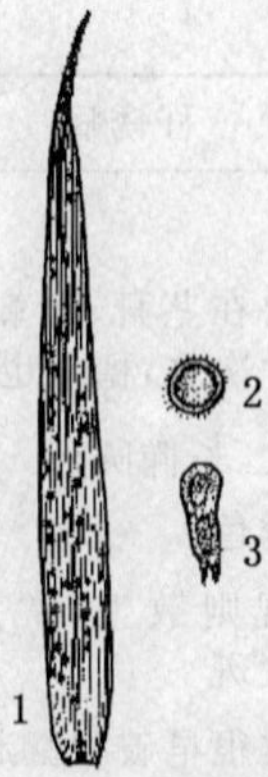

图 4-2　小麦叶锈病

1. 病叶　2. 叶锈菌夏孢子

3. 叶锈菌冬孢子

(3) 小麦秆锈病(wheat stem rust，图 4-3)　小麦秆锈病是世界范围的小麦病害，在种植小麦的国家和地区均有发生，主要分布于北美洲、澳洲及非洲等地。我国主要在华东沿海、长江流域和福建、广东、广西的冬麦区及东北、内蒙古等的春麦区发生流行。20 世纪 70 年代以来，由于推广抗病品种，基本上控制了该病的流行和为害。但在一些流行区，感病品种仍占相当大的面积，流行具有潜在的可能性。

①病原：禾柄锈菌(*Puccinia graminis* Pers. f. sp. *tritici* Erikss. et Henn.)，属担子菌亚门柄锈菌属。

②病害循环：小麦秆锈病菌的周年侵染循环与条、叶两种锈病菌不尽相同。它的主要越夏场所同样是高寒地区的晚熟春小麦和自生麦苗，但在部分平原地区的冬小麦自生麦苗上，也有少量可以越夏。秋苗期发生秆锈病的地区比较少，主要为福建东南部、广东和云南南部等麦区。秆锈菌在这些地区过冬后于春季向北部广大冬麦区和春麦区传播。

3 种锈病病菌及症状的主要区别见表 4-1。

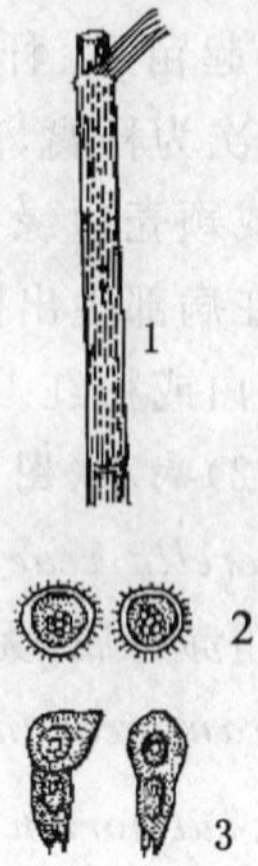

图 4-3　小麦秆锈病

1. 病秆　2. 秆锈菌夏孢子

3. 秆锈菌冬孢子

4.1.1.2　小麦赤霉病(wheat scab)

麦类赤霉病俗称红头瘴、烂麦头等，在我国分布很广，但主要在多雨潮湿的地区发生，而以长江流域和黑龙江省，特别是长江中下游地区流行频繁，损失大。20 世纪 70 年代以后逐渐向北方麦区蔓延。小麦赤霉病不仅影响小麦产量，而且降低小麦品质，使蛋白质和面筋含量减少，出粉率低，加工性能受到明显影响。同时感病麦粒内含有多种毒素如脱氧雪腐镰刀菌烯醇和玉米赤霉烯酮等，可引起人、畜中毒，发生呕吐、腹痛、头昏等现象。严重感染此病的小麦不能食用。

表 4-1 小麦 3 种锈病病菌的主要区别

项目		条锈病	叶锈病	秆锈病
春季发病时期		最早	较晚	晚
发生部位		以叶片为主，叶鞘、茎秆次之，穗上少见	大部在叶片上发生，叶鞘偶有发生，在秆穗上极少	主要在茎秆、叶鞘上，叶片次之，穗上也有
夏孢子堆	形状	很小，椭圆形	中等大小，圆形或近圆形	最大，长椭圆形
	颜色	鲜黄色	赤褐色	铁锈色
	排列情况	顺叶脉排列成行，呈虚线状	不规则散生，很少相互愈合	不规则散生，常愈合成大斑
	开裂程度	表皮后期轻微破裂	表皮破裂不很显著	表皮很早破裂翻起
冬孢子堆	发生部位	叶鞘、叶片背面	多在叶片背面	叶鞘、茎秆
	颜色	黑褐色	黑褐色	黑色
	开裂情况	不破裂	不破裂	易破裂

(1)症状　作物生长的各个阶段均能受害，引起苗腐、秆腐和穗腐，以穗腐为害性最大，其次为秆腐，苗腐发生不普遍。开始，小穗基部或颖壳边缘变褐，与健组织界限不清楚，很快在病部生出橙色或粉红色霉层，病麦粒青枯、苍白或粉红。

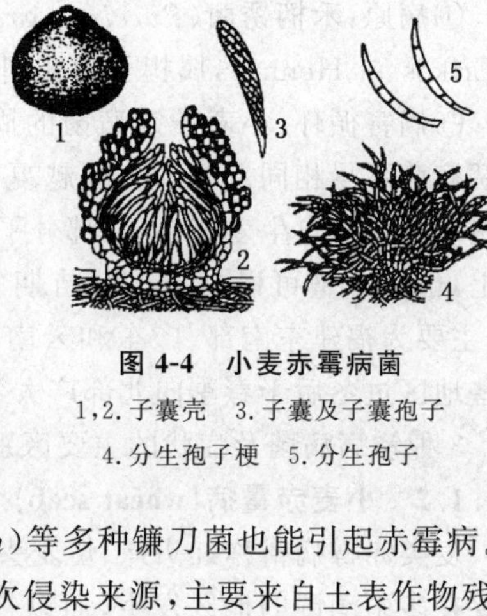

图 4-4　小麦赤霉病菌

1，2. 子囊壳　3. 子囊及子囊孢子　4. 分生孢子梗　5. 分生孢子

(2)病原(图 4-4)　有性态为玉蜀黍赤霉(*Gibberella zeae* (Schw.) Petch)，属于子囊菌亚门赤霉属；无性态为禾谷镰刀菌(*Fusatium graminearum* Schw.)。此外，黄色镰刀菌(*F. culmorum*)和燕麦镰刀菌(*F. auenaceum*)等多种镰刀菌也能引起赤霉病。

(3)侵染循环　引起麦类赤霉病穗腐的初次侵染来源，主要来自土表作物残体上的子囊孢子。小麦抽穗至扬花末期，正是病残体上子囊孢子产生的高峰期，子囊孢子经风雨传播到麦穗上，在适宜温、湿度条件下从花药经花丝侵入小穗内部，经一定潜育期，病小穗上出现淡褐色病斑，在高湿条件下很快产生粉红色或橙色霉状物即菌丝及分生孢子。分生孢子经风雨传播引起再侵染。分生孢子和子囊孢子具有相同的侵染力。引起赤霉病大流行的侵染以开花期的一次侵染为主，分生孢子的再侵染一般只起加重病害严重度的作用。

麦收后，病菌主要寄生在水稻、玉米等作物、水生绿肥或植株残体上，以寄主残体在水田土壤中腐生越夏、越冬。带病种子内的病菌在秋播时的存活率可达 90%

以上，播后若土壤环境条件适宜，可引起苗腐。在玉米—小麦轮作地区，带菌的玉米秸残体是病菌的主要越冬基物。

4.1.1.3　麦类白粉病(wheat powdery mildew)

麦类白粉病主要为害大麦和小麦，在各麦区均有发生，以西南各省和河南、山东、湖北、江苏、安徽等省发生严重，而西北、东北麦区也有日益严重趋势。

(1)症状　小麦白粉病在苗期至成株期均可为害。该病主要为害叶片，严重时也可为害叶鞘、茎秆和穗部。病部初产生黄色小点，而后逐渐扩大为圆形或椭圆形的病斑，表面产生一层白粉状霉层(分生孢子)，霉层以后逐渐变为灰白色，最后变为浅褐色，其上生有许多黑色小点(闭囊壳)。一般叶片正面病斑比反面多，下部叶片比上部叶片多。病斑多时可愈合成片，并导致叶片发黄枯死。发病严重时植株矮小细弱，穗小粒少，千粒重明显下降，严重影响产量。

(2)病原(图4-5)　有性态为禾本科布氏白粉菌(*Blumeria graminis* (DC.) Speer. f. sp. *tritici* Marchal)，属子囊菌亚门布氏白粉菌属；无性态为串珠状粉孢菌(*Oidium monilioides*)。

(3)病害循环

①病原菌的越夏和越冬：小麦白粉病菌的越夏方式目前认为有2种：一种是以分生孢子在夏季气温较低的地区(最热一旬的平均气温不超过24℃)的自生麦苗上或夏播小麦植株上越夏，海拔较高的地区如贵州的贵阳地区、四川的雅安和阿坝州、湖北的鄂西北及鄂西山区、河南的豫北和南阳山区，陕西关中秦岭北麓及渭北山区、甘肃天水地区，等等，而在广大的平原麦区，由于夏季气温较高，病原菌难以存活，加上大多数自生麦苗到麦播前已经死亡，因此小麦白粉病不能在这些地区越夏。小麦白粉病菌另一种越夏方式是以病残体上的闭囊壳在低温干燥的条件下越夏。河南、江苏等地闭囊壳混杂于小麦种子内非常普遍，而且存活率高，是当地秋苗发病的主要初侵染源。

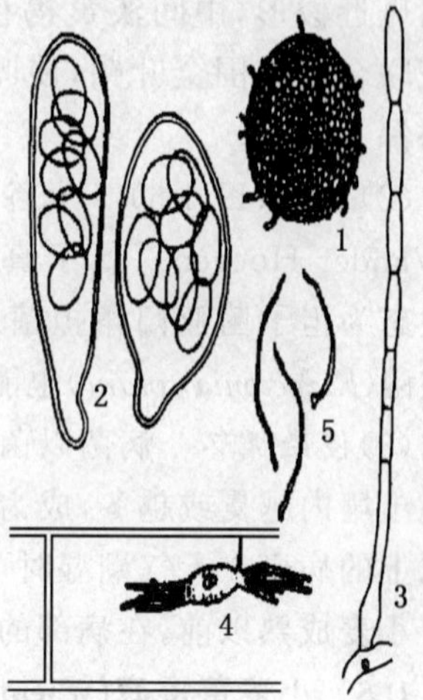

图4-5　小麦白粉病菌

1.闭囊壳　2.子囊及子囊孢子　3.分生孢子梗　4.吸器　5.镰形刚毛

②传播和侵入：病菌越夏后侵染秋苗，导致秋苗发病。冬季病菌的分生孢子和子囊孢子借助于气流传播，而且病菌可借助高空气流进行远距离传播。

③再侵染：病菌完成侵染并建立寄生关系后，菌丝即可在寄主组织表面不断蔓延生长，随后在菌丝中分化形成分生孢子梗并产生大量的分生孢子。分生孢子成

熟后脱落，由气流向周围传播引起多次再侵染。

4.1.1.4　小麦纹枯病(wheat shape eyespot)

小麦纹枯病是一种世界性病害，发生非常普遍。我国早有纹枯病的记载，20世纪70年代前属次要病害，20世纪80年代以来，由于小麦品种更换、农业栽培制度的改变以及肥水条件的改善，纹枯病在长江中下游和黄淮海平原麦区逐年加重。小麦纹枯病对产量影响极大，一般使小麦减产10%～20%，严重地块减产50%左右。

(1)症状　主要发生在叶鞘和茎秆上。小麦拔节以后，症状逐渐明显。发病初期，在地表或近地表的叶鞘上产生黄褐色椭圆形或梭形病斑。以后，病部逐渐扩大，并向内侧发展延及茎部，颜色变深。重病株茎部一、二节间变黑甚至腐烂，常早期死亡。小麦生长中期至后期，叶鞘上的病斑常形成云纹状的花纹。单独的病斑近梭形，中间淡黄褐色，周围有一个较明显的、宽度不等的棕褐色环圈。病斑联合可包围全叶鞘，使叶鞘及叶片早枯。小麦黄熟以前，病斑黄褐色，边缘色略深。

(2)病原(图4-6)　禾谷丝核菌(*Rizoctonia cerealis* Vander Hoeven)，属于真菌半知菌亚门丝核菌属。有性态为担子菌亚门角担菌属(*Cenatobasidium*)。立枯丝核菌(*Rizoctonia solani*)也能侵染小麦引起纹枯病。

(3)侵染循环　病菌以菌核附着在被害植物残株上或在土壤内越夏或越冬，成为初侵染的主要菌源。被害植株上的病斑在天气潮湿时可形成担孢子，并进行再侵染。小麦成熟以前，在病部的菌丝层上产生菌核。

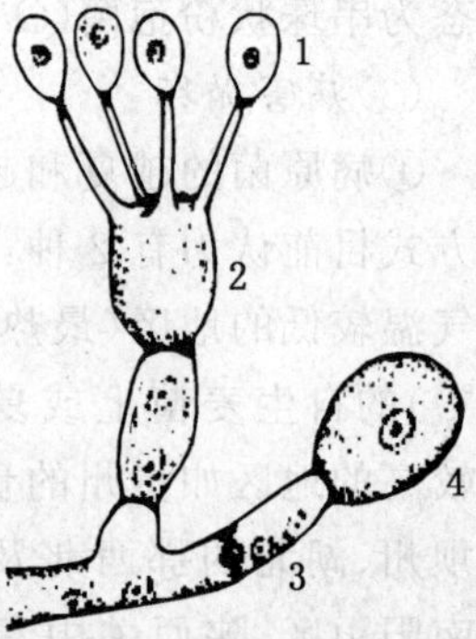

图4-6　小麦纹枯病菌

1.担孢子　2.担子
3.菌丝　4.原担子

4.1.1.5　小麦黄矮病(wheat yellow dwarf)

小麦黄矮病也叫“黄叶病”、“嵌边黄”，国际上叫大麦黄矮病。1950年在美国首次发现。我国于1960年在陕西、甘肃的小麦上发现。目前主要分布在西北、华北、东北、华中、西南及华东等冬麦区、春麦区及冬春麦混种区。

(1)症状　新叶从叶尖开始发黄，植株变矮。叶片颜色为金黄色到鲜黄色，黄化部分占全叶的1/3～1/2。秋苗期感病的植株矮化明显，分蘖减少，一般不能安全越冬。即使能越冬存活，一般也不能抽穗。穗期感病的植株一般只旗叶发黄，呈鲜黄色，植株矮化不明显，能抽穗，千粒重低。

(2)病原　由黄症病毒属(*Luteovirus*)的大麦黄矮病毒(Barley yellow dwarf virus，BYDV)引起。

(3)侵染循环　此病的侵染循环在冬麦区和冬春麦混种区是有差异的。冬麦区5月中、下旬,各地小麦进入黄熟期,麦蚜因植株老化,营养不良,产生大量有翅蚜向越夏寄主(次生麦苗、野燕麦、虎尾草等)迁移,在越夏寄主上取食、繁殖和传播病毒。秋季小麦出苗后,麦蚜又迁回麦地,特别是田边的小麦上取食、繁殖和传播病毒,并以有翅成蚜和无翅成、若蚜在麦苗基部越冬,有些地区也产卵越冬。冬前感病的小麦是第二年早春的发病中心。

冬、春麦混种区如甘肃河西走廊一带,5月上旬,麦蚜逐渐产生有翅蚜,向春小麦、大麦、玉米、糜子、高粱及禾本科杂草上迁移。晚熟春麦、糜子和自生麦苗是麦蚜和BYDV的主要越夏场所。9月上旬,冬小麦出苗后,麦蚜又迁回麦田,在冬小麦上产卵越冬,BYDV也随之传到冬小麦麦苗上,并在小麦根部和分蘖节里越冬。

4.1.2　影响发生的主要因素

4.1.2.1　小麦锈病

(1)小麦条锈病　小麦条锈病的发生和流行主要取决于锈菌小种的变化、小麦品种的抗锈性以及环境条件等。

①条锈菌生理小种的变化:条锈菌生理小种群体结构的重大变化是导致抗病品种抗性丧失和锈病流行的主要原因。20世纪50年代,条中1号上升为优势小种;60年代,条中8号和条中10号成为优势小种;70年代,条中17、18、19、21和25号成为优势小种;80～90年代,条中28号和条中29号成为优势小种;1991年以后,条中30号和条中31号逐渐上升。条锈病的发生和流行与菌量密切相关。

②小麦品种的抗锈性:大面积种植感病品种或者大面积栽培的抗病品种丧失抗锈性,是锈病流行的基本条件。抗锈性是小麦与锈菌在长期协同演化过程中形成的复杂性状,它有多种类型,主要包括低反应型抗锈性、数量性状抗锈性和耐锈性等三大类型,其表现形式、强度和机制多样。还有一些品种具有避病性,在发病盛期到来时已处于生育阶段晚期,损失相对较少。

③环境条件:影响条锈病发生和流行的环境条件主要是雨水和结露。夏、秋多雨,有利于越夏菌源繁殖和秋苗发病;冬季多雪,有利于保护菌源越冬;3～5月份,尤其是3～4月份雨水多、结露时间长,有利于病菌的侵染、发展和蔓延。在早春无雨情况下,病叶死亡快,不利于条锈病流行。

④栽培管理措施:如耕作、播期、密度、水肥管理和收获方式等对麦田小气候、植株抗病性和锈病发生也有很大的影响。冬耕有利于锈菌越冬;麦田管理不当,追施氮肥过多过晚,使麦株贪青晚熟,会加重锈病发生;大水漫灌会提高小气候湿度,有利于锈菌侵染。

(2)小麦叶锈病　小麦叶锈病的发生和流行主要取决于锈菌生理小种群体结构的变化、小麦品种的抗锈性以及环境条件的影响。

①叶锈菌生理小种群体结构:20 世纪 70 年代,我国叶锈菌生理小种叶中 4 号自发现以来,出现频率逐年上升,1986 年跃居为优势小种,在我国广大麦区均有分布。其次是叶中 34 号、叶中 3 号、叶中 44 号、叶中 19 号、叶中 5 号和未定类型。其中叶中 4 号毒力最强,毒性谱最宽。

②小麦品种的抗锈性:截至 1995 年,国际上已经正式命名 52 个抗叶锈病基因(*Lr* 基因),其中大多数都已通过非整倍体技术在染色体上进行了定位,并对各个基因的抗病性特点、显隐性及连锁遗传关系等进行了深入研究,许多重要基因已在小麦抗锈育种中得到广泛的应用。

③环境条件:影响叶锈病流行的主要因素是春季的雨量和温度回升的早晚。温度回升早且有雨、露配合,叶锈病就可能提早发生,发病较重。小麦生长中后期,湿度对病害的影响较大。小麦抽穗前后,如降雨次数多,病害就可能流行。同时,由于叶锈菌夏孢子可以不在水滴中而在相对湿度高于 95%的条件下萌芽,在即使雨水较少但田间小气候湿度较高的情况下,病害仍有可能流行。此外,除了本地菌源可引起病害流行外,如有大量外来菌源,病害也能流行。

④栽培管理措施:如耕作、播期、密度、水肥管理和收获方式等对麦田小气候、植株抗性和锈病发生有很大的影响。冬灌有利于锈菌越冬;麦田管理不当,追施氮肥过多过晚,使麦株贪青晚熟,加重锈病发生;大水漫灌能提高小气候湿度,有利于锈菌侵染。

(3)小麦秆锈病　小麦秆锈病的发生和流行主要取决于锈菌小种变化、小麦品种的抗锈性和环境条件。

①秆锈菌生理小种的变化:秆锈菌新的毒性小种可以通过在转主寄主上的有性杂交、突变和异核重组等途径而产生。在我国,秆锈菌的转主寄主不起作用,所以毒性小种的变化可能以后两种途径为主。毒性较弱的优势小种 21C3 自发现以来,长期稳定占据优势,而毒性很强的生理小种 40、116、34C2、34C4 出现频率一直很低;1989 年又发现新的小种 34C5,还发现了对抗秆锈基因 *Sr*11 等有毒力的多个 21C3 致病类型,值得密切注意。小种混合接种试验表明,毒力较弱的小种 21C3 的相对生存能力明显高于毒力强的小种。因此,在田间,毒力强而相对生存能力较弱的小种就难以发展起来,从而稳定了中国小麦秆锈菌种群。

②小麦品种的抗锈性:迄今已发现了 60 多个小麦抗秆锈基因,已把 40 多个抗病基因定位在染色体上。绝大多数报道的抗秆锈基因都是小种专化性的,除来自小麦属各种之外,还来自小麦的近缘属。多数抗秆锈基因在全生育期表达,但少数

为成株期抗病基因或苗期抗病基因。

③环境条件:气候因素可以影响锈菌的存活、生长发育和繁殖,影响小麦品种的抗锈性,还可以影响锈病的侵染过程和大区流行。一般来说,小麦抽穗期的气温可满足秆锈菌夏孢子萌发和侵染的要求,决定病害是否流行的主要因素是湿度。

④栽培管理措施:播期、密度、水肥管理等对麦田小气候、植株抗病性以及锈病的发生有很大的影响。北部麦区播种过晚,秆锈病发生重;麦田管理不善,追施氮肥过多过晚,则加重秆锈病的发生。

4.1.2.2 小麦赤霉病

赤霉病的发生和流行受气候、菌量、作物生育期、品种抗病性以及栽培管理措施等多种因素的影响。其中气候条件、菌量及作物生育期的相互配合程度对病害的流行起着决定性的作用,流行的程度往往决定于三者配合的程度。

(1)气象条件　气象因素对小麦赤霉病的影响,在前期主要是基物上的接种体的产生,后期则主要影响病原菌的侵入、扩展和发病。气温不是决定病害流行强度变化的主要因素,而小麦抽穗扬花期的降雨量、降雨日数和相对湿度才是病害流行的主导因素,其次是日照时数。

(2)菌源数量　越冬菌源量和孢子释放时间与田间病害发生程度的关系十分密切。地面菌源有一定的中心效应,菌源量大病害加重,因此有充足菌源的重茬地块和距离菌源近的麦田发病严重。另外,影响苗期发病的主要因素是种子带菌量。种子带菌量大,或种子不进行消毒处理,病苗和烂种率高。土壤带菌量则与茎基腐发生轻重有一定关系。

(3)品种抗病性和生育时期　小麦品种间对赤霉病抗病性存在有一定差异,但尚未发现免疫和高抗品种,特别是目前生产上大面积推广的主栽品种对赤霉病抗性均较差。从机制来看,抗病品种主要是抗扩展能力较强,发病后往往局限在受侵染小穗及其周围,扩展较慢,严重度较低;而感病品种则扩展较快,发病后常造成多个小穗或全穗枯死。

从生育期来看,小麦整个穗期均可受害,但以开花期感病率最高,开花以前和落花以后则不宜感染,说明病菌的侵入时期受到寄主生育期的严格限制。

(4)栽培条件　地势低洼,排水不良,或开花期灌水过多,造成田间湿度较大,有利于发病;麦田施氮肥较多,植株群体大,通风透光不良或造成贪青晚熟,也会加重病情。作物收获后不及时翻地,或翻地质量差,田间遗留大量病残体和菌源,来年发病重。

此外,小麦成熟后因雨不能及时收割,赤霉病仍可继续发生;或收割后多雨而不能及时脱粒,病害可继续在垛内蔓延,以致造成霉垛;或收割时短期内大量子粒进入晒场，但因雨不能及时晒干出场，子粒在晒场内发热而引起霉堆。

4.1.2.3 麦类白粉病

(1)品种抗病性　不同的小麦品种对白粉病菌的抗病性差异很大，表现为从免疫、高抗到高感等多种类型。根据抗病性表现，又可把小麦品种对白粉病菌的抗性分为低反应型抗病性、数量性状抗病性和耐病性。目前国外已经明确的抗白粉病基因有20多个，一些抗病基因表现良好。

(2)气候条件　气候因素对小麦白粉病发生的影响十分明显，其中又以温度和湿度影响最大。温度对春季小麦白粉病的影响包括3个方面：一是始发期的早晚，二是潜育期的长短和病情发展速度的快慢，三是病害终止期的迟早。

(3)栽培条件　栽培条件如施肥、灌水、播种量和植株密度等对小麦白粉病的发生也有重要影响。氮肥施用过多，灌水量大，往往导致田间通风透光不良，有利于病原菌的繁殖和侵染；同时植株生长过于茂密，贪青徒长，叶片幼嫩，而且易于倒伏，植株抗病性差，白粉病发生较重。因此，水肥条件好的高产地块易于发病。但是，如田间水肥不足，土壤干旱，植株生长衰弱，细胞缺水失去膨压，抗病性下降，也会引起病害严重发生。

(4)菌源数量　在陕西关中和甘肃天水等地，秋苗发病轻重与越夏地的菌源量有密切关系，而春季的病情与病菌越冬存活率有一定关系。例如，在东北春小麦种植地区，病菌不能在当地越夏和越冬，白粉病发生的菌源来自于胶东半岛冬麦区，因此，胶东半岛春季小麦白粉病的发生程度及菌源量对东北地区春小麦白粉病的发生影响很大。

4.1.2.4 小麦纹枯病

影响小麦纹枯病发生流行的因素包括品种抗性、气候因素、耕作制度及栽培技术等。冬季播种过早、密植过度、冬前麦苗过旺或施用氮肥过多、麦苗徒长的麦田，以及遭受低温寒害、脱肥和灌水不合理的春麦田，发病均较重。秋、冬温暖，次年春季多雨潮湿，施用带病残株而未经腐熟的粪肥以及酸性土壤，均有利于发病。

4.1.2.5 小麦黄矮病

小麦黄矮病在田间的发病规律一般是早播重，适期迟播轻(冬麦)；点播稀植重，条播密植轻；阳坡地重，阴坡地轻；旱地重，水浇地轻；路边地头重，精耕细作、小麦长势好的轻；缺肥、缺水、盐碱瘠薄地重。上述发病轻重的差异，主要是由麦蚜虫口密度所决定的，与气候因素、耕作栽培条件和毒源等也有一定关系。在16～20℃下，病毒的潜育期为15～20 d。温度降低，潜育期延长。25℃以上逐渐潜隐，30℃以上不易显症。前一年10月份平均气温和降雨量及当年1、2两个月份的平均气温与麦蚜及小麦黄矮病发生程度有密切关系。温度和雨量影响蚜虫尤其麦二叉蚜的发生早晚和数量，间接影响黄矮病发生早晚和程度。如前一年10月份的平均气温高，降雨量少，当年1、2月份的平均气温高，则对麦蚜取食、繁殖、传播病毒、安全越冬及早春提早活动等均较有利，这样就容易导致麦蚜及小麦黄矮病的大发生和流行。小麦在拔节孕穗期遇低温、倒春寒，生长发育受影响，抗、耐病性减弱，也容易发生黄矮病。

4.1.3 主要防治方法

4.1.3.1 小麦锈病

(1)小麦条锈病　小麦条锈病的防治应以种植抗病品种为主，栽培和药剂防治为辅，实施分区治理的综合防治措施。

①种植抗病品种：种植抗病品种是防治小麦条锈病最经济有效的措施，现在已有50多个抗锈基因完成了染色体定位。在控制小麦群体基因结构的过程中，要重视基因多样性这一抗锈关键因素，避免小麦抗锈品种抗源单一化，实施小麦不同抗锈基因品种的合理布局。另外，还可以培育和利用聚合品种(将多个抗病基因聚合在一个品种中)、多系品种(抗不同生理小种的多个品系的组合)或多抗品种(抗多个小种，或兼抗其他病害的品种)。此外，还可利用外源基因来丰富小麦的抗锈基因。

②栽培防治：适期播种，避免早播，减轻秋苗发病，减少秋季菌源。越夏区要消灭自生麦苗，减少越夏菌源的积累和传播；在土壤缺乏磷、钾肥的地区，应增施磷、钾肥，增强植株抗病性，减少锈菌发生；合理灌溉，将病害的发生和产量损失减少到最低程度。

③药剂防治：粉锈宁可按种子质量0.03%拌种，速保利可按种子质量0.01%拌种，持效期可达50 d以上。成株期田间病叶率2%～4%时，应进行叶面喷雾，每公顷用粉锈宁75～135 g，用速保利45～60 g，一次施药即可控制成株期危害。

(2)小麦叶锈病　小麦叶锈病应采取以种植抗病品种为主，栽培防病和药剂防治为辅的综合防治措施。

①选育推广抗(耐)病品种：近年来，在黄、淮、海等冬麦区推广的抗病品种有陕农7859、冀5418、鲁麦1号、徐州21等。在品种选育和推广中应重视抗锈基因的多样化和品种的合理布局，防止品种单一种植。

②加强栽培防病措施：精耕细耙，消灭杂草和自生麦苗，控制越夏菌源；在秋苗易发生叶锈病的地区，避免过早播种，可显著减少秋苗发病，减少越冬菌源；合理密植和适量适时追肥，避免过多过迟施用氮肥。锈病发生时，南方多雨麦区要开沟排水；北方干旱麦区要及时灌水，可补充因锈病破坏叶面而蒸腾掉的大量水分，减少

产量损失。

③采用药剂防治:用粉锈宁拌种,控制秋苗发病,减少越冬菌源数量,推迟春季叶锈病流行。春季防治可在抽穗前后,田间普遍率达5%～10%时开始喷药。

(3)小麦秆锈病 防治小麦秆锈病应以种植抗病品种为主,农业措施和药剂防治相结合。

①种植抗病品种:我国加强秆锈小种动态监测和抗源筛选,选育、引进、推广大量的抗秆锈良种,使东北、西北春麦区和江淮、山东沿海冬麦区、福建等地冬春麦区的秆锈病得到有效控制,没有出现大流行。

在推广抗病良种时应注意品种(或抗性基因)的合理布局,尤其是在秆锈菌越夏、越冬区及东北常发区实行抗源合理布局,分别种植不同抗锈类型品种,以减少菌源,切断锈菌的周年循环,从而有效地控制秆锈病流行。另外要注意应用具有避病性、数量性状抗病性以及耐病性品种。

②加强栽培管理:福建、广东等越冬区,适期播种,以减少初始菌源;在北部麦区适时早播,可提早小麦成熟,减轻后期危害。合理施肥,氮肥应早施,不要过迟过多;增施磷、钾肥促进小麦生长发育;发病严重时灌水可以补偿病株失水,从而减轻损失。自生麦苗是秆锈菌的主要越夏寄主,可以结合田间管理,伏耕保墒除草,消灭自生麦苗,减少越夏菌源。

③配合药剂防治:在越夏、越冬区采用0.03%粉锈宁拌种,可减少秋苗发病和越冬菌源数量;在小麦扬花灌浆期,病秆率达3%～5%时开始喷药;如病菌菌源量大,春季气温回升早,雨量适宜,则需提前到病秆率0.5%～1%时开始喷药。

4.1.3.2 小麦赤霉病

防治小麦赤霉病应采取以农业防治和减少初侵染源为基础,充分利用抗病品种,及时喷洒杀菌剂相结合的综合防治措施。

(1)选育和推广抗病品种 目前选育的抗病品种在生产上发挥了一定的作用,但总的来说其抗病性和丰产性还不够理想。

(2)加强农业防治,消灭或减少越冬菌源 播种时要精选种子,减少种子带菌率;播种量不宜过大,以免造成植株群体过于密集和通风透光不良;要控制氮肥施用量,实行按需合理施肥,追施氮肥也不能太晚;小麦扬花期应少灌水,更不能大水漫灌,多雨地区要注意排水降湿;采取必要措施消灭或减少初侵染菌源,小麦扬花前要尽可能处理完麦秸、玉米秸等植株残体;上茬作物收获后应及时翻耕灭茬,促使植株残体腐烂,减少田间菌源数量;小麦成熟后要及时收割,尽快脱粒晒干,减少霉垛和霉堆造成的损失。

(3)药剂防治 种子处理:可用50%多菌灵,每100 kg种子用药100～200 g

湿拌。

喷雾防治:是防治穗腐的关键措施,最适施药时期是小麦齐穗期至盛花期,施药应宁早勿晚。比较有效的药剂是多菌灵和甲基硫菌灵等内吸杀菌剂,450～600 g/hm^2。

4.1.3.3 麦类白粉病

防治策略应采取以推广抗病品种为主,辅以减少菌源、栽培防治和化学药剂防治的综合防治措施。

(1)选用抗病品种　我国在小麦抗白粉病品种的引进、选育、筛选和鉴定方面做了大量的工作。据不完全统计,各地共鉴定了近万份小麦材料,选育出了一大批抗病品种(系),其中抗病性表现较好的有豫麦17号、鲁麦14号、冀麦5418等。

(2)减少初侵染源　由于自生麦苗上的分生孢子是小麦秋苗的主要初侵染菌源,因此在小麦白粉病的越夏区,在麦播前要尽可能消灭自生麦苗,以减少菌源,降低秋苗发病率。在病原菌闭囊壳能够越夏的地区,麦播前要妥善处理带病麦秸。

(3)加强栽培管理　做到适期播种,控制田间群体密度;合理灌水,降低田间湿度;合理施肥。

(4)采用药剂防治　播种期拌种。在秋苗发病较重的地区,可采用粉锈宁拌种;春季发病初期要及时进行喷药防治。

4.1.3.4 小麦纹枯病

加强栽培管理,促进小麦生长健壮是防治此病的主要方法,具体措施有:

①合理施肥:避免过量施用氮肥,配合施用磷、钾肥;带有病残株的粪肥要经高温腐熟后施用。

②适期播种:春性强的品种不能过早播种,防止冬前过旺。

③合理密植:根据土地肥力水平,播种量不要过大。

④加强管理:提高整地质量,加强麦田管理。

⑤选用抗病品种:根据品种抗病性的表现,搭配种植抗病性强的品种。

⑥采用药剂防治:可使用三唑类内吸性杀菌剂。

4.1.3.5 小麦黄矮病

防治策略应以鉴定、选育抗(耐)病丰产良种为主,从治蚜防病入手,改进栽培技术,以达到防病增产的目的。

(1)选用抗病丰产品种　小麦品种之间抗病性的差异比较明显,尤其是耐病性较强的品种较多,应注意选用。

(2)栽培防治　重病区应着重改造麦田蚜虫的适生环境,清除田间杂草,减少病源寄生。增施有机肥,扩大水浇面积,创造不利于蚜虫繁殖而有利于小麦生长发育的生态环境，以减轻危害。适期播种，避免早播。

(3)药剂治蚜防病　①药剂拌种：75%甲拌灵按种子重量的0.3进行拌种，堆闷3～5 h后播种。②药剂喷雾：喷施40%氧化乐果秋苗期喷雾用于保护未拌种的早播麦田，春季喷雾重点防治发病中心及麦蚜虫早发麦田。

4.2　麦类虫害

4.2.1　主要类群

4.2.1.1　小麦蚜虫

较普遍而重要的有麦二叉蚜(*Schizaphis graminum* (Rondani)，图 4-7)、麦长管蚜(*Macrosiphum avenae* (Fabricius)，图 4-8)、禾谷缢管蚜(*Rhopalosiphum padi* Linn.，图 4-9)和无网长管蚜(*Acyrthosiphon dirhodum* (Walker))。主要类群的形态特征比较见表 4-2。

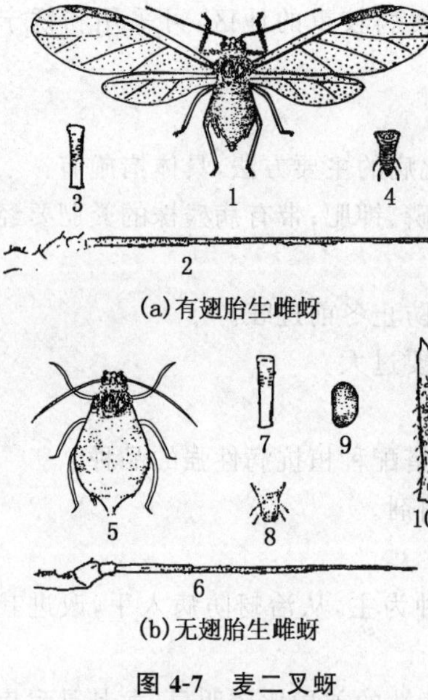

(a)有翅胎生雌蚜　(b)无翅胎生雌蚜

图 4-7　麦二叉蚜

1.成虫　2.触角　3.腹管　4.尾片　5.成虫　6.触角　7.腹管　8.尾片　9.卵　10.成虫后足胫节

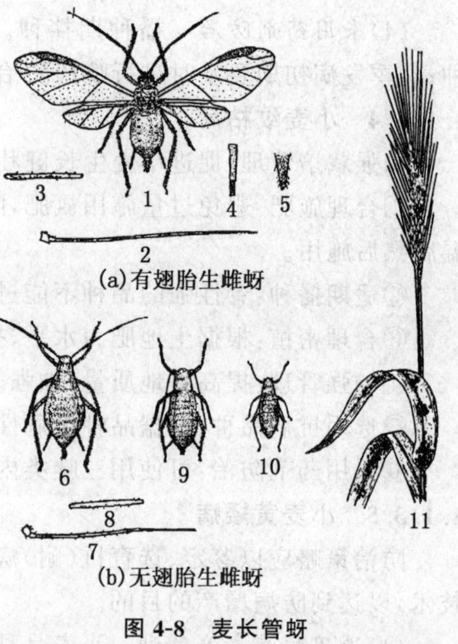

(a)有翅胎生雌蚜　(b)无翅胎生雌蚜

图 4-8　麦长管蚜

1.成虫　2.触角　3.触角第三节　4.腹管　5.尾片　6.成虫　7.触角　8.触角第三节　9,10.若虫　11.为害状

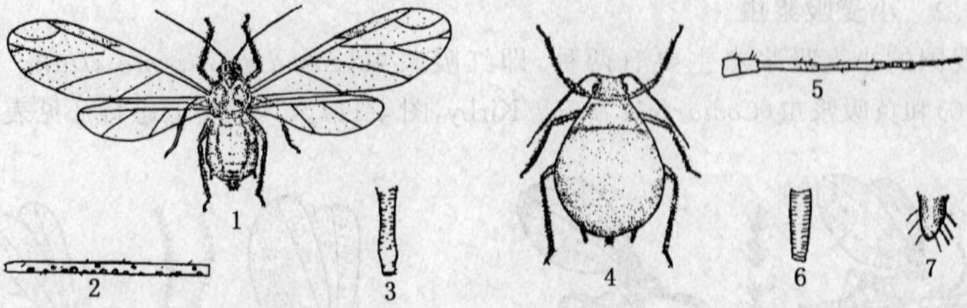

(a)有翅胎生雌蚜　　(b)无翅胎生雌蚜

图 4-9　禾谷缢管蚜

1. 成虫　2. 触角第三节　3. 腹管　4. 成虫　5. 触角　6. 腹管　7. 尾片

表 4-2　小麦主要蚜虫形态特征比较

特征		麦二叉蚜	麦长管蚜	禾谷缢管蚜
有翅胎生蚜	体长/mm	1.8～2.3	2.4～2.8	1.6 左右
	体色	头、胸部灰黑色，腹部绿色，背面中央有 1 条深绿色纵线，复眼黑褐色	头、胸部暗绿色或暗褐色，腹部黄绿色至浓绿色，腹背两侧有褐斑 4 或 5 个，复眼红色	头、胸部黑色，腹部暗绿色带紫褐色，腹部后方中央有黑斑
	额瘤	不明显	明显，外倾	略显著
	触角	比身体短，第 3 节有 5～8 个感觉圈	比身体长，第 3 节有 6～18 个感觉圈	比身体短，第 3 节有 17～22 个感觉圈
	前翅中脉	分 2 叉	分 3 叉	分 3 叉
	腹管	长约 0.25 mm，淡绿色，端部暗褐色，末端缢缩、向内倾斜	长约 0.48 mm，全部黑褐色，端部有网状纹	近圆筒形，端部缢缩如瓶颈
	尾片	圆锥形，中等长，黑色，有 2 对长毛	管状，极长，黄绿色，有 3 或 4 对长毛(有时两侧不对称)	圆锥形，中部缢入，有 3 或 4 对长毛
无翅胎生蚜	体长/mm	1.4～2.0	2.3～2.9	1.7～1.8
	体色	淡黄色至绿色，背面中央有 1 条深绿色纵线	淡绿色至黄绿色，背侧有褐色斑点，复眼赤褐色	浓绿色或紫褐色，腹部后端常带紫红色
	触角	为体长的一半或稍长	与身体等长或超过体长，黑色，第 3 节有 0～4 个感觉圈，第 6 节鞭部长为基部的 5 倍	仅为体长之半，第 3 节无感觉圈，第 6 节鞭部长为基部的 2 倍

4.2.1.2 小麦吸浆虫

我国的小麦吸浆虫主要有两种，即红吸浆虫（*Sitodiplosis mosellana* Gehin，图 4-10）和黄吸浆虫（*Contarinia tritici* Kirby，图 4-11）。其主要形态特征见表 4-3。

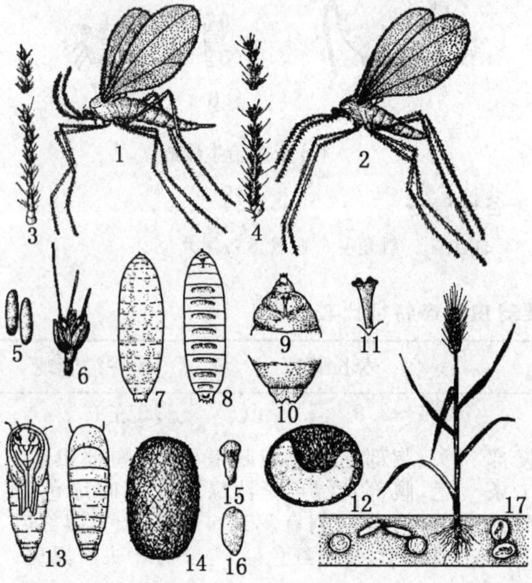

图 4-10 麦红吸浆虫

1.雌成虫 2.雄成虫 3.雌成虫触角基部及端部数节 4.雄成虫触角基部及端部数节 5.卵(放大) 6.产于颖背的卵 7.幼虫(背面观) 8.幼虫(腹面观) 9.幼虫前端(腹面观) 10.幼虫后端(腹面观) 11.幼虫的剑骨 12.休眠幼虫 13.蛹 14.蛹茧 15.被害麦粒 16.健粒 17.土内的幼虫、休眠的幼虫、蛹、蛹茧

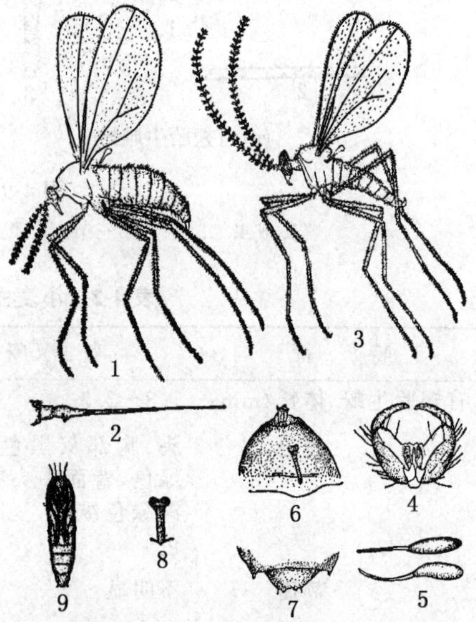

图 4-11 麦黄吸浆虫

1.雌成虫 2.雌虫的产卵器 3.雄成虫 4.雄虫交尾器 5.卵 6.幼虫前端(腹面观) 7.幼虫后端 8.幼虫剑骨片 9.蛹(腹面观)

4.2.1.3 麦秆蝇

麦秆蝇（*Meromyza saltarix* L.，图 4-12）俗称麦钻心虫和麦蛆，属双翅目黄潜蝇科。在我国 15 个省、市、自治区有记载，以内蒙古、华北及西北春麦区分布广泛，冬麦区也较普遍，且局部地区为害严重。此外，少数地区发生的还有黑麦秆蝇（*Oscinella pusilla* Meigen）、宽芒麦秆蝇（*Elachiptera insignis* Thoms）和细腿麦秆蝇（*Lasiosina* sp).。

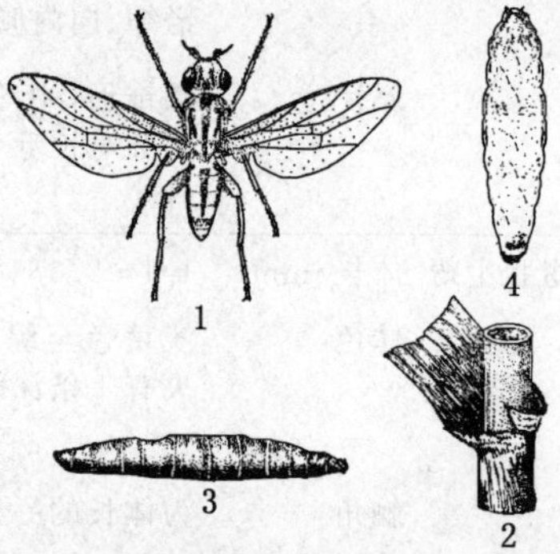

图 4-12 麦秆蝇

1.成虫 2.产在小麦叶面基部的卵 3.幼虫 4.蛹

表 4-3 小麦吸浆虫形态特征比较

特	征		麦红吸浆虫	麦黄吸浆虫
成虫	体色		橘红色	姜黄色
	翅面		带紫色闪光,有 4 条脉,径分脉直达翅端	前翅径分脉近翅缘一段不明显
	雌虫		产卵管不长,伸出时约为腹长之半,末端呈圆瓣状	产卵管极长,伸出时约为腹长的 2 倍,末端呈针状
	雄虫	触角	鞭节每节有 2 个膨大的部分,其上着生 1 圈刚毛和 1 圈环状毛	鞭节每节也有 2 个膨大的部分,其上着生 1 圈刚毛和 1 圈环状毛
		抱握器	基部内缘和端节末端均有齿	光滑无齿
		腹末	腹瓣末端略凹入	腹瓣明显凹入,分裂为两瓣
幼虫	卵		长圆形,长约为宽的 4 倍,末端无附属物	香蕉形,前端略弯,末端有细长的卵柄附属物
	体表		橘黄色,具鱼鳞状突起	姜黄色,光滑
	前胸		"Y"形剑骨片中间成锐角深凹陷	"Y"形剑骨片中间呈弧线浅凹陷
	腹末		突起 2 对,尖形	突起 1 对,圆形
	蛹		橙红色,胸呼吸器 1 对,呈长管状,向前方伸出,上方超过头后部的一对短毛	浅黄色,头后的 1 对毛和胸呼吸器几乎等长

麦秆蝇的主要形态如下:雄成虫体长为 3.0~3.5 mm,雌虫为 3.7~4.5 mm。腹部黄绿色,胸背中央纵纹的末端宽于前端的 1/2。下腭须基部较小,1/3 部分为黄白色,端部较大,2/3 部分为黑色。卵约 1.0 mm,颜色较暗。老熟幼虫体长 6.0~6.5 mm,呈黄绿色,前气门分支和气门小孔数 6~9 个,多数为 7 个。蛹体初期颜色较淡,后期为黄绿色,前气门分支和气门小孔数 6~9 个。

4.2.1.4 麦叶蜂

我国为害小麦的叶蜂以小麦叶蜂(*Dolerus tritici* Chu)为主,另外还有大麦叶蜂(*Dolerus hordei* Rhower)、黄麦叶蜂(*Pachynematus* sp.)和浙江麦叶蜂(*Dolerus ephippiatus* Smith)。小麦叶蜂的主要形态特征是:雌成虫体长 9~10 mm,雄虫体长 8~9 mm,体多为黑色,有光泽。触角 9 节。胸部背板橙黄色。前翅略狭长而透明,前足胫节端部有 2 个距。雌成虫腹末有锯状产卵器。卵扁肾形,黄色,长约 18 mm,宽约 0.6 mm。老熟幼虫体长约 20 mm,体细长,圆筒形,胸部较宽大。头淡棕色,体灰、黑、绿色。头部左、右两侧各有单眼 1 个,外有黑色眼圈。身体多横皱纹。胸足 3 对,腹足起于第 2 腹节,共 8 对,有趾无钩。蛹长 9~9.5 mm,

初化蛹为黄白色,将羽化时为黑色。顶端圆形,头、胸部粗大,腹部细小,末端分叉。

4.2.1.5 麦蜘蛛

在我国小麦产区常见的麦蜘蛛主要有 2 种:麦长腿蜘蛛(*Petrobia latens* (Mull.))和麦圆蜘蛛(*Penthaleus major* (Duges))。它们的形态特征如表 4-4 所示。

表 4-4 麦蜘蛛的形态特征

虫态	麦长腿蜘蛛	麦圆蜘蛛
成虫	体长 0.5～0.6 mm,卵圆形,红褐色。头部尖削,4 对足不等长,或第 1、4 对足特别长,其长超过第 2、3 对足的 1～2 倍。肛门着生在腹部腹面	体长 0.6～0.8 mm,椭圆形,黑褐色,头、胸部突起,4 对足约等长,鲜红色
卵	滞育卵:圆柱形,白色,长约 0.8 mm,表面被蜡质卵顶向外扩张,形似倒放草帽,表面有放射状条纹。非滞育卵:球形,红色,长约 0.15 mm,表面有隆起条纹	长椭圆形或麦粒状,长约 0.2 mm,初产时红色,后变淡红色,表面皱缩,外有一层胶质卵壳,表面有五角形网纹
若虫	共 3 龄。第 1 龄圆形,初孵时鲜红,取食后为暗红色,足 3 对;第 2、3 龄足 4 对,似成虫	共 4 龄。第 1 龄圆形,足 3 对,第 2 龄以后足 4 对,体色由淡红色至黑褐色。背肛红色

4.2.2 发生规律

(1)小麦蚜虫 麦蚜的分布和寄主范围依种类不同而异,见表 4-5。

(2)小麦吸浆虫 小麦吸浆虫为世界性害虫,广泛分布于亚洲、欧洲和美洲主要小麦栽培国家。在国内小麦吸浆虫也广泛分布于全国主要产麦区。红吸浆虫主要发生于平原地区的河流两岸,而黄吸浆虫主要发生在高原地区和高山地带。小麦吸浆虫以幼虫为害花器、子实或麦粒,是一种毁灭性害虫。其寄主植物除小麦以外,还有大麦、青稞、黑麦、燕麦、硬粒小麦和小麦的近缘种以及鹅冠草等。

(3)麦秆蝇 麦秆蝇在我国 15 个省、市、自治区已有记载,但在内蒙古、华北及西北春麦区广泛分布,在冬麦区分布也较普遍,并在局部地区为害严重。麦秆蝇主要为害小麦,也为害大麦和黑麦以及一些禾本科和莎草科的杂草。

表 4-5　主要麦蚜虫的发生与为害

项目	麦长管蚜	麦二叉蚜	禾谷缢管蚜
分布	全国麦区,为多数麦区的优势种之一	主要为北方冬麦区,特别是华北、西北等地	华北、东北、华南、华东、西南各麦区,为多雨潮湿麦区的优势种之一
寄主范围	除小麦等麦类作物外,还能为害糜子、高粱、玉米、水稻、甘蔗和茭白等禾本科作物及早熟禾、看麦娘、马唐、棒头草、狗牙根和野燕麦等杂草	除小麦等麦类作物外,还能取食糜子、高粱、玉米和谷子等作物及赖草、冰草、雀麦、星星草、马唐、披碱草、白茅、虎尾草、白羊草和长穗偃麦等禾本科杂草	除小麦等麦类作物外,还能为害糜子、高粱和玉米等农作物和桃、李、杏和苹果等果树,也能取食杂草
为害特点	主要以成、若虫吸食叶片、茎秆和嫩穗的汁液,严重时常使生长停滞,最后枯黄。同时传播大麦黄矮病和甘蔗花叶病毒病,尤以传播大麦黄矮病所造成的麦类黄矮病为最严重,使小麦叶色变黄,植株矮化,分蘖减少,粒重下降而减产		

以幼虫寄生于麦茎内取食幼嫩组织。根据小麦生育期的不同,幼虫蛀茎时可造成 4 种不同的为害症状。①分蘖拔节期:幼虫取食心叶基部和生长点,使心叶外露部分干枯变黄,成为“枯心苗”。②孕穗期:幼虫取食嫩穗及嫩穗节,使之不能正常抽穗,到被害后期会出现穗部腐烂,形成烂穗。③孕穗末期:幼虫入茎后潜入小穗为害小花,麦穗抽出后,被害小穗失绿变为黄白色,形成坏穗。④抽穗初期:幼虫取食穗节尚未角质化的幼嫩组织,使外露的穗部脱水、失绿、干枯,变为黄白色,形成“白穗”。

(4)麦叶蜂　麦叶蜂主要发生在长江以北麦区,除为害小麦外,还可寄生于看麦娘等杂草。幼虫咬食小麦叶片,严重时可将麦叶吃光,使麦粒灌浆不足,影响产量。

(5)麦蜘蛛　我国麦长腿蜘蛛主要发生于北纬 34°～43°之间的小麦产区,包括河北、河南、山东、山西、陕西、甘肃及内蒙古和新疆等省区,尤以黄河以北的平原旱地和山地冬小麦发生普遍而严重。麦圆蜘蛛主要分布于北纬 29°～37°之间的冬小麦区,如山东、河南、安徽、江苏、浙江、四川、陕西及山西和河北南部,以水浇地、低湿地和旱地的多雨地区冬小麦发生严重。除为害小麦和大麦外,麦长腿蜘蛛还能为害桃、柳、桑、槐等木本植物和红茅草、马绊草等杂草。两种麦蜘蛛于春、秋两季吸取麦株汁液,被害麦叶先出现白斑,后变黄,轻则影响小麦生长,造成植株矮小,穗少粒轻,重则整株干枯死亡。枯苗严重被害后,抗害力显著降低。

4.2.3 影响发生的主要因素

4.2.3.1 小麦蚜虫

影响3种小麦蚜虫发生的主要因素见表4-6。

表4-6 影响小麦蚜虫发生与为害的主要因素

因 素	麦长管蚜	麦二叉蚜	禾谷缢管蚜
温度	8℃以下很少活动，适温为5日均温16～25℃，16～20℃最适，28℃以上生育停滞	5日均温5℃左右开始活动，繁殖适温8～20℃，以13～18℃最适	5日均温8℃左右开始活动，18～24℃最有利
湿度	喜湿，适宜相对湿度为40%～80%	喜干，适宜相对湿度为35%～67%	最喜湿，不耐干旱
风雨	暴风雨影响最大	暴风雨影响最小	暴风雨影响次之
小麦生长状况	长势一般田发生重	长势差的田发生重	长势好的田发生重
栽培条件	秋季早播麦田蚜量多于晚播麦田，春季晚播麦田多于早播麦田。耕作细致的秋灌麦田蚜虫虫口密度较低，春季水浇麦田蚜量多于旱麦田		
天敌种类	麦蚜的常见天敌50余种，主要的有七星瓢虫、异色瓢虫、龟纹瓢虫、食蚜蝇类、草蛉类、茧蜂类和蜘蛛类		

4.2.3.2 小麦吸浆虫

雨量和湿度是小麦吸浆虫发生的主导因素之一，并对温湿度有3个敏感期，即：温度敏感期，吸浆虫需一定的低温解除滞育并活化；湿度敏感期，活化破茧后，需要一定的土壤湿度才能活动；高湿期，临化蛹前需要短暂的高湿期，否则不化蛹。麦红吸浆虫在20～25℃及20%～28%土壤含水量最适于生活生存。由于吸浆虫耐低温而不耐高温，因此越冬死亡率低于越夏死亡率。小麦品种不同，小麦吸浆虫的为害程度不同，一般芒长刺多，口紧，穗小、密集，扬花期短而整齐，果皮厚的品种，对吸浆虫成虫的产卵、幼虫入侵和为害均不利。地势和土质对吸浆虫的发生也有影响，一般沿河渠两岸的低洼地、常年灌区、山谷湿地等为多发区，而高地、坡地和阳坡地则发生少。此外，麦田连年深翻，小麦与油菜、豆类、棉花和水稻等作物轮作，对降低虫口数量有明显的作用。小麦吸浆虫的天敌有10多种，主要有蜘蛛、蚂蚁、蓟马、步甲隐翅虫等，对成虫、幼虫、卵和蛹有一定的捕食作用。还有一些寄生蜂也对吸浆虫的发生有一定的抑制作用。

4.2.3.3 麦秆蝇

温度尤其是早春的温度直接影响麦秆蝇越冬代的发生时间，而降雨量则影响其发生量，尤其是暴雨、大雨对麦秆蝇产卵、卵的孵化及幼虫入茎均不利，降雨会减少成虫的活动与产卵，已产的卵部分被冲刷掉。

栽培技术直接影响小麦生长发育和麦秆蝇发生的轻重，一般适时早播的小麦田受害轻。此外，合理密植，增施基肥，实行冬灌就能预防和减轻为害，而土壤盐碱化，地势低洼、排水不良，施肥不足，迟播、播种过深，麦苗生长不良的麦田则受害较重。

小麦品种也是控制麦秆蝇发生的一个重要因素，大面积种植抗虫品种，不仅能够避免或减轻受害，还能显著地压低麦秆蝇的发生数量。

4.2.3.4 麦叶蜂

冬季温暖，土壤水分充足，3月间雨量少，而春季气候凉湿，麦叶蜂发生、为害重；如冬季寒冷，土壤干旱，3月间又降大雨，则麦叶蜂发生轻。此外，沙性土麦田比黏性土受害重。

4.2.3.5 麦蜘蛛

麦长腿蜘蛛主要发生在黄河以北的旱作麦地，麦圆蜘蛛多发生在北纬37°以南黄淮地区的水浇麦地或低洼麦地。长江流域各省也有发生。两种麦蜘蛛也可以在同一地区混合发生，猖狂为害。

麦蜘蛛在连作麦田，靠近村庄、堤埝、坟地等杂草较多的地块，发生、为害严重。水旱轮作和收麦后深翻的地块发生轻。麦长腿蜘蛛的适温为15～20℃，适宜湿度在50%以下，所以秋雨少、春暖干旱的壤土、黏土麦田发生重。麦圆蜘蛛的适温为8～15℃，适宜湿度为80%以上，因此，秋雨多、春季阴凉多雨的沙壤土麦田易严重发生。

4.2.4 主要防治方法

4.2.4.1 小麦蚜虫

(1)农业防治　作物布局要合理，冬、春麦混种区尽量使其单一化，秋季作物尽可能为玉米和谷子等。选择一些抗虫耐病的小麦品种，造成不良的食物条件。冬麦适当晚播，实行冬灌，早春耙磨镇压。

(2)药剂防治　药剂防治应注意抓住防治适期和保护天敌的控制的作用。麦二叉蚜要抓好秋苗期、返青和拔节期的防治；麦长管蚜以扬花末期防治最佳。用40%乐果乳油2 000～3 000倍液或50%辛硫磷乳油2 000倍液，对水喷雾。每亩用50%辟蚜雾可湿性粉剂10 g，对水50～60 kg喷雾。用50%抗蚜威4 000～5 000倍液喷雾防治。

4.2.4.2 小麦吸浆虫

(1)农业防治 ①选用抗虫品种:一般选用穗形紧密,内外颖毛长而密,麦粒皮厚,浆液不易外流的小麦品种。②轮作倒茬:在小麦吸浆虫严重田及其周围,可实行棉麦间作或改种油菜、大蒜等作物,待两年后再种小麦,就会减轻为害。

(2)化学防治 ①土壤处理:土壤处理的时间为小麦播种前的最后一次浅耕时、小麦拔节期和小麦孕穗期。药剂为2%甲基异硫磷粉剂、4.5%甲敌粉、4%敌马粉、1.5%甲基1605粉,每亩用2~3 kg,拌干细土20 kg;或用3%甲基异硫磷颗粒剂,每亩1.5~2 kg;或80%敌敌畏乳油50~100 mL加水1~2 kg;或用50%辛硫磷乳油200 mL,加水5 kg,喷在20~25 kg的细土上,拌匀制成毒土施用,边撒边耕,翻入土中。②成虫期药剂防治:在小麦抽穗至开花前,每亩用80%敌敌畏150 mL,加水4 kg稀释,喷洒在25 kg麦糠上拌匀,隔行每亩撒一堆,此法残效期长,防治效果好。或用40%乐果乳剂1 000倍,2.5%溴氰菊酯3 000倍,40%杀螟松可湿性粉剂1 500倍液等喷雾。

4.2.4.3 麦秆蝇

(1)农业防治 ①选用抗虫品种。选用一些穗紧密、芒长而带刺的小麦品种种植可以减轻麦秆蝇的为害。②适时播种,尽可能早播种,加强水肥管理,促使小麦生长发育,早拔节。③作好冬耕冬灌工作,提高越冬死亡率。

(2)药剂防治 药剂防治关键时期应是小麦的拔节末期,幼虫大量孵化入茎的时期。①粉剂:2.5%敌百虫粉,5%西维因粉剂,1.5%乐果粉剂,每亩用1.5~2 kg。②乳油:50%对硫磷(1605)乳油5 000倍,50%敌敌畏乳油与40%乐果乳油1∶1混合后,对水1 000倍喷雾,每亩50~75 kg。

4.2.4.4 麦叶蜂

(1)农业防治 ①在播种前和麦收后,深耕整地,可把土中休眠的幼虫翻出,使其不能正常化蛹而死。②利用麦叶蜂的假死性,可在傍晚用脸盆顺麦垄敲打,将其振落在盆中,集中捕杀。③采用水旱轮作。

(2)化学防治 麦叶蜂抗药力较弱,在幼虫3龄前用药,效果为佳。①粉剂:用1.5%乐果粉或2.5%敌百虫粉,每亩喷施1.5~2 kg。②乳剂:用25%乐果乳剂或50%辛硫磷乳剂,对水1 500倍喷雾。喷药时间应在傍晚或上午10时以前为好。

4.2.4.5 麦蜘蛛

麦蜘蛛的控制要加强农业防治措施,重视田间虫情监测,及时发现,争取早治,消灭点片时期。

(1)农业防治 麦收后深耕灭茬,可大量消灭越夏卵,压低秋苗的虫口密度。适时灌溉,同时振动麦株,可有效地减少麦蜘蛛的种群数量。轮作倒茬,避免麦田连作，可减轻麦蜘蛛的为害。

(2)药剂防治 ①拌种：用75%甲拌磷(3911)乳油100～200 mL，兑水5 kg，喷拌50 kg麦种，对两种麦蜘蛛防除均较理想。②田间喷粉：3%混灭威粉剂或1.5%甲基1605粉，每亩1.5～2 kg。③田间喷雾：40%氧化乐果乳油2 000倍，或40%三氯杀螨醇乳油1 500倍，或用50%马拉硫磷2 000倍，每亩施75 kg药液。

4.3 麦田草鼠害

4.3.1 麦田鼠害

4.3.1.1 为害麦田的主要鼠种

为害小麦以及其他麦类作物如大麦、青稞、燕麦的鼠种与麦类作物的种植分布有一定关系。东北地区主要有黑线姬鼠、达乌尔黄鼠、小家鼠。华北平原和黄河中下游流域常见的有大仓鼠、黑线姬鼠、褐家鼠、巢鼠。山西、陕西等地以大仓鼠、褐家鼠及地下生活的鼢鼠、棕色田鼠为主。内蒙古、宁夏、甘肃、新疆等地主要有小家鼠、黑线仓鼠、长爪沙鼠、子午沙鼠等。西南地区以社鼠、黑线姬鼠、褐家鼠、东方田鼠为主。

(1)大仓鼠 学名 *Cricetulus triton* de Winton，属啮齿目仓鼠科。别名大腮鼠、灰仓鼠、齐氏鼠、搬仓鼠和棉槲头。分布在东北、华北、陕西北部、甘肃、内蒙古及长江流域。

①寄主：玉米、小麦、燕麦、向日葵，有时也为害蔬菜等。

②为害特点：主要盗食植物种子，尤喜油料种子，也食蜗牛、蝗虫等。

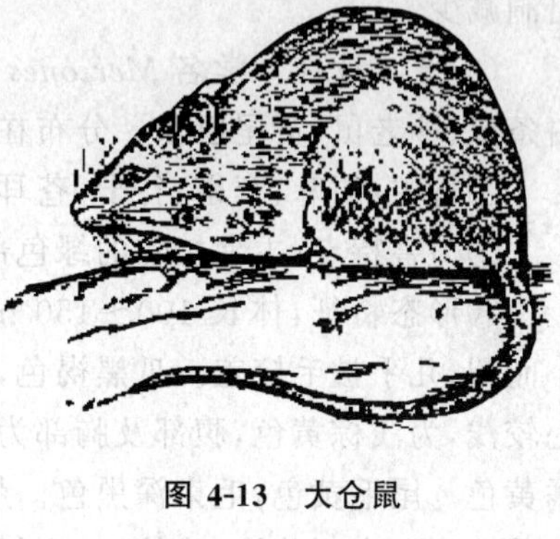

图 4-13 大仓鼠

③形态特征(图4-13)：体长140～200 mm，体重70～120 g。尾短，长度不超过体长的1/2。耳短而圆，具极窄的白边。头钝圆，具颊囊。乳头4对。冬毛背面深灰色，体侧较浅，腹部与四肢内侧均为白色，尾尖白色，尾上、下暗色。夏毛稍暗，幼体纯黑灰色。头骨粗大，棱角明显，眶间区较宽，两侧边缘具明显的眶上嵴(幼体无)，向后延伸与人字嵴相接。顶间骨宽大，近长方形。顶骨前外角略向前伸。上门齿根形成凸起，齿根伸至前颌骨与上颌骨的缝合线附

近。上颌第三臼齿的咀嚼面具3个齿实，下颌第三臼齿的齿突4个，但内侧的1个极小。

④生活习性：大仓鼠喜栖居于土质松软干燥的农田、菜园、田埂、堤边、路旁及灌丛、沼泽和荒地等处。洞穴不很复杂，每个洞系具2～4个洞口，有一洞道与地面垂直，深20～140 cm后与地面平行，长2～14 m。洞内具仓库2～3个，巢室1～2个。仓库直径7～10 cm，深35～140 cm，可贮粮4～10 kg。洞口分明、暗2种。明洞口稍高，向阳，洞口光滑，无遮盖物，为进洞口；暗洞口较隐避，洞口用浮土堵塞形成圆形土丘，略高于地表。大仓鼠主要夜间活动，不冬眠，营独居生活。繁殖力较强，年产3～5胎，每胎2～18仔，6月份和8月份为妊娠高峰期。小型食肉兽为其主要天敌。大仓鼠是某些传染病(鼠疫、钩端螺旋体)的传播者和寄主。

(2)黑线仓鼠 学名 *Cricetulus barabensis*，属啮齿目仓鼠科。别名背纹仓鼠、花背仓鼠、小腮鼠。其栖息环境广泛，但以平原、丘陵为主，很少进入山区。遍布华北、西北、东北及黄河流域各省份。

①寄主：杂食，喜食种子，也吃植物茎叶和少量昆虫。主要为害小麦、谷子、花生、油菜、瓜果等。

②形态特征：体背中央自头顶至尾基部有一暗色条纹。体背部灰色或灰黄色，腹面污白色，尾上面灰色，下面污白色。

③生活习性：常在田埂、路边打洞，也利用其他鼠类废弃洞。夜间活动，傍晚至凌晨有2次活动高峰，20～22时活动最盛。夏、秋季比春季和冬季活动频繁，严冬出洞减少。

(3)长爪沙鼠 学名 *Meriones unguiculatus*，属啮齿目仓鼠科。别名黄耗子、白条鼠、沙老鼠、黄尾巴鼠。分布在东北、西北、华北等地区。

①寄主：胡麻、糜黍、谷子、苍耳、滨藜、猪毛菜、篙类，有时也为害蔬菜。

②为害特点：主食植物的绿色部分及种子，冬季食秋贮粮，具自残现象。

③形态特征：体长100～150 mm，尾长小于头躯长度，短小，尾端具毛束。耳小而圆，几乎被毛掩盖。爪黑褐色，弯曲且锋利。背毛黄棕褐色，毛基深灰色，体侧毛较浅，为浅棕黄色，腹部及胸部为乳白色(子午沙鼠为纯白色)，毛基灰色，毛尖浅橘黄色。尾毛黄色，毛束深黑色。颅骨前窄后宽，鼻骨狭长，听孢发达，门齿孔后端几乎达到臼齿列前缘，成体上、下颊齿具齿根，咀嚼面由于磨损而形成一列三角形。

④生活习性：长爪沙鼠主要栖息于荒漠草原，也分布于草原和农业地区，喜栖居于沙质撂荒地、农田、路旁、地埂等植被稀疏、植株低矮处。洞系复杂，多以家族为单位生活在一个洞系内，每个洞系由洞口、洞道、仓库和巢室组成，可分为越冬洞、夏季洞和临时洞。越冬洞复杂，具洞口4或5个，有时达20个以上，洞道较长，

长达10 m，距地面约80～120 cm，巢室位置更深，洞口径3.5～8 cm，仓库1～6个；夏季洞仅有窝巢，位于地下50 cm处；临时洞简单，仅有2或3个洞口，洞道短而直，为长爪沙鼠临时藏身之处。该鼠主要在白天活动，不冬眠，一天具2个活动高峰，冬季中午活动，活动距离由数百米到1 km。繁殖力强，条件适宜时几乎全年都能繁殖。4月份和7、8月份是繁殖高峰期，年产2或3胎，每胎5～7仔。秋季长爪沙鼠数量最高。

(4)子午沙鼠　学名 *Meriones meridianus* (Pallas)，属啮齿目仓鼠科。别名黄耗子、中午沙鼠、午时沙土鼠。分布在内蒙古中部和河北张家口向西及陕西、甘肃、宁夏、山西、青海、新疆等省区。

①寄主：蔬菜、杂草和牧草、粮食作物。

②为害特点：主要为害植物种子及其营养体，秋季盗贮粮食，在黄土高原其洞穴可加速水土流失。

③形态特征：体长100～150 mm，尾长近于体长，耳壳明显突出毛外，向前折可达眼部。体背毛浅棕黄色至沙黄色，基部暗灰色，中段沙黄色，毛尖黑色。腹毛纯白色，尾毛棕黄色或棕色，有的尾下面稍淡或杂生白毛，尾端具毛束。爪基部浅褐色，尖部白色。听孢发达，上门齿前面具一条纵沟。

4.3.1.2　发生规律

虽然各地鼠种差别较大，但它们对小麦的为害是相似的，其对麦类的为害可以分为以下时期：

①小麦返青分蘖和春小麦播种期：此时正值鼠类进入繁殖前期，需要补充大量的营养和维生素，鲜嫩的麦苗恰好能够提供鼠类的这种需要。鼠类由此从四周荒地向农田侵入聚集，啮咬大量的麦苗或盗食种子。由于鼠类大多是在田边或田埂做窝栖息的，被害的作物往往以大田的边缘损失最重，田地中央部分受害较轻。野鼠在盗食时多沿着田垄为害，给作物造成缺苗断垄，远处看去似生长不良的斑块。

②小麦抽穗、收割期：这是鼠类为害最严重的时期。在华北平原和黄河中下游，冬小麦收割期是鼠类数量增长最快的时期，鼠的密度增加使作物被害程度加重。在西北和长城以北，春小麦的结实收获季节正值鼠类的种群数量达到高峰并进入储粮或哺育期，老鼠需要大量的子实以备越冬，而小麦的成熟为鼠类提供了丰富的食物资源。这个时期鼠类活动频繁，并有季节迁移现象。长爪沙鼠、达乌尔黄鼠等白天活动的种类觅食路线较固定，常在地面形成鼠道，而夜间活动的种类如各种仓鼠、家鼠一般不留下行走痕迹。鼠类以麦子的果穗作为啮食目标，它们将麦穗拖入洞中。受害严重的，多造成小麦一成甚至几成的损失。这时应采取积极的防

治措施，将鼠害损失降低到最低限度。

③收贮期：鼠类的为害可发生在小麦种植到收获的所有时期，即使已入仓的粮食仍会遭到鼠类的侵害。为害种类以家鼠为主，在收获过程中，部分野鼠如黑线仓鼠、黑线姬鼠、小家鼠等还会随之迁移到麦场、粮垛、柴草堆中，如不及时打收，这些环境可能为鼠提供良好的栖息地并大量滋生，实际起着保存鼠种和扩散基地的作用。

4.3.1.3 防治措施

各地作物不同，气候条件不同，主要鼠害的为害特点不同，应因地、因时、因鼠采取相应的防治措施。从目前各地的防治措施看，最为有效的是：

①统一行动，大规模连片综合防治。由于鼠类活动范围较大，繁殖快，小片灭鼠后，周围未灭鼠地方的老鼠很快就会迁入，使灭效维持期缩短。当鼠类为害面积较大时，采取具有一定规模的连片综合防治可大幅度地降低防治成本，延长控制时间。大面积统一灭鼠后，残鼠分散栖息，恢复种群所需的时间延长，从而能做到较长时期内无鼠害发生。在实施这一措施时，关键在于统一行动。

②采取农业措施。可采取田边荒地和田埂耕翻、水灌、倒茬等。政府部门与广大群众要密切配合，采用严谨的科学规划，配以专业工作者的宣传与指导，这些都是成功的保证。

③保护鼠类各种天敌，使其在农田生态系统中形成控制鼠类种群数量的自然因素。

④使用灭鼠药。

4.3.2 麦田草害

小麦是我国的主要粮食作物，种植面积仅次于水稻，4 亿多亩，但草害面积竟达 1.5 亿亩，占小麦播种面积的 30%多，其中严重受害面积为 0.4 亿亩，约占 10%。每年因草害损失的小麦在 50 亿 kg 以上，损失率为 15%。因此，麦田杂草已对小麦生产构成严重威胁。

4.3.2.1 为害小麦的主要杂草种类

(1)野燕麦 学名 *Avena fatua* L.，属禾本科一年生或越年生草本植物。别名铃档麦、乌麦。分布全国各地。主要为害春小麦、大麦、莜麦、玉米、高粱、马铃薯、油菜、大豆、胡麻等。

①形态特征：秆直立单生或丛生，有 2～4 个节，株高 60～120 cm。叶鞘光滑或基部被柔毛；叶舌膜质透明；叶片宽条状。圆锥花序呈塔形开展，分枝轮生，小穗疏生；小穗生 2 或 3 朵小花，梗长，向下弯；两颖近等长，一般 9 脉；外稃质地坚硬，下部散生粗毛，芒从稃体中间略下伸，2～4 cm 长，膝曲扭转，内稃短。颖果长圆

形，被浅棕色柔毛，腹面有纵沟。种子繁殖。

②生态特点：野燕麦于小麦播种后5～8 d出苗，呈秋季单峰型，野燕麦在拔节期以前生长速度比小麦慢，拔节后生长速度加快，与小麦共生到拔节期。一些麦区为害较重，野燕麦发芽适温为10～20℃，当温度高于25℃时，发芽率显著下降，在土层中出苗深度为0～20 cm，最深达30 cm，野燕麦的分蘖节一般都在地表下1～5 cm。在东北和西北麦区，野燕麦于4月上旬出苗，4月中、下旬达到出苗高峰，出苗时间可持续20～30 d，6月下旬开始抽穗开花，7月中、下旬种子成熟或脱落。成熟种子经90～150 d休眠后才萌发。在冬麦区，野燕麦于9～11月份出苗，4～5月份开花结实，6月份枯死。

(2)看麦娘（图4-14） 学名 *Alopecurus aequalis* Sobol.，属多年生或一年生禾本科杂草。别名麦娘娘、麦陀陀。分布在我国长江以南温暖多雨的地区，东起江苏、西至四川、南达广东省都有。主要为害小麦、油菜、绿肥。

图4-14 看麦娘

①形态特征：茎直立或茎基部稍倾斜，少簇生，株高15～45 cm，叶片光滑或表面稍粗糙，叶片扁平，第一叶长3～5 cm，宽0.5～0.8 mm，叶鞘光滑，叶舌膜质透明。圆锥花序呈狭圆柱形，灰绿色，小穗具1朵花密生在穗轴上。外稃、内稃近等长。颖果卵状至长圆形，腹面有纵沟，浅棕色，长2 mm左右。

②生态特点：上海8月底至9月上旬出苗，10～11月份进入发生高峰期，翌年4月上旬抽穗开花，5月上旬种子成熟，经2～3个月休眠即可发芽，种子发芽温限5～23℃，以15～20℃最适，种子在旱田土壤中仅能存活1年，水田达2～3年，能在0～5 cm土层内出苗。

(3)藜 学名 *Chenopodium album* L.，属藜科一年生草本植物。别名灰菜。广布全国各地。主要为害小麦、玉米、谷子、大豆、棉花、蔬菜等农作物。

①形态特征：茎直立，高30～120 cm，多分枝，具条纹。叶互生有长柄；基部叶片较大，多呈菱状或三角状卵形，边缘具不整齐的浅裂或波状齿；茎上部的叶片较窄，叶背具粉粒。花序圆锥状，两性花，5个花被片。胞果包于花被内或微露。种子双凸镜形，黑褐色至黑色。

②生态特点：藜适应性很强，抗寒耐旱，发芽适温15～25℃，黑龙江4月中旬开始出苗，6月下旬开花，7月下旬种子成熟；上海地区3月份开始发生，4～5月份达高峰，6月份以后发生少，9～10月份开花结实。每株可结籽2万粒，在4 cm土层内能发芽，土壤含水量20%～30%发芽率高。

(4)荠 学名 *Capsella bursa-pastoris* (L.)Medic.，属十字花科越年生或一年

生草本植物。分布全国各地。主要为害小麦、稻、油菜、棉花、蔬菜等农作物。

①形态特征:茎直立,株高 20～50 cm,有分枝,全株具毛。叶分根生叶和茎生叶两种。叶片有羽状深裂,有的具浅裂或不裂;茎生叶披针形,基部包茎,边缘生缺刻。总状花序顶生,花小有柄,萼片 4 个,长椭圆形,花瓣 4 片白色,倒卵形排列成十字。短角果为倒三角形,扁平,含种子多粒。以种子繁殖。

②生态特点:生于农田或路旁。

4.3.2.2 防治措施

在综合治理的基础上,大力推广化学除草是小麦除草现代化必要的技术措施。常用除草剂主要有 2,4-D 类除草剂、百草敌、溴苯氰、苯达松、燕麦畏、野燕枯、禾草灵、骠马等。

参考文献

[1]中国农业科学院植保所.中国农作物病虫害:上册.北京:农业出版社,1991.

[2]北京农业大学.农业植物病理学.2 版.北京:农业出版社,1989.

[3]西北农业大学.农业昆虫学.北京:中国农业出版社,1996.

[4]朴永范,林晃.我国农作物病虫害生防工作新进展.北京:中国农业出版社,1998.

[5]华南农业大学.农业昆虫学:上、下册.北京:中国农业出版社,1995.

[6]宋玉洁,张学平,范高成.小麦吸浆虫发生特点及防治技术.河南农业科学,2002,2:21.

[7]李光博,郭予元,倪汉祥,等.小麦病虫草鼠害防治技术.北京:农业出版社,1991.

[8]李孙荣.农田杂草防治的生态经济原理.北京:北京农业大学出版社,1990.

思考题

1. 小麦锈病侵染循环的特点是什么?
2. 麦类病毒病与真菌病害在防治方面有何不同?
3. 为害我国麦类作物的蚜虫有哪些主要种类?它们的为害症状有何区别?
4. 主要麦蚜的为害习性与作物的生育期有何关系?
5. 我国发生的小麦吸浆虫有哪几种?它们分布的区域与土壤有何关系?小麦吸浆虫成虫产卵与小麦生育期的关系如何?
6. 麦田主要杂草有哪些?
7. 如何防治麦田杂草?

第5章　玉米病虫草鼠害

5.1　玉米病害

玉米是我国主要的粮食作物，种植面积和总产量仅次于小麦、水稻而居第三位。近年来，玉米除食用外，还用做发展畜牧业的优质饲料和轻工、医药工业的重要原料。因此，玉米在我国经济的发展中占据重要地位。病害是影响玉米生产的因素，常年损失可达6%～10%。近年由于气候的变化、栽培制度的变革和品种的更换，过去发生为害严重的病害尚未彻底解决，有的次要病害又上升为主要病害，新病害不断发生，给玉米生产带来极大的危害，防治玉米病害已成为保证玉米可持续增产的关键环节。

5.1.1　主要种类及发生规律

据报道，全世界玉米病害有80多种，我国有30多种。其中叶部病害10多种，根茎病害6种，穗部病害3种，系统侵染性病害9种，检疫性病害3种。引起这些病害的病原种群已报道的有54种，其中真菌40种、细菌4种、病毒10种。就全国范围而言，目前生产上普遍发生比较严重的病害有弯孢菌叶斑病、尾孢菌叶斑病、纹枯病、矮花叶病和粗缩病、茎腐病、穗粒腐病、黑粉病等；发生不很普遍但在个别地区、有的年份或某些品种上发生较重的病害有大斑病、小斑病、丝黑穗病、霜霉病、疯顶病、圆斑病、全蚀病、褐斑病、锈病和炭疽病，尤其霜霉病和疯顶病近年来在华北等地区有为害加重的趋势。玉米细菌性枯萎病国内目前尚未发现，是国内重要的对外检疫对象。干腐病在局部地区已有发生，并有扩展趋势。近年来在河南发生了细交链孢菌叶斑病。缺锌、缺钾等生理性病害也是生产中普遍存在的问题。

5.1.1.1　玉米大斑病

玉米大斑病是玉米的重要病害之一，广泛分布于世界各玉米栽培地区。目前在我国几乎所有玉米产区都有发生，东北、西北春玉米栽培区和华北夏玉米区尤其严重。我国 20 世纪 70 年代以前,除个别地区、个别年份发病较重外,一般为害不大。之后,随着感病杂交种的推广及栽培制度的变化,大斑病流行为害逐年加重,成为玉米最严重的病害之一。进入 80 年代,由于感病杂交种被淘汰,大面积流行为害才得以控制。近年来,由于病原菌的变异,大斑病菌 2 号小种已成为一些地区的优势小种,而某些感病品种的扩大种植,使部分地区大斑病又有所回升,大斑病仍然是北方玉米产区主要防治对象之一。

(1)病原　玉米大斑病是由玉米大斑突脐蠕孢菌(*Exserohilum turcicum*,异名 *Helminthosporium turcicum*,见图 5-1)引起的真菌病害。

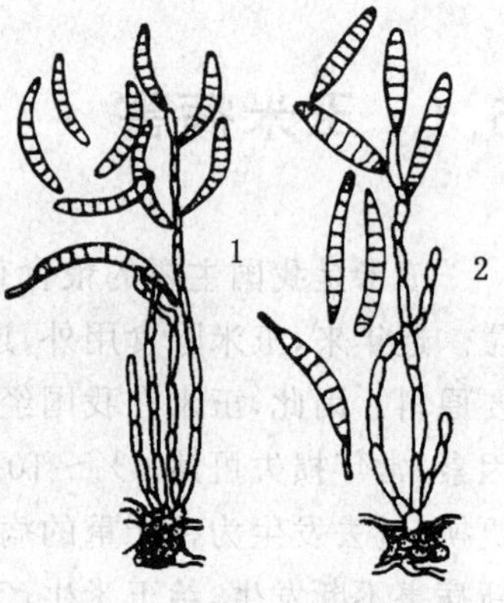

图 5-1　玉米大、小斑病病原菌

1. 小斑病病菌　2. 大斑病病菌

(2)病症　玉米在整个生育期都可以感染大斑病,但抽雄后发病重。病害主要发生在叶片上,也能为害叶鞘、苞叶和子粒。大斑病的病斑大而少,多呈梭形,灰色或黄褐色。在田间一般先从下部叶片开始发病,逐渐蔓延到上部叶片。叶片上的病斑有 2 类:

①萎蔫斑,主要产生在不具有 Ht 基因型的感病品种上,发病初期病斑呈水浸状斑点,逐渐沿叶脉向两端发展且不受叶脉限制,形成长梭形、中央黄褐色、边缘褐色、大小不等的萎蔫斑,最大的病斑长度可达到 30 cm。如果田间湿度大,病斑上可产生灰黑色的霉状物,即病原菌的分生孢子梗和分生孢子。

②褪绿型病斑,在具有 Ht 基因型的抗病品种上产生,病斑较小,沿叶脉扩展成为黄绿色或淡褐色条斑或坏死斑,不产生或很少产生分生孢子。

(3)病害循环　玉米大斑病的病原菌主要以菌丝体和分生孢子在田间的病残体上越冬,成为第二年的初侵染来源。玉米种子也能带少量病原菌,也是初侵染源之一。

(4)环境条件　越冬病原菌在第二年春季遇适宜条件萌发,产生大量新的分生孢子,靠气流、雨水传播附着在玉米叶片上,在 23～25℃温度条件下,6～12 h 即可侵入叶片,7～10 d 后即可表现症状。在田间,一般在玉米抽雄后开始发病,温暖潮湿,特别是多雨、多露或阴雨连绵天气有利于病害发生和流行。玉米重茬连作、密植等栽培措施也有利于发病。

5.1.1.2　玉米小斑病

玉米小斑病又称玉米斑点病、玉米南方叶枯病,是玉米生产上危害严重的病害之一,主要发生在气候温暖潮湿的夏玉米产区。我国各地均有小斑病发生,20 世纪80年代以来,采用以抗病品种为基础的综合防治技术,基本控制了小斑病为害,但在整个玉米产区仍是生产上的主要病害。

(1)病原 玉米小斑病的病原菌为小斑离蠕孢菌(*Bipolaris maydis*,异名 *Helminthosporium maydis*,*Drechslera maydis*,见图5-1)。

(2)病症 该病主要侵染玉米叶片,也可以侵染叶鞘、苞叶和果穗,病斑小而多,一般不超过2 cm。常见病斑类型有3种:①病斑受叶脉限制,呈椭圆形或长方形,黄褐色,有明显的深褐色边缘。②病斑不受叶脉限制,呈椭圆形或纺锤形,灰色或黄褐色,无深色边缘。苗期感病时,在病斑周围出现深绿色水浸区。③病斑为黄褐色坏死斑,周围有黄色晕圈。前两种病斑多在感病品种上发生,后者多出现在抗病品种上。出现在叶鞘和苞叶上的病斑较叶片上大,呈纺锤形,黄褐色,果穗感病表现不规则的灰黑色霉区。

(3)病害循环 小斑病主要以菌丝体和分生孢子在病株残体上越冬,成为第二年的初侵染源。种子表面虽可带菌,但因带菌量少,不是重要的初侵染源,但从外地引种时,有可能引入致病力强的小种,造成本地区小斑病的严重发生。病残体上越冬的菌丝体在玉米生长期遇到适宜的温湿度条件时,即产生大量的分生孢子,连同病株上越冬的分生孢子,借气流和雨水传播到玉米植株上,特别是叶片上,当有水膜条件时即可萌发,从气孔或表皮直接穿透侵入,一般经5～7 d后即可出现典型病斑。在潮湿条件下,病斑上又形成大量的分生孢子,借风雨传播,进行再侵染。春、夏玉米混种的地区,春玉米收获后遗留在田间的病株残体上的分生孢子可继续向夏玉米传播,所以,夏玉米比春玉米发病早,而且严重。夏玉米2～3叶期即可发病,5～6叶期病斑密集,重者叶片枯焦。玉米收获后病菌又随病株残体进入越冬状态。

(4)环境条件 小斑病发生和分布所需要的温度与大斑病不同,小斑病发生所需要的适温较大斑病高。一般情况下,在我国夏播玉米区,小斑病流行的关键时期是7～8月份(长江以南是8～9月份)。平均气温超过25℃,适于小斑病的发展蔓延,日平均温度在25℃以下时则适于大斑病的发生,因而不同地区由于温度差异自然形成了玉米大斑病、小斑病的不同流行分布区域。小斑病发生轻重主要决定于7～8月份的降雨量、降雨日数和相对湿度。在栽培上,重茬连作、地势低洼、排水不良、土质黏重、播种过迟、施肥不足等都会加重病情;与低秆作物间作、适期早播、均衡施肥等均能减轻危害。

5.1.1.3 玉米弯孢菌叶斑病

玉米弯孢菌叶斑病又称拟眼斑病、黑霉病,过去一直被视为次要病害,但是近几年为害逐渐加重。目前,玉米弯孢菌叶斑病主要发生在河南、河北、山东、北京、天津及辽宁等省市的玉米产区，已成为制约玉米生产的一种重要病害。

(1)病原　玉米弯孢菌叶斑病的主要病原菌为新月弯孢菌(*Curvularia lunata*)。

(2)病症　该病主要发生在叶片上，也侵染叶鞘和苞叶，病斑小而密集。发病初期叶片上出现褪绿斑点，逐渐扩展成圆形或椭圆形病斑，中间黄白色，周缘褐色外围带有黄色褪绿圈。褐色圈带和黄色褪绿圈的宽窄不等，感病品种的褐色圈带和黄色褪绿圈宽，抗病品种只出现褪绿斑点，而耐病品种在褪绿斑点外围出现绿色和褪绿色间隔的晕环。病斑一般大小为(1～2) mm×2 mm，感病品种上直径可达5 mm以上，病斑连接成片引起叶片枯死。潮湿条件下病斑正、反两面均可产生灰色霉状物，即病原菌的分生孢子梗和分生孢子。

(3)侵染循环与环境　弯孢菌主要以菌丝体和分生孢子在田间的病株残体上越冬，成为第二年玉米田间的初侵染源。玉米拔节和抽穗期正值7月上旬雨季，高温多雨的天气有利于发病。此时越冬的病残体上的菌丝体产生分生孢子，连同越冬的分生孢子，借气流和雨水传播到田间植株叶片上，在有水膜的情况下，分生孢子萌发侵入，经7～10 d即可表现症状，并产生分生孢子进行再侵染。

此外，该病害的病原菌还可为害水稻、高粱及禾本科杂草等，因此田间带菌杂草也是病害发生的初侵染源。

5.1.1.4　玉米尾孢菌叶斑病

玉米尾孢菌叶斑病又称玉米灰斑病。在我国过去是次要病害，但20世纪90年代以来，该病已成为东北玉米产区主要病害之一。

(1)病原　玉米尾孢菌叶斑病是由玉蜀黍尾孢菌(*Cercospora zeae-maydis*)引起的真菌病害。

(2)病症　主要为害玉米叶片，也可侵染叶鞘和苞叶。初期在叶片上形成浅褐色病斑，沿叶脉逐渐扩展形成受叶脉限制的灰色长条病斑，病斑不透明，两端平截，大小为(3～15) mm×(1～2) mm。湿度大时，病斑两面产生灰色霉层，为病原菌的分生孢子梗和分生孢子。

(3)侵染循环与环境　尾孢菌主要以菌丝体和子座在病株残体上越冬，成为第二年玉米田间初侵染源。该菌在病残体上可存活7个月，但埋在土壤中的病残体上的病菌则很快丧失生命力。在免耕地块玉米发病重，这与田间遗留病株残体多、越冬菌源数量大有关。该病多在山区温暖湿润条件下发生。第二年7～8月份病残体上越冬的病原菌萌发产生分生孢子，借风雨传播到植株叶片上进行侵染，在温暖湿润条件下，6～12 d表现症状。该病主要在玉米抽雄后侵染植株叶片。

5.1.1.5 玉米丝黑穗病

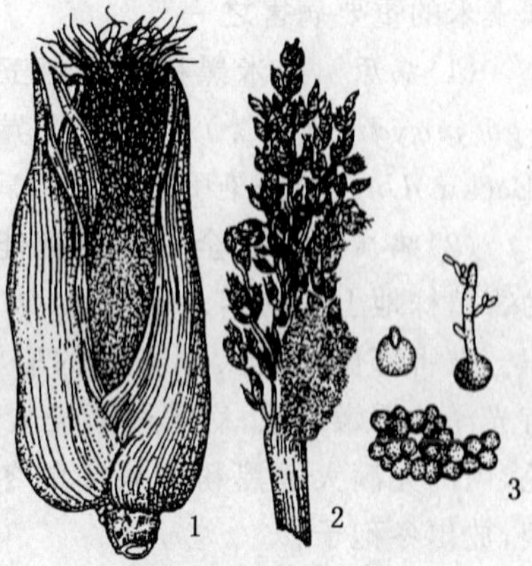

图 5-2 玉米丝黑穗病

1. 病雌穗 2. 病雄穗 3. 冬孢子及其萌发

玉米丝黑穗病(图 5-2)广泛分布于欧洲、非洲和北美洲各玉米生产国。该病于 1919 年在我国东北首次报道,在以后的半个世纪,病情一直保持在较低水平。20 世纪 70 年代中期,由于推广感病杂交种,玉米连作面积扩大,连作年限加长等原因,丝黑穗病在春玉米区为害严重。80 年代采用推广抗病杂交种、药剂拌种等措施,在主要春玉米区病害已得到基本控制。但近年来,随着大量感病品种的种植,丝黑穗病又回升蔓延且逐年加重,目前已再次成为我国春玉米区的重要病害之一。

(1)病原 玉米丝黑穗病的病原菌为丝轴黑粉菌(*Sphacelotheca reiliana* (Clint))。

(2)病症 丝黑穗病是苗期侵入的系统侵染性病害,一般到穗期才出现典型症状,但有些病株在生长前期就出现种种异常:苗分蘖增多呈丛生状;节间缩短,植株矮化;叶片暗绿挺直;有的品种叶片上则出现与叶脉平行的黄条斑;有的幼苗心叶紧紧卷在一起弯曲成鞭状。病穗上的症状是诊断性的,分为 2 种类型,一为黑穗型,一为变态畸形。前者病穗除苞叶外,整个果穗变成一黑粉包,内混有丝状寄主维管组织,丝黑穗即因此得名。变态畸形穗是由于雄穗雄花花序叶片化,雄穗颖片因受病菌刺激而过度伸长成管状长刺而呈刺猬头状。

(3)侵染循环 病原菌以冬孢子在土壤中、粪肥里或沾在种子表面越冬。玉米播种发芽,冬孢子同时萌发产生担孢子,经性结合产生侵染丝而侵入玉米。从玉米种子萌发开始到 5 叶期,甚至更长时期都可侵染,但最适侵染时期是从种子萌发开始到 1 叶期,特别是幼芽期最易侵染。侵染部位不仅限于胚芽鞘,也可从根颈以下部位及根部侵入。病菌侵入后,蔓延在生长锥的基部分生组织中,花芽开始分化时,菌丝向上蔓延进入花蕾原始体。有时生长锥生长较快,病菌蔓延较慢,未能进入雄花序,而只能在果穗上发育。

丝黑穗病以土壤传病为主,只有苗期的初侵染,而无再侵染,因此,品种抗病性弱,发病率高。土壤中菌量多,发病重。播种出苗期环境因素与病害发生的轻重有密切关系。

5.1.1.6 玉米黑粉病

玉米黑粉病(图 5-3)又称瘤黑粉病、乌米,广泛分布于世界各玉米产区,是我国玉米的重要病害之一。

(1)病原　玉米黑粉病是由玉蜀黍黑粉菌(*Ustilago maydis*（DC.）Corda.,异名 *Ustilago zeae*(Beckm)*Unger*)侵染引起的真菌病害。

(2)病症　玉米全生育期都能发病,病原菌主要为害植株地上部的茎、叶、雌穗、雄穗和腋芽等幼嫩组织。被害部位形成大小不一的瘤状物,初期为白色、有光泽的柔嫩组织,病瘤逐渐长大变为灰白色或灰黑色,内部充满大量黑粉即病菌的冬孢子,最后外膜破裂,放出冬孢子。

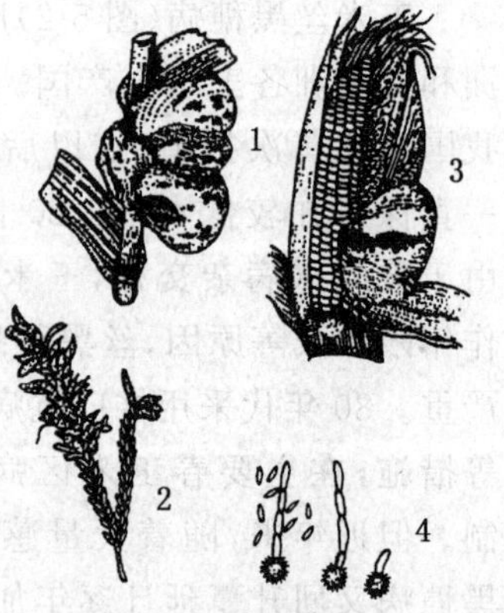

图 5-3　玉米黑粉病

1.病茎　2.病雄穗　3.病雌穗
4.病菌冬孢子、担子及担孢子

(3)侵染循环与环境　玉米收获后,病原菌以冬孢子在土壤、粪肥、病残体和种子表面越冬,第二年冬孢子萌发产生单孢子及次生单孢子,借风雨、昆虫和农事操作进行传播,从寄主幼嫩的表皮或伤口侵入。刺激寄主细胞增生和膨大,形成肿瘤,肿瘤破裂后,冬孢子还可以再侵染。玉米抽雄期干旱,植株抗病能力降低,此期多雾多露有利于孢子萌发和侵入,易感病;植株幼嫩部位易感病;前期干旱、后期多雨或干湿交替也有利于病害的发生。

5.1.1.7　玉米矮花叶病

玉米矮花叶病又名花叶条纹病、花叶病毒病、黄绿条纹病等,是一种世界性病害。该病在我国为害始见于1968年,70年代上升为全国广泛发生的重要病害。80年代初因品种更新和栽培制度的改变,发生为害得到控制。但90年代初,此病又在一些地方回升,为害逐年加重,如我国西北、华北地区一些省的平原地区发病较重,流行年份可造成大面积严重减产,是玉米生产上的重要病害之一。

(1)病原　玉米矮花叶病由玉米矮花叶病毒(Maize Dwarf Mosaic Virus,缩写MDMV)引起。

(2)病症　玉米整个生长期都可以发病,苗期受害最重。初期症状是在新叶基部叶脉间出现许多椭圆形褪绿点,沿叶脉形成断续的条点,叶脉间叶肉变黄,叶脉仍为绿色,而后形成黄绿相间的条纹,迅速扩展至全叶,以心叶最明显。发病重的叶片变黄,组织脆硬易折断,从叶尖、叶缘开始变红干枯。病株的叶鞘和苞叶也能呈现花叶状。植株感病时间越早,植株矮化越明显,不能抽穗结实,提前枯死。

(3)侵染循环　玉米矮花叶病毒主要在雀麦、牛鞭草等多年生禾本科杂草上越冬,成为主要的初侵染来源。近年的研究发现玉米种子带毒率有明显上升趋势,带毒种子出苗后成为田间的发病中心。病毒主要靠蚜虫扩散和传播,蚜虫从病毒的越冬寄主植物上取食获毒，再迁飞到玉米苗上取食进行传毒。发病后的植株和种子带毒苗作为田间的中心毒源，随着蚜虫的取食活动病毒被传向四周。传毒蚜虫主要有玉米蚜、禾谷缢管蚜、麦二叉蚜、麦长管蚜、棉蚜、桃蚜等24种蚜虫，以非持久性方式进行传毒，即吸毒后马上传毒，很快又失去传毒能力。叶片间的摩擦也可以传毒。玉米收获后带毒蚜虫又迁飞到杂草上传毒越冬。

(4)发病条件　品种抗性、栽培管理、气候条件、种子带毒率、传毒介体和越冬毒源基数与病害的流行关系密切。玉米品种间的抗病性差异非常显著，大面积种植感病品种是病害流行的主要因素。一般早春蚜虫的活动力小、数量少，病毒数量也少，春玉米发病较夏玉米轻；夏玉米早播较迟播发病轻。

5.1.1.8　玉米粗缩病

玉米粗缩病俗称“坐坡”、“生姜玉米”，1929年发现于俄罗斯东部西伯利亚的燕麦。20世纪60年代曾在我国浙江省流行，70年代后由于耕作制度的改变和种植感病品种，玉米粗缩病逐年加重。近年在河北、河南、北京、天津、辽宁、甘肃、新疆、云南、浙江等地普遍发生。

(1)病原　玉米粗缩病是由玉米粗缩病毒(Maize Rough Dwarf Virus，缩写为MRDV)引起的病毒病。

(2)病症　感病玉米幼叶中脉两侧的细脉间出现透明的褪绿虚线小点，以后逐渐扩展到全叶，叶背主脉上生出长短不一的白色蜡状突起。病株叶片浓绿，节间缩短，植株矮化，常不及健株的一半。轻病株雄穗发育不良，散粉少，雌穗稍短，花丝少，子粒减少。重病株雄穗不能抽出或无花粉，雌穗畸形不实或子粒极少。病株根系少而短，不足健株的一半。此外，还发现一些病株嫩叶卷曲呈弓(牛尾巴)状、心叶有缺刻、喇叭口朝向一侧或叶缘变红，渐全叶变红。

(3)侵染循环　玉米粗缩病主要靠灰飞虱传播。除玉米外，玉米粗缩病毒还可侵染57种禾本科植物，如高粱、谷子、水稻、大麦、燕麦、黑麦及小麦属的20个种，和马唐、稗草、金狗尾草、画眉草等28种禾本科杂草。粗缩病可在冬小麦上越冬，也可在多年生禾本科杂草寄主及传毒昆虫介体中越冬。在我国北方，当玉米出苗后，已经在小麦和杂草上取食得毒的第一代灰飞虱陆续从小麦向玉米田迁移，并取食传毒，引起玉米发病。第二代灰飞虱的活动盛期在7月上旬，正值晚播玉米苗期，进行传毒为害。灰飞虱在玉米上不能完成世代，在玉米生长后期，灰飞虱再转迁至晚秋禾本科作物和杂草，秋后再迁飞到麦田及杂草上，并将病毒带至小麦及杂草上越冬。因此玉米整个生育期都可以被病毒侵染，感病早的发病重，植株明显粗矮，不结实；感病晚的发病轻，部分结实，但严重减产。

(4)发病条件　粗缩病的发生与灰飞虱在田间的活动有密切关系。当小麦接近成熟时,第一代灰飞虱带毒传向玉米,所以,夏玉米播种越早,发病越重;春玉米发病轻,麦套玉米发病重,纯作玉米发病轻;田边地头和管理粗放、杂草丛生的地块发病重。

5.1.2　影响发生的主要因素

玉米病害发生种类往往随栽培制度的变革和品种更换而发生变化。造成病害种类演变的原因有:

①过去几十年间我国推广的品种主要是针对当时主要病害的单抗品种,易使病菌生理小种发生变化。

②目前生产上推广的杂交种多是需高肥、高水品种,如掖单 13 等,偏施氮肥、缺少磷钾肥和农家肥现象严重,生产上提倡高密度种植玉米,造成田间小气候发生变化,致使纹枯病等土传病害以及叶斑类病害日益加重。

③玉米大面积连作重茬,根系微生物区系发生变化。

④由于厄尔尼诺现象,全球变暖,使玉米自然生态环境恶化,制种质量下降。

⑤主栽品种遗传基础窄。目前我国多数主栽品种的血缘主要来自以下 4 个自交系统:a. 旅大红骨系统,如旅 9 宽、E28、丹 340 等;b. 瑞德黄马牙(Reid Yellow Dene)系统,如掖 107、8112、5003、478、7922 等;c. 兰卡斯特(Lancaster Sure Crop.)系统,如 Mo17、C103、OH43、Va35;d. 四平头和获嘉白马牙系统,如黄早 4、H21、获唐白 42、获唐白 17 等。其中黄早 4、5003、Mo17、E28、8112、478 构成了我国杂交玉米的主要抗源,它们对玉米大、小斑病和丝黑穗病抗性较好,但对新近发生的叶斑病和病毒病缺少抗性。

在上述主因素中,品种抗性单一,抗性遗传基础窄,玉米生长环境恶劣是导致新病害不断发生的主要原因,因此今后如何筛选和创造新的抗性种质资源是一项迫在眉睫的基础工作。

此外,玉米病害的流行也与品种、栽培管理、田间环境和气候条件等关系密切,具体参见“5.1.1　主要种类及发生规律”部分。

5.1.3　主要防治方法

由于玉米是我国的主要粮食作物,我国历来重视玉米病害的防治工作。从 20 世纪 80 年代初就开始在我国东北春玉米区(松辽平原、辽河三角洲)、黄淮海平原夏玉米区、西南丘陵玉米区针对主要病害进行综合防治技术体系研究与推广。到目前为止,各玉米产区形成了以多抗杂交种为基础、以栽培防治为辅的综合防治技术体系。

5.1.3.1　玉米叶斑病(大、小斑病,弯孢菌叶斑病,尾孢菌叶斑病)

防治这4种叶斑病应采取以种植抗病品种为主、加强栽培管理、适时进行药剂防治的综合防治措施。

(1)选用抗病品种　玉米品种对上述4种叶斑病有明显的抗性差异,种植抗病品种是防治玉米叶斑病最经济有效的措施。目前已鉴定出的抗玉米大斑病品种有掖单13、掖单2、中单2、沈试29、沈单7、唐抗5、唐玉5、农大3138、农大60、农单5、承单4、吉单101、吉单111等,含有8112血统的品种感大斑病。抗玉米小斑病的品种有吉单101、中单2、承单3、京杂6、京早10、掖单2、掖单19、鲁育12、鲁育13、石育2、郑单14、冀单29、唐抗5、唐玉5、农大3138、农大60、农单5、农大108等。抗玉米弯孢菌叶斑病的品种有鲁单50、农单5号、中原单32、唐单9、丹玉13、掖单51、太合1,带有黄早4血统的杂交种均不抗弯孢菌叶斑病。目前玉米杂交种中抗尾孢菌叶斑病品种较少,新培育的郑单14、丹933、丹408、丹270、丹286、丹3034、沈试29和沈试30较为抗病。

(2)控制菌源　玉米收获后彻底清除田内外病残体,集中烧毁或高温发酵;重病区可实行两年以上轮作压低菌源;严重地块在发病初期大面积摘除植株底部叶片,既能减少再侵染菌量,又能改善田间小气候,增加通风透光率。

(3)加强田间管理,增强植株抗病力　适期早播,合理密植,有条件的地区可进行轮作和间作套种,播种时施足底肥,拔节期追施氮肥和磷肥,可以提高植株的抗病力,减轻病害发生。

(4)药剂防治　由于玉米叶斑病的发病期主要在抽雄散粉以后,此期进行药剂防治,操作困难,在生产上较难推广,但是在制种田和发病中心田有必要进行药剂防治。目前常用的防治药剂有10%世高、70%代森锰锌、75%百菌清、50%多菌灵、45%大生、50%甲基硫菌灵、50%福美双、50%退菌特、70%甲基托布津等,一般在田间发病率10%时或抽雄前开始第一次防治,以后每隔7～10 d喷一次,连喷2或3次,防治效果明显。

5.1.3.2　玉米丝黑穗病

防治玉米丝黑穗病应采取以种植抗病品种为主、结合种子处理的综合防治措施。

(1)种植抗病品种　目前生产上的抗病品种主要有掖单2号、丹玉2号、丹玉13、吉单101、中单2号、四单8、铁丹4、陕单9号等。

(2)种子处理　用杀菌剂、种衣剂处理种子可有效控制丝黑穗病,增产作用明显。可用25%粉锈宁或羟锈宁按种子量的0.2%～0.3%拌种。此外,丙环唑、乙环唑、粉唑醇、速保利等均有较好的防效。

(3)农业防治 对病重地块要实行3年轮作;根据病害典型症状,及时拔除病株;玉米抽穗后在黑粉菌孢子尚未成熟散落前,及时割除病穗,带出田外深埋;在劳力许可的条件下,选不带菌的土地育苗,或经土壤消毒后育苗,6～7叶后定植于大田,可大大减少发病。

5.1.3.3 玉米黑粉病

防治玉米黑粉病应采取种植抗病品种为主的综合防治措施。

(1)种植抗病品种 目前尚无免疫品种,但品种间有明显的抗病性差异。一般耐旱的品种较为抗病,马齿型玉米发病轻,早熟玉米发病轻。当前生产上抗病的品种有掖单2、掖单4、中单2等。

(2)农业措施 实行2～3年轮作;加强田间管理,玉米收获后及时清除田间病残体,秋季深翻;抽雄前后适时灌溉,避免干旱;在病瘤未成熟破裂前尽早割除病瘤并销毁,可以有效地减少田间菌量。

(3)药剂防治 农药杀虫,控制虫害发生,减少病菌侵入的伤口。用50%福美双可湿性粉剂拌种可减轻病害的发生。

5.1.3.4 玉米矮花叶病

防治玉米矮花叶病应采取以种植抗病品种为主、结合栽培管理的综合防治措施。

(1)种植抗病品种 玉米品种抗病性有明显差异,应选择种植抗病品种或有成株期抗病性的品种,以减轻病害造成的损失。目前生产上主要的抗病品种有丰单1、丰三1、冀单17、吉单204、吉单209、唐玉5、掖单12、黄早4、中单8、邓单2、获白、保10、京垦114、农大108等;耐病品种有怀育1、沈单7、掖单12、西玉3、唐抗5、丹玉13、中单2、豫农704、掖单2、掖单18、掖单20、烟单14、农大65等,各地可因地制宜地选择应用。

(2)控制蚜虫,减少毒源 玉米苗期,在传毒蚜虫迁飞玉米田的始期和盛期及时喷洒杀虫剂消灭蚜虫,控制病害的传播。

(3)农业措施 调节播期,春、夏玉米尽可能早播,使玉米苗前避开蚜虫从麦田向玉米田迁飞的高峰。中耕除草,玉米定苗前拔除中心病株,可以减少初侵染源,减轻发病。

5.1.3.5 玉米粗缩病

防治玉米粗缩病应实行以农业措施为主、化学防治为辅的综合防治策略。其核心是控制毒源,降低虫源,躲避危害。

(1)种植抗病或耐病品种 由于目前尚无成熟的人工接种技术,无法进行统一的抗病性鉴定,应选用和种植在当地表现抗病或耐病品种。抗病性和耐病性较好的有鲁单50、农大108、农单5、掖单4、烟单14、中单2、中单4、沈单7、郑单4、京黄113、鲁玉2和鲁玉16等。

(2)农业措施 加强栽培管理,调整播期,采取适当的种植形式。播种期应掌握在使玉米幼苗感病期避开第一次灰飞虱成虫盛期。春播玉米尽可能早播,在病区,尽量压缩麦套玉米的播种面积,改套种为纯作,提倡毁茬、连片播种生育期较短的品种,避免单一抗病品种的大面积种植。彻底清除田间、地头、地边杂草,及时去除麦田、玉米田中的病株,减少菌源。增施有机肥,及时浇水,增强玉米抗病力。

(3)药剂防治 小麦、玉米播种时要种子包衣或药剂拌种,灰飞虱传毒到玉米上的几率不很高,用残效期较长的农药(如呋喃丹)拌种能有效杀死传毒介体,降低玉米被侵染的几率。早播玉米出苗前后喷洒杀虫剂,消灭传毒介体。玉米苗期喷施病毒抑制剂和植物生长调节剂等,对于减轻粗缩病的为害具有一定的作用。

5.2 玉米虫害

5.2.1 主要种类

5.2.1.1 黏虫(图5-4)

为害我国禾谷类作物的黏虫除黏虫(*Mythimna separata*(Walker))外,还有劳氏黏虫(*Leucania loreyi* Duponchel)和白脉黏虫(*Leucania venalba* Moore),但以黏虫最重要。其形态特征有:成虫体色淡黄色或淡灰褐色,前翅中室处有2个淡黄色圆斑,外侧较大,大斑下方有一小白点,其两侧各有一个小黑点。从翅顶角向斜后方有一条暗色条纹,翅外缘有7～9个小黑点。各龄幼虫特征见表5-1。

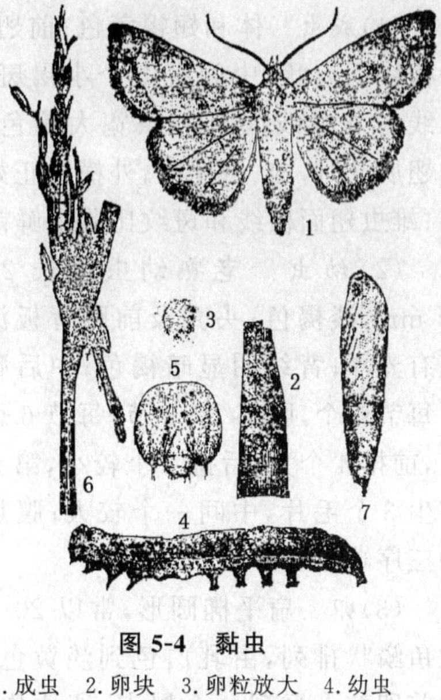

图5-4 黏虫

1.成虫 2.卵块 3.卵粒放大 4.幼虫 5.幼虫头部(正面观) 6.被害状 7.蛹

表 5-1　黏虫各龄幼虫的形态特征

虫龄	体长/mm	身体形态特征
第 1 龄	3.4	头部无花纹，体淡黄褐色，体中段灰白色，行动似尺蠖
第 2 龄	6.4	头部无花纹，体淡黄褐色，两侧各有 4 条淡褐色纵线和白线，腹足外侧出现黑斑
第 3 龄	9.4	头部开始出现网状纹和“∧”形纹。体灰绿色，白色纵线明显，而以靠近腹足基部的 1 条最宽，腹足外侧有黑斑
第 4 龄	13.9	头部有明显的网状纹和“∧”形纹。体色和纵线与第 3 龄相似，但靠近腹足基部最宽的白色纵线上显现红褐色，并在此线之上有 1 条较宽的黑色纵线
第 5 龄	23.8	头部花纹同第 4 龄，体色和纵线与第 4 龄相似，但有 2 条红褐色纵线
第 6 龄	38.0	红褐色纵线更明显，其他似第 5 龄

5.2.1.2　玉米螟

玉米螟（*Ostrinia furnacalis* (Guenee)）属于鳞翅目螟蛾科，又称亚洲玉米螟、玉米钻心虫。形态特征见图 5-5。

(1)成虫　体和翅褐黄色；前翅内、外横线锯齿状，中间有 2 个小褐斑；外缘线与外横线间有一条宽大褐色带。当翅展开时，前、后翅内、外横线正好相接；雄虫翅面横线和斑纹比雌虫鲜艳。

(2)幼虫　老熟幼虫体长 20～30 mm，淡褐色；头壳及前胸背板深褐色有光泽；背线明显暗褐色；中后胸毛片每节 4 个，腹部 1～8 节，每节 6 个毛片，前排 4 个大，后排 2 个较小，第 9 腹节生 3 个毛片，中间一个较大；腹足趾钩三序缺环型。

(3)卵　扁平椭圆形，常以 20～60 粒鱼鳞状排列，由乳白色到淡黄色，孵化前卵粒上呈现一个黑点，卵块称“黑点卵块”。

(4)蛹　红褐色或黄褐色，腹部背面 1～7 节有横皱纹；腹部 3～7 节具褐

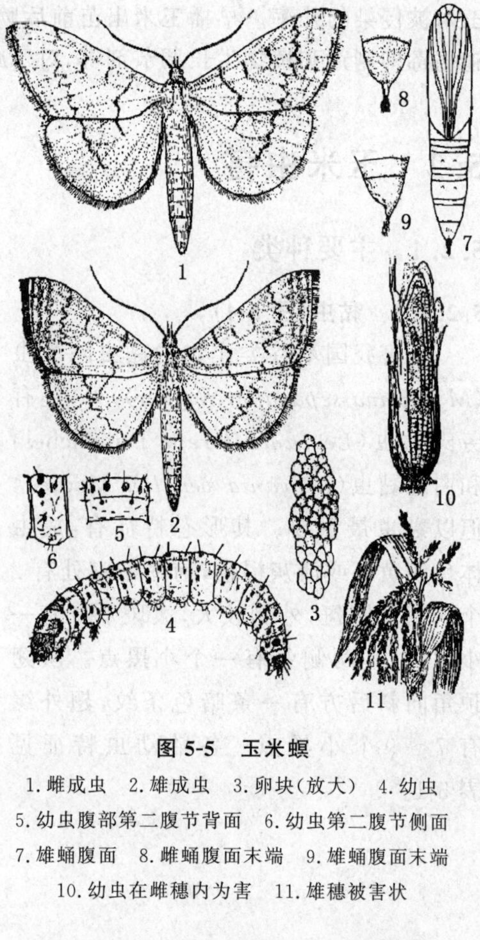

图 5-5　玉米螟

1. 雌成虫　2. 雄成虫　3. 卵块(放大)　4. 幼虫　5. 幼虫腹部第二腹节背面　6. 幼虫第二腹节侧面　7. 雄蛹腹面　8. 雌蛹腹面末端　9. 雄蛹腹面末端　10. 幼虫在雌穗内为害　11. 雄穗被害状

色小齿一横列，5～6节腹面各有腹足遗痕1对，臀棘黑褐色，顶端有5～8根向上弯曲的刺毛。

5.2.1.3 飞蝗

飞蝗是农作物的重要害虫之一，在我国封建社会就被列为三大自然灾害（水灾、旱灾、蝗灾）之一，解放以后也曾多次发生过大的蝗灾。飞蝗属于直翅目蝗科。飞蝗属在全世界仅有1种，由于地理分布的不同和外部形态及其不同部位有关比值的差异，已知有9或10个亚种，在我国已知有3个亚种，即东亚飞蝗（*Locusta migratoria manilersis* (Meyen)）、亚洲飞蝗（*L. migratoria migratoria* (Linnaeús)）和缅甸飞蝗（*L. migratoria burmana* (Ramme)）。东亚飞蝗的形态特征如下。

（1）成虫　体型粗大，常绿色或淡黄色；颜面垂直，触角淡黄色；前胸背板中隆线发达，侧面观呈弧形或微凹，中隆线两侧有暗色纵条纹（散居型不明显）；复眼之后有较狭的淡色纵条纹，有时不明显，复眼的前下方常有一条暗色斑纹；上颚青蓝色；前翅狭条超过后足胫节中部，翅上有暗色斑纹；后足胫节通常带红色，沿外缘有刺10或11个。

（2）若虫（蝗蝻）　共5龄。1龄体长4.9～10.5 mm，背板后缘呈直线，群居型呈灰黑色，散居型呈绿色或灰黄色；2龄体长8.4～14 mm，背板后缘开始向后延伸，后缘中部微向后突出，群居型体黑色，头部颜色呈红褐色，散居型体绿色或黄褐色；3龄体长10～21.2 mm，背板后缘显著向后延伸并掩盖中胸，背板后缘呈钝角，背板前缘也开始向前延伸，群居型体黑色，头部红褐色扩大，散居型体绿色或黄褐色（随环境的色泽可变灰、黄、黑等色）；4龄体长16～25.4 mm，群居型头部除复眼外，全部红褐色，胸背面黑色，腹面侧面和足都呈红褐色，腹部红褐色背面稍有黑纹，散居型头、胸部背面绿色，腹面侧面呈绿色，腿部绿色；5龄体长25.7～39.6 mm。4龄和5龄蝗蝻背板后缘更向后延伸，掩盖中胸和后胸的背面部分。

5.2.2 分布与为害症状

5.2.2.1 黏虫

黏虫是世界性禾谷类重要害虫，我国除西藏和新疆尚无报道外，全国均有分布。黏虫除为害麦类外，还为害谷子、玉米、水稻、高粱及糜子等作物，猖獗发生年也为害豆类、棉花和蔬菜等，为杂食性害虫。以幼虫咬食叶片，1～2龄幼虫仅食叶肉形成小孔，3龄后才形成缺刻，5～6龄达暴食期，严重时将叶片吃光形成光秆，造成严重减产，甚至绝收。当一块田禾谷类被吃光后，幼虫常成群迁到另一块田为害，故又名“行军虫”。

5.2.2.2 玉米螟

玉米螟分布很广，在我国除西藏、青海未见报道外，其他各省(区)均有发生。但发生情况因地区不同而不同，国内除西北内陆玉米产区发生轻微外，其余玉米产区均有不同程度发生，其中以北方春播玉米区和黄淮平原春、夏玉米区发生最重，西南山区丘陵玉米区和南方丘陵玉米区次之。据估计，一般春玉米受害后减产10%左右，夏玉米减产可达20%～30%。

玉米螟的寄主种类繁多，主要为害玉米，高粱、谷子、棉、麻等作物，也能取食大麦、小麦、马铃薯、豆类、向日葵、甘蔗、甜菜、番茄、茄子等。

玉米螟在玉米苗期可为害造成枯心，喇叭口期取食心叶造成排孔(花叶)；抽穗后钻蛀穗柄和茎秆，遇风折断，损失较大，穗期雌穗被害，嫩粒遭损引起霉烂，降低子粒品质。

为害谷子时主要是为害茎基部，苗小时发生枯心苗，抽穗前受害多数不能抽穗，抽穗后受害易被风折断。

为害棉花时主要寄生于茎、枝条、嫩尖及叶柄内，常使嫩头倒折、枯萎，幼虫可为害蕾铃，引起落蕾和烂铃。

5.2.2.3 东亚飞蝗

飞蝗广泛分布于东半球的温带和热带地区，其分布的北界与欧亚大陆的针叶林地带南缘大体相符。东亚飞蝗主要分布在亚洲的东南亚地区，在我国则主要分布在北纬42℃以南的东部平原地区，北起河北、山西、陕西，南达云南、广西、广东、海南，东至沿海地区及台湾，西至四川、甘肃南部。亚洲飞蝗主要分布于亚洲和欧洲部分地区，在我国主要分布在新疆沿湖或河流两岸及沼泽苇草丛生地带。西藏飞蝗主要分布在我国的西藏，是分布海拔最高的一个亚种。

飞蝗的寄主植物主要为禾本科和莎草科植物，喜欢取食玉米、小麦、粟黍、水稻、高粱、大麦等农作物，以及芦苇、荻草、狗尾草、狗牙根等杂草。

飞蝗的成虫、若虫(蝗蝻)均咬食植物的叶和茎，大发生时可将作物吃成光杆，尤其成群迁飞时，常把作物吃得一棵不留。

5.2.3 发生规律

5.2.3.1 黏虫

黏虫一年发生代数及为害作物各地差异很大，在我国东半部约可以划分5个区(表5-2)。

表 5-2 黏虫在我国的发生与为害

世代区域	纬度	分布地区	严重世代	发生时间	为害作物
2～3 代区	39°N 以北	东北三省，内蒙古，河北东部和北部，山西中部和北部及北京市郊等	第 2 代	6 月中旬至 7 月上旬	小麦、谷子、玉米、高粱、水稻等及禾本科牧草
3～4 代区	36°～39°N	山东西部和北部，河北中部、西部和南部，河南北部，山西东部及天津市等	第 3 代	7～8 月间	玉米、谷子、高粱、水稻等
4～5 代区	33°～36°N	江苏北部，安徽北部，河南中部和南部，山东南部及湖北西北部等	第 1 代	4 月下旬至 5 月上中旬	小麦
5～6 代区	27°～33°N	湖北中部、南部，江西、浙江等	第 5 代	9～10 月	晚稻
6～8 代区	27°N 以南	两广、福建、台湾等	第 5 代或第 6 代	9～10 月	晚稻
			越冬代	12 月至次年 3～4 月	小麦、玉米

黏虫无滞育现象，只要条件适宜，可连续繁殖和生长发育，成虫羽化后需补充营养，取食各种花蜜，对糖、醋、酒液的趋性很强。但成虫从羽化到产卵前趋化性强，产卵后趋化性减弱，而趋光性加强。白天栖息在植株间，傍晚出来活动。成虫昼伏，夜出取食、交配、产卵，有一定的趋光性。对糖、酒、醋混合液的趋性很强，成虫的活动有 3 个明显的高峰时间：第一个是黄昏峰，主要是取食；第二个是午夜峰，主要是交配和产卵；第三个是黎明峰，主要是寻找栖息场所。

成虫繁殖力极强，在适宜条件下，每头雌蛾能产卵 1 000～2 000 粒，最多可达 3 000 粒，雌蛾产卵对植物种类和部位均有一定选择性。在水稻上，多产在稻苗上部三四个叶片尖端，或枯心苗、白化病株的枯叶缝间或叶鞘里。在小麦上，多产在枯叶尖或苍老叶等部位。在玉米、高粱上，多产在枯叶尖或受虫害后萎蔫的叶片里边，也喜欢产在被间除的玉米、高粱枯苗上。在各种产卵部位，卵粒排列数行成块包在叶鞘或枯叶内。

幼虫食性很杂，主要为害禾本科作物和杂草。初孵幼虫怕光，群集在心叶内为害，3 龄后食量大增，4～6 龄为暴食期，3 龄以后的幼虫有假死性，老熟的幼虫在植株附近入表土下 3 cm 筑土室化蛹。

黏虫成虫能南北远距离迁飞，在我国北纬 33°以北地区不能越冬，春季在北纬

37°以南繁殖的成虫开始随东亚季风向北有规律地迁飞，大部分飞落华中、华东北部，少数飞到华北的河北等地。

(1)黏虫迁飞的根据　从我国各地多年诱蛾记录分析，大发生世代以前的黏虫蛾有明显的突增现象，而在大发生后羽化出的黏虫蛾则出现突减的现象。1961—1962 年间，5 月末至 6 月初在渤海、黄海海面上做了大量捕蛾、黏虫标记回收工作。对黏虫生殖系统的研究表明，突增期诱到的蛾，卵巢发育进度大部分已达到卵粒可辨，或卵已成熟，而突减期诱到的蛾，卵巢仅处于卵未形成阶段。黏虫飞翔力很强，据室内测定每小时飞行可达 20～40 km，并能持续飞行 7～8 h。

(2)黏虫的迁飞路线　从全国各地黏虫为害世代、发生时期的资料来分析比较，可以看出在我国东部地区具有季节性南北持续为害特点，即从春季开始，从南到北逐代发生，夏季以后又从北向南发生。

①北上时间和路线：华南地区 2～4 月间羽化的部分黏虫北迁到长江流域和黄河流域以南(包括山东南部、江苏、安徽、湖北、河南等)，为害冬小麦，于 5 月下旬至 6 月上中旬化蛹羽化后北迁到华北、东北地区，为害春麦、水稻、玉米、高粱等作物。

②南下时间和路线：7 月中下旬从东北、华北、内蒙古等地羽化的成虫向南迁，可到达辽宁南部和西部、内蒙古东南部及华北等地，成为第 3 代虫源，9 月上中旬从华北、内蒙古西南部、辽宁南部和西部羽化的黏虫随“寒露风”继续南迁，到达湖南、广东、福建等地，成为 9～10 月间为害水稻的虫源，继续为害并越冬。

5.2.3.2　玉米螟

玉米螟一年发生代数依各地气候而异，随纬度和海拔升高而世代减少，一般 45°N 以北发生 1 代，40°～45°N 发生 2 代，长江以北发生 3 代，湖北、四川、湖南、江西及浙江基本为 4 代区，华南地区为 5～6 代区。

一般在 2 代区，第 1 代为害谷子，第 2 代为害玉米。越冬代成虫 6 月中、下旬盛发，8 月中旬第 2 代成虫盛发。

在 3 代区，每年 9 月中、下旬老熟幼虫在玉米茎秆和穗轴中开始越冬，次年 5 月中、下旬大量化蛹，5 月下旬至 6 月上旬越冬代成虫盛发，第 1 代幼虫为害春玉米；第 2 代幼虫盛发于 7 月中旬左右，集中为害夏玉米；第 3 代幼虫盛发于 8 月中旬至 9 月上旬，幼虫多集中为害夏玉米的雌穗等。

多代区，如广东，越冬代成虫始见于 3 月下旬，以第 2 代幼虫为害春玉米较重，秋季第 3～5 代在田间重叠发生，为害夏玉米很重，各代发生时间依次为 3 月下旬、5 月上旬、6 月上旬、7 月上旬、8 月下旬和 9 月下旬。

5.2.3.3　东亚飞蝗

(1)发生世代　东亚飞蝗一年发生代数因南北地区气候条件不同而异。北京以北一年发生1代;渤海湾、黄河下游、淮河、长江流域通常发生2代;但微山湖、洪泽湖一带在干旱年份可以发生3代;广东、广西、台湾一年发生3代。全国各地东亚飞蝗均以卵在土中越冬。

(2)成虫习性　夏蝗羽化适宜温度在25～30℃之间,取食多少与温度、风雨、光线等有关,在17～36℃范围内,温度越高取食越盛。群居型飞蝗的成虫有成群迁移和迁飞的习性,迁飞具有一定的方向性,飞行中需取食饮水时即行下降。

东亚飞蝗产卵时对土壤的坚松和土壤含水量、含盐量都有一定的选择性。在坚实的土内产卵多,产卵最适的土壤含水量为10%～20%,大多数卵产在含盐量0.5%以下的地区,当土表含盐高于1.2%时,则无东亚飞蝗的分布。

(3)卵和蝗蝻　东亚飞蝗的卵无滞育现象,当卵发育完成后,只要条件适宜,即可孵化。蝗蝻有群集的习性和成群迁移习性。据研究蝗蝻的群集性是因为蝗蝻的粪便中含有一种叫群集素的外激素。

(4)发生规律　东亚飞蝗在各地发生世代不同,各代发生的时间也有差异。见表5-3。

表5-3　东亚飞蝗的发生规律

代	数	卵孵化期	羽化期
1代区		5月中、下旬	7月上旬
2代区	第1代	5月上、中旬	6月中、下旬至7月上旬
	第2代	7月中、下旬	8月下旬至9月上旬
3代区	第1代	4月中、下旬	5月下旬至6月上旬
	第2代	7月上、中旬	8～9月间
	第3代	8月中、下旬	9月下旬至10月上旬

5.2.4　发生与环境条件的关系

5.2.4.1　黏虫

黏虫的发生与温湿度关系十分密切,各虫期适宜的温度为10～25℃,适宜的RH在85%以上,即黏虫要求温暖高湿的条件。30℃以上产卵量降低,干旱不利于发生。在成虫羽化和产卵期间,温度稍高,湿度大或多阴雨,虫害就容易大发生,因此群众有"阴雨连绵生黏虫"的说法。田间环境条件对黏虫的发生也影响较大,生长茂密的丰产小麦田和小麦与玉米的套种田一般较重。作物密植和施肥不当有利于黏虫的发生。勤中耕除草,加强保护田间的天敌有利于控制黏虫种群数量。

5.2.4.2　玉米螟

影响玉米螟消长的主要气候条件是雨量和温度。春季复苏的越冬幼虫必须嚼潮湿的秸秆或吸食雨水、露滴，取得水分后方可化蛹。成虫羽化后也要吸水方能正常产卵，产卵时又要求有较高的相对湿度。一般来说，温度15～30℃，相对湿度在60%以上时最适合玉米螟各虫态发生。因此，温度和湿度对玉米螟有3个方面的影响，其一是影响对越冬幼虫的复苏和化蛹，其二是影响成虫的产卵，其三是影响卵的孵化和幼虫的存活。

玉米螟2代卵峰日出现早晚起决定性作用的气象因素是温度，并遵循有效积温法则。在河南，3月上旬至7月中旬的温度是影响玉米螟2代卵峰日的关键。越冬代蛹羽化前和1代蛹期间的地温是直接影响因子。日照时数偏多时，2代卵峰日提前出现。而降水量和雨日偏多，可延缓2代卵峰日的出现时间。

一般玉米螟的越冬基数大小，直接影响第一代卵量和被害株率。据河南南阳的调查，百秆越冬虫量与春玉米被害株率的关系为：50头以下，35%左右；50～100头，50%～70%；300头以上时则超过90%。

传统抗性品种或自交系多为抗玉米营养生长期螟害，种植心叶中含高抗螟素的品种，对营养期玉米螟的幼虫发育有抑制作用。转基因抗虫玉米大面积种植能有效地控制玉米螟的为害，减少化学农药的使用，保护了田间的天敌种群。

作物布局可直接影响玉米螟的种群消长和为害程度。如变春播为夏播，可以抑制2、3代的发生量和为害程度，一些大面积采用玉米与棉花、小麦等进行间作套种的地区，则由于玉米播期自春到夏极不整齐，导致玉米螟的严重为害和防治困难。迟播玉米雄花上幼虫迁移扩散速度快，相反，抽雄迟的玉米，幼虫转移慢，雄花为害重。同时随虫龄增大，蛀茎比例逐渐上升。因此，播种早的玉米，抽雄时，低龄盛期的幼虫在迁移到叶腋等位置后，须以叶茸或积存其上的花粉为食，完成可行钻蛀前的幼龄期发育蜕皮过程。而播种迟的玉米，抽雄时幼虫虫龄已大，在迁移到位后即行钻蛀。

玉米螟的天敌，目前国内已经发现70多种，其中寄生性天敌有20余种。它们在控制玉米螟的为害中发挥了重要的作用。

5.2.4.3 东亚飞蝗

(1)降水与旱涝　蝗区及上游地区年降水量的多少决定湖、河水位的涨落及低洼地的旱涝程度，从而对飞蝗的发生起着重要的影响。在蝗区经常流行着"先涝后旱，蚂蚱成片"，"大水之后，必闹蝗灾"之说。

(2)温度　东亚飞蝗适宜发育温度介于25～35℃之间，在此范围内生长发育的速度随温度的增高而加快，随温度的降低而延缓。东亚飞蝗卵发育的起点温度为15℃。蝗蝻发育的起点温度为18℃，但整个生长期至少需经历日平均温度25℃以上的天数30 d，才能完成发育与生殖。

(3)土壤　东亚飞蝗的产卵对土壤含水量和含盐量有选择性，对土面的坚实度也有要求。

(4)天敌　芫菁的幼虫可寄生蝗卵;蝗虫微孢子虫、痘病毒均对蝗虫有一定的控制作用。

5.2.5　主要防治方法

5.2.5.1　黏虫

防治黏虫必须掌握诱蛾、灭卵、杀虫3个环节,做到成虫消灭于产卵以前,卵消灭于孵化之前,幼虫消灭于2、3龄盛期。

(1)诱杀成虫　①糖醋酒液诱蛾:每5～10亩地放一盆,盆高出作物1尺(约33 cm)左右,诱剂保持1寸(约3.3 cm)深左右,白天将盆盖好,晚上开盖,每天早晨取盆中蛾,1周左右换一次,连续15～20 d。②杨树枝把诱蛾:用1 m左右长的杨树枝10根,将基部一端扎紧,梢端略松散,待叶片萎蔫后插立田间,高于作物1尺左右,每隔10 m插一把。每天日出前用塑料袋套上枝把,并摇动收集成虫,然后杀死。

(2)药剂防治　①喷粉:用2.5%敌百虫粉剂或5%马拉硫磷粉剂或0.04%除虫精粉剂,每亩施1.5～2 kg。②喷雾:90%晶体敌百虫或80%敌敌畏乳油1 000～1 500倍;40%乐果乳油2 000倍;50%马拉硫磷乳油1 000～2 000倍;10%除虫精2 000～3 000倍,每亩用药液75 kg;20%灭幼脲1号胶悬剂10 g;25%灭幼脲3号胶悬浮剂30～40 g。

5.2.5.2　玉米螟

(1)农业防治　主要是处理越冬寄主,压低虫口基数;选种抗螟品种;改变播种时期。

(2)灯光诱杀　用450 W高压汞灯诱杀玉米螟成虫,可使秋玉米田间虫孔平均减少68.7%,相对虫量减少71.2%。

(3)生物防治　利用寄生蜂和菌类杀虫剂。

(4)药剂防治　据调查,心叶期、雄穗打苞期、雌穗孕苞期及抽花丝期为玉米螟集中为害时期,因而防玉米螟应抓“三期”。心叶期、雄穗打苞期施用颗粒剂,药剂用25%西维因或0.2%辛硫磷或2.5%螟蛉畏1份加15～30份颗粒(如河沙、煤渣)。雌穗孕苞期、抽花丝期防治,雌穗吐丝6～8 d后,花丝变为红褐色后剪花丝抹药泥,用90%晶体敌百虫1份、水300份、干黏土540份混合成药泥;或点药液,用大注射器将药液注在花丝上,用50%敌敌畏乳油600～800倍液,或90%晶体敌百虫800～1 000倍液。

根据防治指标防治。叶末期防治,掌握花叶率达5%时就要防治,以颗粒剂型防治效果较好。而穗期的防治，虫穗率达 10%或百穗花丝有虫 50 头，应在抽丝盛期防治一次；若虫穗率超过 30%，除抽丝盛期防治外，还应过 6～8 d 后再防治一次。同时，玉米螟防治时应注意其他寄主田如高粱、谷子和棉花等田的防治。

5.2.5.3 东亚飞蝗

(1)农业防治　兴修水利，使旱涝无灾。大面积垦荒种植，改变蝗虫的栖息环境，减少发生基地面积。植树造林，改变蝗区小气候，减少飞蝗产卵繁殖的适生场所。提高耕作和栽培技术，达到控制蝗卵的作用，因地制宜，改变作物的布局，种植蝗虫不喜食的植物。

(2)生物防治　保护蝗区的捕食性天敌。人工施撒蝗虫微孢子虫和病毒制剂，防治效果也较好。

(3)药剂防治　大面积防治蝗蝻应掌握在 3 龄以前，防治方法可采用喷雾、喷粉和毒饵。常用药剂为卡死克、仰太保、马拉硫磷等。

5.3 玉米田杂草

5.3.1 主要种类及发生规律

玉米是世界的主要粮食作物之一，在大部分地区的栽培中都存在杂草防除问题。玉米田主要杂草有马唐、狗尾草、莎草、画眉草、马齿苋、藜、刺儿草、铁苋菜、反枝苋、凹头苋、旱稗、鳢肠、田旋花、打碗花、千金子、细叶千金子、碎米莎草、小藜、稗、苍耳、龙葵、牛繁缕等。

(1)马唐(*Digitaria sanguinalis* (L.)Scop.，图 5-6)　别名假马唐、叉子草、鸡爪草、俭草、大抓根草。晚春杂草。上部直立，中部以下伏地生长，节具不定根。是华北地区农田的恶性杂草，其为害率达 44.3%，在夏玉米田为害率达 73.0%。成熟的马唐种子具有 3 个月的休眠期，在休眠期内其出苗率低于 10%，随着时间的推移，马唐种子的发芽率逐渐提高，经过 8～9 个月后发芽率达到高峰。马唐种子出苗的适宜深度为 0.5～4.0 cm。有的地区马唐有 2 个出苗高峰，一个在 5 月中旬，另一个则在 6 月下旬。第二出苗高峰对夏播作物为害大，是进行化学防除的重点。此外，通过土壤耕作把马唐种子翻埋，使土壤深度大于 10 cm，也可控制

图 5-6　马唐

一部分马唐的潜在为害。虽然马唐随密度增加单株的生长量下降，但高密度马唐的总生物产量仍然大于低密度，由于低密度马唐的总生物产量少，故对农作物的为害亦少，在农田中可任其生长，既可覆盖农田，减少农田的水分蒸发，又可防止水土流失，充分利用马唐有益的生态价值，但对于高密度的马唐必须防除。出苗时间较晚的马唐（尤其是进入8月份后），由于其总生物产量少，在与作物的竞争中处于劣势，只能利用作物的漏光漏热，在作物与农田之间形成的生态小环境中马唐只是有益的组成部分。

（2）藜（*Chenopodium album* L.）　别名灰菜、灰条菜。早春杂草。适应性强，抗旱抗寒，喜肥喜光。适宜条件下长成多枝的大株丛，在不良条件下虽然低矮细弱，但也能开花结实。从早春到晚秋可随时发芽出苗。幼苗能忍受－5℃霜冻。7～8月份开花，8～9月份成熟，多者可产种子数十万粒，可随风向外传播。被牲口吞食的种子排出体外仍能发芽。深层不发芽的种子能保持发芽力达10年以上。

（3）马齿苋（*Portulaca oleracea* L.，图5-7）　别名蚂蚱菜、蚂蚁菜、马齿菜、酱板头草、马舌菜。夏季杂草。平卧或斜上，茎部分枝四散，肉质多汁。叶互生，蒴果盖裂，种子细小。极耐旱，常大量生长于高燥酷旱之地，拔出的植株在强光下曝晒数日仍不死。喜肥性和喜光性均较强，在多肥的地上伏生能长成多枝的大丛。5～6月份出苗，7～8月份开花，8～9月份成熟。再生能力强，植株及其断茎都能生根成活。此草消耗地力较强，而又难以根除，且为棉蚜、甘薯线虫病的传播媒介。

图5-7　马齿苋

（4）稗草（*Echinochloa crusgalli*（L.）Beauv）　别名野稗、旱稗、风稗、水稗草。晚春或夏季杂草。直立或基部膝曲，通常丛生。适应性极强，除深山老林和草原外几乎到处都有生长。春季5 cm深的地温稳定在10℃以上时开始出苗，7～8月份开花，8～9月份成熟。短日照植物，晚期出苗的植株很矮就能开花结实。一株稗草有数百甚至数千粒种子。种子体轻而有芒，可借风或水流向外传播。种子发芽深度为2～5 cm，深层不发芽的种子能保持发芽力10年以上。此草极为普遍，大发生时能密被地面，除掉一批又长一批，强烈消耗地力和遮光，严重抑制植物生长。也是稻麦作物多种害虫的转主寄主，并能感染黑穗病和黑粉病。

（5）狗尾草（*Setaria viridis*（L.）Beauv，图5-8）　别名绿狗尾草、青狗尾草、谷莠子。晚春杂草。通常直立丛生，株高30～60 cm。4～5月份出苗，7～8月份开花,8～9 月份成熟。在良好条件下,植株高大,分枝也多;恶劣条件下植株低矮,单一或少有分枝,但都能开花结实。适应性强,几乎到处可见,即使是固定沙丘和重碱斑地也能生长。种子有坚硬的厚壳包被,经牲口肠道或深埋于土中仍能保持很高的发芽力。大发生时能密被地面,吸收肥料、阳光和消耗土壤中水分,还妨碍机械收割。

图 5-8 狗尾草

(6)鸭跖草(*Commelina communis* (L.)) 又名竹叶菜、三角菜、帽子花、蓝花草、蝴蝶花、茅刀花。晚春杂草。株高 13～75 cm,直立或斜上,基部有不定根,全草多水分。叶互生,无柄。适应性强,既喜湿又抗旱,在各种土壤中都能生长;在肥沃土地上分枝繁多,常伏地生成大簇。5～6 月份出苗,7～8 月份开花,8～9 月份成熟。一株有种子数百粒至数千粒。此草有很强的再生能力,生育期割下或拔去植株,日晒很久也不死,遇雨能继续生根成活,故有"落地生根"的形容。种子发芽的最大深度为 9 cm,深层不发芽的种子能保持发芽力几年时间。此草强烈消耗地力和遮光,导致作物严重减产甚至绝产。

5.3.2 影响发生的主要因素

玉米田杂草种类多,种群组合复杂;杂草密度高,不同茬口差异大。夏玉米田单、双子叶杂草出草规律基本一致,有 2 个明显的出草高峰,一般在玉米播后 5～7 d 进入出草盛期,播后 9～12 d 出现第一出草高峰,杂草数量约占 50%,这期间萌发的杂草对玉米为害最严重。第二出草高峰在玉米播后 20～25 d。玉米的产量损失与玉米田杂草密度呈极显著的正相关。玉米田杂草的经济防除阈值为 80～90 株/m^2,当玉米田杂草超过防除阈值时,必须用药进行防除,以控制杂草的发生为害。玉米与杂草的竞争临界期为玉米播后 32～35 d,即玉米田杂草的防除适期应掌握在玉米播后 35 d 前。

作物田杂草优势种群、数量、密度、分布及田间消长规律等随区域、气温、降雨及年份不同而各有差异。阔叶杂草较耐低温,出苗始期较禾本科杂草早 15～30 d,且高峰期早而长,前期生长发育快,与玉米的竞争主要为早期的竞争。小藜、灰绿藜、狗尾草和马齿苋等几种主要杂草累计发生量在 90%左右,这些优势杂草决定着玉米田杂草发生程度和群落特征。旱田杂草的种群密度与气温和降雨量呈现正相关。气温高、雨量充沛的年份旱田杂草发生种类多,种群密度大;气温低、气候干旱的年份旱田杂草发生种类减少,种群密度降低。

不同土质和不同生态环境条件下旱田杂草的优势度等级也不尽相同。一年生种子繁殖的杂草,由于种子较小,发芽出苗多集中在土墒好、空气充足的表土层。

不同的季节、不同的作物生长时间,旱田杂草的种类、数量、密度和为害程度不同。在不同的生长时间,同种作物田杂草的优势种为害程度和优势度等级也不同。

不同杂草田间挖株测定的出苗深度不同:阔叶杂草小藜、灰绿藜、马齿苋、扁蓄平均出苗深度比禾本科杂草狗尾草、无芒稗、马唐等的浅。

不同杂草生长发育时间和株高也不相同。小藜、灰绿藜、马齿苋于5月下旬末陆续进入花果期,子粒成熟期株高较玉米低162.6～197.6 cm。狗尾草、无芒稗、马唐于6月上旬陆续进入抽穗开花,子粒成熟期株高较玉米低161.6～197.5 cm。

杂草种子繁殖具有多实性、早熟性、连续性和可塑性等特点,其繁殖能力远远超过玉米,且边成熟边落粒,从而加大了防除的难度。因此,虽然后期杂草株高较玉米明显矮,若忽视防除,任其生长,将与玉米争水、争肥、争空间,严重影响玉米的正常发育。

5.3.3 主要防治方法

玉米田中的杂草防治一般采取以下措施:

(1)加强检疫　在玉米的春播、夏播或与小麦套播前,精选种子,清除掉混在玉米种子里的杂草种子。

(2)农业防治　建立合理的轮作制度,恶化杂草发生的环境条件。根据杂草的发生规律,本着既有利于控制草害又有利于提高玉米产量的原则,在有轮作条件的地方推广水旱轮作,旱旱连作区可实行间作套种。提倡翻耕灭茬整地下种,对于杂草基数较小的地块,整地方式以深松耙茬为主;对于杂草基数较大的地块,特别是恶性杂草较多的地块,整地方式以深翻为主,尽量减少耕层杂草基数。加强田间管理,及时灭茬、松土、排水、控墒以控制草害。注意铲除沟边、田边地头杂草,防止向田内扩展蔓延。

(3)化学防治　当前茬田内杂草密度大、种类以多年生杂草及恶性杂草为主时,可进行播前施药。选用触杀型灭生性除草剂草甘磷、百草枯等。利用茎叶喷雾法,每亩使用10%草甘磷胺盐水剂200 mL或41%农达水剂150～200 mL进行板茬处理,防效在94%以上。在土壤墒情良好情况下,玉米播种前3 d,每亩用90%禾耐斯乳油50～75 mL加41%农达水剂100～150 mL可使免耕玉米田整个生长季节获得良好除草效果。播后苗前及苗后3叶期前,是夏玉米田杂草防除的关键时期,也是用药较为安全、保苗增产效果较显著的时期。在适墒直播田,播后苗前每亩可使用50%乙草胺乳油100～150 mL、72%都尔100～120 mL,对水进行土壤封闭施药;苗后3叶期前,可选用40%乙莠水150～200 mL,都阿合剂100～

120 mL 等进行茎叶、土壤喷雾处理，均可防除多种禾本科杂草及阔叶杂草，防效显著。玉米 8～10 叶期，作行间定向除草。每亩选用 20%克无踪 75～100 mL 或 41%农达水剂 150～200 mL。进行化学除草时还要注意整地要细碎平整，保证药剂均匀分布，充分发挥药效；用药量要准确，不可随意增减。

近年来，玉米生产多采用秋起垄、春季垄上播种，针对春季杂草萌发快的特点，在水分适宜的条件下可采用以下 2 组配方：190%禾耐斯 2.0 L/hm^2 ＋72% 2,4-滴丁酯 0.8 L/hm^2，播后苗前土壤处理，综合防效在 90%以上；280%阔草清 60 g/hm^2 ＋90%禾耐斯 2.0 L/hm^2，播后苗前土壤处理，综合防效在 95%以上。选择上述除草剂对玉米安全，且杀草谱宽，对后茬无不良影响。在土壤干旱条件下，播后苗前施药防治效果差，可采用苗后茎叶处理。苗后除草剂可选择 4%玉农乐 1.8 L/hm^2，在杂草 2～4 叶期施药效果最佳，施药后杂草心叶失绿，4 d 内死亡，综合防效在 90%以上，尤其对阔叶杂草防效好，对玉米和后茬无不良影响；也可选择 50%阿特拉津 1.5 L/hm^2，在玉米 4～5 叶期、杂草 2～4 叶期茎叶喷施。为了提高药效，可在药液中加入 0.5%～1.0%除草剂喷雾助剂（如药效宝、信得宝、快得 7 等）。如果将 4%玉农乐与 50%阿特拉津混用，防治效果更佳，配方为 4%玉农乐 1.0 L/hm^2 ＋50%阿特拉津 1.5 L/hm^2 ＋喷液量 0.5%～1.0%的除草剂喷雾助剂。

另外，黑色薄膜覆盖是一项能有效抑制杂草、促进玉米生长的措施。覆盖在地表的黑色薄膜阻止了太阳辐射直接照射地表而使杂草不能生长。另一方面，与施用除草剂和机械除草相比，地表覆膜只是在盖膜时有一次手工覆膜或机械覆膜，减少了机具通过田间的次数，因此减少了能耗及机具对土壤的压实破坏，避免了除草剂对土壤等的污染。当然，必须注意在收获后将破损的薄膜捡出农田。所以，黑膜覆盖同时也是一项有利于环境保护、有利于达到杂草的可持续控制、有利于农业可持续发展的措施。

目前，利用计算机图像处理技术，能识别出玉米苗期（5 叶期前）田间牛筋草等细长单子叶杂草并确定出杂草的位置和生长状况，从而为玉米苗期精确喷洒除草剂的自动化作业提供必需的信息。

5.3.4 几种国外除草技术

（1）*光化学除草法* 国外化学家已经成功地研制出一种光化学除草剂。这种除草剂施到小麦、玉米等农作物田中后，一遇见阳光就会自动发生化学反应，可高效杀灭杂草而不损害农作物。

（2）*电流除草法* 国外的许多科学家通过试验证明，高电流能极大地损害杂草而不损害农作物。为此,有的国家已经研制出一种可安装在农业机械上的电流除草设备,并进行大面积的高压电流除草。在甜菜和棉花田试验,该设备可除掉97%~99%的杂草,而且电压越高,除草效果越好。

(3)地膜除草法　在地膜的生产过程中填入一定量的除草剂,可使其覆盖的地下只生长农作物而不生长杂草。目前,国外已经推出多种除草地膜,且使用范围不断扩大。

(4)肥料除草法　日本一位农民在秋季割稻后到11月份,在连续晴天时,将地耕翻两遍,促使杂草枯死。然后在每6 670 m^2(10亩)水田里,将1 000 kg稻壳和4 kg油渣调和均匀后撒布,至第二年种植水稻时,稻壳已经腐烂,不仅能肥田,而且稻壳所浸出的微量稻皮内脂和苯酚类物质可以抑制杂草发芽,使稻田中不生杂草。

(5)植物相克除草法　据国外科学家试验,向日葵能有效抑制曼陀罗花、马齿苋等野生杂草的生长,高粱能够抑制大须芒草、柳枝稷、垂穗草等杂草的生长,在农作物地里套种苎麻可抑制禾本科杂草的生长,在小竹丛生的林地上撒种苎麻可以消灭小竹,在竹林边种苎麻可制止竹鞭蔓延。

5.4　玉米田鼠害

5.4.1　主要种类及发生规律

世界各国所发现的鼠类,已报道过的有20多个科1 700多个种。据调查我国发现的鼠类有13个科130多种,其中为害玉米田的野鼠主要有黄鼠、长爪沙鼠、黑线姬鼠、大仓鼠、黄毛鼠和社鼠等。

(1)黄鼠(*Citellus dauricus* Brandt)　又称大眼贼蒙古黄鼠、草原黄鼠、豆鼠、禾鼠等。从这几种叫法可知它的发生地、生境、为害的农作物和它的形态特征。黄鼠主要分布在我国北方的草原、荒漠或半荒漠地带,南方较少。黄鼠一般居住在草场、农田、灌木丛林、村庄园地附近等。其鼠洞比较明显,有栖居型和临时型。栖居型的洞口只有一个,洞口直径约6 cm,洞道长可达25~50 cm,洞道都有分支,鼠道有2或3道,其中一道里有鼠窝。临时型鼠道较短浅,构造也简单,有几个鼠道,但无鼠窝。成熟黄鼠通常独居,交配期间雌雄同居。每只黄鼠除了有栖居型鼠洞以外,往往还在鼠洞周围附近挖有临时型鼠洞几个,作为暂时栖身之处。

黄鼠主要取食植物的幼苗、茎和绿叶,金秋季节就盗食谷物、豆类和植物的种子;也兼食昆虫之类的小动物。取食活动多在清晨和傍晚,晚间较少出洞活动。黄鼠出洞以后要直立一段时间，观察附近的动静，如发生敌情（如犬、猫、鹰或其他干扰），就闻声逃入洞穴，非常机警。黄鼠有冬眠习性，一般在9～10份月或晚些时候入蜇，于次年3～4月间出蜇，出蛰以后就开始找食，食量相当大，这时正是春播之际，为害禾苗十分严重。出蜇以后就进行交配，孕期约3周，5月中旬产仔，每胎平均产仔6～8只。仔鼠在6月上旬开始出洞活动，经1个月后仔鼠就与母鼠分居。幼鼠先居住在母鼠营建的临时型鼠洞，后建栖居型鼠洞，两性幼鼠过独居生活，到第二年春天就能进行交配繁殖。黄鼠寿命可达6年之久，是为害庄稼、牧草、林木等的重要野鼠。

（2）长爪沙鼠（*Meriones unguiculatus*） 俗名黄耗子、长爪沙土鼠。参考麦田鼠害。

（3）黑线姬鼠（*Apodemus agrarius* Pallas，图5-9） 又称田姬鼠、长尾黑线鼠等。因其特征比较明显，故称黑线姬鼠。黑线姬鼠分布较广，主要分布在东北、华北及长江流域等地区，是农牧业的重要鼠害。其体型较小，体长8～11 cm。背毛棕褐色，背毛中央有一条黑色毛纹，毛纹从两耳之间一直延伸到尾的基部，这就是它的主要特征，并因此而获名。有些地理型的黑线姬鼠这条黑线并不太显著，甚至退化消失，这可能是形态上的变异现象，但它的种的本质并未改变。腹毛灰白色，短尾，相当于自身体长的2/3。

图5-9 黑线姬鼠

黑线姬鼠一般生活在平原、丘陵、山地和湖泊沼泽地，喜栖居向阳、潮湿和离水源较近的堤埂或灌木丛；也能栖息在打谷场的稿秆堆等场所。鼠洞筑在浅表的土层，构造简单，也分栖居型和临时型的鼠窝。栖居型有两个以上的鼠洞，窝里铺垫杂草枯叶借以保暖；临时型的只有一个鼠洞，内无鼠窝。随着气候转冷，它会继续挖深鼠道，到较深的土层里筑鼠窝。

黑线姬鼠主要在夜间活动，黄昏与清晨活动频繁，白昼很少出洞。随着自然条件和食物源的变化，它也会相应地迁移栖居地，如大雨后堤埂积水、气候炎热，农作物收割以后和缺少食物时，会向有利于它生活的地方迁移。入秋以后，气候逐渐变冷时，又因繁殖的需要，多在田埂、河岸、坡地等处挖洞筑窝。这时农田附近的上述地方，鼠洞就明显增多，特别在江河堤岸，由于鼠的群集挖洞筑窝，会对河堤带来险情。这点要特别注意！入冬以后，田野食源减少，它又无储量的习性，所以它又要迁移到打谷场和宅区附近的柴草堆和稿秆里栖身；有的就窜入居民家室。它在这些地方躲过冬天之后（它无冬眠习性），到第二年的春天气温上升时，又回到田野活动，为害作物幼苗、牧草、植物的茎叶与种子；冬夏多吃瓜果、蔬菜之类；金秋就边吃边糟蹋稻、麦、玉米、高粱等禾谷类粮食，有时也捕食昆虫等小动物。可见，黑线姬鼠食性较杂，食量又大，为害农牧业相当严重。我国东北地区的夏季是它繁殖的盛期；中部和南部地区每年有两次繁殖的高峰期：春季在4～5月份，秋季在9～10月份，产仔数秋季多于春季。高峰期每月产仔一胎，每胎产仔4～8只；通常每年产仔3～5胎。仔鼠出生后3个月后性成熟，开始交配与繁殖。寿命一般在一年半，无冬眠习性。

(4)大仓鼠(*Cricetulus triton* de Winton) 别名大腮鼠、搬仓鼠、灰仓鼠。参考麦田鼠害。

根据大仓鼠的生物学特性，采用堵鼠洞、挖鼠窝的灭鼠方法，灭鼠效果特别显著。若在初春化冻以前彻底捣毁它的巢穴，可以将其一网打尽。在谷物成熟以前用毒饵诱杀方法，灭鼠效果也很好。两者交替进行，就能控制鼠害。

(5)黄毛鼠(*Rattus losea* Swinhoe) 俗称田鼠、园鼠、罗赛鼠，罗赛鼠是拉丁文losea的译音，黄毛鼠是中文的学名。参考稻田鼠害。

(6)社鼠(*Rattus niviventer confucianus*) 又称白尾鼠、次毛灰鼠。体型较小，体长14 cm以内，尾长于体或与体等长。耳大较薄，向前拉可盖住眼睛。背毛棕褐色，头、颈、腹侧的毛尾棕黄色；夏季时背毛中杂生白色的硬毛(故有刺毛灰鼠之称)，腹毛黄色；尾毛上半部是棕褐色，下半部污白色。分布很广，河北、山西、陕西、甘肃、湖北、湖南、浙江、福建、台湾、广东、广西、四川、云南等地都有发生。主要为害山区农作物。

社鼠大多栖居在山区的树林、灌木、茅草丛、果木、蔬菜园地、农田的杂草间以及乱石孔隙、溪坡草丛中。喜攀高，偶有筑窝在树枝上，窝梁顶上覆盖树叶，结构比较简单。一般在白天活动，黄昏后活动最甚，取食各种坚果、树木种子、嫩叶以及田间作物，也捕食昆虫和软体动物等。春末夏初是它繁殖的最盛时期，每胎产仔四五只，多时达9只。社鼠是山区的害鼠之一。

(7)小家鼠(*Musmusculus*) 体小，体长60～90 mm，体重12～20 g，口鼻尖，耳壳不长，有细毛，耳向前折时不能达眼部。从侧面可见上门齿内有一明显缺刻。背毛灰、棕灰色或棕褐色，尾尖细，尾长有差别，与体长相等或较体长略短。后足长小于17 mm。小家鼠在陇南山川玉米田均发生。常于玉米蜡熟期至玉米收获期为害玉米子粒，也在播种后取食未包衣种子。小家鼠以傍晚时分至凌晨为害最为严重，一只小鼠一夜可取食1～2穗的穗上部子粒，翌夜一般在原取食部位继续为害，大部分子粒被用于磨牙而损失，只有少部分被鼠取食。有群体出洞为害的特点。村院周围玉米田为害最为严重，周边有荒地、墓地、林地的玉米田小家鼠亦为害严重。繁殖能力强，条件适宜几乎全年繁殖。野外以夏、秋两季为盛产期，全年可产6～8胎，产后又能马上交尾受孕，每窝产6～8仔，最多为10只以上。小家鼠为家野两栖，在野外，于谷堆、草丛、柴垛下做窝。以夜间为害为主，但数量多时白天也活动，甚至不怕人。有季节性迁移现象。在野外还发现小家鼠有随食物丰富程度作短距离迁移的现象。

(8)褐家鼠(*Rattus norvegicus*，图5-10)褐家鼠体型较大，体长110～210 mm。尾较粗，短于体长，后足长28 mm。乳头6对，胸部2对，腹部1对，鼠蹊部3对。背毛棕褐或灰褐色，杂有黑色长毛。腹毛污灰白色。尾上面灰褐色，下面灰白色，尾部鳞片明显。前后足背面污白色。褐家鼠在陇南山川玉米田均发生，但以川道田为多。喜食含水较多的食物，主要在蜡熟期为害玉米果穗，如果疏于田间查看，常1～2夜暴食玉米子粒，造成严重损失。以夜间为害为主，有明显的季节迁移性。全年均可繁殖，5～9月份为繁殖盛期，平均每窝产仔8～10只，最多达16只。鼠性凶猛、多疑，在村镇周围、农田、沟渠、路旁及各种建筑物内都可栖息，甚至在下水道、垃圾站内也可存活。一般村镇周围的玉米田为害严重。

图5-10 褐家鼠

除上述几种普遍性的田间鼠害外，还有一些地区性的田间鼠害。拉萨地区野栖鼠类主要为藏仓鼠(*Cxicetulus kamensis*)和白尾松田鼠(*Pitymys leucurus*)，数量多，繁殖快，分布广泛，喜食青稞。11月至翌年4月为干燥无雨季节，鼠类昼夜活动极为频繁，致使草原受害非常严重。甘肃鼢鼠是西北地区特别是黄土高原地区农林牧业的一种主要害鼠，分布广，危害也十分严重。由于鼢鼠是一种较严格的地下害鼠，除晚上偶尔出洞或灌溉时逃离洞穴外，一般很难在洞外见到它，此鼠喜食玉米；而社鼠是山西省山区的一种主要农林害鼠。

5.4.2 影响发生的主要因素

鼠的活动能力与年龄、怀孕期、育幼期、寻找食物、选择栖息地等生活环境有关。通常在仔鼠哺乳期，鼠不会离开鼠窝、鼠洞，这段时间不会超过3周。3个月后幼鼠长成成鼠，是活动量最大的时期，生长发育最旺盛，择偶交配、挖洞筑窝、窃粮储藏、准备育幼等也在这个时期。2年以上的老龄鼠、怀孕期和育幼期的鼠活动较少，所以在鼠繁殖季节挖鼠洞、捣鼠窝、堵鼠洞等是灭鼠的有利时机，可以取得事半功倍的效果。

野鼠基本上是在农田、草原、山林、沙土地带活动，受气候影响，在秋末冬初时侵入打谷场、仓库、住宅等地方。一些自然因素和人为因素会引起鼠的迁移,如水涝干旱、暴冷遽热、天敌(鹰、猫、黄鼠狼、蛇等)捕食、开拓荒地、改造农田、兴修水利以及大面积灭鼠活动等。鼠的迁移会使新修的堤坝遭到破坏,甚至造成水灾;也会使农作物减产、草场荒芜与退化;还可能把疫区的病菌和有害昆虫传播到没有病疫的地方。鼠种间有斗争与消长的关系,如当褐家鼠大量发生时,小家鼠就会明显减少,甚至死亡。也有同类相残的现象,如野鼠黑线姬鼠侵入家鼠的阵地时,它们就会互相撕咬,发生"你死我活"的斗争,不同种鼠间共栖的现象是很少见的。

5.4.3 主要防治方法

灭鼠的方法有器械灭鼠、人工灭鼠、天敌灭鼠、物理灭鼠、化学灭鼠、野生植物灭鼠等。灭鼠器材主要分为3类,即捕鼠(诱捕)器材、击鼠(击杀)器材和打鼠工具。人工灭鼠主要采取玻璃碴堵洞、石灰堵洞、人工围歼鼠群及挖坑消灭鼠群的方法来消灭老鼠。鼠类的天敌较多,大致有5类:①猫科动物,包括家猫、野猫、丛林猫、猞猁等;②犬科的犬、狐狸、狼、豺等;③鼬科的紫貂、白鼬、水獭、黄鼬等;④鸟类的猫头鹰、老鹰等;⑤蛇类,包括无毒的和有毒的各种蛇,都有猎鼠习性。用于灭鼠的野生植物主要有山营兰、海芒果、天南星、马钱子、狼毒根、闹羊花、断肠草等。

从目前鼠害防治的现状及其发展趋势来看,无论城市、农村,还是鼠类严重的农田区,化学防治仍是灭鼠的主要手段之一。常用杀鼠剂大体分为急性杀鼠剂和慢性杀鼠剂2种。急性杀鼠剂致死作用快,毒杀性强,对人、畜也有危害。我国目前批准登记允许使用的急性杀鼠剂为磷化锌。一般急性杀鼠剂一次少量投放毒饵,一次性毒性强,害鼠症状剧烈,几小时甚至几分钟即可死亡,其他害鼠拒食,害鼠多数死于洞外。慢性杀鼠剂主要为杀鼠灵、氟鼠灵、杀鼠醚、敌鼠钠盐、溴敌隆、溴鼠灵、杀鼠晶等抗凝血杀鼠剂。慢性杀鼠剂一次多量或多次少量投放毒饵,慢性累积毒性强,症状不剧烈,3～14 d死鼠,5～7 d为害鼠死亡高峰,其他鼠不拒食,多数害鼠死于洞内。生物型杀鼠剂有C型肉毒梭菌素和肠炎沙门氏菌体,前者介于急性与慢性之间,后者属慢性杀鼠剂。另外,有几种剧毒杀鼠剂是我国明令禁止生产、经营、使用的:①毒鼠强,化学名称为四亚甲二砜四胺,也叫没鼠命、424。于1949年合成,1953年用于灭鼠。②灭鼠硅,也叫氯硅宁、RS150。于1970年用于灭鼠。③氟乙酸钠,也叫1080。于1944年用于灭鼠。④氟乙酰胺,也叫敌蚜胺、1081。于1968年用于灭鼠。⑤甘氟,于1965年用于灭鼠。

在使用灭鼠剂灭鼠过程中应注意:①选择合适的时机。例如,西藏高原在10月份青稞收割后,野栖鼠类多,密度高,繁殖力强,活动频繁,栖息场所不固定,对玉米、谷粒等取食较少,却较易觅食到青稞,不能完全杜绝鼠粮,一定程度上影响到灭鼠效果。野外投放浸泡毒饵需避开5～10月份的雨季，否则极易失效，达不到预期的灭鼠效果。一般情况下鼠类食性较杂，但高原野鼠多栖息于草原、荒漠、麦地，食种子、颗粒、草本植物的绿色部分，尤喜食青稞，食谱较窄，不冬眠，4～5月份、8～9月份各有一繁殖高峰。所以，最好选在4月份进行，一方面可以做到断绝鼠粮，另一方面随着解冻后气温回升，鼠类大量出蛰觅食，便于集中灭鼠，收到事半功倍的效果。随5月份雨季来临，水溶性的浸泡毒饵受湿后易于降解，在环境中滞留时间短，造成的污染较轻。②选择最佳毒饵。杀鼠剂大多数都是用饵料制成毒饵让害鼠取食后产生毒杀效果，但由于不同饵料配成的毒饵对害鼠的适口性存在差异，因而其毒杀效果也不同，因此在灭鼠毒饵配制时选用最佳饵料，对提高灭鼠效果、降低成本具有重要意义。有试验表明，农田鼠类对大米、小麦毒饵适口性较好，防治效果也好。因此，开展大面积灭鼠时，农田区灭鼠可选择大米、小麦作为基本毒饵饵料。另外，各地农田区的优势鼠种也不尽相同，在灭鼠工作中应根据当地优势鼠种的组成有针对性地选择饵料配制毒饵，这样才能达到良好的取食率。刘建书等曾报道，固定毒饵交替使用药物或固定药物交替使用基饵，均可提高鼠类对毒饵的现场摄食率。因此，在今后大面积灭鼠时，应交替使用药物和毒饵饵料，以利于保持和提高鼠类适口性，达到高效灭鼠的目的。③选择合适药剂。根据实际情况，考虑生态因素及对人、畜的安全性选择药剂，不能仅仅从杀鼠效果上选择。例如，诱鼠穿心丸灭鼠效果非常好，投放当天即出现死鼠，第3天达高峰，为急性药，从其具有的氨气味来看，主要成分可能含有氟乙酰胺，鼠易接受，灭效好，但对人、畜毒力强，残效期长，易发生二次中毒，而且没有特效解毒药，因此国家已明令禁止使用。④地区联合，发挥整体优势。因鼠有迁移习性，因此在灭鼠期间应该各地区共同协商，制定出综合全面的灭鼠方案，达到整体灭鼠效果。

参考文献

[1]北京农业大学. 农业植物病理学. 2版. 北京:农业出版社,1989.
[2]陈捷. 玉米病害诊断与防治. 北京:金盾出版社,2001.
[3]陈景堂,池书敏,刘志增,等. 玉米粗缩病(MRDV)研究现状及展望. 玉米科学,2000,8(3):76-78.
[4]杜冰. 玉米苗期病害的发生与防治. 杂粮作物,2000,20(3):50-52.
[5]方中达. 中国农业植物病害. 北京:中国农业出版社,1996.
[6]靖国军,王子胜,柴桂军. 几种玉米病害及其防治. 国外农学——杂粮作物,1998,18(3):42-43.
[7]李常保,宋建成,姜丽君. 玉米粗缩病及其研究进展. 植物保护,1999,25(5):

34-37.
[8]李春霞,苏俊. 黑龙江省玉米主要病害的发生因素分析及其防治对策. 黑龙江农业科学,2001(6):38-39.
[9]陆家云. 植物病害诊断. 北京:中国农业出版社,1995.
[10]吕国忠,陈捷,白金铠,等. 我国玉米病害发生现状及防治措施. 植物保护,1997,23(4):20-21.
[11]马平,潘文亮. 北方主要作物病虫害实用防治技术. 北京:中国农业科学技术出版社,2002.
[12]苏宝强,贾雨,李连贵,等. 玉米三种病害的发生与防治. 杂粮作物,2000,20(3):50-52.
[13]汪强,王千里,李辉. 玉米栽培与病虫害防治. 北京:科学普及出版社,1998.
[14]王富荣,石秀清,石银鹿. 山西省玉米病害的发生现状及防治对策. 玉米科学,2000,8(3):79-80.
[15]王振华,姜艳喜,王立丰,等. 玉米丝黑穗病的研究进展. 玉米科学,2000,10(4):61-64.
[16]王忠孝. 山东玉米. 北京:中国农业出版社,1999.
[17]植物病虫草鼠害防治大全编写组. 植物病虫草鼠害防治大全. 合肥:安徽科学技术出版社,1996.
[18]中国农业科学院植物保护研究所. 中国农作物病虫害:上册. 2版. 北京:中国农业出版社,1995.
[19]周文富. 夏玉米粗缩病毒病防治技术. 农药,1999,38(8):39-40.
[20]刘海凤,王蕴生,张荣. 玉米花丝对亚洲玉米螟抗性的初步研究. 中国农业科学,1987, 20(6): 58-63.
[21]司奉泰,黄善斌. 二代玉米螟发生规律与气象条件关系. 河南气象,1998,4:26-27.
[22]西北农业大学. 农业昆虫学. 北京:中国农业出版社,1996.
[23]华南农业大学. 农业昆虫学:上、下册. 北京:中国农业出版社,1995.
[24]宋汝国,张志宽,刘萍,等. 不同播期夏玉米二代玉米螟幼虫为害特点与防治对策. 昆虫知识,2001, 38(2): 194-197.
[25]陈元生. 我国玉米螟防治技术研究概况. 杂粮作物,2001,21(4):36-38.
[26]林昌善. 黏虫生理生态学. 北京:北京大学出版社,1990.
[27]杨桂华,李建平,李茂海. 大面积应用诱虫灯防治玉米螟效果的调查. 吉林农业科学,1998,1:70-72.
[28]杨桂华,王蕴生,张荣. 玉米雄穗对亚洲玉米螟抗性初步鉴定. 吉林农业科

学,1989,(4):10-12.
[29]赵琼芬.防玉米螟抓“三期”.云南农业,1999,6:21.
[30]郭郛,陈永林,卢宝廉.中国飞蝗生物学.济南:山东科学技术出版社,1991.
[31]吴国斌,卢国守.8种灭鼠剂在高原寒区灭鼠效果观察.解放军预防医学杂志,2003,21(4):6-7.
[32]王明春,韩崇选,胡忠朗,等.甘肃鼢鼠取食节律及对不同饵料喜食性的研究,西北农业大学学报,1997,25(2):16-19.
[33]杨再学,金星,邵昌余,等.不同毒饵饵料毒杀鼠类试验研究.山地农业生物学报,2001,20(3):180-185.
[34]谢俊贤,陇南玉米田优势鼠害调查与防治.杂粮作物,2001,21(3):40-41.
[35]谢开春,惠金木.灭鼠技术问答.北京:中国商业出版社,1986.
[36]王正存,马壮行.鼠害的化学防治.北京:化学工业出版社,1984.
[37]纪寿文,王荣本,陈佳娟,等.应用计算机图像处理技术识别玉米苗期田间杂草的研究.农业工程学报,2001,17(2):7-10.
[38]姜德锋,陈洁敏,林文彬,等.玉米田杂草马唐的生长特性研究.莱阳农学院学报,2000,17(2):113-115.
[39]张夕林,张洪进,季永进,等.玉米田杂草生态经济防除阈值及竞争临界期研究.植保技术与推广,2000,20(2):10-15.
[40]高先涛,申慕真,姚景勇,等.鲁西南地区旱田杂草种类及发生规律初探.杂草科学,2001,3:15-21.
[41]肖文一,陈铁保.农田杂草及防除.北京:农业出版社,1982.

思考题

1. 黏虫的迁飞与发育和为害有何关系?
2. 如何根据玉米螟的习性制定防治措施?
3. 东亚飞蝗治理有哪些关键技术?
4. 目前玉米生产上发生比较严重的病害有哪些?
5. 玉米大、小斑病的发生规律是什么,各有什么特点?
6. 玉米矮花叶病、玉米粗缩病的发生规律是什么,各有什么特点?
7. 玉米病害种类演变的因素有哪些?
8. 玉米病害流行的因素有哪些?试举例说明。
9. 玉米大、小斑病,弯孢菌叶斑病,尾孢菌叶斑病4种叶斑类病害的防治方法是什么?

10. 玉米丝黑穗病的防治方法是什么？

11. 玉米黑粉病的防治方法是什么？

12. 玉米矮花叶病、玉米粗缩病的防治方法是什么？

13. 如何防治玉米田杂草？

14. 如何防治玉米田鼠害？

第6章　水稻病虫草鼠害

6.1　水稻病害

水稻病害是指真菌、细菌、病毒、线虫侵染水稻致病和非侵染性生理病害。全世界寄生在水稻上的微生物约230余种。中国发生的侵染性病害中，已知真菌病约50种、细菌病4种、病毒病8种、线虫病10种。我国常年发生的水稻病害共计29种，其中流行范围广、潜在威胁大的是稻瘟病，广泛分布于世界各稻区，也是中国稻区的重要病害；为害频率高、影响高产的主要病害是纹枯病，各稻区普遍发生，并以长江流域为害较大；区域性流行成灾的是白叶枯病，主要分布于亚洲、大洋洲稻区；主要由种子传染的有恶苗病、干尖线虫病。此外还有由于杂交稻推广种植以后危害程度上升的稻曲病、粒黑粉病、叶尖枯病以及20世纪60年代以来间歇流行为害的病毒病等。按照水稻的生育期分，主要包括：播种至分蘖期病害，有生理性烂秧、青枯病和立枯病；分蘖至出穗期病害，有稻瘟病的叶瘟、白叶枯病和纹枯病；出穗至成熟期病害，有稻瘟病的穗颈瘟、枝梗瘟、谷粒瘟和稻曲病。这些病害的发生流行常造成我国水稻产量年减产达5%以上，是影响高产稳产的一大主要问题，迫切需要研究解决。

6.1.1　主要种类及发生规律

6.1.1.1　稻瘟病

水稻稻瘟病又名稻热病，俗称火烧瘟、吊头瘟、掐颈瘟等，是一种世界性的水稻主要病害，也是全国各稻区常见的重要病害。在我国它同纹枯病、白叶枯病被列为水稻三大病害。由稻梨孢菌引起。在自然条件下，稻瘟菌只侵染水稻。

(1)分布与为害　我国南自海南岛，西起新疆、西藏，东至台湾，凡有水稻栽培的地方都有发生。但以日照少、雾露持续时间长的山区和气候较温和的沿江、沿海及水稻生育期处于雨季的地区发生重。流行年份一般减产10%～20%，重则减产40%～50%，为害普遍，常造成惨重损失，甚至颗粒无收。1980年浙江省晚稻稻瘟病流行，损失稻谷2.5亿kg；1981年福建省稻瘟病严重，损失稻谷1.5亿kg。

(2)症状　稻瘟病在水稻整个生育阶段皆可发生，具有为害时间长、侵染部位多和症状多样性等特点。按其为害时期和部位的不同，可分为苗瘟、叶瘟、节瘟、叶枕瘟、穗颈瘟和谷粒瘟。

①苗瘟：发生于三叶前，由种子带菌所致。病苗基部灰黑，上部变褐，卷缩而死，湿度大时病部产生大量灰黑色霉层。

②叶瘟：叶瘟在整个生育期都能发生，分蘖至拔节期为害较重。由于气候条件和品种抗病性不同，病斑分为4种类型。

慢性型病斑：开始在叶上产生暗绿色小斑，渐扩大为梭形斑，常有延伸的褐色坏死线。病斑中央灰白色，边缘褐色，外有淡黄色晕圈，叶背有灰色霉层，病斑较多时连片形成不规则大斑。这种病斑发展较慢。

急性型病斑：在感病品种上形成暗绿色近圆形或椭圆形病斑，叶片两面都产生褐色霉层，条件不适应发病时转变为慢性型病斑。

白点型病斑：感病的嫩叶发病后，产生近圆形小斑，不产生孢子，气候条件利其扩展时，可转为急性型病斑。

褐点型病斑：多在高抗品种或老叶上，产生针尖大小的褐点，只产生于叶脉间，较少产孢。该病在叶舌、叶耳、叶枕等部位也可发病。

③节瘟：病节初为褐色小点，以后呈环状扩大至全节，变成黑褐色或黑色，多湿条件下病斑产生青灰色霉层，后期病节干缩凹陷，易折断倒伏。

④叶枕瘟：发生于叶片与叶鞘交接处，不定形，灰绿色，其出现预示穗颈瘟易发生。

⑤穗颈瘟：发生在穗颈、穗轴及枝梗上，病部成段变褐坏死，穗颈、穗轴易折断成白穗。群众称之为“吊颈瘟”。

(3)病原　稻瘟病菌的无性阶段为 *Pyricularia oryzae* Cav.，属半知菌亚门的稻梨孢菌，有性阶段属子囊菌亚门，但极少出现。分生孢子为鸭梨形(图6-1)，无色，常具有2个隔膜，顶端尖，基部钝圆，并具脚孢，大小为(17～33) μm×(6.5～11) μm。分生孢子的形成与萌发以25～28℃、相对湿度96%以上(萌发时还需要有水滴存在)为最适。病菌生理分化明显，易发生变异。

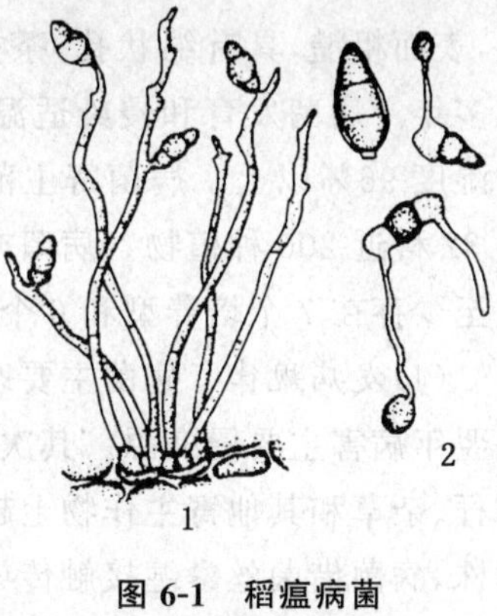

图6-1　稻瘟病菌

1.分生孢子梗及分生孢子
2.分生孢子萌发产生芽管和压力孢

(4)发病规律　病菌主要以菌丝体在罹病稻草和种子上越冬。以分生孢子作为初侵染与再侵染的接种体，借气流传播，从寄主表皮直接侵入致病。

6.1.1.2 纹枯病

(1)分布与为害 纹枯病俗名花脚秆,全国各稻区都有发生,为我国水稻三大病害之一。尤以密植矮秆杂交稻的高产田发生最为普遍而严重,致叶片枯死,结实率降低,千粒重减轻,一般造成损失10%～20%,甚者可达50%以上。

(2)症状

①叶鞘症状:在近水面处产生暗绿色水浸状边缘模糊小斑,后渐扩大呈椭圆或云纹形,中部呈灰绿或灰褐色,湿度低时中部呈淡黄或灰白色,中部组织破坏呈半透明状,边缘暗褐。发病严重时数个病斑融合形成大病斑,呈不规则状云纹斑,常致中片发黄枯死。

②叶片症状:病斑也呈云纹状,边缘褪黄,发病快时病斑呈污绿色,叶片很快腐烂,茎秆受害症状似叶片,后期呈黄褐色,易折。

③颈部症状:初为污绿色,后变灰褐,常不能抽穗,抽穗的秕谷较多,千粒重下降。温度高时,病部长出白色网状菌丝,后汇聚成白色菌丝团,形成菌核,菌核深褐色,易脱落。高温条件下病斑上产生一层白色粉霉层即病菌的担子和担孢子。

(3)病原 病原物有性态为瓜亡革菌(*Thanatephorus cucumeris* (Frank) Donk),属担子菌亚门亡革菌属真菌。无性态为立枯丝核菌(*Rhizoctonia solani* Kühn),属半知菌亚门丝核菌真菌。菌丝蛛丝状,白色至浅褐色,具分枝,近分枝处明显缢缩,离分枝不远处具分隔(图6-2)。菌核由菌丝纠结而成,老熟菌核馒头状,表面粗糙,具有绵状孔,茶褐色。菌核在土中可存活多年。病菌发育和侵染适温为28～32℃,并要求相对湿度96%以上。病菌寄主范围很广,人工接种可侵染32科近200种植物。病菌亦具生理分化,据台湾研究至少存在7个培养型和6个生理小种。

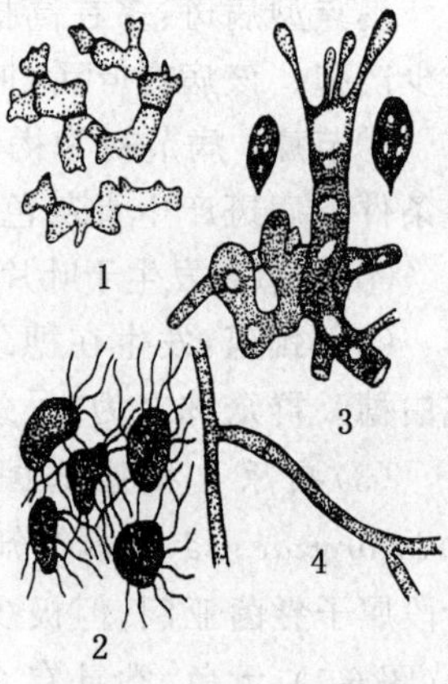

图6-2 水稻纹枯病菌

1.老熟菌丝 2.菌核 3.担子及担孢子 4.幼菌丝

(4)发病规律 病菌主要以菌核在土壤中越冬,成为翌年病害主要侵染源。其次以菌丝体和菌核在罹病稻秆、杂草和其他寄主作物上越冬,成为次要的初侵染源。再次侵染源主要是田间病株,病菌借菌丝攀缠接触传染或借菌核水流传播。

6.1.1.3 水稻白叶枯病

(1)分布与为害 水稻白叶枯病俗名剥叶瘟、游火、地火等,是世界性的病害,以亚洲稻区发生为重。在我国迄今除新疆未见报道外,其余各省份均有发生,尤以华东、华中、华南稻区受害较重，其他稻区多属局部发生，被列为我国有潜在危险性的植物病害。本病主要引致叶片干枯，一般减产10%～30%，甚者可达50%以上。发生凋萎型的稻田，还可出现死丛现象。

(2)症状　整个生育期均可受害，苗期、分蘖期受害最重，各个器官均可染病，叶片最易染病。其症状因病菌侵入部位、品种抗病性、环境条件有较大差异，常见的分3种类型。

①叶枯型：主要为害叶片，严重时也为害叶鞘，发病先从叶尖或叶缘开始，先出现暗绿色线状斑，很快沿线状斑形成黄白色病斑，然后沿叶缘两侧或中肋扩展，变成黄褐色，最后呈枯白色，病斑边缘界限明显。在抗病品种上病斑边缘呈不规则波纹状。感病品种上病叶灰绿色，失水快，内卷，呈青枯状，多表现在叶片上部。

②急性凋萎型：苗期至分蘖期，病菌从根系或茎基部伤口侵入维管束时易发病。主茎在出现2个以上分蘖时发病，心叶失水青枯，凋萎死亡，其余叶片也先后青枯卷曲，然后全株枯死，也有仅心叶枯死。病株茎内腔有大量菌脓，有的叶鞘基部发病呈黄褐或褐色，折断用手挤压溢出大量黄色菌脓。有的水稻自分蘖至孕穗阶段，剑叶或其下1～3叶中脉淡黄色，病斑沿中脉上下延伸，上达叶尖，下达叶鞘，有时叶片折叠，病株未抽穗而死。

③褐斑或褐变型：抗病品种上较多见，病菌通过剪叶或伤口侵入，在气温低或不利发病条件，病斑外围出现褐色坏死反应带，病菌扩展停滞，黄化型症状不多见，早期心叶不枯死，上有不规则褪绿斑，后发展为枯黄斑，病叶基部偶有水浸状断续小条斑。

天气潮湿或晨露未干时上述各类病叶上均可见乳白色小点，干后结成黄色小胶粒，很易脱落。水稻白叶枯病造成的枯心苗，在分蘖期开始出现，病株心叶或心叶以下1～2层叶出现失水、卷筒、青枯等症状，最后死亡。白叶枯病形成枯心苗后，其他叶片也逐渐青枯卷缩，最后全株枯死，剥开新青卷的心叶或折断的茎部或切断病叶，用力挤压，可见有黄白色菌脓溢出，即病原菌菌脓，别于大螟、二化螟及三化螟为害造成的枯心苗。

(3)病原　病原细菌为稻黄单胞杆菌水稻致病变种((*Xanthomonas oryzae* pv. *oryzae*, Swing)。细菌体短杆状，两端钝圆，具极生单鞭毛，能游动。病菌好气，病菌生长温限17～33℃，最适25～30℃，最低5℃，最高40℃，病菌最适宜pH值为6.5～7.0。病菌存在不同菌系，20世纪80年代我国已研究区分出7个小种(型)，其中C_2和C_4为全国优势小种，C_1和C_3次之，C_5、C_6和C_7稀有。其分布范围和流行种群均有一定的地理特点。北方稻区优势小种为 C_2；长江流域稻区为 C_2、C_4；南方稻区为 C_4、C_2，闽粤区还有少量 C_5。病菌的致病力随着纬度的增加而减弱。自然条件下，病菌可侵染栽培稻、野生稻、李氏禾、茭白等禾本科植物。

(4)发病规律 病菌主要在病种子、病草，其次在杂草上存活越冬。病种和病草为翌年病害主要初侵染源。病菌借风雨、水流、人及小昆虫活动等而近距离传播；远距离传播则通过种子调运。田间病株为再次侵染源。病菌经寄主水孔和伤口入侵致病。

6.1.1.4 水稻细菌性条斑病

(1)分布与为害 水稻细菌性条斑病简称细条斑，在亚洲热带稻区、非洲西部和澳大利亚广为流行。在我国主要发生于南部稻区。20 世纪 60 年代初，此病仅在华南局部地区发生流行，经采取换用无病种子等措施，其为害基本控制。但 80 年代以来，由于杂交稻的推广和稻种的南繁北调，此病不仅在华南稻区死灰复燃，而且迅速向华中、西南、华东稻区蔓延，目前病区已超过 11 个省份。此病在水稻整个生育期皆可发生，但以孕穗-抽穗始期发生为害最大，植株功能叶染病焦枯，严重影响结实。

(2)症状 主要为害叶片，病斑线状，笔直，长度数毫米至数十毫米，宽 0.2～0.5 mm，初呈暗绿色水渍状，后转黄褐色至红褐色，数条线斑可连成小斑块，潮湿时线斑上可渗出黄色菌脓，细小如针头般大，串生在线斑上，线斑因被菌脓覆盖而呈黄色，菌脓干后紧紧黏附在线斑上不易脱落。严重时稻叶呈黄褐至红褐色枯焦状，相当触目。本病与白叶枯病虽同为细菌性病害，但症状特点在于：病斑条状笔直，边缘平直，绝不显波纹状；对光观察线斑半透明；叶上菌脓较白叶枯的细而多，黏着紧而不易脱落。

(3)病原 病原细菌为黄单胞菌水稻致病变种（*Xanthomonas oryzae* pv. *oryzicola*）。细菌体短杆状，较白叶枯菌体为小，具极生单鞭毛。生理生化反应与白叶枯细菌基本相似，不同之处在于条斑菌能使明胶液化，使牛乳胨化，使阿拉伯糖发酵变酸，对青霉素和葡萄糖反应钝感等。病菌亦存在致病力分化，不同地方菌系群不尽相同，广东至少存在 6 个菌系群。病菌生长适温为 28～30℃。

(4)发病规律 水稻细菌性条斑病的发病规律与白叶枯病基本相同。病菌主要在病种子和病草上越冬，成为初侵染源，也不排除野生稻、李氏禾的交叉传染。病菌主要借雨水、流水等传播，从气孔和微伤口侵入，在薄壁组织的细胞间繁殖扩展。二者的区别见表 6-1。

表 6-1　水稻白叶枯病与水稻细菌性条斑病的区别

水稻白叶枯病	水稻细菌性条斑病
(1)病菌多从水孔侵入,故病斑多在叶尖或叶缘首先发生	(1)病菌多从气孔侵入,病斑可在叶面任何部位发生
(2)典型病斑为长条状枯死斑,病健分界明显,边缘呈现波纹状,非水渍状,不透明	(2)病斑为短而细的狭条斑,边缘不呈现波纹弯曲,水渍状,半透明
(3)叶面菌脓少,多位于叶缘,干燥后较易脱落	(3)菌脓很多,色深,密布条斑上,不易脱落
(4)秧苗期较少表现症状	(4)水稻的全生育期内均可见到症状

6.1.1.5　水稻烂秧病

(1)分布与为害　烂秧是水稻秧苗期烂种、烂芽和死苗的总称。烂秧是全国稻区特别是南方稻区早稻育秧的一个突出问题。烂秧不仅损失谷种,浪费劳力和资金,而且延误季节,影响全年生产。

(2)症状　水稻烂秧可分为生理性和传染性烂秧两大类。前者是指不良环境影响所造成的烂种、烂芽和死苗;后者是指秧苗在低温侵袭下导致生机衰弱,被弱寄生真菌乘虚而入所造成的烂种、死苗。这里仅介绍低温和病原真菌侵染并发的传染性烂秧。

传染性烂秧由绵腐病和立枯病引起。

①绵腐病烂秧:多见于早稻水秧田。初在幼芽、幼根基部颖壳裂缝处出现乳白色胶状物,随后向四周长出白色呈放射状的絮状物,并会因氧化铁沉积或藻类、污泥黏附而呈铁锈色或绿褐色。受害稻种内部腐烂,不能成苗,或成苗不久就枯死。在秧田中,此种烂秧多先呈星点分布状、面积如碗口大小的烂秧中心,随着病中心的扩大和相互联合,才出现连片烂秧死苗的严重情况。

②立枯病烂秧:多见于旱秧田、半旱秧田和薄膜育秧田。幼芽、幼根受害变褐、扭曲和腐烂。如2～3叶期的秧苗受害,其茎基部变褐腐烂,心叶萎蔫卷缩,全株青枯或变褐枯死。病苗基部长出白色、粉红色或灰黑色霉状物。

(3)病原　生理性烂秧在低温阴雨或冷后暴晴造成水分供不应求时呈现急性的青枯,或长期低浊,根系吸收能力差,久之造成黄枯。病原一类是 *Fusarium graminearum* Schw(禾谷镰刀菌)、*Fusarium oxysporum* Schlecht.(尖孢镰刀菌)、*Rhizoctonia sloani* Kühn(立枯丝核菌)、*Drechslera oryzae* (Breda de Haan) Subram. et Jain(稻德氏霉),均属半知菌亚门真菌,引致水稻立枯病;另一类是 *Achlya prolifera* (Nees) de Bary(层出绵霉)、*Pythium oryzae* Ito et Tokun(稻腐霉),属鞭毛菌亚门真菌,引致水稻绵腐病。

(4)发病规律　低温缺氧是引起烂秧的主要原因。病菌主要借灌溉水传播,水秧田易发生。立枯病病菌在土壤或病残体中越冬,借气流传播,旱秧田易发生。绵腐和立枯烂秧病菌均属土壤习居菌,弱寄生性。两类病菌的共同点是均以营养体和繁殖体在土壤中存活越冬;不同点在于:绵腐菌等鞭毛菌主要以游动孢子作为初侵染与再侵染接种体,借水流传播,侵染因受冷害而生活力弱的秧苗;镰刀菌等半知菌主要以分生孢子作为初侵染与再侵染接种体,借气流传播侵染致病。

6.1.1.6　水稻稻曲病

(1)分布与为害　稻曲病又称伪黑穗病,多发生在水稻收成好的年份,农民误认为是丰年征兆,故有"丰收果"俗称。此病在世界大多数稻区都有发生,我国亦早有记载。在华南双季稻区虽向有发生,但 20 世纪 60 年代前发生零星,为害轻微,不为人们所注意。70 年代以来,随着新品种的引进、杂交稻的发展和施肥水平提高,此病发生有逐年上升之势,不少地方造成较大损失。另外,由于其病粒有毒,若用做饲料,含量达 0.5%以上时,会引起禽畜慢性中毒,内脏发生病变甚至死亡。

(2)症状　本病为害谷粒,轻则一穗中出现 1～5 个病粒,重则多达数十粒,病穗率可高达 10%以上。病粒比正常谷粒大 3～4 倍,整个病粒被菌丝块包围,颜色初呈橙黄,后转墨绿;表面初呈平滑,后显粗糙、龟裂,其上布满黑粉状物,此即为病菌厚垣孢子。稻曲病粒与稻粒黑粉病不同之处在于:前者整个谷粒失去原形,为病菌所包围、取代;后者基本保持正常谷粒状,仅颖壳合缝处生黑色舌状物,颖壳内充满黑粉(即病菌冬孢子堆)。

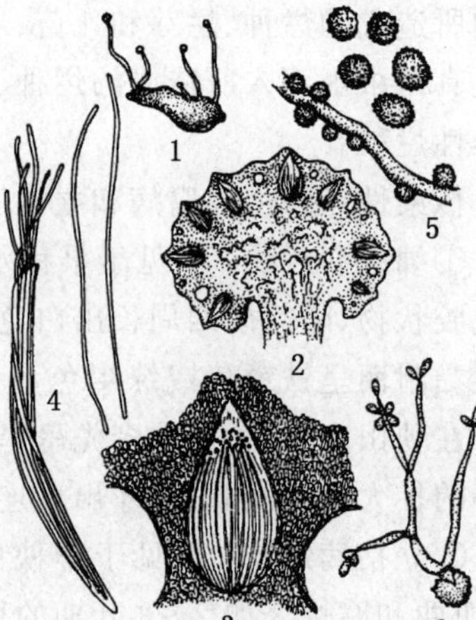

图 6-3　稻曲病菌

1. 菌核萌发出子座　2. 子座顶部纵剖面　3. 子座内子囊壳纵剖面　4. 子囊及子囊孢子　5. 厚垣孢子及其在菌丝上着生状态　6. 厚垣孢子的萌发

(3)病原(图 6-3)　病原菌无性阶段归半知菌亚门绿核菌属(*Ustilaginoidea virens*);有性世代归子囊菌亚门麦角菌属(*Claviceps virens*)。厚垣孢子近球形,表面有疣状小突起,墨绿色,萌发可产生椭圆形的无色分生孢子。菌核长椭圆形,扁平,黑色,生于病粒内,成熟时易脱落土中越冬。病菌生长适温同厚垣孢子萌发适温相同,均为 26～28℃,低于 12℃病菌生长及孢子萌发不多,高于 36℃不能生长。厚垣孢子一般可维持发芽力 6 个月左右,但高温可缩短其寿命。病菌可产生与麦角精相似的代谢产物,能使禽畜中毒。

(4)发病规律 病菌以菌核落入土中或以厚垣孢子黏附在种子上越冬,但在广东至今未发现菌核。病菌主要以厚垣孢子黏附在种子上越冬,带菌种子就成为本病的主要初侵染源,厚垣孢子及次生小孢子则成为本病初次侵染接种体,它们借气流传播,进行侵染致病。关于侵染时期和方式,国内外众说不一,多数认为病菌于水稻孕穗至开花期侵染为主,也有人认为厚垣孢子萌发后能直接侵染水稻幼芽,菌丝在稻体内随着寄主的生长而侵染发病。广东的研究认为:病菌侵染发生于孕穗末期,至子房及花药发育终止,病粒不能开花。

6.1.1.7 水稻恶苗病

(1)分布与为害 水稻恶苗病又叫徒长病,全国各主要稻区都有发生,为害较重。由稻藤仓赤霉菌引起。主要引致秧苗及成株徒长,病株一般在抽穗前死亡,即使有的轻病株能生长到抽穗结实,也穗小粒少,产量很低。

(2)症状 水稻从秧苗期到抽穗期都有发生。发病秧苗为淡黄绿色,生长细长,一般高出健苗1/3左右,根部发育不良,分蘖少,甚至不分蘖。移栽后1个月左右开始出现症状,病株叶色淡黄绿色,节间显著伸长,节部弯曲,在节上生出许多倒生须根。重病株一般在抽穗前枯死,轻病株虽能抽穗,但穗小粒少,或成白穗。

(3)病原 病原菌有性阶段归子囊菌亚门赤霉菌属(*Gibberella fujihuroi*),无性阶段归半知菌亚门镰刀菌属(*Fusarium moniliforme*)。病菌发育适温25~30℃;侵染适温35℃,以31℃时诱发稻株徒长最显著。病菌可产生赤霉素和镰刀菌酸等2类代谢物,前者刺激稻株徒长,抑制叶绿素形成;后者抑制稻株生长。病菌存在生理分化,按其引起寄主的反应,可分为徒长、矮化和症状不显3种类型,以前者居多。病菌还可侵染玉米、甘蔗等多种作物,引起徒长。

(4)发病规律 病菌主要以分生孢子或菌丝体在种子上越冬。播种后,病菌随着种子萌发而繁殖,引起苗枯;以后在病株和枯死株表面产生的分生孢子,借风雨传播进行再侵染。在水稻开花时,分生了孢子落到花蕊上,萌发侵入,又使种子带病。病菌易从伤口侵入。

6.1.1.8 水稻条纹叶枯病

(1)分布与为害 水稻条纹叶枯病俗称水稻的癌症。水稻秧苗期至分蘖期最易感病,稻株发病后心叶卷曲发软,老叶呈条纹状,远看似条心虫为害状,稻株矮化,形似坐棵,病株分蘖减少,发病植株不能抽穗或抽畸形穗,产量损失较大。据在水稻原种场、小麦原种场等多点调查统计,一般田块病穴率10%~20%,较重病田30%,产量损失达4%~16%。主要分布在华东、云南、山东、北京、辽宁等地。

(2)症状 苗期发病,先在心叶基部沿叶脉出现褪绿黄斑,以后向上扩展成黄绿色相间的条纹,往往使心叶变细弱,扭转下垂。到抽穗期形成枯孕穗,穗头小,枝梗及颖壳都扭曲畸形。拔节后发病少。

(3)病原　为水稻条纹叶枯病毒(Rice stipe virus,简称RSV),属水稻条纹病毒组(或称柔线病毒组)病毒。病毒粒子丝状,大小400 nm×8 nm,分散于细胞质、液泡和核内,或成颗粒状、沙状等不定形集块,似由许多丝状体纠缠而成团。病叶汁液稀释限点1 000～10 000倍。钝化温度为55℃,时间为3 min。零下20℃体外保毒期(病稻)8个月。

(4)发病规律　主要由灰飞虱传播,白背飞虱、白带飞虱和背条飞虱也能传播。2龄若虫在病株上吸毒24 h,部分若虫可获毒,在虫体中循回期一般为7 d左右,在稻体内的潜育期为13～17 d,毒虫接触健株30 min即可致病。灰飞虱以3～4龄若虫越冬,晚稻收割后将移到田边杂草或沟埂上。翌年3月份转至冬作物田间杂草,羽化后迁飞到早稻秧苗。带毒虫终身保毒并经卵传毒。

自然寄主除水稻外,还有小麦、玉米、谷子、狗尾草、看麦娘、马唐、画眉草。在华东地区一般麦田中发生的第1代虫是早稻的发病来源,6、7月份在早稻田内繁殖2、3代,引起水稻再次感染,早稻收割前后,第3代成虫又迁入连作晚稻秧田和本田,由于高温等原因,虫口急剧下降,对晚稻的侵染作用不大。

6.1.1.9　水稻胡麻斑病

(1)分布与为害　水稻胡麻斑病又叫胡麻叶枯病,分布于世界各稻区,全国各稻区均有发生。由稻蠕孢菌引起,一般由于缺肥水等原因使水稻生长不良时发病严重。秧苗受害引致苗枯,叶片受害造成叶枯,穗部受害,导致千粒重下降及空秕粒增多,影响产量和米质。

孟加拉国曾因本病流行造成稻谷失收而闹饥荒。在我国,此病以前发生普遍而严重,新中国成立后,随着水稻生产管理和施肥水平的不断提高,其为害日益减轻,已很少酿成毁灭性灾害。但在一些生产水平较低的地方,此病还时有发生,而且是引起晚稻后期穗枯的主要病害之一。

(2)症状　在水稻整个生育期都可发生胡麻斑病。种子芽期受害,芽鞘变成褐色,重者枯死。稻株以叶片受害最普遍,主要在叶片上散生许多如芝麻粒大小的病斑。病斑中央为灰褐色至灰白色,边缘为褐色,周围有黄色晕圈,病斑的两端无坏死线,严重时病斑互相融合成不规则的大病斑,病叶片由叶尖逐渐向下干枯,以至整株枯死。穗颈受害,为褐色或灰褐色,造成枯穗。谷粒早期受害,重者全粒变灰黑色,造成瘪谷。

(3)病原　水稻胡麻斑病病原菌无性阶段为*Helminthosporium oryzae* Breda. de Haan,属半知菌亚门长蠕孢属;有性阶段属子囊菌亚门,仅在人工培养基上发现。病菌菌丝生长适温为28℃,孢子形成适温为30℃,孢子萌发适温则为24～

30℃,并需要高湿(相对湿度 92%以上)和水滴存在,如无水滴,即使相对湿度在96%以上,也不能完全发芽。

(4)发病规律　病菌以菌丝和分生孢子在病谷和病稻草上越冬,翌年稻草上的分生孢子借风传播到秧田和大田,由稻苗表皮或气孔侵入。播种病谷,谷壳上潜伏的菌丝能直接侵害幼苗。在水稻整个生长期间,病株上形成的大量分生孢子均可再侵染。一般土壤缺肥、缺钾、沙质土、酸性土和长期积水田发病较重。在温度 25～30℃条件下,只要有短时间的水滴或饱和湿度,分生孢子即可萌发和侵染。

6.1.1.10　水稻干尖线虫病

(1)分布与为害　水稻干尖线虫病又叫白尖病、线虫心枯病。干尖线虫病1993 年由日本传入,原局限于北方稻区,后由于北粳南下,逐渐由北向南扩展,已蔓延到长江流域及其以南的稻区,以粳稻特别是中、晚粳受害重,一般减产 10%～20%,严重的可达 30%以上。

(2)症状　主要为害叶片及穗部。在水稻孕穗期,一般在剑叶或上部 2～3 片叶的尖端出现淡褐色半透明的干尖。病穗比健穗短而小,秕谷增加,千粒重降低。

(3)病原　为 *Aphelenchoides besseyi* Christie,称贝西滑刃线虫(稻干尖线虫),属线形动物门。雌虫蠕虫形,直线或稍弯,体长 500～800 μm,尾部自阴门后变细,阴门角皮不突出。雄虫上部直线形,体长 458～600 μm,死后尾部呈直角,弯曲成心状。尾侧有 3 个乳状突起,交接刺新月形,刺状,无交合伞。线虫活跃时宛如蛇行水中,停止时常扭结或卷曲成盘状。

(4)发病规律　以成虫和幼虫潜伏在稻谷的颖壳及颗粒间越冬,主要靠种子传带传播。种子内线虫在浸种催芽时开始活动,由芽鞘、叶鞘缝隙侵入稻株体内,附着在生长点、叶芽、新生嫩叶的细胞外部,吸取细胞汁液,致使被害叶片长出后变成干尖状。

6.1.2　影响发生的主要因素

6.1.2.1　稻瘟病

病害发生流行同气候、品种、肥水管理、病原菌生理小种变异等关系密切。

(1)气候条件的影响　温度 30℃以上时发病受到抑制,25℃左右有利于病害的发生。阴雨不断、雾多露浓时发病重。在分蘖期,当田间出现发病中心后,如品种感病,生长嫩绿,气象预报又将有阴雨天气,同时气温在 20℃以上,往往隔 1 周左右,大田将普遍发病,10～14 d 后将会盛发。凡孕穗期叶瘟发生普遍(病叶达1%～3%)并迅速有上升,特别是剑叶出现急性型病斑增加或叶枕瘟发病率高,而抽穗期又遇阴雨,穗瘟就会严重流行。

(2)栽培技术的影响

①肥料:肥料中以氮肥对发病的影响最大。氮肥施用过迟或过量,引起植株贪青徒长,有利于病菌的侵染和繁殖,同时分蘖期延长,无效分蘖多,抽穗迟而不整齐,容易增加感病机会,加重发病程度。钾肥和磷肥可提高稻体内钾、氮比值,并使氮的代谢正常,提高稻株抗病力。但如氮肥过量,增施磷、钾肥不但不能抑制发病,反而加重病害的发生。

②灌溉:分蘖前期浅水勤灌,分蘖盛期适时排水搁(露)田或烤(晒)田,抽穗后湿润灌溉,可使稻株生长健壮,增强抗病力。

长期深灌及山区引用泉水灌溉,由于水温低,灌溉后的土温往往较正常的低,水稻根部发育差,吸收养分能力减弱,抗病力低,加重发病。孕穗期、抽穗期缺水或烤田过度,也易诱发穗瘟。

(3)长江中下游稻区病害的特点　包括江苏、浙江、安徽、湖南、湖北,江西北部、贵州东部及上海的单、双季籼、粳混栽稻区。发病特点是晚稻重于早稻。

3月下旬至4月上旬早稻育秧期间气温低,苗、叶瘟极轻。

5月下旬至6月上旬早稻处于分蘖盛期,6月下旬至7月上旬抽穗期,中、晚稻为苗期,此期间温暖、多雨、高温,则早稻本田叶、穗瘟和中、晚稻苗、叶瘟严重。

8～9月份气温在25℃～30℃,阴雨天多,持续时间较长,则中稻穗瘟,晚稻叶、穗瘟严重流行,如高温(30℃以上)干旱则发病轻。

有的年份,晚稻本田叶瘟轻,抽穗期穗瘟也轻,至乳熟、蜡熟期穗瘟突然增加,原因是由于水稻生育期延迟,后期施用氮肥生长较嫩绿,9月下旬遇规律性寒流影响,乳熟、蜡熟期气温回升且较常年高时,雨或雾多、露浓,利于病菌繁殖,但不在前期而在乳熟、蜡熟期后形成发病高峰。

6.1.2.2　纹枯病

纹枯病的发生流行受菌核数量、气候条件、品种抗性、植株生育状态以及栽培管理等多种因素的影响。菌核数量是引起发病的主要原因。每亩有6万粒以上菌核,遇适宜条件就可引发纹枯病流行。高温高湿是发病的另一主要因素。气温18～34℃都可发生,以22～28℃最适。发病相对湿度70%～96%,90%以上最适。菌丝生长温限10～38℃,菌核在12～40℃都能形成,菌核形成最适温度28～32℃。相对湿度95%以上时,菌核就可萌发形成菌丝。6～10 d后又可形成新的菌核。日光能抑制菌丝生长,促进菌核的形成。水稻纹枯病适宜在高温、高湿条件下发生和流行。生长前期雨日多、湿度大、气温偏低,病情扩展缓慢,中后期湿度大、气温高,病情迅速扩展,后期高温干燥可抑制病情。气温20℃以上,相对湿度大于90%,纹枯病开始发生,气温在28～32℃,遇连续降雨,病害发展迅速。气温降至20℃以下，田间相对湿度小于85%，发病迟缓或停止发病。长期深灌，偏施、迟施氮肥，水稻郁闭、徒长，都可促进纹枯病的发生和蔓延。

6.1.2.3　水稻白叶枯病

高温多雨，特别是台风暴雨及洪涝频繁的年份和季节最有利本病发生流行；肥水管理不当，偏施氮肥，深水灌溉、串灌、漫灌或稻田受涝，均易诱发病害流行；杂交稻比常规稻，籼稻比粳稻、糯稻易感病。

6.1.2.4　水稻细菌性条斑病

高温多湿，特别是台风暴雨频繁的年份易诱发本病；杂交稻比常规稻易发病；糯稻比籼稻和粳稻明显抗病；偏施氮肥会加重发病。

6.1.2.5　水稻烂秧病

种子质量差、品种耐寒性差或秧苗处于三叶"断奶期"，一旦遇上持续低温（<10℃）、连绵阴雨、日照不足、低洼积水，秧芽正常呼吸受阻，正常生理机能削弱，就易诱发烂秧。偏施氮肥，秧苗叶色浓绿，徒长，柔弱，或疏于水分管理，更加重受害。在一定低温条件下温差变幅大，或土壤中存在有害微生物、有毒物质，或营养元素不平衡，都可直接或间接地影响秧苗生活力而易诱发烂秧。

6.1.2.6　水稻稻曲病

在影响发病的诸因素中，以品种、施肥和天气条件为明显。幼穗形成至孕穗期天气温暖多湿，偏施氮肥使后期稻株"贪青"，品种为密穗型，皆有利发病。杂交稻比常规稻发病重。

6.1.2.7　水稻恶苗病

播了受机械损伤的稻种，或秧苗根部受伤重的，发病就重。旱育秧发病常比水育秧重。

6.1.3　防治方法

6.1.3.1　稻瘟病

（1）种子处理　稻种应从无病田或轻病田选留，带菌种子，特别是晚稻病种，是南方稻区苗、叶瘟的初次侵染菌源之一。应进行种子消毒，可采用以下方法：早、晚稻用10%抗菌剂401的1 000倍液或80%抗菌剂402的4 000倍液浸种2 d，兼有杀菌和促进发芽的作用。也可用50%多菌灵可湿性粉剂1 000倍液浸种2 d，或用70%托布津可湿性粉剂1 000倍液浸种2 d。

（2）种植抗病品种　因地制宜选育和合理利用抗病良种，注意品种合理配搭与适期更替；加强对病菌小种及品种抗性变化动态监测。

①华南稻区

早籼：三黄占 5 号、三芦占 7 号、三桂占 6 号、双朝 25、籼 128、闽粳 580、闽科早 1 号、闽科早 22 号、三黄占 2 号；

中籼：特青 2 号；

晚籼：珍桂矮 1 号、青大矮 1 号、晚六早 2 号、晚华 11 选、晚桂早 1 号、晚华矮 1 号等。

②西南稻区

早籼：85-183；

中籼：福籼 1027、352、2366；

晚籼：滇瑞 306、谷梅 2 号；

晚粳：云粳 27 和 85 品-2 杂交稻、威优 63。

③长江中下游稻区

早籼：湘早籼 8 号、湘早籼 7 号、福籼 2 号、浙 733、浙 852、中 83-49；

中籼：南京 14 号、南农籼 2 号、中育 87-1；

晚粳：春江 1 号、浙湖 3 号、秀水 84-11；

杂交稻：汕优 10 号、协优 46 和Ⅱ优 64。

④北方稻区

粳稻：吉粳 62、吉 88-46、吉 84-84、中花 9 号、中作 321、中系 8215、中系 8611。

(3)加强栽培管理，提高稻株抗病力

①秧苗期：播种适量，培育粗壮、老健、无病或病轻秧苗是防治苗、叶瘟的关键，特别是双季晚稻秧苗的培育，以前期嫩、中期控、后期促为宜。

②秧田期：肥力高的田块可不施基肥，肥力差的可用少量有机肥做基肥，3～4 叶期通过控苗炼苗，防止徒长而加重发病。插秧前 5～7 d 分别施用速效肥(起身肥)，以利移栽后加速返青成活。

③本田期：本田前期一般在移栽后 15～20 d，是长叶、长根、出分蘖的时期，基肥要足，追肥要速，注意氮、磷、钾的配合；插秧后灌护苗水(浅灌)促进早分蘖；分蘖盛期前及时开沟排水，促使稻株老健。

本田中期指有效分蘖末期至圆秆拔节期，苗情差的可适当补施速效性追肥，促使稻株生长平衡。在分蘖盛期前，及时搁田或烤田，可以增强抗病能力，控制叶瘟的发生和发展，从而减少药剂防治的面积。沙田轻搁，泥田重搁，瘦田轻搁，肥田重搁，尤其是分蘖盛期叶色浓绿的田块要重搁。

本田后期主要是抽穗、扬花、灌浆、成熟而不再长根、长叶阶段。抽穗期灌脚板水，满足花期需要；灌浆期湿润灌溉，有利于后期青秆黄熟，减轻发病；病害常发地区和易发病田块应不施或慎施穗肥,以免加重发病,造成减产。

(4)药剂防治 抓住关键时期,适时用药。早抓叶瘟,狠治穗瘟。常用药剂种类和浓度为:①20%三环唑可湿性粉剂,常用浓度为1 000倍液,每亩用制剂量50~75 g。这是一种内吸、高效、残效期较长的预防性杀菌剂,需掌握在病菌侵染前施用,可兼治穗枯病。②40%稻瘟灵(富士一号)乳油,常用浓度为1 000倍液,每亩57~72 mL。药剂具内吸性,残效期较长,需在发病前施用,并能兼治小球菌核病、小黑菌核病和云形病。③50%多菌灵可湿性粉剂,常用浓度为1 000倍液,每亩 75~100 g。可兼治纹枯病、小球菌核病和稻窄条斑病。

6.1.3.2 纹枯病

防治水稻纹枯病应在农业防治基础上抓紧药剂防治。具体应抓好下述环节:

①选用抗病品种。水稻对纹枯病的抗性是水稻和病原菌相互作用的一系列复杂的物理、化学反应的结果,水稻植株的蜡质层、硅化细胞是抵抗和延缓病原菌侵入的一种机械障碍,是衡量品种抗病性指标,也是鉴别品种抗病性的一种快速手段。水稻对纹枯病抗性高的资源较少,目前生产上早稻耐病品种有博优湛19号、中优早81号。中熟品种有豫粳6号、辐龙香糯。晚稻耐病品种有冀粳14号、花粳45号、辽粳244号、沈农43号等。

②打捞菌核,减少菌源。要每季大面积打捞并带出田外深埋。

③加强栽培管理,施足基肥,追肥早施。灌水做到分蘖浅水、够苗露田、晒田促根、肥田重晒瘦田轻晒、长穗湿润、不早断水、防止早衰,要掌握“前浅、中晒、后湿润”的原则。

④及时喷药控病。药剂防治应采取“前压、中控、后保重点”的策略。即分蘖至拔节期控制病害水平扩展,孕穗至抽穗期控制病害垂直扩展,保护功能叶不受侵害。分蘖后期病穴率达15%即施药防治。首选广来灵水剂500~1 000倍液或5%井冈霉素100 mL对水50 L喷雾或对水400 L泼浇。每亩用20%粉锈宁乳油50~76 mL、50%甲基硫菌灵或505多菌灵可湿性粉剂100 g、30%纹枯利可湿性粉剂50~75 g、50%甲基立枯灵(得克菌)或33%纹霉净可湿性粉剂200 g,每亩用药液50 L。用20%稻脚青(甲基砷酸锌)或10%稻宁(甲基砷酸钙)可湿性粉剂100 g加水100 L喷施,或加水400~500 L泼施,或拌细土25 kg撒施。用5%田安(甲基砷酸铁胺)水剂200 g加水100 L喷雾或对水400 L浇泼,或用500 g拌细土20 kg撒施,注意用药量和在孕穗前使用,防止产生药害。病较重时可选用20%担菌灵乳剂每亩用药125~150 mL或用75%担菌灵可湿性粉剂75 g与异稻瘟净混用,有增效作用,并可兼治稻瘟病。10%灭锈胺乳剂每亩用250 mL或25%禾穗宁可湿性粉剂每亩用药50~70 g,对水75 L喷雾,效果好药效长。用77%护丰安

(氢氧化铜)可湿性粉剂700倍液或绿邦98水稻专用型600倍液或25%粉锈宁可湿性粉剂100 g,对水75 L分别在孕穗末期各防1次,对病穴率、病株率及功能叶鞘病斑严重度,防效都很显著,能有效地保护功能叶片。用25%敌力脱乳油2 000倍液于水稻孕穗期一次用药能有效地防治水稻纹枯病、叶鞘腐烂病、稻曲病及稻粒黑粉病,能兼治水稻中后期多种病害。此外,提倡施用多得稀土纯营养剂。

6.1.3.3 水稻白叶枯病

①选育和换种适合当地的2~3个主栽抗、耐病良种。

②加强植物检疫,不从病区引种,必须引种时,用1%石灰水或80%402抗菌剂2 000倍液浸种2 d或50倍液的福尔马林浸种3 h闷种12 h,洗净后再催芽。也可选用浸种灵乳油2 mL,对水10~12 L,充分搅匀后浸稻种6~8 kg,浸种36 h后催芽播种。还可用中生菌素100倍液,升温至55℃,浸种36~48 h后催芽播种.

③农业防治。提倡施用酵素菌沤制的堆肥,加强水浆管理,浅水勤灌,雨后及时排水,分蘖期排水晒田,秧田严防水淹。妥善处理病稻草,不让病菌与种、芽、苗接触,清除田边再生稻株或杂草。

④化学防治。发现中心病株后,开始喷洒20%叶枯宁(叶青双)可湿性粉剂,每亩用药100 g,对水50 L,若单独使用叶枯宁防效不显著时,可混入硫酸链霉素或农用链霉素4 000倍液或强氯精2 500倍液。

每亩选用10%氯霉素100 g或70%叶枯净(杀枯净)胶悬剂100~150 g、25%叶枯灵(渝-7802)可湿性粉剂175~200 g,对水50~60 L喷洒。

在5叶期和水稻移栽前5 d,各喷中生菌素500倍液一次或用50%氯溴尿酸水溶性粉剂(消菌灵),每亩用量为25~50 g,对水50 L喷雾。

6.1.3.4 水稻细菌性条斑病

本病防治策略和措施与稻白叶枯病基本相同。强调抓好下述环节:

①加强检疫,该菌为检疫对象,防止调运水稻种子和粮用稻谷时带有条斑病菌。

②大面积换种抗病良种和无病种子,妥善处理病草。已知汕优30、汕优30选极易感病,梅优、博优、广优、D优等不育系配套组合较抗病,可因地制宜选用。

③避免偏施、迟施氮肥,配合磷、钾肥,采用配方施肥技术,忌灌串水和深水。

④例行种子消毒(方法参照白叶枯病)。

6.1.3.5 水稻烂秧病

①高质量地建设秧田是培育壮秧、防止烂秧的基础。注意精选秧地,精细整地,低氮高磷钾全层施肥,办成"平滑烂软"的合适秧田。

②大力推行工厂化育壮秧。

③根据各地气候特点,严格掌握安全播种期是防止烂秧的前提。

④精选种子，例行消毒，细心催芽是防止烂秧的第一道防线。

⑤提高播种质量，及时喷药消毒秧板是防止烂秧的第二道防线。埋芽后及三叶期前后分别喷施75％敌克松可湿性粉剂200倍液各一次；室内无土育秧隔天喷敌克松1 500～2 000倍液一次。

⑥科学管水，合理施肥，是防止烂秧的第三道防线。应按秧龄和天气管水，做到"播后晴天晒秧板，平时湿润促快生，湿冷注意排积水，干冷深灌至三叉，霜冻夜间灌过尾，白天排水露秧身，灌水宜用长流水，增加氧气又保湿，寒潮过后太阳猛，注意保持浅水层"。注意三叶期前后施"断奶肥"宜低氮高磷钾。

6.1.3.6　水稻稻曲病

①选育抗病良种，如广二104、汕优36等。

②种子消毒，用18.7％"灭黑灵"(三唑类复配剂)1 000倍液浸种24～48 h。

③合理施用氮肥。

④及早摘除病粒。

⑤从无病田留种。

⑥施药控病，孕穗末期喷施54％井岗霉素水剂300倍液或20％三环唑井悬浮剂500～750倍液一次。必要时在"破肚"到始穗期再加喷一次。

6.1.3.7　水稻恶苗病

①建立无病留种田，选用无病种子。

②例行种子消毒。种子消毒处理是防治本病的重要措施。可选用20％净种灵200～400倍液；35％恶苗灵200倍液；20％多森悬浮剂200～330倍液；45％三唑酮福美双可湿性粉剂300～600倍液；25％施保克乳油200～300倍液；或强氯精500～1 000倍液等浸种24 h(晚稻)至48 h(早稻)；或40％福尔马林50倍液浸或闷种3 h，水洗催芽播种。可结合防稻瘟病进行，也可用18.7％"灭黑灵"(三唑类复配剂)1 000倍液浸种24～48 h。

③加强栽培管理，做到拔秧、插秧"五不要"(不在冷水中浸秧，不在烈日下插秧，不插隔夜秧，不插老龄秧，不插深泥秧)。

④及时拔除病株，妥善处理病草。

6.1.3.8　水稻条纹叶枯病

就条纹叶枯病而言，目前尚无特效药物，所以许多地方都采取了积极的防治措施，但是，没有把握住关键时期，收效都不甚理想。就笔者观察，粳稻发生最重，糯稻次之，而杂交籼稻却生长正常，没有感病迹象。在落谷时用蚜虱净浸过种的田块和秧田用过多效唑的健壮田块感病较轻。

①种植抗病的早稻品种，加强健身栽培，如从肥水管理方面改善稻田生境，增

强稻株的抗病虫能力，抑制飞虱和病毒的滋生繁殖。

②选好秧田位置，避免安排在紧靠麦田和绿肥田的地方，防止灰飞虱就近迁入传毒为害。

③治虫防病。

④药剂浸种。在水稻浸种时除加用使百克、扑生畏(浸种灵)预防恶苗病外，每10 kg水中同时加用10%吡虫啉10 g。

⑤秧田期预防。在秧田期防治一代二化螟时用40%秧虫净，每亩100 g(每袋三分地秧池)，专门防治秧田螟虫、灰飞虱。

⑥大田期防治。根据灰飞虱虫情及条纹叶枯病发生趋势，适时防治灰飞虱。对重发田块选用一些病毒钝化剂控制病情，减轻发病。

常用药剂同灰飞虱。

6.1.3.9 水稻胡麻斑病

防治本病结合稻瘟病一起进行。

①种子消毒。用强氯精浸种，方法同稻瘟病。

②加强肥水管理。对沙质土应多施有机肥，酸性土可施石灰，禾苗生长抓好增施基肥、实行配方施肥，及时追肥；缺氮要增施氮肥和钾肥或人粪尿、草木灰等。在灌溉方面，既要避免深圳特区水灌溉和长期积水，又要防止缺水受旱而诱发胡麻斑病。

6.1.3.10 水稻干尖线虫病

①加强植物检疫，严禁从病区引进种子。

②建立无病留种田。排灌水系要配套，防止带有线虫的水灌入。收获前进行种子检验，确保无病，然后单收、单打、单藏，留做种子用。

③种子消毒。将稻种在冷水中预浸24 h后，移入45～47℃温水中浸5 min，再移入52～54℃温水中浸10 min后，立即冷却，催芽播种。或用线菌灵600倍液浸种48 h，捞出冲净药液，催芽播种。

6.2 水稻虫害

稻作害虫种类复杂，自播种、秧苗期至成熟期各生长时期，种、苗、根、叶、花穗、谷粒各部位均可受到不同害虫的为害。国内已知的水稻害虫已达250余种，其中最主要的有20余种。如三化螟、二化螟、大螟分布广泛，为害严重，稻飞虱类特别是稻褐飞虱、白背飞虱大发生频繁，稻纵卷叶螟、稻蓟马等的为害也趋于严重。此外，稻叶蝉类、稻弄蝶类、黏虫等在我国稻区也普遍发生。但是由于不同稻区自然条件及耕作栽培技术不同，水稻上的具体的害虫种类、发生及为害程度也有差别，各有特殊的重要害虫和一些特定的种类。

现在，由于耕作制度的不断改革，复种指数提高，品种更换，长期使用广谱性化学农药，害虫天敌被大量伤害，害虫抗性不断增强，使稻区生态系统发生巨大改变，从而导致一些原来的为害严重的水稻害虫更加严重或大幅下降，或一些原是次要害虫的上升为主要害虫。

6.2.1 主要种类及发生规律

6.2.1.1 水稻螟虫

水稻螟虫俗称钻心虫，是水稻的重要害虫。国内主要有三化螟(*Tryporyza incertulas* (Walker))、二化螟(*Chilo supperssalis* (Walker))、大螟(*Sesamia inferens* (Walker))，其次为褐边螟(*Catagela adjurella* (Walker))、台湾稻螟(*Chilotraea auricilia* (Dudgeon))等。5种稻螟中，除大螟属鳞翅目夜蛾科外，其余均属鳞翅目螟蛾科。三化螟、二化螟及大螟在长江流域及其以南分布普遍，常同时发生，混合为害；褐边螟和台湾稻螟在部分地区，零星发生为害。

(1)三化螟(图6-4)

①分布状况：多在以双季稻为主的混栽平原地区、湖川附近及沿海地带，为害晚稻最为严重，但在华南一些扩种双季稻的丘陵地区，发生量也大，为害也较重。

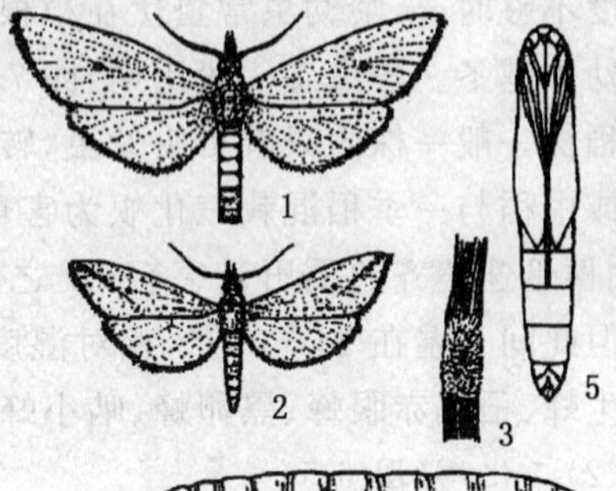

图6-4 三化螟

1.雌成虫 2.雄成虫 3.卵块 4.幼虫 5.雌蛹 6.雄蛹

②为害特点：只为害水稻或野生稻，是单食性害虫。幼虫钻入稻茎蛀食为害，在寄主分蘖时出现枯心苗，孕穗期、抽穗期形成"枯孕穗"或"白穗"。严重的颗粒无收。近年三化螟的严重为害又呈上升趋势，其原因是多方面的。三化螟为害造成枯心苗，苗期、分蘖期幼虫啃食心叶，心叶受害或失水纵卷，稍褪绿或呈青白色，外形似葱管，称做假枯心，把卷缩的心叶抽出，可见断面整齐，多可见到幼虫，生长点遭破坏后，假枯心变黄死去成为枯心苗，这时其他叶片仍为青绿色。受害稻株蛀入孔小，孔外无虫粪，茎内有白色细粒虫粪。别于大螟、二化螟为害造成的枯心苗。

③形态特征：黄白色，前翅三角形。雌蛾前翅中央有一黑点；雄蛾黑点不显，翅顶向下有1条黑褐色斜纹。卵块椭圆，表面有褐色绒毛。幼虫乳白色，或淡黄绿

色,体背有1条透明纵线。

④生活史及习性:三化螟一般发生3～4代,发生的世代数因各地气候不同而异。河南年生2～3代,安徽、浙江、江苏、云南3代,高温年份可生4代,广东5代,台湾6～7代,南亚热带10～12代。以老熟幼虫在稻茬内越冬。翌春气温高于16℃,越冬幼虫陆续化蛹、羽化。成虫白天潜伏在稻株下部,黄昏后飞出活动,有趋光性。羽化后1～2 d即交尾,把卵产在生长旺盛的距叶尖6～10 cm的稻叶叶面或叶背,分蘖盛期和孕穗末期产卵较多,拔节期、齐穗期、灌浆期较少。每雌产2～3个卵块。初孵幼虫称为"蚁螟",蚁螟在分蘖期爬至叶尖后吐丝下垂,随风飘荡到邻近的稻株上,在距水面2 cm左右的稻茎下部咬孔钻入叶鞘,从孵化到钻入历时30～50 min,后蛀食稻茎形成枯心苗。在孕穗期或即将抽穗的稻田,蚁螟在包裹稻穗的叶鞘上咬孔或从叶鞘破口处侵入蛀害稻花,经4～5 d,幼虫达到2龄,稻穗已抽出,开始转移到穗颈处咬孔向下蛀入,再经3～5 d把茎节蛀穿或把稻穗咬断,形成白穗。由同一卵块上孵出的蚁螟为害附近的稻株,造成的枯心或白穗常成团出现,致田间出现"枯心团"或"白穗群"。老熟幼虫转移到健株上在茎内或茎壁咬一羽化孔,仅留一层表皮,后化蛹。羽化后破膜钻出。在热带可终年繁殖,但遇有旱季湿度不够时,末龄幼虫常蛰伏在稻根部;在温带不能终年繁殖,在低温季节则以末龄幼虫越冬。各虫态一般历期:卵7～16 d,幼虫23～35 d,蛹7～23 d。三化螟为害稻株一般一株内只有1头幼虫,转株1～3次,幼虫共5龄。生产上单、双季稻混栽或中稻与一季稻混栽三化螟为害重。栽培上基肥充足,追肥及时,稻株生长健壮,抽穗迅速整齐的稻田受害轻,反之追肥过晚或偏施氮肥,稻易死亡,不利其发生。但此间气温在24～29℃,相对湿度达90%以上,利于该虫孵化和侵入。天敌有寄生蜂、稻螟赤眼蜂、黑卵蜂、啮小蜂、蜘蛛、青蛙、白僵菌等。

(2)二化螟(图6-5)

①分布状况:分布在我国南方、北方各稻区。以在丘陵山区为害中稻为主,部分早稻和一季晚稻发生也较多。

②为害特点:寄主有水稻、玉米、甘蔗、粟、蚕豆、茭白、高粱、油菜、小麦、紫云英等多种植物。近年该虫为害仍然严重。水稻分蘖期受害出现枯心苗和枯鞘;孕穗期、抽穗期受害,出现枯孕穗和白穗;灌浆期、乳熟期受害,出现半枯穗和虫伤株,秕粒增多,遇刮大风易倒折。二化螟为害造成枯心苗,幼虫先群集在叶鞘内侧蛀食为害,叶鞘外面出现水渍状黄斑,后叶鞘枯黄,叶片也渐死,称为枯鞘期。幼虫蛀入稻茎后剑叶尖端变黄,严重的心叶枯黄而死,受害茎上有蛀孔,孔外虫粪很少,茎内虫粪多,黄色,稻秆易折断。不同于大螟和三化螟为害造成的枯心苗。

③形态特征:成蛾雌体长14～16.5 mm,翅展23～26 mm,触角丝状,前翅灰黄

色，近长方形，沿外缘具小黑点7个；后翅白色，腹部灰白色纺锤形。雄蛾体长13～15 mm，翅展21～23 mm，前翅中央具黑斑1个，下面生小黑点3个，腹部瘦圆筒形。卵长1.2 mm，扁椭圆形，卵块由数十至200粒排成鱼鳞状，长13～16 mm，宽3 mm，乳白色至黄白色或灰黄褐色。幼虫6龄左右。末龄幼虫体长20～30 mm，头部除上领棕色外，余红棕色，全体淡褐色，具红棕色条纹。蛹长10～13 mm，米黄色至浅黄褐色或褐色。

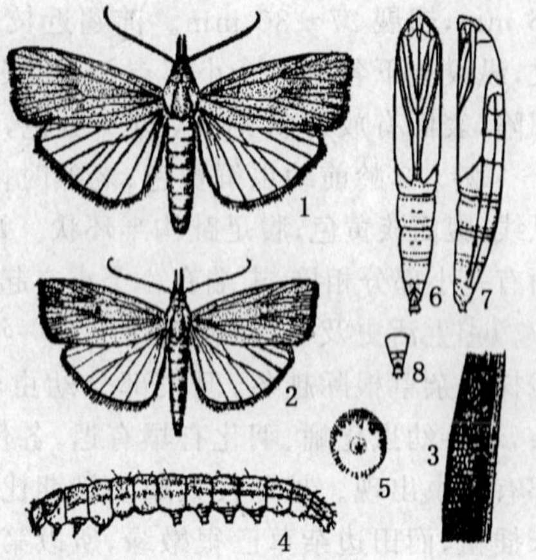

图6-5 二化螟

1.雌成虫 2.雄成虫 3.卵块 4.幼虫 5.幼虫腹足趾钩 6,7.雌蛹 8.雄蛹腹部末端（1.仿日本昆虫图鉴；5.仿西北农业大学；余仿浙江大学）

④生活史及习性：20～24℃地区4～5代，高于24℃地区5～6代。以4龄以上幼虫在稻桩、稻草中或其他寄主的茎秆内、杂草丛、土缝等处越冬。气温高于11℃时开始化蛹，15～16℃时成虫羽化。低于4龄期幼虫多在翌年土温高于7℃时钻进上面稻桩及小麦、大麦、蚕豆、油菜等冬季作物的茎秆中；均温10～15℃进入转移盛期，转移到冬季作物茎秆中以后继续取食内壁，发育到老熟时，在寄主内壁上咬出羽化孔，仅留表皮，羽化后破膜钻出。有趋光性，喜欢把卵产在幼苗叶片上，圆秆拔节后产在叶宽、秆粗且生长嫩绿的叶鞘上。初孵幼虫先钻入叶鞘处群集为害，造成枯鞘，2～3龄后钻入茎秆，3龄后转株为害。该虫生活力强，食性杂，耐干旱。

(3)大螟（图6-6）

①分布状况：大螟分布较广，在我国中南部稻区都有发生，以南方各省的局部地区发生较多。在湖区和山区为害一季晚稻。

②为害特点：食性复杂，除为害水稻外，还为害玉米、高粱、甘蔗、小麦、粟、茭白及向日葵等作物，以及多种禾本科杂草。大螟为害状与二化螟相似，但蛀孔较大，并有大量虫粪排出孔外。

③形态特征：成虫体长12～

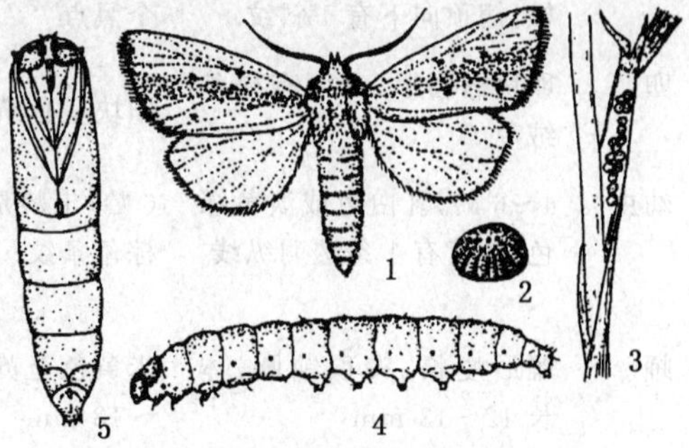

图6-6 大螟

1.成虫 2.卵 3.产在叶鞘内的卵 4.幼虫 5.蛹

15 mm,翅展 27～30 mm。前翅近长方形,淡褐色,从翅基到外缘有一深灰褐色纵纹,纵纹上下各有 2 个小黑点;后翅银白色。头部鳞毛较长。卵扁馒头形,顶端稍凹陷,表面有放射状刻纹,初产白色,后淡紫色,卵粒平铺排列成 2～3 行。幼虫 5～7 龄。3 龄前幼虫鲜黄色;老熟时体长 20～30 mm,头红褐色,体背面紫红色,无纵线,腹面淡黄色,腹足趾钩半环状。蛹黄褐色,头胸部常附有白粉,两翅芽末端在腹面有一小部分相接,末端有 4 个小突起。

④生活史及习性:大螟在广东一年发生 5～6 代。部分幼虫在稻桩及其他寄主残株或杂草根际越冬,但大部分幼虫冬季继续为害甘蔗、小麦等。因越冬场所复杂,越冬幼虫化蛹、羽化有早有迟,各代发生期很不整齐,造成世代重叠,田间全年都有成虫出现。越冬代大螟发蛾期比二、三化螟早,当大螟发蛾时,大部分水稻尚未插植,而田边杂草已很嫩绿,所以第一代多在杂草或甘蔗、玉米、茭白等寄主上发生为害,5 月以后才转移为害水稻,12 月间又转入为害秋植蔗苗。成虫昼伏夜出,趋光性虽不及二、三化螟,但对黑光灯趋性较强。产卵部位多在叶鞘内侧,田边比田中产卵多,故边行受害重。初孵幼虫群集在叶鞘内为害,2～3 龄后始分散蛀茎。一头幼虫能为害 4～5 株水稻,老熟后在叶鞘间或茎内化蛹。

三化螟、二化螟、大螟的形态特征、生活史及习性、发生条件的比较见表 6-2 至表 6-4。

表 6-2 水稻主要螟虫形态特征比较

特征	三化螟	二化螟	大螟
成虫	体黄白色 前翅三角形 雌:前翅中央 1 黑点 雄:翅顶向下有 1 斜纹	体灰黄色 前翅近长方形 前翅中央 1 黑斑,下有 3 个黑点	体淡褐色 前翅近长方形 前翅从基部到外缘有深褐色纵纹
卵	卵块椭圆形,表面有褐色绒毛	卵块呈鱼鳞状,长方形	卵扁馒头形,表面有放射纹,平铺排成 2～3 行
幼虫	4～6 龄,乳白色或淡黄绿色,体背有 1 条透明纵线	6 龄,末龄是淡褐色,有红棕色条纹	5～7 龄,3 龄前鲜黄色,老熟时紫红色;腹足趾钩半环状,体长 20～30 mm
蛹	蛹形瘦长,头顶钝圆,体长 12～13 mm	米黄色至黄褐色,体长 10～13 mm	黄褐色,头胸部常附有白粉,翅芽末端在腹部有相接,腹末端有 4 个小突起

表 6-3　水稻主要螟虫的生活史及习性

项目	三化螟	二化螟	大螟
生活史	河南 2～3 代/年，江浙 3～4 代/年，广东 5 代/年，台湾 6～7 代/年，南亚 10～12 代/年	黑龙江 1 代/年，长江以北 2 代/年，长江以南至福建以北 3～4 代/年，广东、广西台南 5 代/年	云南、贵州 2 代/年，长江流域 3～4 代/年，福建 4～6 代/年
成虫习性	傍晚羽化	傍晚羽化	傍晚羽化

表 6-4　水稻主要螟虫的发生条件

习性	三化螟	二化螟	大螟
气候	春节温度上升快，羽化就早；降雨量大，则幼虫死亡多	气温 35℃ 以上时易死亡	长期高温干旱，成虫寿命短，卵易干瘪；暴雨和寒流也会使其死亡增加
种植制度	单-双季稻混栽、中-晚稻混栽区发生为害重		同三化螟
栽培技术	施肥不匀，稻株生长参差不齐；基肥不足，追肥过迟，后期贪青猛发，为害就重	植株高大的品种和杂交水稻易遭为害	同二化螟
天敌	孵期天敌：稻螟赤眼蜂，卵蜂和蜂等； 幼虫天敌：茧蜂类、姬蜂类、寄生蝇、寄生菌和寄生性线虫等； 捕食性天敌：青蛙、蜘蛛、蜻蜓、步甲、隐翅虫等	同三化螟	同三化螟

6.2.1.2　稻飞虱类

稻飞虱又名稻虱，俗名蠓虫。常见为害水稻的以褐飞虱(*Nilaparvatalugens* Stal)为主，其次为白背飞虱 *Sogatella furcifera*(Horvath)、灰飞虱(*Laodel phax striatellus* Fallen)，均属同翅目飞虱科。稻飞虱具有远距离迁飞习性，是我国和许多亚洲国家当前水稻生产上最重要的害虫。稻飞虱虫量大时引起稻株下部变黑，瘫痪倒伏，导致严重减产或失收。此外，稻飞虱还能传播水稻病毒。

(1)褐飞虱(图 6-7)

①分布状况：稻褐飞虱冬春季局限于大陆南缘，在台湾、海南岛等地发生和越冬；夏秋季可迁移到东北南部、甘肃兰州、四川西部；常年以淮河以南稻区暴发较频繁。

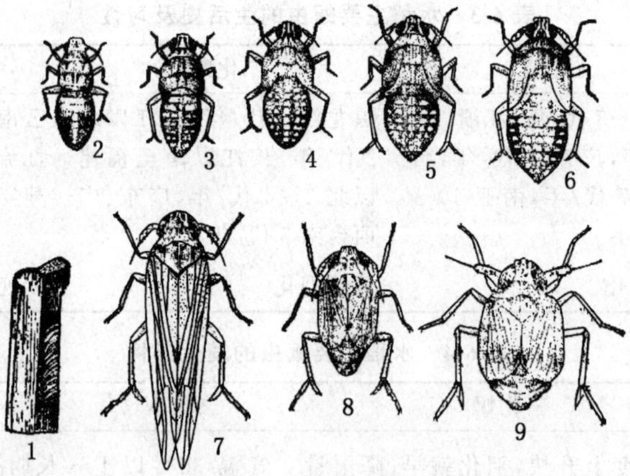

图 6-7　稻褐飞虱

1.卵块　2～6.1～5龄若虫　7.长翅型成虫　8.短翅型成虫(雄)　9.短翅型成虫(雌)

②为害特点:寄主为水稻,具有明显的专食性。成、若虫群集于稻丛下部刺吸汁液;雌虫产卵时,用产卵器刺破叶鞘和叶片,易使稻株失水或感染菌核病。排泄物常遭致霉菌滋生,影响水稻光合作用和呼吸作用,严重的稻株干枯。俗称"冒穿"、"透顶"或"塌圈"。严重时颗粒无收。

③生活史及习性:海南每年10～11代;两广南部、福建南部沿海、云南南部、台湾中南部每年8～9代;两广北部,湖南、江西和贵州南部每年发生6～7代;湖南、江西、福建和贵州中、北部及浙江南部每年发生5代;长江以南每年发生4～5代;长江到淮河之间每年3代;淮河以北每年1～2代。

有迁飞习性,3月下旬至5月从终年发生区迁入珠江流域、闽南等地;在早稻上繁殖2代,6月早稻黄熟时向北迁入南岭南北,波及长江以南;7月从南岭稻区迁入长江流域,波及淮河流域;7月下旬至8月上旬,长江以南早稻成熟,迁入江淮间和淮北稻区;8月下旬至9月下旬,江淮与淮北单季中稻成熟,开始南迁;9月下旬至10月上旬,从江淮间和长江中下游向更南迁飞。

(2)白背飞虱(图6-8)

①分布状况:白背飞虱分布比褐飞虱更广,国内除新疆稻区不明外,其他稻区都有发生。近年在西南各省福建北部、南岭地区、华中西部、淮北沿海中稻区发生重。

②为害特点:寄主主要是水稻。成、若虫群集于稻丛下部刺吸汁液;雌虫产卵时,用产卵器刺破叶鞘和叶片,易使稻株失水或感染菌核病。排泄物常遭致霉菌滋生,影响水稻光合作用和呼吸作用,严重的稻株干枯。俗称"冒穿"、"透顶"或"塌圈"。严重时颗粒无收。

③生活史及习性：白背飞虱在各地初次迁入田间比褐飞虱早。白背飞虱在稻株上的活动位置比褐飞虱和灰飞虱都高。成虫具趋光性、趋嫩性，生长嫩绿稻田易诱成虫产卵为害。卵多产于水稻叶鞘肥厚部分组织中，也产于叶片基部中脉内和茎秆中，有5～28粒，多为5～6粒。长翅雌虫可产卵300～400粒，短翅型比长翅型产卵量约多20%。若虫一般生活在稻丛下部，位置比褐飞虱高。3龄以前食量小，为害性不大；4～5龄若虫食量大，为害重。白背飞虱的温度适宜范围较大，在30℃高温或15℃低温下都能正常生长发育，而对湿度要求较高，以相对湿度80%～90%为适宜。一般初夏多雨，盛夏干旱的年份，易导致大发生。在水稻各个生育期，成、若虫均能取食，但以分蘖盛期、孕穗、抽穗期最为适宜，此时增殖快，受害重。各地从始见虫源迁入到主要为害时期，历时50～60 d。为害代羽化的成虫即各地主要迁出世代。

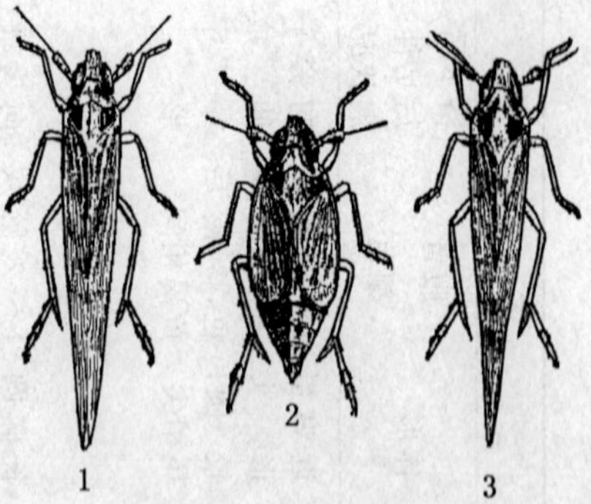

图6-8　白背飞虱

1.长翅型雌虫　2.短翅型雌虫

3.长翅型雄虫（仿南京农业大学图）

(3)稻灰飞虱

①分布状况：分布在全国各省份，北起黑龙江、南至广东，东自沿海各省、西至新疆都有分布，尤其以长江中下游和华北发生较多。

②为害特点：除为害水稻外，还为害大麦、小麦、玉米等禾本科植物。成虫和若虫群集于稻株下部刺吸汁液，很少直接导致稻株枯死，严重时也可能造成枯秆倒伏状。其危害性还在于能传播黑条矮缩病和条纹叶枯病等多种病毒病，故在有毒源作物情况下常造成灾害。

③生活史及习性：湖北、四川、江浙、上海每年5～6代，福建7～8代，北方4～5代。在福建、两广、云南冬季3种虫态均可见，其他地区多以3、4龄若虫在麦田、绿肥田、河边等处禾本科杂草上越冬。翌年早春均温高于10℃，越冬若虫羽化。发育适温15～28℃，冬暖夏凉易发生。天敌有稻虱、缨小蜂等。

长翅型成虫有趋光性和趋嫩绿性。成虫寿命在适温范围内随气温升高而缩短，一般短翅型雌虫寿命长，长翅型较短。雌虫羽化后有一段产卵前期，而其长短取决于温度高低，温度低时长，温度高时短，但温度超过29℃时反而延长，发生代一般为4～8 d。卵产于稻株下部叶鞘及叶片基部的中脉组织中，抽穗后多产于茎腔中。每雌虫产卵量一般数十粒，越冬代最多可达500粒左右。

3种稻飞虱的对比见表6-5和表6-6。

表 6-5 褐飞虱、白背飞虱和灰飞虱主要特征比较表

种类	成虫				卵			若虫		
	长翅型		短翅型		卵粒形状	卵粒颜色	卵条内卵粒排列方式	体形	腹背颜色	落水后后足伸展状况
	雌	雄	雌	雄						
褐飞虱	体长约 4.8 mm,小盾片全部茶褐色,有光泽	体长约 3.6 mm,小盾片全部黑褐色	体长约 3.8 mm,小盾片全部黄褐色	体长约 2.4 mm,小盾片全部深褐色	前期丝瓜形,中后期弯弓形	前期淡黄褐色,中、后期锈褐色	前部单行,后部挤成双行。卵痕微微露出椭圆形卵帽	近鸡蛋形,头较圆,尾稍尖	1～2 龄灰黑到淡黄色,3 龄后黄褐相间	向旁平伸成"一"字形
白背飞虱	体长约 4.6 mm,小盾片中间姜黄色,两边黑褐色。头在眼前方明显地突出,在两复眼间部分长大于宽	体长约 3.8 mm,小盾片中间淡黄色,两边黑色	体长约 3.4 mm,小盾片中间黄白色,两边淡灰色	极少见到	前期新月形,中后期尖辣椒形	前期乳白色,中后期淡黄色	前、后部都是单行。卵帽通常不露出卵痕	长椭圆形,头、尾较尖	1～2 龄灰白色,3 龄后灰白相间	向旁平伸成"一"字形
灰飞虱	体长约 4.1 mm,小盾片中间黄褐色,两边各有一半新月形黑褐色斑,头在眼前方不明显突出,在两复眼间部分长、宽相等	体长约 3.6 mm,小盾片全部黑色	体长约 2.6 mm,小盾片全部黑色	体长约 2.2 mm,小盾片全部黑色	前期香蕉形,中后期长茄子形	前期乳白色,中后期淡黄色	前部单行,后部挤成双行。卵帽在产卵痕中稍露出,呈串珠状	近椭圆形,头、尾钝圆	1～2 龄乳白色至黄色白色,3 龄后灰褐相间	向后斜伸成"八"字形

表 6-6 主要稻飞虱的生活史及习性

项目	褐飞虱	白背飞虱	灰飞虱
生活史	江苏、浙江、湖北、四川 4～5 代/年；湖南、江西、福建 6～7 代/年；闽南、珠江三角洲 8～9 代/年；广东和广西南部 10～11 代/年	东北 3 代/年；陕西 4 代/年；长江流域 4～5 代/年；福建 6～8 代/年；广东 7～8 代/年	北方稻区 4～5 代/年；长江流域各省 5～6 代/年；福建 7～8 代/年
为害习性	喜嫩绿、阴湿。刺吸稻丛基部汁液，并分泌有毒物质，导致稻株萎缩。主要在圆秆拔节后到乳熟末期为害。严重时引起稻下部变褐，叶片自下向上发黄、枯萎，甚至发臭烂秆、倒伏	除为害水稻外，还可取食其他禾本科植物。其他习性同褐飞虱。若虫可在幼嫩心叶取食	同白背飞虱，但可传病毒病。田边传病较重
其他习性	长翅型有趋光性、迁飞习性 短翅型为害和繁殖能力强	长翅型有迁飞习性	长翅型有迁飞习性
产卵习性	成虫羽化后 3～5 d 开始产卵，产卵盛期 10～15 d，每次可产卵 400～1 000 粒。卵产于稻株组织内	同褐飞虱	同白背飞虱

6.2.1.3 稻蓟马类

我国为害水稻的蓟马主要有稻蓟马（*Thrips oryzae* Williams）、稻管蓟马（*Haplothrips aculeatus*（Fabricius））及花蓟马（*Frankliniella intonsa*（Trybom））3 种，这里主要介绍前 2 种。

(1)稻蓟马　属缨翅目蓟马科。

①分布状况：在我国分布于长江流域及华南诸省，南方稻区普遍发生。国外分布于印度、斯里兰卡、东南亚一带。

②为害特点：主要为害水稻，尤以水稻秧苗和分蘖期受害最重，也能为害小麦、玉米、高粱、甘蔗、葱和烟草等作物，而游草、稗草、看麦娘是它的重要中间寄主。成虫及若虫以锉吸式口器锉破水稻叶面成微细黄白色伤斑，由叶尖开始，渐至全叶卷缩枯黄。抽穗扬花期集中为害嫩穗，造成秕谷。

③形态特征：成虫体长 1～1.5 mm，黑褐色，头部近方形，触角 7 节。前后翅均深灰色，近基部色淡，顶端较尖，翅缘有长缨毛，是其形态的重要特征。卵肾状形，长约 0.2 mm，微黄色，半透明，将孵化时，可透见红色眼点。若虫无翅，初孵若虫白色透明，复眼红色，以后体色转黄。3、4 龄若虫已不取食，故称预蛹或假蛹。

④生活史及习性：稻蓟马世代历期短，在 23～25℃时，完成一代只需 15～18 d。在广东一年发生 15 代以上，田间世代重叠，主要以成虫在游草或其他禾本

科杂草心叶内越冬。稻蓟马是典型的水稻早期害虫,具有趋嫩绿、隐蔽的特性。水稻的生育前期即秧苗期及本田分蘖期的虫口密度最高,受害最重,尤其3叶期至7叶期是稻蓟马为害水稻的盛期。水稻圆秆拔节后,虫口密度显著下降。雌虫有趋嫩绿秧苗产卵的习性,早秧2叶期见卵,3～5叶期着卵多;晚秧3～5叶期着卵多,6叶期后则少。本田的分蘖期比圆秆期的虫口大几倍。成、若虫都怕光,多隐匿于水稻心叶或卷叶内吸食。为害穗部的蓟马,因食害颖壳内壁或子房,影响结实,造成颖壳变褐或成秕谷。年中夏、秋两季,在早、晚稻后期稻秆落黄、稻叶组织粗老之际,大部分害虫急忙转移到田边幼嫩的游草等禾本科植物上,秋后以成虫、卵、若虫等各个虫态在再生稻、游草等禾本科植物上越冬。无明显的滞育现象,在冬暖年份尚能继续取食、发育和繁殖,不过发育速度较为缓慢。

(2)稻管蓟马　属缨翅目管蓟马科,别名薏苡蓟马。

①分布状况:在国内分布遍及东北、华北、西北、长江流域及华南诸省。

②为害特点:食性广,主要为害小麦和高粱,同时也为害水稻、薏苡、玉米、茭白、苜蓿、棘豆及禾本科水生蔬菜等多种植物。成、若虫为害水稻、薏苡、茭白等禾本科作物的幼嫩部位,吸食汁液,叶片上出现无数白色斑点或产生水渍状黄斑,严重的内叶不能展开,嫩梢干缩,子粒干瘪,影响产量和品质。

③形态特征:雌成虫体长1.4～1.7 mm;黑褐色至黑色,略具光泽;前足胫节和跗节黄色;触角第1、2节黑褐色,第3节黄色;翅透明,鬃黄灰色,尖。头长大于宽,口锥宽平截。触角8节,第3节明显地不对称,具1个感觉锥,第4节具4个感觉锥。前胸横向,前跗节内侧具齿;翅发达,中部收缩,呈鞋底形,无脉,有5～7根间插缨。腹部2～7节背板两侧各有一对向内弯曲的粗鬃,第10节呈管状,肛鬃长于管的1.3倍。第9背板端侧鬃明显短于管。雄成虫较雌虫小而窄,前足腿节扩大,前跗节具三角形大齿。卵肾形,长约0.3 mm,初产白色,稍透明,后变黄色。

④生活史及习性:在山西年生7～9代,贵州8代,世代重叠。稻管蓟马在广东无明显的越冬现象,早稻秧田和本田偶见发生,但数量很少。在江苏以成虫在稻桩、树皮下、落叶或杂草中越冬,第二年春暖后开始活动,4月初为害麦苗,造成麦叶卷缩发黄,5月中旬,小麦孕穗及开花期为害最烈,水稻播种后转移为害水稻。稻管蓟马在稻田的发生数量,以穗部多于叶部,早稻穗期又重于晚稻穗期。在早稻穗期侵入为害的蓟马,一般以稻管蓟马为主,约占80%。稻管蓟马常成对或三五只成虫栖息于叶片基部叶耳处,卵多产于叶片卷尖内。一般一个卷尖内有卵1～2粒,多的达6粒,散产。若虫和蛹多潜伏于卷叶内,以在叶尖附近居多。成虫活泼,稍受惊即飞散。阳光盛时多隐藏在稻株茎部叶鞘内或卷叶内,黄昏或阴天多外出。

6.2.1.4　稻纵卷叶螟

学名 *Cnaphalocrocis medinalis* Guenee，属鳞翅目螟蛾科。

①分布状况：稻纵卷叶螟广泛分布于全国稻区，东至台湾，西迄西藏，南起海南岛，北到黑龙江。以南方稻区发生密度大，受害较重。国外在朝鲜、日本、印度、斯里兰卡和东南亚一带均有发生。

②为害特点：稻纵卷叶螟主要为害水稻，小麦、粟、甘蔗也偶尔受害，也能取食一些禾本科杂草。随着我国耕作制度的不断改变，稻纵卷叶螟已成为我国稻区经常发生的主要水稻害虫。幼虫在水稻分蘖期或孕穗、抽穗期食害嫩叶或剑叶，对产量影响很大，分蘖期受害时大大影响光合作用，生长受阻。剑叶如受害对产量更有直接影响，造成千粒重降低，秕粒率增加，一般使水稻减产10%～15%，重者可达50%。

③形态特征(图6-9)：成虫为小型蛾子，灰黄色或黄褐色。前翅外缘有一褐色宽带，翅中部有黑色横纹2条，两横纹间有1条黑色短横纹。雄蛾尾端向上翘起，像船舵，前翅前缘中央有一黑蓝色毛疣。卵很小，扁平，椭圆形，散产在叶片正反面。幼虫黄绿色，常将稻叶纵卷，藏身于卷叶内咬食叶肉，中后胸背面各有8条黑褐色毛瘤。蛹大致呈圆筒形，棕褐色，体外有白茧。

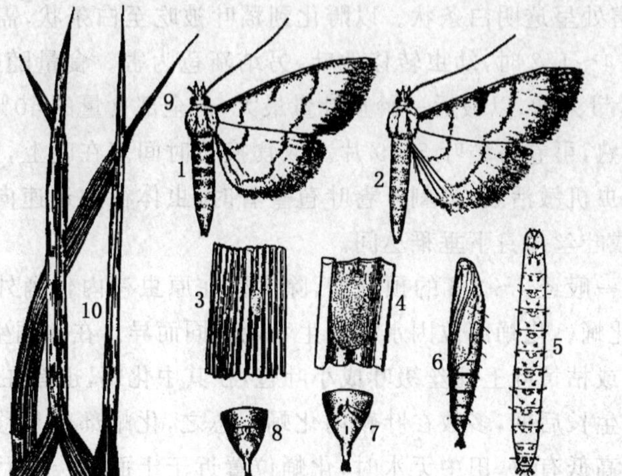

图6-9　稻纵卷叶螟

1.雌成虫　2.雄成虫　3.卵　4.卵粒(放大)　5.幼虫　6.蛹　7.雌蛹腹部末端　8.雄蛹腹部末端　9,10.被害状(仿华南农业大学)

④生活史及习性：成虫具有远距离迁飞特性。在我国北纬30°以南地区有少量越冬。一年各地的发生代数由于迁入时期早晚不同而差异较大，呈自北向南逐渐增加的趋势。如河北、山东北部为2～3代；河南信阳，长江中下游如湖北、安徽、江苏、上海及浙江北部为4～5代；湖南、江西、浙江南部为5～6代；福建、广东、广西为6～7代；海南省的陵水县为10～11代。

成虫具有趋光性和趋绿、喜阴湿的特性。雌虫趋光强于雄蛾。近年实验认为，该虫对金属卤素灯趋光性很强。成虫多在晚上羽化，羽化后第二晚交配，产卵前期2 d，产卵期3～4 d，以开始产卵的第1、2天产卵最多，可占全产卵量的60%以上，成虫寿命5～7 d，最长可达10～12 d。喜趋向嫩绿稻株上产卵，卵散产，常2～3粒产于稻叶中脉附近，每雌产卵量一般为40～50粒，多者可达150粒以上。产卵量的多少常取决于成虫羽化后有否取食花蜜作补充营养及温湿度有关，取食糖蜜后，在适温高湿下，产卵量大大增加，若遇高温干旱天气，则产卵量减少，甚至出现不产卵的现象。初孵幼虫的为害与水稻苗情有关，分蘖孕穗初期，初孵幼虫多在新叶内取食，亦有在新叶附近的嫩叶鞘缝内取食叶肉，被害处出现半透明的小白点。若水稻处于孕穗后期或抽穗后，初孵幼虫则多数在较嫩的叶鞘内或在稻丛基部无效分蘖的嫩叶上取食。幼虫进入2龄时即爬至叶尖附近，吐丝纵卷稻叶成苞，藏在苞内取食叶肉，受害处呈透明白条状。以孵化到稻叶被吃至白条状，需经6 d。一般当一片叶吃去1/4～1/2时，幼虫转移他叶，另结新苞为害。食量随龄期的增长而增加，4龄以后食量大增，以最后一龄食叶量最大，占全部食量的40%～50%，一头幼虫自孵化到老熟，可卷害稻叶5～9片。取食换苞时间多在晚上，但阴雨天白天也取食换苞。幼虫机敏活泼，当剥开卷叶苞查看时，虫体往往迅速向后退缩，或立即翻跳落水面，或吐丝吊身下垂稻丛间。

老熟幼虫一般经1～2 d的预蛹期，除少数在原虫苞内化蛹外，多数离开老虫苞，另换地方化蛹。化蛹部位因水稻的生育期不同而异。在水稻生长前期，多爬至稻丛基部嫩叶或枯黄叶上吐丝缀叶成小叶苞，在其中化蛹，也有在稻株之间结茧化蛹的。在水稻生长后期，多数在叶鞘内化蛹。总之，化蛹部位是移向稻株下部的，但与田间水位高低有关，田中无水时，化蛹位置近于土面，距土面两三寸田里有水时随水位而升高。

6.2.1.5　稻叶蝉类

水稻叶蝉属同翅目叶蝉科，是我国水稻的重要害虫，尤以南方稻区发生最为严重。国内较常见为害水稻的种类有：

黑尾叶蝉(*Nephotettix cincticeps* (Uhler))

二条黑尾叶蝉(*N. apicalis* (Mots))

马来亚黑尾叶蝉(*N. malayanus* (Ishihara et Kawase))

二点黑尾叶蝉(*N. impicticeps* (Ish))

白翅叶蝉(*Erythroneura subrufa* (Mots))

电光叶蝉(*Deltocephalus dorsalis* (Mots))

大白叶蝉(*Tettigoniella spectra* (Distant))

二点叶蝉(*Cicadula fasciifrons* (Stal))

四点叶蝉(*C. masatonis* (Mats))

稻一点叶蝉(*Eryrhroneura maculifrons* (Mots.))

一字纹叶蝉(*Lithotettix striola* (Fallen))

大青叶蝉(*Fettifoniella viridis* (L.))

稻叶蝉(*Deltocephalus oryzae* (Mats))

稻紫叶蝉(*Macrosteles fusoineruis* (Mats))

上述稻叶蝉中,以黑尾叶蝉和白翅叶蝉发生最普遍,发生数量最多,为害最重。

(1)黑尾叶蝉 黑尾叶蝉别名黑尾浮尘子。

①分布状况:国内各地区均有分布,而以江西、江苏、安徽、浙江、湖南、湖北、福建、广东、广西、四川、贵州等地发生较多,为我国长江流域以南的水稻重要害虫。朝鲜、日本等国家也都有分布。

②为害特点:寄主除水稻外,还有小麦、大麦、看麦娘、稗、游草等。它以成虫和若虫群集于水稻茎秆下部刺吸汁液为害,破坏疏导组织,呈现许多棕褐色斑点,影响水稻正常生长。严重时叶片干枯、稻株枯死,后期稻茎基部变黑、倒伏。黑尾叶蝉还传播水稻普通矮缩病、黄矮病等多种病毒病,传播病害造成的损失往往比取食为害大。

③形态特征:成虫体长4.5~6 mm,黄绿色,头冠两复眼间有一黑色横带。雄虫体腹面及腹部背面皆为黑色,前翅端部1/3亦为黑色,其余鲜绿色。雌虫体腹面蒿黄色,腹背灰褐色,前翅端部淡黄褐色。卵长1~1.2 mm,长椭圆形,稍弯曲,初产时白色,半透明,后渐变淡黄色,较细的一端出现1对红色眼点。卵成块,单层、整齐地产于水稻叶鞘边缘内侧的组织内。产卵处稍隆起,淡褐色,可透见其内的卵粒。若虫共5龄。头大,尾尖,体黄白色至黄绿色。1~3龄体两侧褐色,4~5龄时体侧褐色褪淡至消失。从第3龄起,各胸节和腹部2~8节背面生有1对小褐点。

④生活史及习性：黑尾叶蝉在我国一年发生 2～8 代，安徽一般发生 4～5 代，以 3、4 龄若虫在绿肥田、田埂、沟边的禾本科杂草上越冬，其中以紫云英、苕子绿肥田的虫口密度最大。第一代若虫盛孵期在 5 月下旬至 6 月上旬，以后大约每月 1 代，世代重叠明显，田间为害高峰期在 7～8 月份。

成虫白天多在稻株中下部，早晚可到稻株上部叶片上取食。性活泼，能飞善跳，晴天时甚为活跃，低温、阴雨及大风时则栖息于稻茎基部，受到惊动时横行斜走或飞走。趋光性强，天气闷热的黑夜可大量扑灯。有趋嫩绿习性，生长嫩绿的 2～3 叶期稻苗和本田返青期为成虫大量迁入期，也是病毒传播的关键时期。在稻田内，发生初期以田边虫口密度较大，随后由田边至田中扩散蔓延。

黑尾叶蝉发生的最适气温为 28℃左右，适宜的田间相对湿度为 75%～90%。在冬春温暖，夏秋高温、干旱的年份，往往猖獗为害。单、双季稻混栽区食料充足，黑尾叶蝉发生量最大，连作稻区发生也重，单季稻区因发生的前、后期食料不足，受害最轻。生长嫩绿、分蘖至圆秆期水稻上虫量多。糯稻上发生量大于粳稻，粳稻上发生量又大于籼稻。黑尾叶蝉卵期寄生蜂以褐色腰赤眼蜂为主；若虫和成虫期的寄生性天敌有螯蜂、趋稻头蝇和二点栉蝉等。捕食性天敌有多种稻田蜘蛛、黑肩绿盲蝽、小花蝽、隐翅虫等。

(2)白翅叶蝉　白翅叶蝉别名白翅浮尘子。

①分布状况：国内分布于安徽、浙江、江西、湖南、湖北、福建、台湾、广东、广西、四川、贵州、云南等地，主要发生于黄河以南稻区。国外如日本、斯里兰卡、印度等国家也都有分布和为害。

②为害特点：除为害水稻外，还为害小麦、大麦、甘蔗、玉米等作物。成虫、若虫刺吸稻叶汁液，被害的叶片先是出现零星小白点，随后连成点状条斑，最后白色条斑变成褐色。轻者影响光合作用，重者稻叶干枯如火烧，苗期受害则整丛枯死，抽穗期剑叶受害则谷粒不饱满，产量降低。

③形态特征：成虫体长 3～5 mm，头胸部和腹部腹面橙黄色。头部前缘两侧各有 1 个半圆形白斑。前胸背板中央有 1 个淡灰黄色菱形斑，斑的两侧各有 1 个小白点。前翅灰白色，半透明，有虹彩闪光；后翅淡橙色，较前翅透明。卵长约 0.65 mm，长椭圆形，一端稍细，微弯曲。若虫共 5 龄。淡黄绿色，头、胸及腹部第 2、3 节背面两侧有烟褐色斑纹，体表生有许多刺毛。白翅叶蝉主要在山区、半山区严重发生。

④生活史及习性：安徽一年发生3代，以成虫在麦田、紫云英田和杂草上过冬。第二年春先在麦田为害，早稻出苗后，集中为害早稻秧田，以后逐步扩散到早稻本田和晚稻田。晚稻收割后，迁到杂草及后季作物田过冬。一般在八九月间发生为害最重，有的地方四五月份为害早稻秧苗也较重。

成虫行动活跃，善飞，受惊则横行躲避或飞跃他处。若虫一般无跳跃能力，受惊则横行或斜走。成虫有趋嫩绿、趋光性，夏季无风闷热的夜晚扑灯最盛。产卵寄主仅水稻一种。

白翅叶蝉抗寒力不强，若冬春少雪，尤其是二三月份气温比常年偏高的年份，虫口基数大，往往大发生。生长发育的温湿度范围是温度20～25℃、相对湿度85%～90%，凡5、6月份雨水较多、7～9月份温度较高、又有一定雨量的年份，往往发生重。暴风雨对其杀伤力大，暴风雨后，虫口密度显著下降。山区或半山区因为寄主多，水稻多为混植，故常常发生重。偏施氮肥、生长茂密或早播早插的田块，虫口密度较大。冬种小麦田提供了越冬场所和食料，有利于其发生。

2种蝉的比较列于表6-7和表6-8。

表6-7　稻黑尾叶蝉和白翅叶蝉形态特征比较

虫态	黑尾叶蝉	白翅叶蝉
成虫	体长4～6 mm，鲜绿色。头黄绿或黄色，有光泽，两复眼间有明显的黑横带相连。翅端1/3处，雄虫黑褐色，雌虫淡褐色。雄虫胸、腹部腹面及背面全为黑色，雌虫腹部腹面淡黄色，背面灰黑色	体长3.5 mm，头、胸部橙黄色。前翅膜质半透明，被有白色蜡质，有虹彩。腹部背面暗黑色，腹面及足黄色
卵	长椭圆形，稍弯曲，长约1 mm。初产时乳白色，后变黄色。一端有红褐色眼点1对	长约0.65 mm，略呈酒瓶形。初产时乳白色，后变黄白色。一端有紫红色眼点1对
若虫	体黄白至黄绿色，高龄若虫各胸节和腹部2～8节背面各有1对褐点	体淡黄绿色，老龄较幼龄体色稍深。体上有很多刺毛。胸部各节背面两侧有烟褐色斑纹

表 6-8 黑尾叶蝉和白翅叶蝉的生活史及习性比较

项 目	黑尾叶蝉	白翅叶蝉
生活史	河南安阳、安徽阜阳以北 4 代/年； 江苏、浙江、上海、四川 5 代/年； 江西南昌、湖南长沙 6 代/年； 福建福州、广东曲江 7 代/年； 广东广州 8 代/年。 世代重叠	浙江 2～3 代/年； 湖南 3 代/年； 福建 4 代/年。 世代重叠
习性	越冬：以若虫及少量成虫在绿肥田、看麦娘及田边杂草上越冬； 趋性：成虫趋光性和趋绿性强	同黑尾叶蝉
寄主范围	除水稻外，还有麦类、甘蔗、茭白、高粱、看麦娘、游草、稗草、狗尾草等	同黑尾叶蝉

6.2.1.6 稻瘿蚊

稻瘿蚊(*Pachydiplosis oryzae* (Wood-Mason))属双翅目瘿蚊科。

①分布状况：稻瘿蚊分布于我国华南和西南稻区，是广东中、晚稻的重要害虫。

②为害特点：除为害水稻外，还有野生稻和游草等寄主。以幼虫在水稻秧苗期和分蘖期侵入生长点，使生长点不能发育。被害叶鞘愈合形成葱管状，俗称“标葱”，受害稻株不能抽穗而造成严重损失。

③形态特征：成虫外形似小蚊子，淡红色，体长 3～4.5 mm，翅展 6～9 mm。触角黄色，15 节，但第 3～14 节的形状雌雄不同：雌虫近圆筒形，中央稍凹；雄虫呈葫芦形，中央明显收缩。头小，复眼黑色，占头部的一大半。中胸发达，小盾片隆起如驼峰。前翅透明，仅有 4 条翅脉。后翅退化成平衡棒。卵长圆形，长约 0.5 mm，初产乳白色，后变紫红色。幼虫体长 4～5 mm，蛆状，前胸腹面有一红褐色叉状骨。蛹体长约 4 mm，长椭圆形，橙红色，头顶有 1 对分叉的额刺，前胸背面前缘有 1 对背刺。

④生活史及习性：在广东稻瘿蚊一年发生 6～8 代，世代重叠，但成虫盛发的峰期表现明显，以幼虫在游草、再生稻和野生稻上越冬。越冬代成虫始见期为 3 月中旬至 4 月下旬，以 4 月居多。通常年中发生情况是：第 1、2 代发生数量少，为害早稻轻，第 3 代以后数量激增，每年 7～10 月份的 3～7 代为盛发期，为害中、晚稻严重。水秧比旱秧发生多。夏秋多雨高湿年份发生重。成虫夜间羽化，当晚交配，次晚产卵，有趋光性。雌虫平均寿命为 36 h，雄虫为 12 h。每雌平均产卵 180～200

粒。卵多散产在叶片上,少数产在叶鞘、心叶、穗部。幼虫多在天亮前孵化,初孵幼虫借助露水爬行,经叶鞘间隙或心叶侵入稻株生长点取食为害。老熟后在葱管内化蛹。近羽化时,蛹升至葱管顶端,用额刺刺穿一羽化孔,然后钻出羽化,在羽化孔口留下白色的蛹衣。

6.2.1.7　稻根叶甲(图 6-10)

稻根叶甲(*Donacia provosti* (Fairmaire))属鞘翅目叶甲科,又名稻根金花虫。

①分布状况:稻根叶甲在我国湖南、湖北、江西、浙江、江苏、云南、四川、贵州、福建、广西、广东等地局部发生,为害水稻。国外主要分布于日本。

②为害特点:幼虫集中在水稻根部咬食须根,被害稻株生长缓慢,根部发黑,稻叶发黄,有效分蘖及穗粒均显著减少,严重时全株枯死。受害稻株轻拔即起,同时可找到大量幼虫和蛹附于稻根上。稻根叶甲除为害水稻外,亦可取食稗、游草、莲、长叶泽泻、矮慈菇、鸭舌草和眼子菜等多种水生植物,其中眼子菜是它的重要野生寄主。

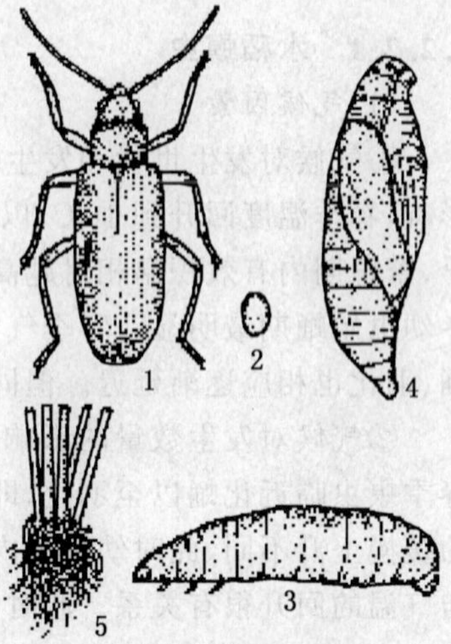

图 6-10　稻根叶甲

1. 成虫　2. 卵　3. 幼虫　4. 蛹
5. 幼虫为害的稻根

③形态特征:成虫体长约 6 mm,体背面及触角绿褐色,具金属光泽,腹面有密厚的银色毛。各足腿节的下半部膨大,后足腿节近端部有一齿状刺。鞘翅上有多条由刻点组成的平行纵沟。卵产成块,上盖有白色透明的胶状物。卵粒长椭圆形,稍扁平,长约 0.8 mm,初乳白色,后变淡黄色。幼虫体长约 9 mm,纺锤形,白色稍弯曲,胸足 3 对,甚小,腹末有 1 对褐色爪状尾钩(呼吸钩)。裸蛹长约 7 mm,初为黄白色,后变褐色,蛹藏在红褐色的茧内。

④生活史及习性:稻根叶甲在广东一年发生 1 代,以幼虫在土中 18～25 cm 深处越冬。当春季土壤温度稳定在 18℃ 以上时,越冬幼虫上升到土表层 4～6 cm 处开始活动,取食水稻和杂草的根部,幼虫老熟后即在稻根或其他野生寄主植物的根部化蛹。每年 5 月下旬至 6 月中旬在稻田发现成虫,至 7 月初仍见其交尾产卵。

成虫行动活泼,稍受惊动即飞他处。具假死性。能吃稻叶,但最喜取食眼子菜,其次是长叶泽泻、鸭舌草、游草等,常被吃成小孔或吃去叶肉。喜产卵于眼子菜叶背面,也有少量卵产于稻叶或其他杂草上。卵块常由 10～20 余粒卵排成 2～3 行,每雌平均产卵 130 粒左右。卵期 7～8 d,初孵幼虫 2～3 d 后沿植株的地下茎钻入泥土中，幼虫食害稻株的须根，并以尾端的小钩插入稻根中吸收空气。

稻根叶甲主要发生在常年积水、水草滋生的稻田中，它对生活环境的主要要求是常年积水、有眼子菜杂生的田类。

6.2.2 影响发生的主要因素

6.2.2.1 水稻螟虫

(1)气候因素

①气候对发生世代和发生时期的影响：温度对三化螟的发生世代数有一定的影响，春季温度回升到 16℃ 以上的日期的迟早，与当地世代数明显相关，来得越早，繁育期内有效积温相对越高，时代数就相应越多。温度影响发生期，以春季越冬幼虫始蛹期最明显。春季气温回升到 16℃ 的日期，自南向北逐渐延迟，因而化蛹、羽化也相应逐渐延迟。但同一地区各年度间也有变异。

②气候对发生数量的影响：气候因素对越冬有效虫源基数的影响最为显著。春季螟虫临近化蛹以至羽化，即生理转换期，死亡率急剧上升，与越冬期的前中期的缓慢上升不同，此时幼虫体内代谢作用旺盛；脂肪大量消耗，呼吸耗氧量大增，这与气温的回升很有关系。此时如降水量太大，极易引起幼虫的死亡。

春季雨量对螟虫数量的影响极显著，不但要看一定时间的总雨量，还应看降雨日数、降雨间隔时间，同时又与稻田土壤含水量有关。多年来有这样的情况，如春季温暖干燥，越冬螟虫化蛹和羽化会提早，发生量增多；反之，春季低温多雨，越冬螟虫化蛹和羽化延迟，发生量减少。

稻桩如被翻出，须根脱离土粒，其中的幼虫极易干死。越冬前、中期出现的低温(冬寒)对螟虫有否致死作用，要具体分析。在南方稻区，温度对越冬死亡率影响极微，因为降温程度常不够，而且持续时间短。

在年中各世代发展过程中，台风暴雨和洪水等对螟虫发生数量的影响较大。夏、秋台风暴雨后，稻田受浸，稻株内幼虫和蛹会大量死亡。在螟蛾或蚁螟盛发期内，受暴风雨的袭击亦有抑制螟虫发生的作用。越冬代雌蛾产卵期间，遇低于 16℃ 气温，可使不产卵而死亡。

气候对孵化率和蚁螟侵入率亦有影响，温暖多湿，对蚁螟孵化和侵入稻株均有利，在高温 42℃和低温 17℃下超过 3 h，均不能孵化。相对湿度在 60%以下即不孵化。气温超过 40℃，蚁螟侵入率降低，侵入后气温高、水温高，枯心苗内幼虫也易死亡。

(2)食料因素　水稻作为三化螟的唯一食料和栖息场所，加上幼虫钻蛀活动(特别是蚁螟蛀入时期)这一突出的生物学特征，使水稻的栽培状况成为影响三化螟的发生数量、为害程度甚至发生时期、发生世代数的极其重要的环境因素。

在水稻的生长发育过程中，可分为对三化螟生长有利和不利的两类时期。有利的生育期是分蘖期和孕穗期，不利的生育期是秧田期、移植至回青期、乳熟以后时期。某些粳稻品种，在一定条件下持续时间较长的圆秆期，也是对三化螟不利的时期。蚁螟在水稻有利或不利时期孵化，对水稻的为害程度和对螟虫本身的繁殖状况截然不同，因此，螟害的基础在于螟虫发生数量和发生时期同水稻生育期的配合关系。栽培技术和栽培制度的不同，对螟虫数量和为害状况的影响，在很大程度上来自这项配合关系来决定。

在一地区各种类型田当中，螟虫产卵对不同水稻生育期有极明显的选择性。类型田越复杂，卵块的分布越不平衡。本田多于秧田，分蘖期和孕穗期明显地多吸引螟蛾产卵。在生育期的基础上，品种和长势又与吸引螟蛾产卵有关，吸收氮肥多、生长茂盛的，相对落卵量多，叶片宽大的品种多于叶片狭窄的，水秧多于旱秧等。

分蘖期和孕穗期比其他生育期更适于蚁螟侵入；圆秆期由于数层叶片包裹，蚁螟不易侵入；灌浆后，稻茎硬化，蚁螟极难侵入。这些情况表明，不同生育期稻株，蚁螟侵入率显然有区别。因此，在蚁螟盛孵期，分蘖期和孕穗期破口露穗稻株，便成为被蚁螟侵入的危险期，是防护的重点田类。而秧田期至移植、回青和齐穗后，特别是稻穗弯头以后，蚁螟就不易侵入。另外，一般侵入率糯稻高于粳稻，粳稻高于籼稻。

在秧苗内生长的幼虫成活率比本田的低，发育速度也比本田稻株的慢得多，而且化蛹很少。移植回青期，稻苗生长停滞或缓慢，幼虫死亡率很高。此外，在气温相同的条件下，在本田的不同生育期及不同长势的稻株内，幼虫生长发育速度也明显不同。

另外，水稻的栽培制度不同，各生育期与螟虫发生期的配合关系也不同，发生量与为害程度也有变动。栽培制度的改变，还会影响螟虫的发生期，甚至影响一地区发生代数。

水稻品种与螟害也有关，品种生育期长短，对螟虫的营养状况和对吸引螟蛾的相对效力等都有差异。稻茎坚韧，出穗迅速、整齐、成熟早的稻种，比较抗螟，且有时可利用于避螟。此外，稻种混杂，生长参差不齐，使易受螟害的时期拖长，螟害也会加重。

(3)天敌因素　三化螟的天敌种类很多，对抑制其发生为害有一定的作用。其天敌中，捕食性的有青蛙、步行虫、隐翅虫、蜘蛛和鸟类，属于寄生性的有各种类寄生蜂、病原微生物和线虫，其中已知最重要的是卵寄生蜂和早春时期使疾病流行的病原微生物。有些地方被线虫寄生的寄生率也相当高。

卵寄生蜂主要有稻螟赤眼蜂(*Trichogramma japonicum*(Ashmead))、等腹黑卵蜂(*Telenomus dignus* (Gahan))、长腹黑卵蜂(*Telenomus rowani* (Gahan))、螟卵啮小蜂(*Tetrastichus schoenobii* (Ferriere))。稻螟赤眼蜂黑卵蜂类在我国分布很广,是我国稻区常见的三化螟卵期寄生蜂。

早春三化螟越冬幼虫死亡的重要原因是病原微生物,有细菌和真菌。细菌类较普遍,真菌为白僵菌。

另外,线虫在很多地区有很强的抑制三化螟的作用。

6.2.2.2 稻飞虱类

稻飞虱的发生、消长与气候、食料以及天敌等因素有密切关系。在一定虫口基数下,适宜的气候和丰富的食料,能促进稻飞虱的大发生,而田间的小气候和品种直接影响稻田发生、为害的轻重。单、双季稻混栽提供了该虫从早季转移到晚季营养的良好条件。天敌的多寡也制约着田间稻飞虱数量的变化。

(1)气候因素　稻褐飞虱喜温爱湿,生长最适温度为26～28℃ ,适宜相对湿度在80%以上。在适温范围内湿度条件又能满足时,高温可促进其生长发育,有利于虫口积累。从田间气候来说,盛夏不热,晚秋不凉,夏秋多雨,是稻褐飞虱大发生的有利条件。

(2)食料因素　稻褐飞虱的大发生,取决于短翅型成虫出现的迟早和数量多寡。短翅型成虫的发生数量取决于食料条件是否满足。食料因素随着耕作制度、品种和植期而变动,一般在同一地区栽培管理相似的情况下,褐飞虱的发生首先出现在熟期较早的品种或同一品种植期较早的田类,这主要是由于早熟品种从生长生育期较早转入生殖生育期,使其在食料满足的条件下迅速繁殖,为害早。褐飞虱的生长发育对水稻品种的反应主要表现为,我国大多数的早稻品种以及晚季稻的糯稻、早晚杂交型、杂优等均是抗虫性弱的品种,这些品种除含有较多的有利于褐飞虱生长发育的物质外,株型上还具有早熟、叶宽、矮秆、群体间比较荫蔽的农艺性状,这些性状容易构成稻飞虱繁殖的条件。

(3)天敌因素　稻飞虱的天敌种类很多,对飞虱的发生量有很大的抑制作用,在采取有效措施保护天敌的稻田,天敌常成为控制飞虱发生为害的重要因素。

稻飞虱卵寄生天敌常见的有赤眼蜂科的褐腰赤眼蜂和缨小蜂科的稻虱缨小蜂,其中稻虱缨小蜂是卵寄生蜂的优势种。

若虫、成虫的天敌常见的有稻虱螯蜂、线虫等。

主要稻飞虱的发生条件见表6-9。

表 6-9　主要稻飞虱的发生条件

影响因素	褐飞虱	白背飞虱	灰飞虱
气候	喜温暖高湿，最适温区 24～28℃，相对湿度 80%以上	11～32℃之间都能活动，以相对湿度 80%～90%为宜	同白背飞虱
栽培技术	双季晚稻重于单季晚稻。种植密度高、偏施氮肥、施肥过迟、长期深积水等利于大发生	藏食分蘖期至孕穗期水稻	进入稻田前，先在麦田为害，因此，麦田面积与进入稻田量有关
种植制度	受害程度：糯稻＞粳稻＞籼稻；杂交稻＞普通稻；感虫品种＞抗虫品种	同褐飞虱	同褐飞虱
天敌	寄生性天敌：稻虱螯蜂、线虫、虫生藻菌、白僵菌等；捕食性天敌：蜘蛛、步引虫、隐翅虫、宽黾蝽、瓢虫、青蛙等	同褐飞虱	同褐飞虱

6.2.2.3　稻蓟马类

蓟马的天敌，国外报道有卵期寄生蜂（*Megaphagma mymaripenne*（Timber））。此外，若虫、成虫有线虫寄生。捕食类天敌有花蝽、步甲类及蜘蛛等。

6.2.2.4　稻纵卷叶螟

稻纵卷叶螟的发生量和为害程度，与气候条件、耕作制度、品种布局、禾苗生势及天敌等因素密切相关。

（1）气候因素　22～28℃、相对湿度 90%以上，有利于稻纵卷叶螟卵巢发育、交尾产卵，产卵量大，且卵粒孵化率和幼虫成活率高。但高温干燥的环境，不利于其活动，交尾产卵也受抑制。

（2）水稻长势及品种　南方三熟制扩大后，早稻早播早栽，有利于稻纵卷叶螟第一代的繁殖，增大第二代的发生量，为害早稻明显加重。同时，双季稻、绿肥及双季稻、麦三熟制扩大后，种植品种多，早晚稻均搭配有早、中、迟不同品种，同一地区苗情复杂，有利于稻纵卷叶螟的世代延续和虫口的积累。

水稻不同生育阶段和嫩绿情况及荫蔽程度等，都影响该虫的繁殖与为害。水稻生育前期、中期生势嫩绿，特别是偏施氮肥，或施肥过迟，造成禾苗徒长，都有利于蛾子产卵，幼虫结苞为害。另外，晚梗比晚籼受害重。

（3）天敌因素　稻蓟马的天敌种类很多，特别是寄生性天敌，对其发生量有很大的抑制作用。其卵寄生性天敌有稻螟赤眼蜂（*Trichogramma japonicum*（Ashmend))、拟澳洲赤眼蜂(*Trichgramma confusum* (Viggiani)),卵捕食性天敌有印度长颈步甲(*Ophionea indica* (Thunb.))、黑尾长颈步甲(*Colliurus chaudoiri* (Boh.))、稻红瓢虫(*Verania discolor* (Fabricius))等。

6.2.2.5 稻叶蝉类

(1)气候因素　冬季少严寒霜冻,春季气温高,降雨量较少,有利黑尾叶蝉安全越冬,越冬死亡率低。同时春季3～4月份气温偏高年份能加快越冬若虫发育进度,提高其羽化率,有效虫口基数大,是大发生的基础。反之,冬春长期寒冷,降雨量多,越冬死亡率高。

发生最适气温在28℃左右,田间相对湿度75%～90%。凡夏秋高温、干旱年份,有利于黑尾叶蝉大发生。

(2)食料因素　食料状况主要取决于栽培制度、技术以及水稻的品种和类型。单、双季混栽稻区,稻叶蝉发生量大,为害重;次为连作稻区;单季稻区发生最轻。

一般水稻早栽、密植、肥多,稻株生长嫩绿、繁茂郁闭,小气候湿度增大,有利于叶蝉的发育繁殖。

(3)天敌因素　黑尾叶蝉的卵寄生蜂主要有褐腰赤眼蜂(*Japania andoi* (Ishii))、黑尾叶蝉缨小蜂(*Gonatocerus* sp)、黑尾叶蝉赤眼蜂(*Oligosita shibuyae* (Ishii))等,其中以褐腰赤眼蜂为主。

6.2.2.6 稻瘿蚊

(1)气候因素　稻瘿蚊喜高温,不耐干旱,其发生与温湿度关系密切。降雨量大,雨日多,相对湿度高,有利于稻瘿蚊成虫活动、产卵以及卵的孵化和初孵幼虫的爬行侵入,数量较多,为害较重;温度高,气候干旱,成虫产卵减少,幼虫在稻叶上爬行困难,不易入侵,孵化率低,发生数量较少,为害较轻。

(2)栽培制度　栽培制度对稻瘿蚊发生的影响在于有没有提供丰富的食料条件。单、双季稻混栽区,单季中、晚稻区,由于存在中间桥梁田,使水稻在连续较长的时间内均存在幼嫩的稻株,满足稻瘿蚊的食料要求,繁殖率大大提高。在稻瘿蚊发生期间,苗期至分蘖期是幼虫最适宜的侵害阶段,其他生育期受害都较轻,抽穗期不再为害。所以,稻瘿蚊盛发期如与分蘖期相吻合,则受害严重,而有效苗(指本田幼穗分化前的主茎和分蘖)的受害损失最大,是导致减产的主要原因。

(3)天敌因素　稻瘿蚊的主要天敌是寄生蜂,寄生于卵和幼虫的有黄柄黑蜂(*Platygaster* sp.)、单胚黑蜂(*Platygaster* sp.);寄生于幼虫和蛹的有斑腹金小蜂(*Obstusiclava oryzae* (Rao))等。

6.2.3　主要防治方法

6.2.3.1　水稻螟虫

(1)三化螟

①压低越冬虫口基数:冬季翻耕稻田,拾、毁残存稻桩,铲除田边茭白残株等。绿肥留种田于4月份三化螟大量化蛹期间,及时灌水2～3 d,可淹死部分化蛹虫源。

②避螟栽培:根据本地区三化螟主害代的螟卵盛孵时期和主栽杂交稻组合的生育期,利用调节播种期的方法,使孕穗期与螟卵盛孵期错开,从而达到避螟的目的。

③药剂防治:防治时期要抓住卵块盛孵期用药。在双季稻种植区要挑治第2代,狠治第3代。在单、双季稻混栽区要狠治2个桥梁田,重点防治第3代,挑治第4代。三化螟在杂交稻秧苗上可以完成世代,而且数量较大,侵入率高,因而要特别注意晚稻秧田的防治。

(2)二化螟

①减少越冬虫源:冬季翻耕稻田,拾、毁残存稻桩,铲除田边茭白残株等。绿肥留种田于4月份二化螟大量化蛹期间,及时灌水2～3 d,可淹死部分化蛹虫源。

②种植诱杀田:利用螟蛾趋绿的习性,在稻田区域内提早栽插少数田块,引诱螟蛾在这些田块秧苗上产卵,再集中防治,以减少大部分稻田的着卵量。

③药剂防治:药剂防治是控制二化螟的重要手段。在5月中下旬对寄栽秧田和早栽本田,当枯鞘率达到5%左右时,用农药普治或挑治。可选18%杀虫双水剂,每亩150 g对水50 L喷雾;或用5%杀虫双颗粒剂,每亩1～1.5 kg撒施;或用Bt乳剂加杀虫双,每亩各用100 g加水喷雾;或用敌马合剂、杀螟松、三唑磷等。

(3)大螟

①越冬防治:冬季翻耕稻田,拾、毁残存稻桩,铲除田边茭白残株等。绿肥留种田于4月份大量化蛹期间,及时灌水2～3 d,可淹死部分化蛹虫源。

②清除其他载体:拔除第1代玉米受害株,减少第2代大螟转入为害水稻的虫量。

③药剂防治:根据大螟喜在田边数行稻苗上产卵的习性,在卵块盛孵始期田边需重点防治,消灭初孵蚁螟。对螟害重的田块约隔1周施一次药,连续2次,可收到很好的防治效果。使用药剂种类及方法同二化螟。

6.2.3.2　稻飞虱类

(1)选用抗虫良种　目前推广的杂交稻抗褐飞虱的组合有汕优10、威优64、汕

优64、汕优桂33、汕优桂8、威优35、汕优56、新优6号、汕优1770等，常规稻抗褐飞虱的品种有665、南京14、丙1067、嘉45等。

(2)栽培防治　主要指合理密植，实行配方施肥，浅水灌溉。

(3)保护天敌　蜂蛛、黑肩绿盲蝽和多种缨小蜂均为稻飞虱的重要天敌，在多种农事操作中要加以保护，不要使用剧毒农药如甲胺磷、久效磷等。

(4)合理使用农药　根据飞虱测报，以每百丛有成、若虫1 000～1 500头时作为防治指标。目前推广的虱纹灵、扑虱灵，对稻飞虱有特效和长效，对天敌杀伤少，对人、畜低毒。虱纹灵每亩用药1包(35 g)，兼治纹枯病；25%扑虱灵可湿性粉剂每亩用25～30 g，加水50 L喷雾。此外，叶蝉散、速灭威、巴沙等均有速效作用，但药效期较短。

6.2.3.3　稻蓟马类

(1)消灭越冬虫源　冬季结合积肥，铲除田边杂草，消灭虫源。

(2)药剂防治

①喷雾法：在叶尖受害初卷期，每亩用40%乐果、50%杀螟松、90%敌百虫，或50%巴丹100 g加水50 kg喷雾。

②浸秧法：在移栽前，把受害秧苗的上半部，放入40%乐果或90%敌百虫的1 000倍液浸1 min，再堆闷1 h后插植。

(3)药肥兼施法　喷药前，在上述药液中每亩加入150 g尿素一起喷雾，能使受害稻苗迅速恢复生长。由于稻蓟马繁殖周期短，应重视田间测报，做到及时发现，及时防治。

6.2.3.4　稻纵卷叶螟

稻纵卷叶螟的防治应以农业防治为基础，合理使用农药，协调化学防治与保护利用自然天敌的矛盾，将幼虫的为害控制在经济允许水平之下。

(1)农业防治

①合理施肥：防治前期猛发旺长，后期恋青迟熟，促使水稻生长发育健壮、整齐，适期成熟，提高水稻本身的耐虫能力，以缩短为害期。

②科学管水：适当调节搁田时期，降低幼虫孵化期的田间湿度，或在化蛹高峰期灌深水2～3 d，防治效果都好。

③及时收获，减少虫源：连作早稻收割时，第3代成虫羽化较少，但随着夏收时间的推迟，从早稻田羽化的成虫逐日增加。因此，应根据水稻成熟程度和虫情，抓紧夏收，及时翻耕灌水，将蛹消灭在羽化前，以减少第3代虫源，减轻对晚稻的为害。

④消灭越冬虫源：在冬季和早春结合积肥、治螟，清除草子留种田和小麦田、油

菜田、蚕豆田等田块内的稻桩，以及田边、塘边、河边和沟渠等处的杂草，沤制堆肥，以消灭越冬虫源。

⑤选用抗（耐）虫高产良种：选用稻种时，在高产、优质的前提下，应选择叶片厚硬、主脉坚实的品种类型，使低龄幼虫卷叶困难，成活率低，达到减轻为害的目的。

（2）生物防治

①保护自然天敌：在"两查两定"的基础上，协调药剂防治时间、药剂种类和施药方法。如果按常规时间用药对天敌杀伤大时，应提早或推迟施药；如果虫量虽已达到防治指标，但天敌寄生率很高，也可不用药防治。在选择药剂种类和施药方法时，还应尽量注意采用不杀伤或少杀伤天敌的种类和方法以保护自然天敌。

②释放赤眼蜂：从发蛾始盛期开始到蛾量自高下降后为止，每隔 2～3 d 释放 1 次，连放 3～5 次。放蜂量根据稻纵卷叶螟的卵量而定。早稻每丛有卵 5 粒以下，每次每亩放蜂 1 万头左右；每丛有卵 10 粒左右，每次每亩放蜂 3 万～5 万头。

③以菌治虫：施用生物农药杀螟杆菌、青虫菌或苏云金杆菌 HD-1 菌剂（每克菌粉含活孢子 100 亿以上），每亩 150～200 g，加 0.1%洗衣粉或茶籽饼粉做湿润剂，对水 60～75 L 喷雾，若再加入少量化学农药，可提高防治效果。

施用生物农药防治，应掌握在初孵幼虫期。

注：在蚕桑区不宜使用，以免家蚕感染。

（3）药剂防治　水稻分蘖期和穗期易受稻纵卷叶螟为害，尤其是穗期损失更大。药剂防治应狠治水稻穗期为害世代，不放松分蘖期为害严重的世代。浙江、上海和江苏南部，采用"狠治二代，巧治三代，挑治四代"的原则。

①主要的药剂种类及施药方法：25%杀虫双水剂每亩 150～200 mL，在幼虫初孵期喷雾或弥雾。但在蚕桑区要改用颗粒剂，每亩用 5%杀虫双颗粒剂 1.5 kg 加湿润细土撒施。50%甲胺磷乳油每亩 25～50 mL，喷雾。90%晶体敌百虫每亩 100 g 喷雾或弥雾。50%辛硫磷乳油 1 000 倍液喷雾，对高龄幼虫有较好的防治效果。

②施药时间：在一天内以傍晚及早晨露水未干的效果较好，晚间施药效果更好。阴天和细雨天全天均可。在防治失时或漏治、幼虫已达 4～5 龄的情况下，应抓紧时间补治，选用触杀性较强的药种。在施药前先用竹帚猛扫虫苞，使虫苞散开，促使幼虫受惊外出，然后施药，可提高防治效果。施药期间应灌浅水 3～6 cm，保持 3～4 d。如在搁田或已播绿肥不能灌水时，药液应适当增加。

6.2.3.5　稻叶蝉类

防治稻叶蝉的策略应是治虫防病，治虫源，保全面；治前季，保后季；治秧田，保本田；治前期，保后期。防治方法基本上与稻飞虱相似。药剂防治，应抓紧对早、中、晚稻秧田，收早稻、插晚稻时的田埂及早插晚稻田边插几行稻株，及时用药防治。

黑尾叶蝉的防治方法如下。

(1)*农业防治* ①选育和推广抗、耐虫水稻品种,如杂交稻四优4号、汕优6号等。②提倡水稻连片种植,避免"插花田";秧田应远离虫源田。③早稻收割时,采取"背青割稻",避免早稻田的叶蝉被赶往晚稻秧田和早栽本田。④施肥与灌溉做到"促控结合",使水稻前期生长不过旺,后期不贪青晚熟。⑤冬、春结合积肥,铲除田边杂草。

(2)*化学防治* 当平均每丛有成虫1头时就需防治。应抓紧对秧田、本田初期和稻田边行的防治;病毒病流行地区要做到传毒之前灭虫。施药适期应掌握2、3龄若虫期进行。

①喷雾:可选用25%杀虫双水剂或20%叶蝉散乳油500倍液;50%混灭威乳油或50%马拉硫磷乳油1 000倍液喷雾,每亩喷药液75 kg。

②撒毒土或颗粒剂:每亩用3%速灭威粉剂或2%叶蝉散粉剂2.5 kg,拌细土25 kg撒施,也可亩用3%呋喃丹颗粒剂1.5 kg撒施。

③滴油扫杀:结合防治飞虱进行(同褐飞虱)。

(3)*其他方法防治* ①放鸭啄食。②成虫盛发期点灯诱杀。③撒施白僵菌粉。

6.2.3.6 稻瘿蚊

①铲除游草(李氏禾)。于每年的谷雨时节,在上午稻瘿蚊发生过的田块,彻底铲除田埂、沟渠等旁的游草,以压低越冬代稻瘿蚊的虫源。

②发生严重地区每亩用3%克百威颗粒剂2.5~3 kg,撒后拖浆播种,有很好防治效果。

③插秧时拔除"标葱",带药下田;拔秧时剔除有虫株,并集中统一处理,同时喷治农药防治,做到带药下田。可用90%晶体敌百虫800倍液或18%杀虫双250倍液浸秧根10 min,堆放1~2 h后插秧。

④选在卵盛孵期用药防治。在卵盛孵高峰期前1~3 d选用40%新农宝、48%乐斯本、5%锐劲特、20%三唑磷等农药防治。因稻瘿蚊发生期不一,世代重叠,严重发生田,每隔5~7 d再用以上农药防治一次。

6.2.3.7 稻根叶甲

①冬季排干田水,使土面干裂,可杀死越冬幼虫。

②彻底清除田间眼子菜等杂草,消灭中间寄主。每亩可用25%敌草隆75 g,拌细土40 kg于晴天撒施,田水保持在3 cm左右,经7~8 d,眼子菜叶子开始腐烂死亡,药效可保持半个月。

③插秧前,结合最后一次耙田,每亩用50%辛硫磷乳油250 g,拌湿润细土

20～25 kg，施入田中；或茶子饼（茶麸）粉 20 kg 撒入田内杀死幼虫。

④成虫盛发期，每亩用 30%乙酰甲胺磷乳油 150～200 mL，或用 90%敌百虫 100～200 g，对水 50～60 kg 喷雾。

6.3　稻田草鼠害

6.3.1　主要种类及发生规律

6.3.1.1　稻田杂草

稻田主要杂草可分为 3 类，即稗草、阔叶杂草、莎草科杂草，如稗草、雨久花（兰花菜）、野慈姑（驴耳菜）、泽泻（水白菜）、眼子菜（水上漂）、牛毛草（牛毛毡）、萤蔺（小水葱、灯心草）、针蔺（小水葱）、扁秆藨草（三江藨草-三棱藨草）等。

（1）稗草（图 6-11）　学名 *Ehinochlog Beauvois*，是一年生禾本科稗属植物的总称。目前全世界已发现约有 15 种稗草，在广东省各地水稻田发生的稗草主要有旱稗、稗、长芒野稗等。以下主要介绍旱稗（*Echinochloa crusgalli*（L.）Beauv.）。

旱稗为一年生簇生草本植物。秆直立，高 40～50 cm。叶片条形，长 10～30 cm，宽 6～12 mm，无毛，先端渐尖，叶边缘多变厚，干旱缺水时常向内卷曲；叶鞘光滑无毛，无叶舌。圆锥花序较狭窄，软弱下弯；小穗长 4～5 mm，淡绿色或稍带紫色，脉上不具或稍具疣毛，芒长 1～2 cm。果实干熟后自行脱落，种子繁殖。由于旱稗的种子与水稻同时成熟，常混杂在稻谷中。

图 6-11　稗草

1. 植株　2. 小穗（背面）
3. 小穗（腹面）　4. 谷粒

旱稗是广东省水稻田的主要杂草之一，若不及时灭除，水稻受害严重。

（2）雨久花　学名 *M. Korsakowii* Regel et（Maack），属雨久花科稻田杂草。

雨久花株高 20～40 cm，叶片卵状心形，较大；花序顶生，花多数，花梗较长。主要分布区域集中在东北及河北、山西、陕西、河南、江苏、安徽等地。

(3)牛毛毡(图 6-12)　学名 *Eleocharis yokoscensis*（Franch. et Sav.）Tang et Wang，属于莎草科。

牛毛毡为多年生小草本，具纤细地下横走根茎，高 7～12 cm。秆密丛生，细如毛发。叶鳞片状。小穗单一顶生，卵形，稍扁，淡紫色，花少数；鳞片内全都有花，膜质，下部似 2 列，基部的 1 片矩圆形，具 3 脉，抱小穗轴 1 周，其为卵形，具 1 脉，背部淡绿色，两侧紫色；下位刚毛 1～4 条，长约为坚果的 2 倍，有倒刺。小坚果狭矩圆形，表面具隆起的横长方形网纹。

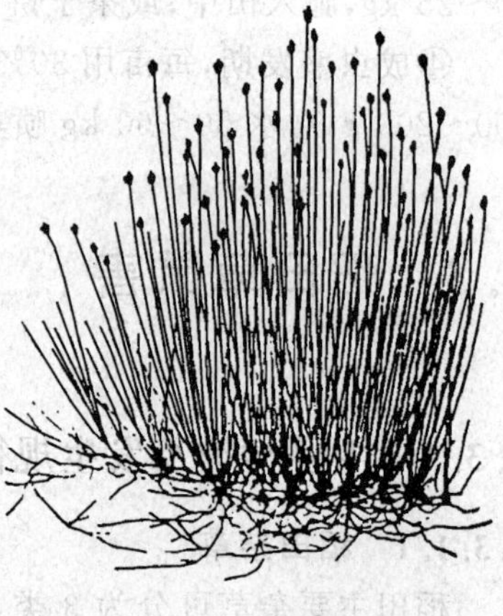

图 6-12　牛毛毡

牛毛毡属于沼生杂草，在老稻田发生较重，为害很大。除西藏、新疆等少数地区，其他省份均有发生。

6.3.1.2　稻田鼠害

农田鼠害对水稻生产危害很大。据报道，一只黄毛鼠一天可咬断水稻 11～20 株，多者达 81 株；一只褐家鼠每天要取食稻谷 25 g。故有"亩有一只鼠，少打半斗粮"之说。要种好水稻，加强鼠害的防治是不可忽视的重要环节。

为害农田作物的害鼠主要有黄毛鼠、板齿鼠、田小鼠(小家鼠)、黑线姬鼠、黄胸鼠和褐家鼠等种类。黄毛鼠、板齿鼠、黑线姬鼠属野栖鼠，主要分布于各地稻作区近水潮湿农田、旱作耕地、粮蔗混栽区农田。田小鼠、黄胸鼠和褐家鼠属家野两栖，各地农村住宅及其周围农田均有分布。

(1)黄毛鼠(*Rattus losea* Swinhoe)　黄毛鼠又名罗赛鼠、田鼠、园鼠、黄哥仔、黄毛仔。

①分布：黄毛鼠是一种暖湿型鼠类，分布在我国热带及亚热带地区，如广东、广西、福建、云南、贵州、湖南、四川、江西、浙江、台湾、海南等地，主要分布于我国长江以南各省、区，越往南，数量越多。北纬 30° 以北、年平均温度低于 15℃的地区，不适宜该鼠生存。

②为害：黄毛鼠是华南主要害鼠，为害水稻、小麦、甘薯、甘蔗、香蕉、柑橘、蔬菜等作物，啃食果实和种子，咬啃植株，常造成严重损失。另外，它还能传播钩端螺旋体病、恙虫病、血吸虫病等多种流行病。

③形态特征：体形中等，体躯较细长，成体体长 140～170 mm 。尾长等于或大于体长。耳小而薄，向前折不到眼部。后足短，小于 33 mm ，为该鼠区别于其他种类的特征之一。乳头 6 对，胸部及鼠蹊部各 3 对。体背毛黄褐色或棕褐色，腹毛灰

白色。体侧毛色略浅于背毛,背和腹毛色无明显分界。尾环的基部有浓密的黑褐色短毛,因而尾环不甚清晰。上唇、颊及前后足背面白色。门齿较短,上颌臼齿的咀嚼面齿突明显。

④生活习性:黄毛鼠栖息于稻田、小麦地等生境中。近水生活,在远离水源的灌丛、草丛旱坡作物地等处数量较少。水稻区农田中小丘墩、高田埂和水沟等处是黄毛鼠的密集栖息地。洞穴多筑在田埂草丛或灌丛隐蔽处,洞系构造较简单。有鼠居住的洞,洞口光滑,洞口外面常有新鲜颗粒状土堆,洞口和跑道有食物残渣、鼠足迹或鼠粪等。如果洞口有鼠粪堆塞,鼠洞内多有乳鼠。杂食性,以植物性食物为主,如稻、麦、甘薯、花生等,喜吃大米、稻谷和甘薯。昼夜活动,以夜间活动为主,晨昼活动最频繁,在较隐蔽的地方白天也活动。全年以春分、秋末、冬初活动最盛,夏季中午、连续阴雨的天气活动较少。在稻田有水的情况下,常在田埂上行走,排水露田时,主要在稻田中间、近田埂的田面活动。有季节性的迁移习性,善游泳。

⑤发生规律:黄毛鼠全年均可发生,一年可产 2～4 胎,多达 9 胎,每胎 1～13 仔,年平均 5～6 仔。3～5 月份及 8～10 月份为繁殖高峰期,冬季繁殖率低。幼鼠出生后 3 个月性成熟。

(2)板齿鼠(*Bandicota indica* Bechstein) 板齿鼠又名大柜鼠、小拟袋鼠、乌毛柜鼠。

①分布与为害:分布于广东、广西、福建、台湾、云南、贵州、四川等省、区,是我国南方沿海地区的重要农业害鼠。主要为害水稻、甘蔗、甘薯、香蕉。部分地区可造成大面积减产,甚至绝收。

②形态特征:体型粗大,平均体重 250～300 g。成体体长达 250 mm 以上。唇较短,不突出。尾短粗,其长约与体长相等,其上具清晰的覆瓦状鳞片。背毛较硬,长约 40 mm。臀部毛尤长,达 70 mm。足掌裸露,具 6 枚足垫,爪锐利。乳头 6 对,胸、腹部各 3 对。门齿粗大。臼齿咀嚼面的齿突愈合成横脊状,而不是鼠科动物通常突出的 3 列齿突。这是鉴别的主要特征。

③生活习性:板齿鼠是东南亚暖湿型种类,喜栖息于潮湿、近水、土质松软的环境中。在沿海的稻田、水塘、河堤及杂草丛生的地方特别多,很少进入村镇。杂食性,以植物性食物为主,喜食甘蔗、甘薯、香蕉等具甜味的植物。夜间活动为主,白天多躲藏在洞内或稻丛下。善游泳。性多疑,出洞前先窥视四周,无异常时才出来,如有敌情迅速入洞并将洞口堵塞。

④发生规律:全年均可繁殖,春末至秋初为繁殖高峰期。每胎 2～10 仔,多为 4～6 仔。种群数量的季节幅度较小,一般为 2～4 倍。年度间的变动幅度可达 10 倍以上。

(3)小家鼠(*Musmusculus* (Linnaeus))　参考玉米田鼠害。

6.3.2　影响发生的主要因素

黄毛鼠的发生受到许多方面的共同作用和影响。在华南各省区,随着纬度的升高,由南往北种群数量逐渐减少。在纬度相同而海拔不同的地区,海拔越低发生量越大。在同一地区不同作物地其发生数量也有差异。一般在作物生长成熟期鼠密度高。在水稻中以春季和秋季密度高,春季又比秋季发生量大,因此,早稻鼠害比晚稻重。

小家鼠一般冬期繁殖较低。不同地区其繁殖能力也有差别。另外,小家鼠的繁殖能力受其种群密度的制约,种群密度高,怀孕率低,胎仔数少;种群密度低,怀孕率高,胎仔数多。小家鼠的种群数量变化较大,无论在室内或田间,在不同的年份及不同季节均有明显不同。在田间,暴雨、寄生线虫的感染率和感染量对小家鼠的发生数量有较大的影响。

6.3.3　主要防治方法

6.3.3.1　稻田杂草的防治

(1)化学防治　不论是秧田、插植田、直播田、抛秧田都可用除草剂高效地灭除稗草。在防除时可采用丁草胺、快杀稗、禾大壮、扫弗特、金秋、艾割等。另有丁草胺或快杀稗与苄嘧磺隆(农得时)以及与吡嘧磺隆(草克星)等按一定比例配制成的混剂(混合除草剂),如丁苄混剂、二氯苄混剂进行土壤处理和茎叶处理。土壤处理时,选用上述除草剂的一种制成药肥或药土后均匀撒施,撒施时田里必须有浅水层并在施药后保持水层5～7 d,再按常规对水稻进行水肥管理。茎叶处理时,可任选上述除草剂的一种,对水30～40 kg喷施到杂草的茎叶上。通常在抛栽秧苗后10～20 d,田里已有大量的稗草幼苗时施药。为使更多的除草剂药液接触到杂草的茎叶,施药前1 d应将田水排掉,施药后1～2 d复水并保持4～5 cm深的水层5～7 d,然后再按常规管理水稻。

在水稻田使用除草剂必须严格按照厂家写在包装瓶上或锡箔袋上的使用说明,这样才能取得高效同时避免药害的发生。

(2)人工防治　在很多棉区,劳力较多,人工锄草仍然是一种主要的除草措施。人工除草作为主要的防治手段费工、费时,有时候还会因长期阴雨天气不能及时除草造成草荒。但人工除草作为一种辅助的措施还是十分重要的。

(3)农业防治　合理使用水肥,提高水稻植株的生长势及生存竞争力。另外,大量的研究表明,水旱轮作能有效抑制杂草的发生和简化杂草群落的结构,减少稻田杂草的为害。

6.3.3.2 稻田害鼠的防治

根据田鼠活动规律,要把好3道关：

一是春季灭鼠关。入春后田鼠进入饥不择食阶段,又是繁殖盛期,要抓紧在3～4月份灭鼠。

二是夏季怀孕、哺乳期灭鼠关。此期鼠仔出窝警惕性差,接触毒饵机会多,容易诱杀。

三是秋季鼠口夺粮关。此期鼠口增多,为害猖獗,夺粮过冬,有利于用工具捕打。主要方法有：

①连片播种:根据鼠类严重为害分散秧田的特点,可将秧田连片播种,以利于统一防治和管理,避免秧田小块分散被害鼠集中为害。

②保护天敌:特别要注意在稻区保护蛇类和黄鼬(黄鼠狼)等鼠类天敌,利用有益生物,发挥自然控害作用。

③物理器械灭鼠:在田埂或田中安装弹簧鼠夹、弓形夹、竹夹、矩形捕鼠笼、竹筒捕鼠器灭鼠。

④人工灭鼠:广泛发动群众人工捕获,可挖洞、堵洞、灌洞、灌沙灭鼠。

⑤毒饵灭鼠:在田鼠密度大、发生面广、为害严重的时期,宜采用毒饵诱杀为主。

a. 溴敌隆灭鼠:用0.5%溴敌隆母液1份,加水10份,加大米饵料100份,混合配制成毒饵,每亩田放60堆,每堆3～5 g,防治效果80%。

b. 杀鼠隆灭鼠:用0.1%杀鼠隆加玉米碎按1∶20比例配制成毒饵,沿田埂、地边安放毒饵点,每亩田投放毒饵50 g,防治效果100%。

c. 敌鼠钠盐灭鼠:用石蜡1份,0.01%敌鼠钠盐毒饵(谷)9份配制,将石蜡加热熔化后加毒饵拌匀,冷却后即成颗粒毒饵。投药按田埂5 m放一堆,每堆20 g,防鼠效果好。

参考文献

[1]中国农业科学院植保所. 中国农作物病虫害:上册. 北京:农业出版社,1996.
[2]杜正文. 中国水稻病虫害综合防治策略与技术. 北京:农业出版社,1991.
[3]李文新,侯明生. 水稻病害与防治. 武汉:华中师范大学出版社, 2002.
[4]谢联辉. 中国水稻病虫综合防治进展. 杭州:浙江科学技术出版社,1988:255-262.
[5]朱立宏. 主要农作物抗病性遗传研究进展. 南京:江苏科学技术出版社,

1990.
[6]王玉山. 中国北方水稻病虫草害防治. 北京：中国农业出版社，1996:31-34.
[7]董金皋. 农业植物病理学:北方本. 北京:中国农业出版社,2001.
[8]陈利锋,徐敬发. 农业植物病理学:南方本. 北京:中国农业出版社,2001.
[9]郑重. 国外水稻纹枯病研究进展. 植物保护，1992(2):52-53.
[10]范坤成. 肥、水、菌对水稻纹枯病发生流行的综合效应. 植物保护学报，1993,20(2):97-103.
[11]张桂芬,程红梅,鲁传涛.水稻白叶枯病防治技术研究. 植物保护学报,1998,25(4):295-299.
[12]陈声详. 水稻病毒病发生现状及研究进展. 浙江农业科学,1996,23(1):41-42.
[13]华南农学院.农业昆虫学.北京:农业出版社,1979.
[14]湖南长沙农业学校.农业病虫害防治学.1980.
[15]刘乾开.农田害鼠及防治.北京:中国农业出版社,1996.
[16]张殿京,陈仁霖.农田杂草化学防除大全.上海:上海科学技术出版社,1992.

思考题

1. 水稻病害的种类有什么特点?
2. 水稻病害的传播规律与其他作物病害有什么不同?
3. 如何防治水稻病害?
4. 简述水稻螟虫的发生规律及为害特点,并比较三化螟、二化螟、大螟的为害特点及防治方法。
5. 简述稻飞虱、稻蓟马以及稻叶蝉的为害特点及防治要点。
6. 分析稻田杂草的为害特点及防治重要性,并总结其主要防治方法。
7. 简述稻田害鼠的为害,总结其主要防治方法。

第7章　棉花病虫草害

7.1　棉花病害

全世界有棉花病害120多种，我国已发现了40余种，其中严重为害的有15种。据估计，每年因棉花病害所造成的产量损失约10%。中国棉区幅员辽阔，按自然区域划分为五大棉区，各棉区病害的种类亦主次不同，如华南棉区以铃病为主，枯、黄萎病稍有发生；长江流域棉区以苗病、枯萎病为主，发生频率高，为害重，黄萎病不同年份在局部棉区发生亦重，尤其是落叶型黄萎病在少数棉区已有发生；黄河流域棉区以苗病较重，黄萎病、枯萎病、铃病亦常有发生；西北内陆棉区黄萎病发生轻，枯萎病、炭腐病、黑根腐病也有发生。在我国，棉花病害一直是限制棉花生产的主要因素之一。因此，正确地认识棉花病害发生的种类和发生规律，对科学地综合防治病害、减少损失是非常有益的。

7.1.1　主要种类及发生规律

7.1.1.1　棉花苗期病害

(1)棉花立枯病(cotton soreshin)

①症状：棉花播种后至出苗前被病菌感染，内部变褐腐烂，即烂种；受害后在幼苗茎基部初生黄褐色病斑，后扩展至四周，形成黑褐色环状缢缩，可引起幼苗茎基部溃腐枯死；有时茎基部局部组织产生黑色伤痕，但不发展，直至成株期遇高湿天气再在伤痕处继续发展，于贴近土面的茎基部四周形成黑褐色皮层腐蚀，可引起"腰折"。

②病原：病原菌的有性阶段为瓜亡革菌(*Thanate phorus cucueris* (Frank) Donk)，属担子菌亚门亡革菌属。无性阶段为立枯丝核菌(*Rhizoctonia solani* Kühn)，属半知菌亚门。

③侵染循环：棉花立枯病菌以菌丝体或菌核在土壤及寄主的病残组织、肥料中越冬，在土壤中成活期达2～3年，但少数以菌丝体形态潜伏在种子内越冬的。这

些越冬病菌构成了第二年主要初侵染源。此外,由于立枯病菌的寄主范围很广,田间某些栽培的或野生的感病植物都可成为初侵染源。次年播种后,立枯丝核菌通过流水、耕作活动等传播。

(2)棉花炭疽病(cotton anthracnose)

①症状:棉籽破壳时,病原菌侵害胚根尖,呈水渍状黄褐色溃烂;幼苗出土后,常在幼茎部形成褐色梭形病斑,分裂下限,四周同时形成,并可缢缩茎周。棉苗子叶受害时叶片边缘多出现黄褐色圆形或半圆形病斑,天气湿润时病斑可扩至全子叶,严重时腐烂脱落;棉苗茎秆上亦能产生红褐色梭形病斑,并可扩展到茎顶部形成顶腐。

②病原:病原菌的有性阶段为棉小丛壳属(*Glomerella gossypii* (Southw.) EDg.),属子囊菌亚门小丛壳属。无性阶段为棉刺盘孢菌(*Colletotrichum gossypii* Southw.)。

③侵染循环:棉花炭疽病菌以分生孢子及菌丝体在棉籽的短绒上越冬为主,少部分则以菌丝体形态潜伏在棉籽的种皮内或子叶的夹缝中越冬,故种子带菌是主要侵染来源,但病菌也可在病残体上存活。次年播种后,带菌种子随之萌动,进行初侵染。发病后,病部产生的分生孢子可随气流、雨水和昆虫传播。

(3)棉花红腐病(fusarium rot of cotton)

①症状:棉苗出土前即可受害,幼芽变红褐色腐烂;出土后,在棉苗根尖开始变黄,后蔓延全根,严重的变黑褐色、腐烂,有时病部易肿大。子叶感病,多在边缘形成褐色近圆形病斑,病组织易碎。

②病原:由多种镰孢引起,主要有串珠镰孢(*Fusarium moniliforme* Sheld.)和禾谷镰孢(*F. graminearum* Schew.),属半知菌亚门镰孢属。

③侵染循环:棉花红腐病以分生孢子黏附在棉籽短绒上,或以菌丝体潜伏在棉籽内部越冬,翌春棉籽萌发时即被感染。在棉花生长季节,病菌可在土壤中营腐生生活,铃期又借风雨及昆虫等传到棉铃上,从伤口或其他病斑处侵入,造成烂铃。

(4)棉花疫病(phytophthora blight of cotton)

①症状:棉花苗期的子叶边缘,起始发现暗色水渍状小斑,后渐扩大,病部周围暗绿色,中部灰褐色,后成为不规则形枯斑;发生严重时子叶脱落,株顶枯死。

②病原:病原物为苎麻疫霉(*Phytophthora boehmeriae* Sawada),半知菌亚门疫霉属。

③侵染循环:疫病菌在土壤及病残体中越冬,另外田间某些栽培的或野生的感病植物也可成为初侵染源。病原菌主要是靠病部产生的孢子借气流和雨水等传播进行再侵染,而昆虫活动及病、健苗互相接触也可以传染。

(5)棉花茎枯病(cotton stem blight)

①症状:棉苗的子叶、真叶、叶柄和茎都可受害。子叶和真叶发病,最初产生黄褐色小圆斑,外缘呈紫红色;扩展后病斑呈近圆形或不规则形,褐色,具有同心轮纹,表面散生许多黑色小粒点(分生孢子器)。叶柄和茎部病斑呈褐色,梭形或长椭圆形,凹陷,病部容易折断。

②病原:病原物为棉壳二孢(*Ascochyta gossypii* Syd.),属半知菌亚门壳二孢属。

③侵染循环:茎枯病菌主要在土壤和病残体中越冬,病菌主要通过农事操作、流水和地下害虫的活动等在田间扩散蔓延。带菌棉籽通过种子调运而远距离传播。病部产生的分生孢子借气流和雨水等传播进行再侵染。病、健苗接触亦可传染病菌。

7.1.1.2　棉花枯萎病(fusarium wilt of cotton)

棉花枯萎病是棉花重要病害之一。该病是1892年在美国阿拉巴马洲首次发现的,以后随棉种调运而扩散传播。目前世界各棉花主产国家和地区均有分布,以美国东南部、埃及、坦桑尼亚和中国发生严重。我国于1934年在江苏南通和上海川沙等县首次发现该病,现已扩散到东北、西北、黄河流域和长江流域的20个省、市、自治区,其中以陕西、四川、江苏、云南、山西、山东、河南等省份为害严重。该病具毁灭性,一旦发生很难根治。重病株于苗期或蕾铃期枯死,轻病株发育迟缓,结铃少,吐絮不畅,纤维品质和产量均下降。

(1)症状　枯萎病在棉花整个生长期均可为害。棉花出苗后即被侵染并表现症状,在3～4片真叶期或现蕾期达到发病高峰,病株大量萎蔫死亡。夏季高温时,病势停止发展,病状趋向隐蔽。秋季多雨时,温度下降,病株再次表现症状,叶片、蕾铃大量脱落,重者枯死。

棉花枯萎病症状有黄色网纹型、紫红型、黄化型、青枯型和矮缩型等类型。以下3种类型较为常见。

①黄色网纹型:为棉花枯萎病早期典型症状。子叶或真叶叶脉变黄,叶肉仍保持绿色,形成黄色网纹状,叶片萎蔫,枯死脱落。

②青枯型:子叶和真叶叶片不变,全株或植物一边的叶片萎蔫下垂,最后枯死。

③矮缩型:病株节间缩短,株型矮小,叶片深绿,叶面皱缩、变厚。

各种病状的枯萎病株的共同特征是根、茎内部的导管变黑褐色。纵剖茎部,可见导管呈黑色条纹状。早春气温较低且不稳定时常出现紫红型和黄化型症状。条件适宜时,尤其在温室中多出现黄色网纹型。夏季雨后骤晴,易出现青枯型。秋季多雨潮湿条件下,枯死的病株茎秆及节部产生粉红色霉层(分子孢子梗和分子孢子)。

(2)病原物(图 7-1) 病原物为尖孢镰刀菌萎蔫专化型(*Fusarium oxysporium* Schl. f. sp. *vasinfectum* (Atk.) Synder&Hansen),属于半知菌亚门镰刀属。

(3)侵染循环 棉花枯萎病菌以菌丝体、分子孢子和厚垣孢子在棉籽、病残体(包括棉籽壳、饼)、土壤和未腐熟的土杂肥中越冬,成为翌年的初侵染源,其中带菌土壤尤为重要。棉籽外部带菌率高于种壳和内部种胚带菌率。此外,田间其他感染病寄主也可成为初侵染源。

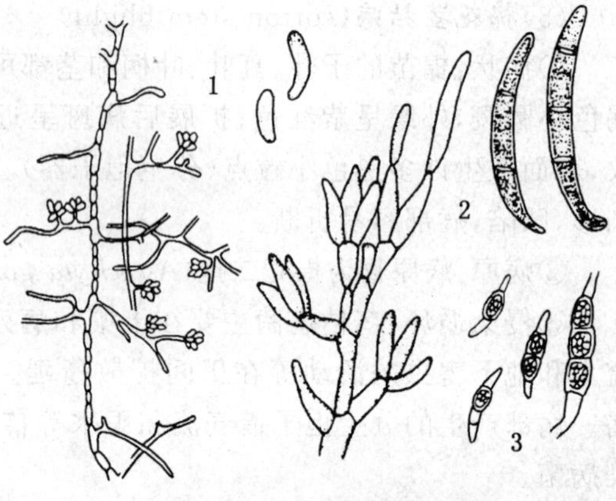

图 7-1 棉花枯萎病菌

1. 小型分生孢子及其梗 2. 大型分生孢子及其梗 3. 厚垣孢子

病菌的存活能力很强,在棉籽内、外部一般可分别存活 8 个月和 5 个月左右。在田间,病菌主要分布在 1～2 cm 耕作层中,分布最深者可达 60 cm。在土表 7 cm 深的土层中,病秆内的病菌可存活 18 个月。病残体分解后,病菌仍能在土壤中存活 6～7 年,而厚垣孢子甚至可存活长达 15 年之久。

病菌主要靠水流、农事操作及地下害虫的活动在田间传播蔓延。施用未腐熟的带菌粪肥也能传播。病菌可通过带菌种子和棉籽饼的调运而远距离传播。

病菌主要从根梢及土壤线虫造成的伤口侵入。病菌侵入后,菌丝先在表皮组织和内皮层扩展,进入维管中轴,并由初生根延伸侵入次生根,最后进入导管组织。在导管内,菌丝向上纵向扩展,经导管壁的孔纹横向扩展,并在导管内产生小型分生孢子。小型分生孢子随着液流到达上方导管,进一步扩展到枝、叶和种子。病土及病株的根、茎、叶和种子又成为翌年的初侵染源。

7.1.1.3 棉花黄萎病

棉花黄萎病(cotton verticillium wilt)是棉花生产中最重要的病害,也是全国农业植物检疫对象之一。从 1891 年美国首次发现到如今,已遍布世界各主要产棉区。20 世纪 30 年代随美国棉花的引进而传入我国江苏、陕西和河北等棉区。该病近年来在我国扩展蔓延较快,现各主要植棉省份均有发生,北方棉区重于南方棉区,且多数病区均与棉花枯萎病混生。

(1)症状 棉花黄萎病的发生较枯萎病晚,苗期 3～5 片真叶时开始显症,7～8 月份开花结铃期为发病盛期。病害由病株下部向上发展,病株不矮化或略矮。

发病初期，病叶边缘和主脉间叶肉出现不规则淡黄色斑块，叶缘向下卷曲，叶肉变厚发脆。以后病斑扩大，呈黄色斑驳。严重时，病叶除主脉及其附近仍保持绿色外，其余部分均变黄褐色，呈掌状斑驳。最后叶片发病部分变褐枯死。病叶一般不脱落，但强毒菌株侵染后叶片则脱落，病株成光秆，或仅留顶叶1～2片。夏季暴雨后，常出现急性萎蔫症状，叶片下垂，叶色暗淡。病株茎秆及叶柄木质部导管淡褐色。秋季多雨时，病叶斑驳处产生白色霉层（菌丝体及分生孢子）。

（2）病原物（图7-2）　病原物为大丽轮枝孢（*Verticillium dahliae* Kleb.）和黑白轮枝孢，半知菌亚门轮枝孢属。我国棉区分布的是大丽轮枝菌。

（3）侵染循环　棉花黄萎病的病害循环和发病规律与棉花枯萎病的基本相似。初侵染源为带菌的棉籽短绒、棉籽饼、棉籽壳、病残体、土壤和未经充分腐熟的土杂肥，但由于黄萎病菌的寄主范围很广，包括棉区常见的许多作物，这些带病（菌）的作物也是重要的初侵然源，同时增加了传病的复杂性。土壤中的病叶等病残体是病菌近距离传播的重要菌源。微菌核的抗逆能力强，可在土壤中存活8～10年。

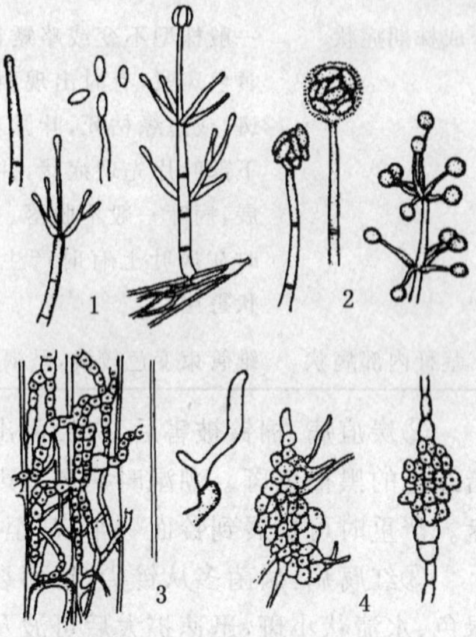

图7-2　棉花黄萎病菌

1.分生孢子梗及分生孢子　2.分生孢子球

3.菌丝体和厚垣孢子　4.微菌核

棉花枯萎病和黄萎病症状的比较见表7-1。

7.1.1.4　棉铃病害（cotton boll disease）

为害棉铃的病菌有40余种，常见的有10余种。我国棉铃病害主要是棉铃疫病、炭疽病、红腐病和红粉病，黑果病仅在局部地区发生较重。棉铃病害流行年份，产量损失可高达10%～20%。

（1）症状

①棉铃疫病：主要为害棉株下部的大铃。发病时多先从棉铃基部、铃缝和铃尖侵入，产生暗绿色水渍状小斑，不断扩散，使全铃变青褐色至黄褐色，3～5 d整个铃面呈青绿色或黑褐色，一般不发生软腐。潮湿时，棉面生出一层稀薄的白色至黄白色霉层，即病菌的孢子囊和孢子梗。

表 7-1 棉花枯萎病和黄萎病的症状区别

项 目	黄 萎 病	枯 萎 病
发病始期	3～4 片真叶期	子叶期
发病盛期	7～8 月份	现蕾期前后(6 月份)
苗期症状	真叶边缘或主脉间叶肉变黄，呈黄色掌状斑状，叶脉一般不变黄	子叶或真叶的局部叶脉变黄，呈黄色网状纹，有大块变色枯斑，最后叶片脱落，幼苗枯死。在气候变化不正常时，还会出现紫红型、黄化型或急性青枯型病苗
成株期症状	一般株型不变或略矮，叶肉呈黄色斑驳，有时出现西瓜皮花斑，或边缘枯死，叶脉不变黄。下部叶片先现症状，并向上发展，病叶一般不脱落。秋雨多时在病叶上有时产生白色粉状霉层	株型较矮，节间缩短，半边枯死或顶端枯死。节上生小叶、小枝呈丛生状。叶片病斑内的细脉变黄，呈黄网状，局部枯焦或半边枯焦，最后干枯脱落。秋雨多时，有从顶端向下枯死现象。枯死茎秆的节部可产生粉红色霉层
茎秆内部病状	维管束变色较浅，呈褐色	维管束变色较深，呈墨绿色

②炭疽病：棉铃被害后，在铃面出生暗红色小点，以后逐渐扩大并凹陷，呈边缘暗红色的黑褐色斑。潮湿时病斑上声橘红色或红褐色黏物质，即病菌得分生孢子盘。严重时可扩展到铃面一半，甚至全铃腐烂，使纤维成为黑色僵瓣。

③红腐病：病菌多从铃尖、铃面裂缝或青铃基部易积水处侵入，发病后初呈墨绿色、水渍状小斑，迅速扩大后可波及全铃，使全铃变黑腐烂。潮湿时，在铃面和纤维上产生白色至粉红色的霉层(大量分生孢子聚积而成)。重病铃不能分裂，形成僵瓣。

④红粉病：在不同大小铃上都可发生，病菌多从铃面裂缝处侵入，发病后先在病部产生深绿色斑点，7～8 d 后产生粉红色霉层，后随病部不断扩展，可使棉面局部或全部布满粉红色厚而紧密的霉层。高湿时腐烂，铃内纤维上也产生许多淡红色粉状物，病铃不能开裂，常干枯后脱落。

⑤黑果病：棉铃被害后僵硬变黑，铃壳表面密生突起的黑色小点，后期表面布满煤粉状物。病铃内的纤维也变黑僵硬。

病铃常常是复合侵染，这不仅加快了烂铃的速度，同时也增加了病状的复杂性。

(2)病原 棉铃疫病病原为苎麻疫霉(*Phytophthora boehmeriae* Sawada),属半知菌亚门疫霉属。

炭疽病病原见棉花炭疽病菌。

红腐病病原见棉花红腐病菌。

红粉病病原为玫红复端孢(*Cephalothecium roseum*(Link et Fr.) Corda),属半知菌亚门复端孢属。

黑果病病原为棉色二孢(*Diplodia gossypina* Cooke),属半知菌亚门色二孢属。

(3)侵染循环 棉铃病害种类较多,但多数寄生型较弱,除炭疽病菌、红腐病菌等可在种子上越冬成为主要初侵染来源外,其他多在土壤及其病残体上越冬,所以土壤及其病残体是最主要的初侵染源。另外有些棉铃病菌寄生范围较广,田间一些感病寄生植物也可成为初侵染源。棉铃疫菌、炭疽病菌和红霉病菌都可在苗期感染幼苗,前期感染也可为中后期的铃病发生提供菌源。其侵染途径与病菌种类及其寄生性有关:寄生性较强的,如炭疽病菌、棉铃疫菌等,除伤口侵入外,还可直接侵入,其他多由伤口或棉铃裂缝等处侵入。发病后,病菌则通过风、雨和昆虫传播,进行再感染。湿度大,再侵染次数多,铃病便会严重发生。

7.1.1.5 棉花生理性病害

棉花生理病害(cotton physiological diseases)是由不适宜的生态环境所引起的非侵染性病害的总称,世界各产棉国都有发生,我国各产棉区发生比较普遍。常发生的生理病害主要有3类:一类是由肥水失调等综合因素引起的棉花红(黄)叶枯病;另一类是典型的缺素症;还有一类是药害引起的畸形症。

(1)红(黄)叶枯病 一般多在初花期开始发病,盛花期至结铃期发生普遍而严重,即主要在棉花生长中后期发生。病叶自上而下、从外向内发展,病初叶缘失绿变黄,逐渐发展则全叶呈红褐色,皱缩,继续发展则全叶呈红褐色。严重时,叶柄基部变软,失水干缩,形成茎枯,引起大量脱叶,终至全株枯死。茎秆维管束并不变色。

(2)缺素症 缺氮植株弱小,叶色发黄;严重缺氮时,则幼叶也呈黄绿色,以后由黄变红,最后变褐干枯。缺磷则根系发育不良,植株生长缓慢,株形矮小,茎秆细脆,叶色暗绿,并有紫红斑块。缺钾时叶片自下而上出现症状,即先自下部叶片叶脉间的叶肉褪绿变黄转褐,出现似感染黄萎病的“花西瓜皮症状”,但维管束不变色,严重时棉株叶片都呈(黄)褐色,可见红(黄)叶枯病与缺钾有一定关系。缺镁则叶片失绿,叶脉保持绿色,网状脉纹十分明显,有时叶脉呈现各种颜色的斑点,叶片产生紫红色斑块。缺硼则叶片深绿,生长缓慢,下部叶片萎蔫下垂,生长点易枯死,生殖器官生长受阻，现蕾少，后期叶柄粗短，其上常有绿色环节。

(3)畸形　生长正常的棉田，突然出现大片植株叶色发黄，叶片变细、变长、皱缩、扭曲，似“鸡爪”状叶片，植物生长也明显受抑制。这类症状多与棉田附近麦田施用2.4-D类除草剂有关。

7.1.2　影响发生的主要因素

7.1.2.1　棉花苗期病害

发生主要与气候条件、棉种质量及耕作栽培措施等密切相关。

(1)气候条件　棉苗出土前后的气候条件是影响棉苗病害发生蔓延的主导因素。低温阴雨有利于病菌的生长繁殖，而不利于棉苗的生长发育，棉籽萌发率低，出苗速度慢，棉苗抵抗力低，易被病菌侵染。因此，初春季节有3～4 d连续阴雨后，棉苗发病严重。寒流侵袭后，常引起棉苗根腐，成片死亡。一般播种后20 d左右病害发生严重，出苗后15 d为死苗高峰期，真叶形成后病情则减轻。

(2)棉种质量　棉种纯度低，子粒不饱满，播种后出苗慢，棉苗生长衰弱，易感病，发病重。

(3)耕作栽培措施　地势低洼、排水不良的棉田，土壤易板结，通气性差，土温偏低，棉苗出土困难，易致烂种、烂芽，或出土后因生长不良易受病菌侵害。连作多年的棉田，土壤中的病菌积累过多，发病较重。连作年限越长，发病越重。另外，蚜虫为害严重的棉田或间作油菜或蚕豆的棉田发病亦重。播种过早、过深或覆土过厚，棉种萌发慢，出苗延迟，常造成大量烂种、烂芽。氮肥施用过多，雨前不及时松土，棉苗生长柔弱，也易感病。

目前我国地膜植棉的面积在逐渐扩大，铺膜与发病的关系主要依土壤湿度而定，若播种时土壤湿度偏低，铺膜后有提墒促苗的作用，会减轻棉苗病害的发生；若播种时土壤湿度偏高，铺膜后会加重棉苗病害的发生。

7.1.2.2　棉花枯萎病

发生流行除与病菌的生理小种有关外，还与气候条件、棉花品种的生育期和抗病性、土壤线虫的为害和耕作栽培措施等有密切关系。

(1)气候条件　在病菌存在的前提下，气温是影响该病发生的关键因素之一，气温为20～28℃时发病严重，气温高于28℃则对病害发展不利。雨水和土壤温、湿度对此病也有很大影响，一般5～6月份雨水较多，分布均匀，土壤湿度大，发病重，干旱年份发病轻。春季当耕作层10 cm左右地温达20℃时棉苗开始发病，达25～30℃时形成第一次发病高峰。夏季土温达33～35℃时病情暂停发展，但如果连降暴雨，引起土温降低，常加重病害。秋季当土温下降到25℃左右时，又出现第二次发病高峰。

(2)耕作栽培 连作多年的棉田,土壤中积累大量的病菌,病情逐年加重。地势低洼、排水不良的棉田,不利于棉花的生长,发病较重。大水漫灌则可加速病菌的传播。耕作粗放的棉田,根系发育不良,长势不旺,抗病力较低。

(3)棉花种与品种 不同棉花种对枯萎病的抗、感病性不同,一般中棉抗病性最强,陆地棉中度感病,木棉和海岛棉高度感病。同种棉花的不同品种间也存在着抗、感病程度的差异。棉花生育期与发病有一定的关系。一般棉花苗期易感染枯萎病菌,但发病盛期在现蕾前后;现蕾期过后,往往遇夏季高温轻病株常可恢复生长,症状趋向隐蔽;蕾铃中后期,秋季气温下降,则又形成第二个发病高峰。

(4)土壤线虫 土壤线虫为害重的棉田发病重于一般棉田。线虫侵害棉根造成伤口,有利于病菌的侵入。

7.1.2.3 棉花黄萎病

(1)气候 棉花黄萎病的发生、发展与温度、湿度关系密切。在棉花生育期间,气温在20~28℃之间,病害都能发生,最适温度为25~28℃,低于25℃或高于30℃则发展缓慢,35℃以上时即有隐症现象。此外,降雨多少及湿度大小也制约着病害的发展。花蕾期降雨较多而温度适合,发病往往严重。7、8月份连续降雨,导致土温降低,有利于发病。棉田冬季淹水,微菌核不宜存活,翌年发病轻。长江流域棉区发病较早,因高温导致的隐症期较长,故发病高峰往往推迟,为害期较长,甚至到9月下旬病害的发展才开始减慢、停止。

(2)耕作栽培 连作棉田土壤中积累大量病菌,发病严重,偏施氮肥或施用带菌土杂肥往往加重病害的发生。大水漫灌有利于病害的发生。

(3)棉株生育期 棉花现蕾期后较感病,这是因为现蕾开花阶段棉株抗性降低,同时该阶段棉株易形成病菌生长所需的单糖、双糖及氨基酸等营养物质。

(4)棉花的抗性品种 棉花种间抗病性有显著差异,一般海岛棉抗病、耐病能力较强,陆地棉次之,中棉最弱。虽未发现有免疫品种和品系,但同一种内不同品种抗病性差异也较明显。如陆地棉品种8010、辽棉5号、中棉所9号属抗病品种,岱字16号耐病,鄂光棉、86-1等则属感病品种。

7.1.2.4 棉铃病害

棉铃病害的发生与气候条件、虫害、铃期及栽培措施等密切相关,尤以条件气候影响最大。八九月份如温度较低,日照少,雨量多,有利于棉铃病害发生,通常平均气温25~30℃,相对湿度85%以上,易造成铃病流行;特别是骤然降温、阴雨连绵的天气,对铃病的发生更为有利。虫害严重的棉田,因造成大量伤口,棉铃病害较重,特别是棉铃虫、红铃虫、金刚钻等钻蛀性害虫为害棉铃,造成蛀孔、伤口,能诱发多种棉铃病害的发生，刺吸式口器害虫如棉蚜等造成的伤口，也能导致病菌侵入，加重铃病发生。铃期与棉铃病害的发生也有一定关系，如炭疽病菌较易感染25～30 d以上的棉铃，25 d以内的幼龄受害较少，特别是吐絮前10～15 d的最易受害。疫霉菌也是多侵染棉株下部的大铃。

棉铃病害的发生与栽培措施的关系也很密切，一般过量施用氮肥或氮肥施用过迟，导致中后期棉花徒长，棉田荫蔽，通风透光不良，田间潮湿增高，有利于多种棉铃病害的发生。氮、磷、钾肥配合适当的棉田，棉株生长健壮，发病率较低。适时整枝打顶，即可促使上部结铃，防止旺长，又可加强通风透光，从而减轻棉病的发生。采取浅水沟灌的棉田发病较轻，大水漫灌的棉田和地下水位较高、排水不良的棉田发病较重。多年连作也有利于棉铃病害的发生。

7.1.2.5 棉花生理性病害

生理性病害的发生主要是不良的生态环境所致，特别与土壤内营养状况和水肥供应有关，与气候条件也有一定关系。若长期高温干旱或久旱遇大雨，常使根系发育不良，棉株正常生长受阻；地膜棉田若底肥不足，前期旺长，后期脱肥，抵抗力下降；施肥时氮、磷、钾肥配合不当，特别是钾肥不足，造成土壤缺钾；土壤沙性过大、盐分较高、低洼易涝的棉田都不利于棉花正常生长，易诱发中后期生理病害的发生。棉田化学防治次数过多、叶面肥施用过多，有时也会促使生理病害发生。

7.1.3 主要防治方法

7.1.3.1 棉花苗期病害

棉花苗期病害的防治主要采取以加强栽培管理为主、棉种处理与药剂防治为辅的综合防治措施。

(1)精选棉籽　播种前做到“一选二晒三消毒”，精选优质棉种，汰除病籽、小籽、瘪籽及杂粒，硫酸脱绒后晒种2～3 d，再进行种子消毒，以提高出苗率和出苗势。

(2)种子处理

①温汤浸种：在55～60℃温水中浸种30 min后立即转入冷水中冷却，捞出晾至绒毛发白，再用一定量的草木灰和拌种剂配成药灰搓种，现搓现播。

②药剂拌种：用棉籽质量0.5%的40%拌种双(福美双和拌种灵复配制剂)可湿性粉剂拌种；或用棉籽质量0.5%～0.8%的50%多菌灵可湿性粉剂拌种后，密闭半个月左右播种；也可用0.3%多菌灵胶悬剂浸种14 h，或401或402抗菌剂浸闷种。

另外，为确保对棉苗病害的控制效果，在种子消毒的基础上，播种时将药剂施于播种沟中，或出苗后叶面喷药。

(3)加强耕作栽培管理

①合理轮作、深耕改土:合理轮作是防治棉苗病害的有效措施。在各种轮作制中,以稻棉轮作最好,也可根据病害产生种类及当地具体情况,采用其他适当作物进行轮作。对难以实行轮作的重病地,每年适当深翻土壤,或挑加河泥、塘土,也有减轻病害的作用。

②适期播种和育苗移栽:播种时间宜掌握在 5 cm 深的土温稳定在 14℃以上。选择地势高、排水良好的田块做苗床。

③田间管理:加强苗期中耕及水肥管理,提高地温,促使壮苗早发。

④药剂防治:根据天气预报,苗期如遇低温连雨可提前喷 120 倍波尔多液,或 600～800 倍代森锰锌,或 70%甲基托布津 1 000 倍液,也可结合除治蚜虫混合使用。

7.1.3.2 棉花枯萎病

棉花枯萎病的防治应采取保护无病区、加强栽培管理、控制轻病区、重病区推广种植抗病品种及合理轮作的策略。

(1)把好种子关,保护无病区　无病区建立无病良种繁育基地,禁止从病区调运棉种,种子消毒后方可播种,并采取无病钵土保温育苗。种子消毒方法为:种子经硫酸脱绒后,在 80%402 抗菌剂 55～60℃药液中浸 30 min,或用有效成分 0.3%的多菌灵胶悬剂在常温下浸毛籽 14 h。经过 2～3 年试种、鉴定和繁殖,再大面积推广。

(2)加强栽培管理　棉田增施底肥和磷钾肥,适期播种,合理密植,及时定苗,拔除病株,在棉苗 2～3 片真叶时喷施 1%尿素液有利于棉苗生长发育,可提高抗病力。在棉田定苗、整枝时及时将病株清除,田外深埋,施用热榨处理的棉饼和无菌土杂肥,均具有减轻发病的作用。在棉花育苗移栽地区用无病土育苗可明显减轻枯萎病的为害。

(3)轮作倒茬　在重病区采取玉米、小麦、大麦、高粱、油菜等与棉花轮作 3～4 年,对减轻病害有明显作用,实行稻棉水旱轮作或苜蓿与棉花轮作以及种植绿肥等效果更加。

(4)种植抗病品种,压缩重病区　种植抗病品种是防治棉花枯萎病最经济、有效的措施。20 世纪 90 年代后,我国南北棉区育成的品种基本都是抗枯萎病的,如陕 401、宁 86-1、盐棉 48、86-6 和中棉所 24、27、35、36 等。

7.1.3.3 棉花黄萎病

黄萎病的防治方针及措施基本上与枯萎病相同,目前在生物防治方面取得较多进展,如某些芽孢杆菌(*Bacillicus* spp.)和假单孢菌(*Pseudomonas* spp.)能有效抑制大丽轮枝孢菌丝体生长，并使部分分生孢子死亡。

7.1.3.4 棉花铃期病害

根据当地铃病发生情况，因地制宜，采取以改善棉田生态系统为中心的综合防治措施。

(1)加强栽培管理

①合理施肥与排灌：施足基肥，早施、轻施苗肥，稳施蕾肥，重施花铃肥，补施早铃肥，氮、磷、钾肥平衡施用，促使棉株生长健壮，以增强抗倒、抗病能力。雨季及时排除田间积水，降低田间湿度。干旱季节采用沟灌法，忌泼浇，以减轻铃病发生。

②合理密植，及时整枝：合理密植，有利于棉间通风透光，降低田间湿度，减轻病害。对生长过旺的棉株，应及时打顶、剪空枝、摘老叶、抹赘芽、打边心，以降低田间郁闭程度，减轻铃病的发生。

③加强铃期害虫与苗期叶病的防治：种子可携带棉花炭疽病菌、疫霉菌、红腐病菌和茎枯病菌，故幼苗先发病，经多次再侵染后菌量增多，于铃期侵染棉铃，加重铃病的发生。钻蛀性害虫于铃期为害，造成伤口，有利于病菌侵染，引起烂铃。因此，应抓好种子消毒工作，加强对苗期叶部病害与七八月份棉铃害虫的防治，减少菌源与虫伤。

④及时抢摘、早剥病铃：病菌侵染棉铃后，在适宜的温湿度条件下，一般只需2～3 d就发病，数天后全铃腐烂。因此，铃病流行季节，尤其在雨季，应抢摘病铃和开口铃，烘干或晾干，减少损失。

(2)喷药保护 8月中旬至9月上旬及时喷药，以保护裂开的棉铃。常用的药剂有200倍的波尔多液、25%代森锰锌可湿性粉剂500～800倍液、50%多菌灵可湿性粉剂800～1 000倍液和14%络氨铜500倍液等。

(3)选育抗病品种 棉毒素含量高、窄卷苞叶、小苞叶、无苞叶及早熟的品种具有良好的抗病潜力。

7.2 棉花虫害

7.2.1 主要种类及发生规律

7.2.1.1 棉蚜

棉蚜(*Aphis gossypii* Glover)属同翅目蚜虫科，别名蜜虫、腻虫、油汗等。除西藏未见报道外，广布全国各地。以东半部密度较大，是棉花苗期重要害虫。近年新疆所占比重也在升高。黄河流域、辽河流域、西北内陆棉区发生早，为害重。主要寄主有棉花、茄子、辣椒、瓜类、花椒等。

(1)形态特征(图 7-3)

①干母：体长 1.6 mm，茶褐色，触角 5 节，无翅，行孤雌生殖。

②无翅胎生蚜：体长 1.5～1.9 mm，体色夏季黄绿色或黄色，春秋季蓝黑、深绿或棕色。

③有翅胎生雌蚜：体长 1.2～1.9 mm，体黄色、浅绿或深绿色，前胸背板黑色。

④无翅有性雌蚜：体长 1～1.5 mm，体灰褐、墨录、暗红或赤褐色。

⑤有翅雄蚜：体长 1.28～1.9 mm，体色变异较大，有绿、灰黄或赤褐。

⑥卵：椭圆形，长 0.5 mm 左右，初产时为橙黄色，后变为漆黑色，有光泽。

⑦若蚜：无翅若蚜体色夏季时为黄色或黄绿色，春秋时为蓝灰色。经 4 次脱皮变为无翅胎生雌成蚜。

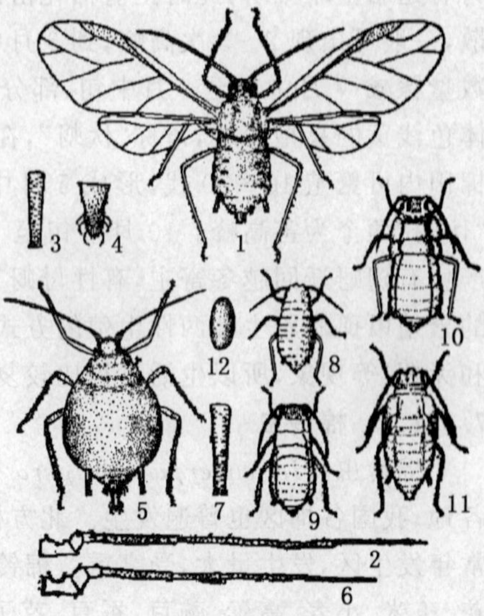

图 7-3　棉蚜

1. 有翅胎生雌蚜　2. 触角　3. 腹管　4. 尾片
5. 无翅胎生雌蚜　6. 触角　7. 腹管
8～11. 有翅胎生雌蚜(1～4 龄若虫)
12. 越冬卵(仿浙江农业大学图)

(2)为害特点　棉蚜是为害棉花的重要害虫之一，以往以苗期棉蚜为主，近年来棉花蕾铃期的伏蚜为害加重。棉蚜的寄主植物较多，根据发生周期可分为越冬寄主和侨居寄主。越冬寄主有花椒、石榴、木槿、鼠李、夏至草等，侨居寄主有棉花、红麻、瓜类、马铃薯和大豆等经济作物。棉蚜以成、若蚜聚集在叶背面，以刺吸口器刺入棉叶背面或嫩头，吸食汁液。苗期受害，棉叶卷缩，开花结铃期推迟；成株期受害，上部叶片卷缩，中部叶片现出油光，下位叶片枯黄脱落，叶表有蚜虫排泄的蜜露，易诱发霉菌滋生；蕾铃受害，易落蕾，影响棉株发育。根据河北省农科院植保所调查，苗期卷叶株，生育期推迟 10～20 d，卷叶持续 20～30 d，比正常株矮 71.5%，叶片减少 54.2%，如在麦收时节出现卷叶，果枝减少 63%，花蕾减少 82%，伏蚜为害造成蕾铃大量脱落，重者油腻满株或脱落成光秆，严重影响着棉花的产量。

(3)发生规律　棉蚜具有复杂的生活史，一年可发生 20 余代，以卵在花椒、石榴、木槿、鼠李等树枝的芽液处越冬。第二年春季日平均气温上升至 6℃以上时，越冬卵开始孵化，发育成为干母；气温稳定在 12℃时，胎生若蚜发育成无翅胎生雌蚜，以后进行孤雌生殖。繁殖一代后，产生少数有翅胎生雌蚜；第二代时，绝大部分为有翅胎生雌雄蚜，此时正值棉花苗出土，迁入棉田为害，以有翅蚜在棉田进行扩散，一般可出现2～3次高峰，到6月中旬，随着气温升高和天敌数量的增多，种群数量骤减；7月中旬至8月中旬，部分残留蚜虫适应了高温天气，转化为体形更小、体色浅黄的夏型棉蚜，俗称"伏蚜"，在棉株的中上部叶片上继续为害。棉蚜每年在棉田内可繁殖10～20代，形成5月中旬至6月中旬苗蚜和7月中旬至8月中旬"伏蚜"两个为害高峰。10月下旬至11月上旬，棉株逐渐枯老，不适宜棉蚜生活，产生有翅蚜迁回越冬寄主，有性母蚜繁殖有性蚜，雌雄蚜交尾，产生越冬卵。棉蚜的繁殖以孤雌胎生和两性生殖的方式交替进行，兼具交替寄主、胎生和多型（有翅和无翅）等现象，所以生活过程比较复杂。

7.2.1.2　棉铃虫

棉铃虫（*Helicoverpa armigera*（Hübner））属鳞翅目夜蛾科，广泛分布于世界各地，我国各棉区也普遍发生。北方棉区的黄河流域和新疆、云南、辽宁等棉区是常年发生区，发生量大，受害重。棉铃虫的寄主植物有200多种，在农作物中有棉花、玉米、小麦、高粱、豌豆、蚕豆、苕子、苜蓿、芝麻、胡麻、青麻、番茄、辣椒、向日葵和瓜类等，成虫对大葱、洋葱、萝卜、茼蒿、芹菜等的花较喜好。

（1）形态特征（图7-4）

①成虫：体长15～20 mm，翅展31～40 mm。复眼球形、绿色，可与烟青虫复眼黑色区别。雌蛾前翅赭褐色，雄蛾绿赭褐色（烟青虫前翅雌蛾棕黄，雄蛾淡灰黄绿色）。

②卵：半圆形，长0.52 mm，宽0.46 mm，顶部微隆起，中部通常有26～29条直达卵底部的纵隆纹。

③幼虫：初孵幼虫青灰色，老熟幼虫体长40～50 mm，头黄褐色，有不明显的黄褐斑纹，幼虫体色变化较大，有淡红、黄白、淡绿、深绿色。

④蛹：纺锤形，赤褐色至黑褐色，体长17～20 mm。

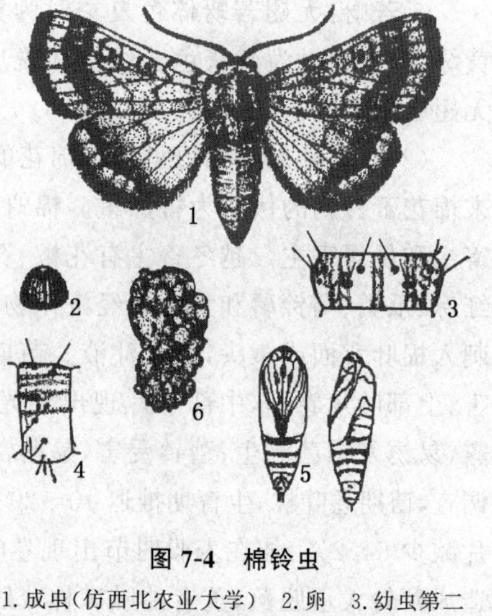

图7-4　棉铃虫

1. 成虫（仿西北农业大学）　2. 卵　3. 幼虫第二腹节背面　4. 幼虫第二腹节侧面　5. 蛹腹面和侧面　6. 土茧

（2）为害特点　棉铃虫以幼虫食害棉花的嫩叶，3龄以上幼虫为害棉花的蕾和棉铃，低龄幼虫食害嫩叶成缺刻或孔洞。为害棉蕾后，蕾的下部有蛀孔，直径约5 mm，不圆整，蕾内无粪便，蕾外有粒状粪便，蕾苞叶张开，变成黄褐色，2～3 d 后即脱落。青铃受害时，铃的基部有蛀孔，孔径粗大，近圆形，粪便堆积在蛀孔之外，赤褐色，铃内被食去一室或多室的棉籽和纤维，未吃的纤维和种子呈水渍状，成烂铃。1 只幼虫常为害十多个蕾铃，严重的蕾铃脱落一半以上。

(3)发生规律　辽宁特早熟棉区及西北内陆棉区年生 3 代，华北及黄河流域棉区 4 代，长江流域棉区 4～5 代，华南棉区 6～8 代，以滞育蛹在土中越冬。

(4)生活习性

①成虫的栖息习性：成虫夜间活动，近黎明寻找隐蔽场所栖息。成虫喜好在发蔫的杨枝下栖息，所以利用杨枝诱集成虫，对压低虫源、减轻棉铃虫的为害起着一定作用。

②成虫的产卵习性：成虫于夜间交配产卵，每雌平均产卵 1 000 粒，卵发育历期 15℃为 6～14 d，20℃时 5～9 d，25℃时 4 d，30℃时 2 d。棉铃虫不同世代成虫产卵，对作物有一定的选择。通过对各代棉铃虫在棉株上的产卵部位调查，从卵在棉株上分布看，第 2 代棉铃虫卵主要分布于棉株的中上部叶和顶尖，第 3、4 代棉铃虫卵主要分布于顶尖和花蕾上，蕾花多、生长旺盛棉田着卵多，所以在喷药防治时应注意卵的分布状况。

③幼虫的活动习性：着卵部位并不是初孵幼虫的栖息场所，刚孵化出的幼虫吃掉卵壳后，大部分转移到叶背面栖息，当天不食不动，于第二天转移到中心生长点，有的到上部果枝生长点，但为害不明显。于第三天蜕皮后，即由生长点转移到幼蕾蛀食为害。3～4 龄幼虫主要为害蕾和花，引起落蕾。5～6 龄进入暴食期，多为害青铃、大蕾或花朵。为害青铃的从基部蛀食，蛀孔大，孔外虫粪粒大且多。幼虫有转铃为害习性，蛀害蕾铃时身体后半部留在外边，整个幼虫期可为害 10 余个蕾、花、铃。阴天老龄幼虫常盘踞在花内取食花器，3 龄以上幼虫常互相残杀。幼虫大多数共 6 龄，个别 5 龄或 7 龄，幼虫在不同温度下发育历期为：20℃ 31 d，25℃ 22.7 d，30℃ 17.4 d。老熟幼虫在 3～9 cm 表土层筑土室化蛹，土室具有保护作用，羽化时成虫沿原道爬出土面后展翅，冬耕冬灌破坏土室，影响羽化率。

7.2.1.3　棉红蜘蛛

棉红蜘蛛又称棉叶螨，在我国主要有 3 种，即朱砂叶螨（*Trtranychus cinnabarinus*(Boisduval)）、截形叶螨（*T. truncates* Ehara）和土耳其斯坦叶螨（*T. turkestani* Ugarov et Nikolski），均属蜘蛛纲蜱螨目叶螨科。除土耳其斯坦叶螨只分布在新疆棉区外，朱砂叶螨和截形叶螨在南北方都有分布，有时互为优势种。一般所说棉红蜘蛛，是这两种叶螨的混合群体。

(1)为害特点　棉花叶螨具有食性杂、繁殖力强、传播快等特点。它的寄主除棉花外，还有玉米、高粱、豆类、瓜类、蔬菜、树木及杂草等，达 43 科 146 种。朱砂叶螨为害棉花开始时叶片产生黄白斑点，为害加重时叶片出现红色斑块，直至叶片变红。截形叶螨为害后只产生黄白斑点。两种叶螨干旱年常猖獗为害，轻者棉苗生长停滞，蕾铃脱落，后期早衰；重者叶片变红，干枯脱落，植株成光杆，损失严重。20 世纪 80 年代以来，北方棉区由于粮棉间作套种面积扩大，棉花叶螨的为害日益加重。

(2)形态特征　朱砂叶螨成虫体长 0.42～0.52 mm，体宽 0.28～0.32 mm。雌虫梨圆形。夏型雌成螨初羽化体呈鲜艳红色，后变为锈红色或红褐色。体躯两侧背面各有 2 个褐斑，前一对大的褐斑可以向体末延伸，与后面一对褐斑相连接。冬型雌螨体橘黄色，体两侧背面无褐斑。雄成螨体长 0.26～0.36 mm，体宽 0.19 mm，体呈红色或橙红色，头胸部前端近圆形，腹部末端稍尖。卵圆球形，直径 0.13 mm，初产时微红，渐变为锈红至深红色。由卵初孵的虫态叫幼螨，有足 3 对。幼螨蜕皮后变为若螨，有 4 对足。雌雄螨均分为前期若螨和后期若螨。

截形叶螨和土耳其斯坦叶螨在外部形态上与朱砂叶螨不易区别，但三者雄螨的阳具有显著差别。此外，截形叶螨的卵初产时为无色透明，渐变为淡黄至深黄色，微见红色。

(3)生活习性　棉红蜘蛛一生经过卵、幼虫、若螨和成螨。若螨又分为前期若螨和后期若螨。每龄期蜕皮之前有一不食不动的静伏期。从后若螨期蜕皮后，即羽化为雌雄成螨。棉红蜘蛛主要是两性生殖，在雌螨后期若螨静伏期有早羽化的雄成螨守候在旁，待雌螨羽化后争相与之交配。不经交配的雌成螨所繁殖全为雄性。

在北方棉区棉红蜘蛛以授精雌成螨在寄主植物枯枝落叶或土缝中越冬，翌年 2 月下旬开始出蛰活动，在早春寄主上取食并繁殖 1～2 代，5 月上旬开始迁入棉田。开始时呈点片发生状态，以后蔓延到全田。棉田于 6 月上旬开始出现第一次螨量高峰，6 月下旬出现第二次螨量高峰，7 月下旬至 8 月初如雨季来临，雨水频繁，螨群密度骤降；如持续干旱，8 月份仍可出现第三次螨量高峰。9 月中旬后开始越冬。

棉红蜘蛛每年发生代数，随各地气候而异。黄河流域棉区一年发生 12～15 代，长江流域棉区约 18 代，华南棉区 20 代以上。平均温度在 16～20℃时，完成一代所需时间平均 19～29 d；在平均温度 22～28℃时，10～13 d 完成一代；28℃以上时只需 7～8 d。发育起点温度为 10.49℃，完成一代的有效积温为 163.25 d·℃。1 头雌成螨日产卵量 3～24 粒，平均 6～8 粒，一生可产 100 粒左右，多产于叶螨取食活动处。通常卵的孵化率达95%以上。雌成螨经交配后繁殖的后代，雌雄性比一般为4.5∶1。螨口密度大，营养恶化时，有吐丝拉网习性，并借风力传播扩散。各棉区每年发生严重时期年间有差异。东北、西北棉区，自7月下旬至9月下旬约有1次高峰，黄河流域棉区自6月中、下旬至8月下旬可发生2次高峰，长江流域棉区和华南棉区自4月下旬至9月下旬可发生3～5次高峰。

棉红蜘蛛以刺吸口器在棉叶背面为害，以汁液作为营养源，吸取汁液量每小时可达自身体重的20%～30%。棉株受害后，轻者叶片表皮被破坏，海绵组织表现疏松；中度受害棉叶，其海绵组织细胞变形，排列混乱；重者叶片上、下表皮、栅栏组织、海绵组织极为混乱难分，表皮外出现硬结层，叶片各组织完全丧失正常功能，造成同化作用减退，生长调节失衡，影响棉花的生长发育。

7.2.1.4　棉花绿盲蝽

学名 *Lygocoris lucorum* (Meyer-Dur.)，属半翅目盲蝽科，别名花叶虫、小臭虫等，几乎遍及全国各棉区，是我国黄河流域、长江流域为害棉花的多种盲蝽的优势种。主要寄主有棉花、桑、麻类、豆类、玉米、马铃薯、瓜类、苜蓿、药用植物、花卉、蒿类、十字花科蔬菜等。

(1)为害特点　成、若虫刺吸棉株顶芽、嫩叶、花蕾及幼铃上汁液，幼芽受害形成仅剩两片肥厚子叶的“公”棉花；叶片受害形成具大量破孔、皱缩不平的“破叶疯”；腋芽、生长点受害造成腋芽丛生，破叶累累，似扫帚苗；幼蕾受害变成黄褐色，干枯或脱落；棉铃受害黑点满布，僵化落铃。

(2)形态特征(图7-5)　成虫体长5 mm，宽2.2 mm，绿色，密被短毛。头部三角形，黄绿色。复眼黑色、突出，无单眼。触角4节，丝状，较短，约为体长2/3，第2节长等于第3、4节之和，向端部颜色渐深，第1节黄绿色，第4节黑褐色。前胸背板深绿色，分布许多小黑点，前缘宽。小盾片三角形微突，黄绿色，中央具一浅纵纹。前翅膜片半透明、暗灰色，余绿色。足黄绿色，后足腿节末端具褐色环斑，雌虫后足腿节较雄虫短，不超过腹部末端，跗节3节，末端黑色。卵长1 mm，黄绿色，长口袋形，卵盖奶黄色，中央凹陷，两端突起，边缘无附属物。若虫5龄，与成虫相似。初孵时绿色，复眼桃红色。2龄黄褐色，3龄出现翅芽，4龄超过第1腹节，2、3、4龄触角端和足端黑褐色，5龄后全体鲜绿色，密被黑细毛；触角淡黄色，端部色渐深。眼灰色。

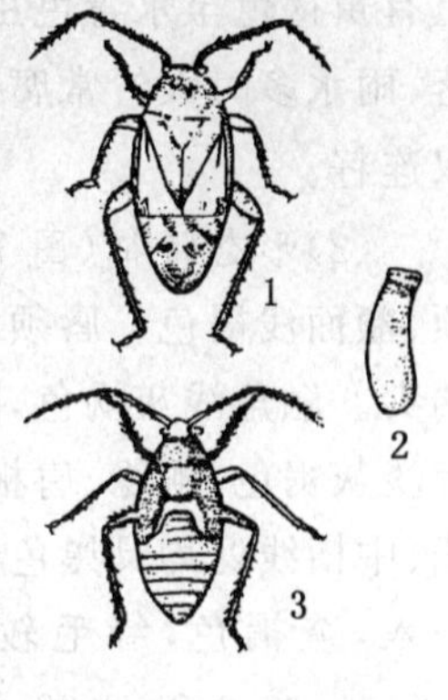

图7-5　绿盲蝽

1.成虫　2.卵　3.若虫

(3)生活习性　北方一年发生3～5代，运城4代，陕西泾阳、河南安阳5代，江西 6～7 代。以卵在棉花枯枝铃壳内或苜蓿、蓖麻茎秆、茬内、果树皮或断枝内及土中越冬。翌春 3～4 月份旬均温高于 10℃或连续 5 日均温达 11℃，相对湿度高于 70%时，卵开始孵化。第 1、2 代多生活在紫云荚、苜蓿等绿肥田中。成虫寿命长，产卵期 30～40 d，发生期不整齐。成虫飞行力强，喜食花蜜，羽化后六七天开始产卵。非越冬代卵多散产在嫩叶、茎、叶柄、叶脉、嫩蕾等组织内，外露黄色卵盖，卵期 7～9 d。6 月中旬棉花现蕾后迁入棉田，7 月达高峰，8 月下旬棉田花蕾渐少，便迁至其他寄主上为害蔬菜或果树。果树上以春、秋两季受害重。主要天敌有寄生蜂、草蛉、捕食性蜘蛛等。

7.2.1.5 棉红铃虫

学名 *Pectinophora gossypiella* (Saunders)，鳞翅目麦蛾科。分布广泛，国内除新疆、甘肃、青海、宁夏尚未发现外，其他各产棉区均有发生。国外除罗马尼亚、保加利亚、匈牙利、原苏联等外，遍布全世界产棉国家。主要寄主除棉等锦葵科棉属外，还有洋绿豆、洋麻、蜀葵、黄麻、亚麻等 8 科 77 种植物。

(1)为害特点　以幼虫为害棉花蕾、花、铃、籽，引起落花、落蕾、落铃或烂铃、僵瓣。红铃虫为害蕾，蕾的上部有蛀孔，蛀孔很小，似针尖状黑褐色，蕾外无虫粪，蕾内有绿色细屑状粪便，小蕾花心吃光后不能开放而脱落，大蕾一般不脱落，花开放不正常，发育不良，花冠短小。红铃虫为害铃，在铃的下部或铃室联缝处或在铃的顶部有蛀孔，蛀孔似受害蕾，黑褐色，羽化孔 2.5 mm，铃内、外无虫粪，在铃壳内壁上有黄褐色至水青色虫道和芝麻大小的虫瘤。为害棉籽，虫粪在棉籽内，小铃脱落，雨水多时大铃常腐烂，雨水少时呈僵瓣花，有时把两粒被害棉籽缀连在一起，叫双连籽。

(2)形态特征(图 7-6)　成虫体长 5～6.5 mm，翅展 12～20 mm，棕黑色，头顶、额面浅褐色。唇须浅褐色且具深褐色镰刀形斑，第 2 节鳞毛长，第 3 节弯曲，末端尖。触角浅灰褐色，除基节外各节端部黑褐色，基节纵列黑色栉毛 5～6 根。胸背淡灰褐色，侧缘、肩板褐色，无毛隆。前翅竹叶形，深灰褐色，翅面在亚缘线、外横线、中横线处均具黑色横斑纹，近翅基部具 3 个黑色斑点。后翅似菜刀状，外缘略凹入，灰褐色，缘毛较长。雄蛾具 1 根翅缰，雌蛾 3 根。卵椭圆形，长 0.4～0.6 mm，宽 0.2～0.32 mm，表面具网状纹。幼虫共 4 龄。末龄幼虫体长 11～13 mm，头部浅红褐色，上颚黑色。前胸硬皮板小，从中间分成 2 块。体肉白色，毛片浅黑色且四周为红色斑块。腹足趾钩单序，外侧缺环。蛹长 6～9 mm，宽 2.5 mm，浅红褐色，尾端尖，末端臀棘短，向上弯曲呈钩状。

(3)生活习性　在我国年生 2～7 代，黄河流域 2～3 代，长江流域 3～4 代，南方棉区可达7代。幼虫随棉花储藏、加工爬至屋顶等缝隙处结白茧滞育越冬，也可在棉籽、枯铃里越冬。安徽5月上旬越冬幼虫开始化蛹，羽化时间长达2个多月。长江流域各代卵发生历期为6月下旬、8月上旬、8月底，秋季气温高时可发生不完全的4代。成虫白天潜伏，夜间交配产卵，第一代多产在嫩头或嫩叶上，第二代多产在下部的青铃萼片内，第三代多产在中上部青铃萼片内。成虫对黑光灯有趋性，飞翔力不强。初孵幼虫经一两个小时蛀入蕾内，每头幼虫可为害2～3个铃室、2～7粒棉籽。温湿度高利其繁殖，气温20～35℃、相对湿度80%以上适其生长发育，长江流域气候条件适宜则发生重。雨量过多年份对其繁殖不利则发生轻。红铃虫天敌有60多种，如澳洲赤眼蜂、金小蜂、茧蜂、姬蜂、草铃、小花蝽等。

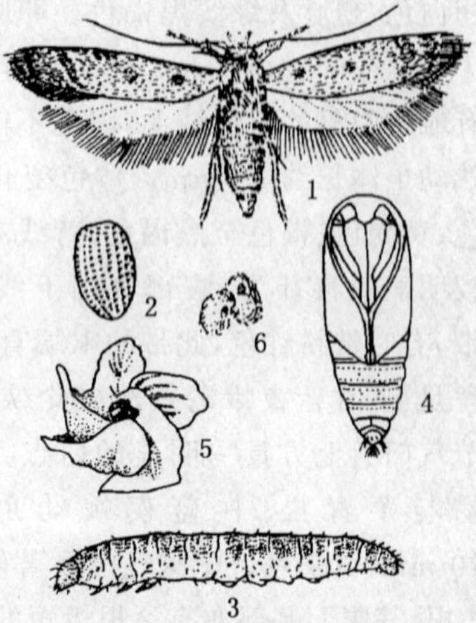

图7-6　棉红铃虫

1.成虫　2.卵　3.幼虫　4.蛹
5.被害花　6.被害棉籽

7.2.1.6　甜菜夜蛾

学名 *Laphygma exigua* Hubner，属鳞翅目夜蛾科，别名玉米叶夜蛾、白菜褐夜蛾、贪夜蛾，分布在全国大部分地区。主要寄主有棉花、甜菜、玉米、麻、烟、葱、绿豆、大豆、甘薯、甘蓝、花椰菜、白菜、萝卜、莴苣、番茄、青椒、茄子、马铃薯、黄瓜、西葫芦、豇豆、架豆、茴香、胡萝卜、芹菜、菠菜、韭菜等多种蔬菜及其他植物170余种。

(1)为害特点　初孵幼虫为害生长点和幼蕾，继而为害嫩头、叶片、蕾、花、铃，造成无头苗或叶片呈网状，大发生时嫩头全部被害，剩下叶柄和枝秆，形成光秆苗。一头幼虫一生为害蕾、花、铃20个左右。幼虫取食棉花叶片、苞叶成孔洞，严重的食叶面积达20%以上。3龄以上的幼虫也可蛀蕾铃，造成烂铃或落铃。近年该虫在河南、河北、山东、安徽等地的粮、棉及菜田发生为害呈上升趋势，一般减产20%～30%，严重的高达50%。

(2)形态特征(图7-7)　成虫体长8～10 mm，翅展19～25 mm。灰褐色，头、胸有黑点。前翅灰褐色，基线仅前段可见双黑纹；内横线双线黑色，波浪形外斜；剑纹为一黑条；环纹粉黄色，黑边；肾纹粉黄色，中央褐色，黑边；中横线黑色，波浪形；外横线双线黑色，锯齿形，前、后端的线间白色；亚前缘线白色，锯齿形，两侧有黑点，外侧在M1处有一个较大的黑点；前缘线为一列黑点，各点内侧均衬白色。后翅白色,翅脉及缘线黑褐色。卵圆球状,白色,成块产于叶面或叶背,8～100 粒不等,排为 1～3 层,外面覆有雌蛾脱落的白色绒毛,因此不能直接看到卵粒。老熟幼虫体长约 22 mm。体色变化很大,由绿色、暗绿色、黄褐色、褐色至黑褐色,背线有或无,颜色亦各异。较明显的特征为:腹部气门下线有明显的黄白色纵带,有时带粉红色,此带的末端直达腹部末端,不弯到臀足上(甘蓝夜蛾老熟幼虫此纵带通到臀足上)。各节气门后上方具一明显的白点。此种幼虫在田间常易与菜青虫、甘蓝夜蛾幼虫混淆。蛹体长约 10 mm,黄褐色。中胸气门显著外突。臀棘上有刚毛 2 根,其腹面基部亦有 2 根极短的刚毛。

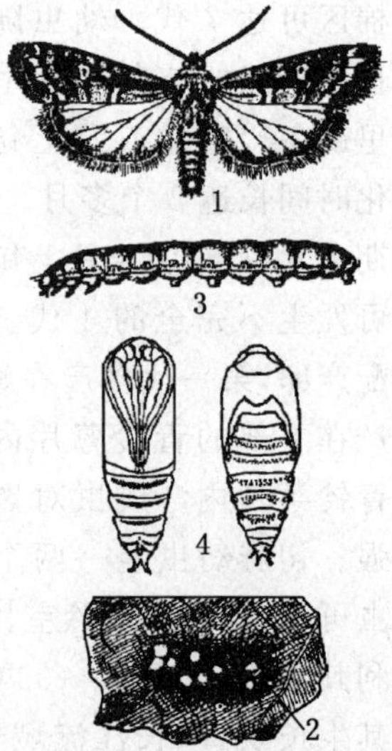

图 7-7 甜菜夜蛾

1. 成虫 2. 卵 3. 幼虫 4. 蛹

(3)生活习性 山东、江苏及陕西关中地区,一年发生 4～5 代,湖北 5～6 代,江西 6～7 代。江苏、南京、河南新乡、山东,以蛹在土室内越冬;江西南昌、湖南凤凰以蛹越冬为主,并有少数未老熟幼虫在杂草或土缝中越冬,冬暖时稍微取食;在亚热带和热带地区全年可生长繁殖,在广州无明显越冬现象,终年繁殖为害,成虫白天潜伏在草丛、土缝处隐蔽,夜间活动,最适宜的温度为 20～23℃,相对湿度为 50%～75%。有趋光性。成虫产卵期 3～5 d,每雌可产 100～600 粒。卵期 2～6 d。幼虫共 5 龄(少数 6 龄)。3 龄前群集为害,但食量小;4 龄后食量大增,昼伏夜出,有假死性。虫口过大时,幼虫可互相残杀。幼虫发育历期 11～39 d。老熟幼虫入土,吐丝筑室化蛹,蛹发育历期 7～11 d。越冬蛹发育起点温度为 10℃,有效发育积温为 220 d·℃。甜菜夜蛾是一种间歇性大发生的害虫,不同年份发生量差异很大。一年之中,在华北地区以 7～8 月份为害较重;河南棉区在棉田发生 2 代,7 月下旬至 8 月中旬为第 1 代,8 月下旬至 9 月下旬为第 2 代,8 月上旬是第 1 代幼虫为害盛期。

7.2.1.7 棉小造桥虫

学名 *Anomis flava* (Fabricius),属鳞翅目夜蛾科,别名棉夜蛾、小造桥虫、步曲、小造桥夜蛾等。除西藏、新疆外,广布全国各植棉区。除为害棉花,还为害黄麻、苘麻、烟草、木模、冬葵等。

(1)为害特点 幼虫取食棉片,食成缺刻或孔洞,常将叶片吃光,仅剩叶脉。受害青铃不能充分成熟,对棉花产量、品质影响很大。

(2)形态特征(图 7-8) 成虫体长 10～13 mm，翅展 26～32 mm，头胸部橘黄色，腹部背面灰黄至黄褐色；前翅雌淡黄褐色，雄黄褐色。触角雄梢齿状，雌丝状。前翅外缘中部向外突出呈角状；翅内半部淡黄色，密布红褐色小点，外半部暗黄色。亚基线、内线、中线、外线棕色，亚基线略呈半椭圆形，内线外斜并折角，中线曲折，末端与内线接近，外线曲折后半部不甚明显，亚端线紫灰色锯齿状，环纹白色并环有褐边，肾纹褐色，上下各具 1 个黑点。卵扁椭圆形，长 0.60～0.65 mm，高 0.26～0.33 mm，青绿至褐绿色，顶部隆起，底部较平，卵壳顶部花冠明显，外壳有纵横脊围成不规则形方块。幼虫体长 33～37 mm，宽约 3～4 mm，头淡黄色，体黄绿色。背线、亚背线、气门上线灰褐色，中间有不连续的白斑，以气门上线较明显。气门长卵圆形，气门灰褐黄色，围气门片褐色。第 1 对腹足退化，第 2 对较短小，第 3、4 对足趾钩 18～22 个，爬行时虫体中部拱起，似尺蠖。蛹红褐色，头中部有 1 乳头状突起，臀刺 3 对，两侧的臀刺末端呈钩状。

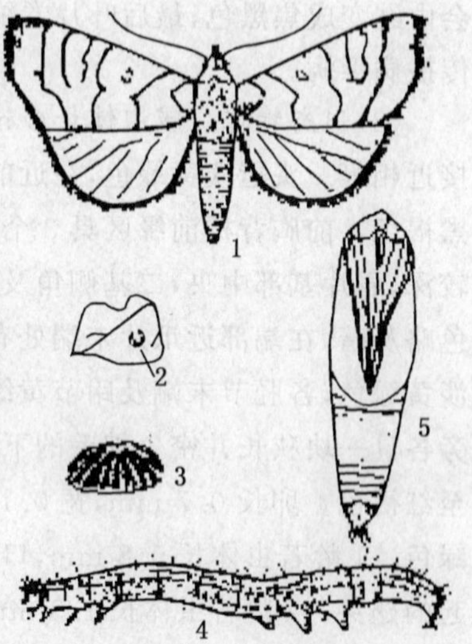

图 7-8 棉小造桥虫

1.成虫 2.卵 3.卵放大 4.幼虫 5.蛹

(3)生活习性 黄河流域年生 3～4 代，长江流域 5～6 代，在叶缘、蕾褐苞叶间做茧化蛹越冬。第 1 代幼虫主要为害木槿、苘麻等，第 2、3 代幼虫为害棉花最重。第 1 代幼虫为害盛期在 7 月中下旬，第 2 代在 8 月上中旬，第 3 代在 9 月上中旬。有趋光性。卵散产于棉花等叶背，每只雌蛾产卵多至 800 粒，一般 80～400 粒。初孵幼虫活跃，受惊滚动下落，1、2 龄幼虫取食下部叶片，稍大转移至上部为害，4 龄后进入暴食期。低龄幼虫受惊吐丝下垂，老龄幼虫在苞叶间吐丝卷包，在包内化蛹。天敌有绒茧蜂、悬姬蜂、赤眼蜂、草蛉、胡蜂、小花蝽、瓢虫等。

7.2.1.8 棉叶蝉

学名 *Empoasca biguttula* (Shiraki)，属同翅目叶蝉科，别名棉叶跳虫、棉浮尘子、二点浮尘子、茄叶蝉，广布于全国各地，黄河流域、西南棉区虫量大，为害重。寄主有棉花、茄子、马铃薯、豆类、白菜、烟草、番茄、甘薯、空心菜、南瓜、芥菜、萝卜、木棉、木芙蓉、锦葵、向日葵、芝麻、桑、葡萄、柑橘等 31 科 77 种。

(1)为害特点 以成、若虫在叶背吸取棉花汁液，叶受害后，先是叶片的尖端及边缘变黄，并逐渐向叶片中部扩大。为害严重时，叶尖端及边缘由黄变红，后期还会由红变成焦黑色，最后叶片卷缩畸形，植株矮小，枯死。棉叶蝉除直接为害外，还传播病毒病。

(2)形态特征　成虫体长 3 mm 左右。头、胸部黄绿色。头冠中长与复眼间宽接近相等。头冠淡黄绿色，在近前缘处有 2 个小黑点，黑点周围环绕白色纹。复眼黑褐色。前胸背板前缘区具 3 个白色斑点，后缘中央另有 1 个白点。小盾片黄色较深，盾片基部中央，二基侧角及侧缘各有 1 个白色斑点。前翅黄绿色透明，端部色略灰暗，在端部近爪片末端处有 1 个明显的小黑色斑点。体腹面包括各足皆为淡黄绿色，各胫节末端及跗节黄绿色，背面黄色较浓。雄虫腹面尾节的中央处，两旁各具一块狭长并密生细毛的下生殖板。本种体色变化很大，有些个体微带黄褐至红褐色。卵长 0.7 mm，宽 0.15 mm，长肾形。初产时无色透明，后逐渐变为淡绿色。1 龄若虫体长 0.8 mm，口器长达腹部第 7 节，中、后胸两侧各有 1 个乳状突起的翅芽。2 龄若虫体长 1.3 mm，口器长达腹部第 5 节末端，前翅芽伸至后胸末端，后翅芽长达腹部第 2 节前缘。3 龄若虫体长 1.6 mm，口器长达腹部第 1 节，前翅芽伸至腹部第 1 节末端，后翅长达第 2 腹节末端。4 龄若虫体长 1.9 mm，口器长达后胸末端，前翅芽伸达第 2 腹节末端，后翅芽长达第 3 腹节前端。5 龄若虫体长 2.2 mm，口器长达中胸后部，前翅芽伸至第 4 腹节，后翅芽长达第 4 腹节末端。

(3)生活习性　南京年生 8～9 代，湖北 12～14 代，广东 14 代。世代重叠。以成虫和卵在茄子、马铃薯、蜀葵、木芙蓉、梧桐等的叶柄、嫩尖或叶脉周围及组织内越冬。在湖北、广东等地冬季仍见成虫在豆科作物上繁殖。5 月中旬至 11 月是为害期，其中尤以 10 月至 11 月上旬为害最重。成虫白天活动，在晴天高温时特别活跃，有趋光性，一受惊扰，迅速横行或逃走。一二龄若虫常群集于靠近叶柄的叶片基部，成虫和 3 龄以上若虫一般在叶片背面取食，喜食幼嫩的叶片，夜间或阴天常爬到叶片的正面。在 28～30℃下卵历期 5～6 d，若虫期 5.6～6.1 d，成虫期 15～20 d。6℃以下进入休眠状态。

7.2.1.9　烟粉虱

学名 *Bemisia tabaci* (Gennadius)，属同翅目粉虱科。分布在中国、日本、马来西亚、印度等国以及非洲、北美。主要寄主有棉花、烟草、番茄、番薯、木薯及十字花科、葫芦科、豆科、茄科、锦葵科植物等。

(1)为害特点　成、若虫刺吸植物汁液，受害叶褪绿、萎蔫或枯死。

(2)形态特征　成虫体长 1 mm，白色，翅透明，具白色细小粉状物。蛹长 0.55～0.77 mm，宽 0.36～0.53 mm。背刚毛较少，4 对，背蜡孔少。头部边缘圆形，且较深弯。胸部气门褶不明显，背中央具疣突 2～5 个。侧背腹部具乳头状突起8个。侧背区微皱不宽,尾脊变化明显,瓶形孔(0.05～0.09) mm×(0.03～0.04) mm,唇舌末端(0.02～0.05) mm×(0.02～0.03)mm。盖瓣近圆形。尾沟0.03～0.06 mm。

(3)生活习性 亚热带年生10～12代,重叠世代,几乎月月出现一次种群高峰,每代15～40 d。夏季卵期3 d,冬季33 d。若虫3龄,历时9～14 d,伪蛹2～8 d。成虫产卵期2～18 d。每雌产卵120粒左右。卵多产在植株中部嫩叶上。成虫喜欢无风温暖天气,有趋黄性,气温低于12℃停止发育,14.5℃开始产卵,气温21～33℃时,随气温升高,产卵量增加,高于40℃成虫死亡。相对湿度低于60%成虫停止产卵或死去。暴风雨能抑制其大发生,非灌溉区或浇水次数少的作物受害重。

7.2.1.10 棉花烟蓟马

学名 *Thrips tabaci* Lindeman,缨翅目蓟马科,别名棉蓟马、瓜蓟马。分布几遍全国各地。主要寄主有棉花、葱、蒜、苹果、李、梅、葡萄、柑橘、草莓、菠萝、烟草等。

(1)为害特点 棉苗真叶生出前,顶尖受害变为黑色,后枯萎脱落,子叶变得肥大,成为无头棉,不久即死亡。真叶出现后顶尖受害,形成枝叶丛生的多头棉,花蕾大大减少。子叶受害时现银白色斑块,严重的枯焦萎缩。为害真叶后出现黄色斑块,严重的枯焦破裂。

(2)形态特征 成虫体长1.0～1.3 mm,黄褐色,背面色深。触角7节,复眼紫红,单眼3个,其后两侧有一对短鬃。翅狭长,透明,前脉上有鬃10～13根,排成3组;后脉上有鬃15～16根,排列均匀。卵乳白,长0.2～0.3 mm,肾形。若虫体淡黄,触角6节,第4节具3排微毛,胸、腹部各节有微细褐点,点上生粗毛。4龄翅芽明显,不取食可活动,称伪蛹。

(3)生活习性 华北地区年生3～4代,山东6～10代,华南10代以上。多以成虫或若虫在棉田土缝里或未收获的葱、蒜叶鞘及杂草残株上越冬,少数以蛹在土中越冬。春季葱、蒜返青开始恢复活动,为害一段时间后,便飞到棉花等作物上为害、繁殖。5～6月份是为害盛期。成虫活跃,能飞善跳,扩散快,白天喜在隐蔽处为害,夜间或阴天在叶面上为害,多行孤雌生殖,雄虫少见。卵多产在叶背皮下或叶脉内,卵期6～7 d。初孵若虫不太活动,多集中在叶背的叶脉两侧为害,一般气温低于25℃,相对湿度60%以下适其发生,7～8月间同一时期可见各虫态,进入9月份虫量明显减少,10月份早霜来临之前,大量蓟马迁往葱、蒜、白菜、萝卜等蔬菜田。杂草多的棉田或棉花与烟蓟马的越冬寄主于早春进行间作、套种或邻作的棉田,烟蓟马发生早,且为害重。主要天敌有小花蝽、姬猎蝽、带纹蓟马等。

7.2.2 影响发生的主要因素

7.2.2.1 棉蚜

棉蚜是一种常年发生害虫，其发生数量和消长变化受如下几个因子制约。

①越冬基数：越冬卵量是第二年春季形成干母的基础，如果条件适宜，卵的孵化率高，干母成活率大，会造成棉田苗期蚜虫大发生。

②有翅蚜的迁飞：棉蚜在棉田的大面积扩散为害主要靠有翅蚜的迁飞，因此春季棉蚜从越冬寄主迁飞到棉田的早晚和数量的多少，决定着苗蚜发生的迟早和轻重。由于各种越冬寄主春季萌芽和所处的环境不同，有翅蚜出现和迁飞也有不同，一般在 4 月下旬、最迟 5 月上旬迁飞至棉田，呈点片分布。当棉田有翅成、若蚜占总蚜量的 30%时，7～10 d 后就会出现有翅蚜的大量迁飞，在棉田扩散蔓延为害。

③气候因素：气候对棉蚜消长有一定的影响，越冬阶段低温和夏季高温高湿对棉蚜发生、繁殖不利。春季气温稳步上升，是棉蚜大发生征兆。入伏前小雨、降温，是促成伏蚜暴发的重要条件，大雨、暴雨不利于有翅蚜的迁飞，可减少苗蚜的发生数量。

④天敌因素：棉蚜的天敌种类很多，常见的主要有瓢虫类，如七星瓢虫、龟纹瓢虫；草蛉类，如大草蛉、中华草蛉、叶色草蛉；蜘蛛类，如草间小黑蛛；寄生蜂类，如蚜茧蜂；食虫蝽类，如小花蝽等。共 5 类 20 种。这些天敌对控制棉蚜的种群密度具有重要作用，所以减少棉田化学农药使用，保护和利用自然天敌，是防治棉蚜的理想措施，特别是对控制伏蚜的为害程度最为明显。

7.2.2.2 棉铃虫

棉铃虫的发生和为害与气候条件、栽培条件、天敌数量和棉花生长势有关。

①气候条件：温度、湿度、雨量与棉铃虫的发生关系密切，棉铃虫适宜的温度为 25～28℃，相对湿度为 70%～95%，黄河流域棉区的气候条件较适宜于棉铃虫的发生，如果雨量适宜，分布均匀，特别是成虫羽化前 3～5 d 降雨，可以促进羽化，蛾量和产卵量大增。相反，如遇暴雨，在卵期可冲刷掉大量的卵，在蛹期对蛹的发育和羽化具有抑制作用。

②栽培条件：间作套种虽是粮棉增产的措施，但由于几种作物相连种植，形成了棉铃虫的食物链，为棉铃虫的生长发育提供了优越的条件。如棉、麦套作，第一代棉铃虫主要在小麦上为害，所形成的虫源第二代直接转移到棉花上为害，所以棉、麦套作的棉株上的落卵量比一般平作棉田高。但是棉花、玉米套作田，在棉株上落卵量明显减少，这是由于玉米对棉铃虫的诱集作用。

③天敌：棉铃虫的天敌种类很多，对它的卵、幼虫有抑制作用。寄生卵的有赤

眼蜂，寄生幼虫的有中红侧沟茧蜂、齿唇姬蜂、棉铃虫方室姬蜂、螟铃绒茧蜂等。捕食性天敌有草蛉、长脚黄蜂、蜘蛛等。以上这些天敌对抑制棉铃虫的种群数量具有重要作用。

④棉花长势：随着种植结构的变动，相应的水肥条件、管理水平提高，使棉花长势良好，棉铃虫的栖息的生态环境和小气候都发生变化，促进了棉铃虫种群的繁殖和基数的积累。

7.2.2.3　棉红蜘蛛

温度、雨量和耕作制度对棉红蜘蛛的发生影响较大。

①温度：温度对红蜘蛛的发生期、成虫寿命、产卵数量与迁移活动等都有直接影响。当气温 25～30℃、相对湿度在 80%以下时，繁殖最快，温度超过 34℃时停止繁殖。

②雨量：夏秋季干旱少雨，是红蜘蛛发生猖獗的主要因素。一般 6 月份降雨在 100 mm 以下，棉红蜘蛛严重发生，100～200 mm 时为中等发生，200 mm 以上发生较轻。降雨强度大时对红蜘蛛有抑制作用，但雨后转为干旱，则红蜘蛛又迅速回升。

③耕作制度：棉红蜘蛛寄生植物广泛，越冬抗寒力强，所以上年与棉田相邻地块种植的作物，与红蜘蛛的发生有密切关系，棉田间作或邻作玉米、豆类、瓜类、茄子、芝麻等作物，红蜘蛛发生严重。

7.2.3　主要防治方法

7.2.3.1　棉蚜

(1)防治标准　根据棉蚜为害与棉苗生育的关系，科学用药，降低防治成本，保护利用天敌，做好虫情预报，掌握防治标准是十分重要的。

①苗期蚜虫：选择有代表性的棉田，利用 5 点取样的方法，每点调查 20 株。当有蚜株率达 30%，百株蚜量 500～1 000 头，棉苗卷叶株率达 5%～10%时，是防治的最佳时机，作为苗蚜的防治标准。

②伏蚜：在小暑和大暑期间，注意调查棉株中下部棉叶上棉蚜。在有代表性的地块，调查 50 株，取上、中、下 3 片叶，当百株 3 叶伏蚜数量达到万头或单叶百株蚜量达到 2 000 头时，应立即防治。

(2)防治方法

①药剂处理棉种：利用内吸性强的药剂进行拌种，如 3%呋喃丹颗粒剂拌种，每亩用量 1.5～2 kg；5%的涕灭威颗粒剂拌种，每亩用量 1～1.5 kg，防治效果可持续 40 d 以上。该种方法采用的是隐蔽用药，所以对天敌没有杀伤作用，是防治

苗期棉蚜较理想的方法。

②保护和利用天敌：多种天敌对蚜虫具有很好的控制效果，应很好地利用。黄河流域棉区大部分是冬小麦主产区，七星瓢虫、多异瓢虫在小麦田和油菜田的数量较大，这些地块也是多种天敌的滋生场所。采用粮棉插花种植、间作套种和棉田种植油菜等诱集植物的方法，有利于天敌向棉田转移，起到控制棉蚜为害的作用。

③田间药剂防治：在采用药剂防治之前，要做好虫情调查，按照防治指标进行防治，采用点片防治和局部用药的方法，尽量避免对天敌的杀伤。对于点片发生的地块，采用点片喷雾的方法；利用具有内吸作用的药剂如氧化乐果、久效磷等涂茎；在大面积猖獗为害的情况下应选用对天敌杀伤力小的药剂进行喷雾防治，如避蚜雾、吡虫啉等。

7.2.3.2 棉铃虫

(1)农业防治

①棉铃虫是以滞育蛹越冬，这是第二年的虫源，但随着冬季的低温，部分受冻死亡。因此，有条件的地区应开展秋耕冬灌，消灭越冬虫蛹，减少越冬基数。

②种植诱集植物，把玉米套种在棉田里，可诱到棉铃虫成虫和卵，减少在棉株上落卵量。一般选用玉米早熟品种，力求在二代棉铃虫的产卵盛期玉米抽雄，这样的诱集作用最大。每亩棉田套种 200～300 株玉米为宜。

③加强棉田管理，结合棉花的整枝打杈进行采卵灭虫，把打下来的边心枝叶、嫩顶尖和无效花蕾带出棉田修理，可消灭大量的卵和低龄幼虫。

(2)诱杀成虫

①杨树枝把诱蛾：利用棉铃虫对半枯萎的杨树枝具有趋向性的习性，棉田插杨树枝把的方法是，把杨树枝剪成 2 尺(约 67 cm)长，每把 10 枝，每亩 10 把，放置高于棉株，并在每天凌晨收蛾。

②黑光灯诱蛾：利用 20 W 黑光灯，灯的高度要高出作物 1～2 尺(33～67 cm)，在灯下 10 cm 处放一水盆，水中加入些洗衣粉，通宵亮灯，并有专人负责开灯和捞虫。

③利用棉铃虫性外激素：将棉铃虫性引诱剂做成的诱芯放在盛有水的盆中央诱杀雄蛾，每天捞取蛾并加水。

(3)种植棉花抗虫品种　目前棉花抗虫品种发展很快，已把 Bt 基因转移到了棉花植株上，使棉花本身具有了抗棉铃虫特性，如现在最常用的冀岱 33B 等品种。这些抗虫品种对二代棉铃虫具有较好的抗性，但随着棉花的衰老，抗性逐渐降低，特别是花蕾抗性低，所以三、四代棉铃虫应注意结合其他防治措施进行防治。

(4)化学防治　棉铃虫是一种常发性害虫，随着长期以来使用化学农药进行防治，抗药性不断增高，现已对多种药剂产生了抗药性，所以应在棉铃虫幼虫的3龄之前进行防治，才能达到理想的防治效果。在幼虫蛀铃前喷洒10.8%凯撒乳油，每亩10～15 mL，或32.8%保棉丹乳油80 mL、42%特力克乳油80 mL、35%赛丹乳油100～130 mL、40%辉丰1号乳油50 mL对水75 kg、2.5%天王星乳油3 000倍液。尽量不用或少用菊酯类农药，防止伏蚜猖獗起来。防治第四代棉铃虫还可选用1.8%阿维菌素4 000～5 000倍液或30%灭铃威乳油1 500倍液、40%灭抗铃乳油1 000倍液、10%吡虫啉可湿性粉剂1 500倍液、20%灭多威乳油1 500倍液、35%顺丰2号乳油1 000倍液、2.5%氯氰灵乳油1 500倍液、20%农绿宝乳油1 500倍液、20%虫死净可湿性粉剂2 000倍液、45%丙·辛乳油1 500倍液、43%辛·氟氯氰乳油1 500倍液、44%速凯乳油1 500倍液、50%凯明2号乳油1 000倍液，对抗性棉铃虫有效，注意交替轮换用药。

(5)生物防治 随着人们环保意识的增强，对生物防治越来越重视，目前已有多种生物防治措施可用来防治棉铃虫。如天敌昆虫赤眼蜂，一般在棉铃虫卵的始盛期，释放2或3次，每亩释放1.5万～2万头，对卵的平均寄生率可达60%以上。中红侧沟茧蜂是一种棉铃虫的低龄幼虫寄生蜂，在1龄幼虫期寄生，害虫在3龄以前死亡，在每代棉铃虫的卵孵化盛期释放1或2次，每亩释放400～500头，对棉铃虫幼虫的寄生率可达60%～70%。生物农药防治，采用棉铃虫核多角体病毒和Bt进行防治，防治效果可达70%～80%。以上这些生物防治措施不仅具有控制棉铃虫当代为害的效果，而且具有持续的生态效应。

7.2.3.3 棉红蜘蛛

棉红蜘蛛发生期长，繁殖率高，传播途径多、扩散快，仅依靠单项措施难以控制，需要采取多种手段，进行综合防治。

①秋冬深翻，结合冬灌，清除枯叶、杂草及土缝隙中的红蜘蛛，以减少越冬虫源，压低棉田红蜘蛛的基数。

②加强对间作套种田的管理和防治。对大麦、小麦、豆类等早春作物加强调查；对越冬基数大的地块进行防治，不仅可防治早春作物上的红蜘蛛，而且也降低红蜘蛛的基数，对推迟棉田大发生具有明显的作用。

当棉叶出现黄白斑株率达20%时，春棉每亩用5%涕灭威1～1.25 kg或3%呋喃丹2 kg、5%甲拌磷颗粒剂2.5 kg，随播种把药穴施入土中。

③6、7、8月份干旱少雨，棉叶螨种群数量上升，当棉叶上出现黄白斑率达20%时，应马上喷洒20%三氯杀螨醇1 500倍液或20%三氯杀螨砜800倍液、50%久效磷乳油1 500倍液、10%浏阳霉素乳油1 000倍液、44%多虫清乳油，每亩用药33 mL。

④朱砂叶螨对上述杀虫剂产生抗药性的地区或田块，可选用73%克螨特乳油3 000倍液或5%卡死克乳油1 500倍液、20%速螨酮乳油3 000倍液、50%硫悬浮剂300倍液、15%哒螨灵（扫螨净、牵牛星）乳油2 500倍液、10%吡虫啉可湿性粉剂2 500倍液、10%除尽乳油2 000倍液、1.8%爱福丁（BA-1）乳油抗生素杀虫杀螨剂5 000倍液。此外还可用80%敌敌畏乳油与20%三氯杀螨砜分别稀释后按4∶1混合成1 000倍液，对抗性叶螨防效也很高。

7.2.3.4 棉花绿盲蝽

①早春越冬卵孵化前，清除棉田及附近杂草，当卵已孵化则应在越冬虫源寄主上喷洒50%甲胺磷乳油或50%甲基对硫磷1 500倍液，可减少越冬虫源。

②从棉花苗期至蕾铃期，当百株有成、若虫1～2头或新被害株达3%时，马上用40%久效磷乳油或50%甲胺磷药液滴心，可有效防治多种盲蝽、蚜虫及叶螨，且不伤害天敌昆虫。

③成株期喷洒35%赛丹乳油或10%吡虫啉可湿性粉剂或10%除尽乳油或20%灭多威乳油2 000倍液、5%抑太保乳油、25%广克威乳油2 000倍液、50%甲基对硫磷1 500倍液、25%硫双威乳油1 500倍液、5.7%百树菊酯乳油2 000倍液、43%新百灵乳油（辛·氟氯氰乳油）1 500倍液。

7.2.3.5 棉红铃虫

(1)越冬防治

①收晒棉花灭虫。堆花时上面覆盖物用麻袋，幼虫多爬至覆盖物下面，第二天晒花前扫杀。采用帘架晒花，晒场周围挖沟撒施农药。

②棉仓内灭虫。收花前仓库内涂缝，墙上安置药带。成虫羽化期喷80%敌敌畏乳油800～900倍液，隔3～4 d一次。也可安置3 W黑光灯诱杀成虫。4月份在仓库内释放黑青小蜂（金小蜂）30～50头/m^3。

(2)农业防治　拔节前摘除枯铃；油用棉籽要求在每年5月底前榨完，并及时处理棉花渣。棉秸要在5月底前烧完。种用棉籽要进行温汤浸种。

(3)药剂防治　长江流域主防二代红铃虫，在成虫产卵盛期喷洒50%久效磷、2.5%天王星乳油、44%速凯乳油1 000倍液、43%新百灵乳油1 500倍液（北京顺义农药厂）、40%氧化乐果乳油1 500倍液或42%特力克乳油每亩80 mL、32.8%保棉丹乳油每亩80 mL、2.5%溴氰菊酪乳油3 000倍液每亩用对好的药液50～75 L。棉花封垄后可用敌敌畏毒土杀蛾，每亩用80%敌敌畏乳油150 mL，对水20 kg，拌细土20～25 kg，于傍晚撒在行间，二、三代发蛾盛期隔3～4 d撒一次。

7.2.3.6 甜菜夜蛾

①秋耕或冬耕，可消灭部分越冬蛹。

②采用黑光灯诱杀成虫。各代成虫盛发期用杨树枝把诱蛾，消灭成虫，减少棉田落卵量。

③春季3～4月份清除杂草，消灭杂草上的初龄幼虫。

④人工采卵和捕捉幼虫。

⑤生物防治。提倡喷洒每克含孢子100亿以上的杀螟杆菌或青虫菌苗粉，对水500～700倍液。

⑥掌握在卵孵化盛期于3龄前喷洒10%氯氰菊酯乳油1 500倍液或40%乙酰甲胺磷乳油或90%晶体敌百虫1 000倍液、5%抑太保乳油3 000～4 000倍液、20%灭幼脲1号胶悬剂500～1 000倍液、44%速凯乳油1 000～1 500倍液、20%杀灭菊酯乳油或2.5%保得乳油2 000倍液、50%辛硫磷乳油1 500倍液。此外还可选用20%扑虫净、40%辛氰乳油、20%灭多威乳油等。注意把药喷到叶尖和幼蕾上及叶片背面。

⑦施用甜菜夜蛾性外激素。

7.2.3.7　棉小造桥虫

①用黑光灯或高压汞灯诱杀成虫。

②做好测报，加强棉田幼虫防治，掌握在幼虫孵化盛末期至3龄盛期，百株幼虫达100头时，喷洒敌敌畏、马拉硫磷等有机磷（常用浓度）或50%辛氰乳油1 500～2 000倍液、20%甲氰菊酯乳油1 500倍液、40%菊马乳油2 000倍液等复配剂，还可用每克含100亿活芽孢的苏云金杆菌可湿性粉剂500～1 000倍液。

7.2.3.8　棉叶蝉

①选育抗虫品种。

②适时早播，合理密植，增施磷钾肥和有机肥，促进棉花健壮生长。

③注意调查棉叶蝉数量变化动态，当叶上已受害时，开始喷洒2%叶蝉散粉剂或5%甲奈威粉剂，每亩2 kg。

④也可选用25%伏杀磷、马拉硫磷或2.5%溴氰菊酯乳油2 000倍液、10%吡虫啉可湿性粉剂2 500倍液、20%扑虱灵乳油或50%辛硫磷乳油1 000倍液。

7.2.3.9　烟粉虱

①培育无虫苗。育苗时要把苗床和生产温室分开，育苗前先彻底消毒，幼苗上有虫时在定植前清理干净，做到用于定植的棉苗无虫。

②用丽蚜小蜂防治烟粉虱，当每株棉有粉虱0.5～1头时，每株放蜂3～5头，10 d放一次，连续放蜂3或4次，可基本控制其为害。

③注意安排茬口，合理布局。在温室、大棚内，黄瓜、番茄、茄子、辣椒、菜豆等不要混栽，有条件的可与芹菜、韭菜、蒜、蒜黄等间套种，以防粉虱传播蔓延。

④早期用药，在粉虱零星发生时开始喷洒20%扑虱灵可湿性粉剂1 500倍液或25%灭螨猛乳油1 000倍液、2.5%天王星乳油3 000～4 000倍液、2.5%功夫菊酯乳油2 000～3 000倍液、20%灭扫利乳油2 000倍液、10%吡虫啉可湿性粉剂1 500倍液，隔10 d左右一次，连续防治2或3次。

⑤棚室内发生粉虱可用背负式或机动发烟器施放烟剂，采用此法要严格掌握用药量，以免产生药害。

⑥对来自热带、非洲各岛屿及印度的木薯插条，必须进行灭虫处理，以防该虫传播蔓延。

7.2.3.10 棉花烟蓟马

①早春在寄主上防治。棉苗出土前在蚕豆、葱、蒜田喷洒杀虫剂，进行一次预防性防治，可压低虫口，减少向棉田迁移。

②农业防治。冬春及时铲除田边地头杂草，结合间苗、定苗排除无头棉和多头棉。

③药剂拌种，100 kg棉种用20%林丹粉剂或75%甲拌磷乳油1 kg，对水25～50 kg拌种，可有效防治苗期蓟马，且兼治地下害虫。

④定苗后百株有虫15～30头或3片真叶前百株有虫10头、4片真叶后百株有虫20～30头时，喷洒50%辛硫磷乳油或5%锐劲特悬浮剂、35%伏杀磷乳油1 500倍液、44%速凯乳油1 000倍液、10%除尽乳油2 000倍液、1.8%爱比菌素4 000倍液、35%赛丹乳油2 000倍液。此外可选用2.5%保得乳油2 000～2 500倍液或10%吡虫啉可湿性粉剂2 000倍液、10%大功臣可湿性粉剂每亩有效成分2 g、44%多虫清乳油30 mL对水60 kg喷雾。

7.3 棉田草害

7.3.1 主要种类及发生规律

我国地域辽阔，不同棉区的生态环境有着明显的差异，加之各棉区的耕作制度不同，因而棉田杂草种类繁多。据报道，辽宁特早熟棉区杂草有15科25种；陕西棉田18科59种；新疆20科56种；湖北25科64种；江苏27科124种；苏北地区25科86种。尽管各地棉田中的杂草种类繁多，群落结构复杂，但是分布普遍、发生量大、为害严重的优势种仅有10多个，另外还有一些局部发生、为害严重的杂草。

7.3.1.1　单子叶类杂草

（1）狗尾草　俗名绿狗尾草、绿毛莠、毛莠莠、香茅子、毛毛狗、谷莠子、青狗尾草等。禾本科一年生杂草，种子繁殖。全国各地均有分布，耐干旱与瘠薄。6、7月份雨季为出苗高峰期。发芽的适宜温度为15～30℃，10℃也能发芽，但出苗率低且缓慢；土壤中发芽深度为2～5 cm，5 cm以下深层土壤中的种子可存活15年左右。

（2）马唐　俗名抓地草、鸡窝草、鸡爪草、面条筋、线草、万根草等。禾本科一年生杂草，种子繁殖。全国各地均有分布。生长于湿润多肥环境。发芽适宜温度为25～35℃，发芽深度为1～6 cm，以1～3 cm发芽率最高。4月下旬到5月下旬为主要生长期，8～10月份结籽，种子边成熟边脱落。

（3）牛筋草（图7-9）　俗名蟋蟀草、官司草、蚰葫芦草。禾本科一年生杂草，种子繁殖。属世界恶性杂草，广布世界各地，我国各省均有分布。在土壤较硬、向阳、湿润的条件易于生长，种子发芽时要求变温和光照条件，恒温下几乎不发芽，适宜温度20～24℃，并且要求土壤含水量达到10%～40%，土壤中发芽深度以0～3 cm为宜，超过3 cm不发芽。4～6月份大发生。

图7-9　牛筋草

（4）大画眉草　俗名西连画眉草、蚊蚊草、星星草。禾本科一年生杂草，种子繁殖。主要分布于河北、山西、陕西、甘肃、辽宁、河南、湖南、湖北、四川等地。生于农田、路旁等处，以沙地最多，常与狗尾草、马唐、反枝花、蒺藜等一起为害。5月上旬出苗，下旬出现第1高峰期，7～8月份出现第2高峰期。果熟后全株死亡。

（5）狗芽根（图7-10）　俗名行仪芝、拌根草、马拌草、铁线草。禾本科多年生杂草，以种子及匍匐茎繁殖。世界恶性杂草，广布世界各地，在我国分布于华东、中南及四川、云南、山西、陕西、甘肃等省区。喜湿润，耐干旱，亦耐盐碱，陕西地区4月初从根状茎或匍匐茎上长出新芽，4～5月份逐渐向四周扩散，迅速蔓延覆盖地面，繁殖力很强。花、果期为5～10月份，颖果成熟后自颖片上脱落，进入土中，也可随风或水传播。

图7-10　狗芽根

（6）稗　俗名稗子、稗草、水稗子、粗稗、野稗。禾本科一年生湿生杂草，种子繁殖。世界恶性杂草，我国各省份都有分布，主要为害水稻，低湿地的大豆、棉花、玉米等作物也受其害。种子在10℃以上时开始萌发,最适温度为20～30℃;土壤深度1～2 cm出苗率最高,土壤深层未发芽的种子可存活10年以上。华北地区从4月中旬起就可以出苗,5月上旬为出苗高峰期。7～9月份为花果期,颖果8月初即渐次成熟,成熟期极不一致,边熟边落,借风、水或动物传播。

(7)虎尾草　俗名棒槌草、刷子草、盘草。禾本科一年生杂草,以种子繁殖。全国各地均有分布。生于农田、荒地、路旁等处,常与狗见草、画眉草等一起为害。陕西地区4～5月初出苗,5月中、下旬出现高峰期。花期为7～10月份,8月份种子渐次成熟。

(8)香附子　俗名莎草、三棱子、回头青、雷公头。莎草科多年生杂草,以块茎和种子(小坚果)繁殖。世界恶性杂草,在我国分布于华东、中南及云南、四川、贵州、河北、山西、陕西、甘肃等省区。喜湿润环境,生命力和繁殖力极强,茎叶被拔掉后,3 d以后可长出新叶。陕西地区3～4月份块茎萌发,6～11月份为花果期。实生苗当年只长叶,不抽茎。

图7-11　白茅

(9)白茅(图7-11)　俗名茅草、茅根、茅柴、甜根草。禾本科多年生杂草,以根茎和种子(颖果)繁殖。全国各省区均有分布。生长于向阳山坡、河滩、沟边、路旁等处。北京地区4月中、下旬根茎向上发芽出苗,5月上旬抽穗开花,颖果成熟后随风飞散,入土后即能发芽,当年生的实生苗即能形成地下根茎。

(10)芦苇　俗名苇子、芦芽、芦柴。禾本科多年生簇生杂草,主要以根茎芽繁殖,繁殖力和再生力极强。全国各地均有分布。多生于低湿地或浅水中,陕西地区3月中、下旬根茎芽开始萌发出土,4～10月份随时萌发。8～10月份为花果期。

(11)扁秆藨草(图7-12)　俗名扁秆荆三棱、三棱草、海三棱。莎草科多年生湿性杂草,主要依靠地下茎繁殖,繁殖力和再生力极强,蔓延甚速,种子也能繁殖。分布于我国西北、华北、东北、华东以及河南、湖北等省区。生于低湿盐碱地或浅水中。陕西地区5月中旬出苗,5月下旬出现发芽高峰,6月中、下旬出现第2高峰。8～9月份为花果期。

图7-12　扁秆藨草

7.3.1.2　双子叶类杂草

(1)反枝苋　俗名西风谷、人苋菜、苋菜。苋科一年生杂草,种子繁殖。分布于东北、华北、西北等省区。生长于旱田或荒地、路旁等处,常与牛筋草、马唐、藜、龙葵等一起为害。

不耐阴,种子适宜发芽温度为15～30℃,土层深度在5 cm以内。华北地区4月中、下旬开始出苗,5月上、中旬出现高峰期。种子于7月份即渐次成熟,边熟边落。

(2)皱果苋　俗名绿苋、野苋、野人苋菜。苋科一年生杂草,种子繁殖。分布于陕西、山西、河北、河南、江苏、湖北、四川、云南等省。适生于较湿润而肥沃的土壤。常与马唐、龙葵、牛筋草、藜等一起混生,有时也见小片单一群落。陕西地区4月中、下旬出苗,5月上旬山现高峰期。6月份见花,6月底种子渐次成熟落地。

(3)马齿苋　俗名马齿菜、马蛇子菜、长命菜、五行菜。马齿苋科一年生杂草,以种子繁殖。世界恶性杂草,我国各省均有分布,生长于肥沃湿润的土壤。种子发芽的适宜温度为20～30℃,发芽的土层深度在3 cm以内。陕西地区4月底至5月初出苗,5月中旬出现高峰期,5～9月份为花果期,6月份种子成熟落地。营养繁殖也很强,茎枝断体极易生根成活。

(4)打碗花　俗名常春藤、叶天剑、小旋花、喇叭花、兔耳草。旋花科多年生或一年生蔓性杂草。根茎或种子繁殖。全国各地均有发生,适生于湿润而肥沃的土壤,亦耐干旱。繁殖能力和再生能力极强,3月份根茎发芽出土,茎横走、白色较粗壮,多分布于土壤耕作层。质脆易断,每个断体又可长出1至数个植株,4～5月份和9～10月份生长繁殖最快,6～9月份为花果期,11月中、下旬地上部分受冻而枯死。

(5)苍耳　俗名苍耳子、苍子、老苍子、野落苏。菊科一年生有毒杂草,以种子(瘦果)繁殖。分布于全国各地。种子最适发芽温度为15～20℃,适宜的土层深度为3～5 cm,最深可达13 cm。在陕西地区,麦田3月下旬发生,棉田5～7月份屡见幼苗。花果期6～9月份。果熟后全株枯死。

(6)龙葵　俗名苦葵、野海椒、野葡萄、黑星星。茄科一年生杂草,以种子繁殖。全国南北均有分布。适生于较湿润而肥沃的农田,常与马唐、狗尾草、反枝苋等一起为害。陕西地区5月初出苗,5月上、中旬出现第一次高峰,7月底出现第二次高峰,6～10月份为花、果期。种子经冬季休眠后萌发。

(7)刺儿菜(图7-13)　俗名小蓟、刺蓟、刺蓟芽。菊科多年生杂草。分布于东北、华北、西北、华东、中南等地区。以种子和根茎繁殖,繁殖力极强。成熟种子须经越冬休眠才能发芽,在土层中发芽深度为0～5 cm,实生苗当年只进行营养生长,长一簇根生叶,第2、3年才能抽茎开花。在陕西地区,棉田5月初发生,5月上旬即出现高峰期。6～9月份为花果期,冬季地上部分死亡。

图7-13　刺儿菜

次年早春萌发出土，5月份见花，5～6月份果实渐次成熟、飞散。

(8)田旋花　俗名箭叶旋花、小喇叭花、中国旋花。旋花科多年生或一年生杂草。以种子和根芽繁殖，主要分布于我国东北、华北、西北及西南等地区。生于旱田或荒地，常群生，出现小片单一群落或与狗尾草、刺儿菜等混生。再生能力极强，残茬和断根都能发育成植株。根茎在50～60 cm的土层中横伸。

(9)铁苋菜　俗名榎草、海蚌含株、沙罐草、野麻子。大韩科一年生杂草，种子繁殖。分布于中南、华东、西南、东北及河北、山西、陕西、甘肃等省区。适生于较湿润而肥沃的农田。陕西地区4～5月份出苗，5月上、中旬出现高峰期，6～10月份为花果期，种子边熟边落。经冬季休眠后萌发。

(10)鳢肠　俗名旱莲草、墨草。菊科一年生草本喜湿性杂草，种子繁殖，全国各地均有分布，生于湿地或浅水中。江苏一带5～6月份萌发，6月中旬至7月为高峰期，6～10月份为花期，种子于8月份开始成熟落地，经越冬休眠后萌发。

(11)山苦荬　俗名苦菜、黄鼠草、小苦荬、燕儿尾。菊科多年生杂草，以种子(瘦果)和根芽繁殖。分布于东北、华北、华东及中南地区。陕西地区根株3月份出苗，4～10月份为花期，种子于5月份即渐次成熟。

(12)苣荬菜　俗名匍茎苦菜、甜苣菜、苦苦菜。菊科多年生杂草，以根芽和种子繁殖。全国各地均有分布。陕西6～10月份为花果期，种子于7月份渐次成熟。实生苗当年只进行营养生长，第2、3年抽茎开花。

(13)苦苣菜　俗名苦菜、滇苦菜、牛舌片、野窝笋。菊科越年生或一年生杂草。以种子(瘦果)繁殖，幼苗或种子越冬。分布于东北、西北及河北、山西、河南、湖北、江苏等省区。适生于较湿润而肥沃的土壤，群生或单生。陕西9～10月份或次年4～5月份出苗，花期5～10月份，6月份种子即渐次成熟。

(14)小白洒草　俗名小蒸草、狼尾巴蒿、小飞蓬。菊科越年生或一年生杂草。以种子(瘦果)繁殖，幼苗或种子越冬。主要分布于东北及山西、陕西、甘肃、河南、湖北、湖南、山东、江苏等省区。适生于较湿润的农田、荒地、路旁等处。陕西棉田5月初发生，5月上、中旬出现高峰期。花果期7～9月份，种子于8月份渐次成熟。

(15)苘麻　俗名青麻、白麻、野苘麻。锦葵科一年生杂草，以种子繁殖。分布于东北、华北、西北、华东及河南、湖北、四川等省区。适生于较湿润而肥沃的土壤，亦耐干旱。群生或单生，多与香附子、刺儿草等混生。江苏4月底至5月初出苗，5月上旬出现高峰期。花果期7～9月份，种子于8月份即渐次成熟。

(16)野西瓜苗　俗名香铃草、芙蓉花、鬼灯笼、和尚头。锦葵科一年生杂草，以种子繁殖。分布于东北、华北、西北及河南、山东、江苏、四川等省区。近生于较湿润而肥沃的农田，常与龙葵、曼陀罗等混生。陕西4～5月初出苗，5月中、下旬出现高峰期。花期7～9月份，种子于7月底即渐次成熟，经越冬休眠后萌发。

(17)地锦草　俗名红丝草、铺地红、血见愁、奶疳草。大戟科一年生杂草，种子繁殖。分布于辽宁、河北、山西、河南、湖北、湖南、山东、江苏、陕西、甘肃、四川等省。适生于较湿润而肥沃的土壤，亦耐干旱。陕西地区4～5月份出苗，5月上、中旬出现高峰期，花、果期7～10月份。种子于7月初渐次成熟，边熟边落，经越冬休眠后萌发。

(18)酸模叶蓼　俗名大马蓼、斑蓼、旱苗蓼、叶蓼。蓼科一年生杂草，以种子(瘦果)繁殖。分布于东北、华北、华中、华南及江苏、陕西等省区。生长于低湿地或沟边，常成单一小片种群或与稗草等混生。种子适宜发芽温度为15～20℃，发芽深度在5 cm以内。黑龙江4月底至5月初开始出苗，5月中、下旬出现高峰期。花、果期6～9月份，果实于7月份起渐次成熟，种子经越冬休眠后萌发。

(19)曼陀罗　俗名醉心花、闹阳花、狗核桃、醉仙桃。茄科一年生有毒杂草，以种子繁殖。分布于我国陕西、山西、河北、河南、辽宁、云南、四川等省。适生于较肥沃的农田、荒地或路旁，常成单一小片群落。陕西4～5月份出苗，5月上旬即出现高峰期。花、果期7～10月份，种子于7月份渐次成熟。

(20)繁缕　俗名鹅肠草、鹅筒草、河豚头。石竹科越年生或一年生杂草，以种子繁殖，幼苗和种子越冬。分布广泛，几乎遍及全国各地。生于湿润而肥沃的土壤，陕西麦田9～10月上旬出苗，10月中、下旬出现高峰；秋作物田5～9月份屡见幼苗。5～7月份为花期，5月份种子即渐次成熟落地，经2～3个月份休眠后萌发。

(21)藜　俗名灰菜、灰条菜、落藜。藜科一年生杂草，种子繁殖。全国各地均有发生，农田发生期极不整齐，从早春到晚秋可随时萌发出苗。发芽温度为10～40℃，以20～30℃为适宜。在土壤中发芽深度为0～4 cm。成熟种子须经越冬休眠才能发芽。深层土壤中未发芽的种子能保持发芽力达10年以上。

(22)灰绿藜　俗名翻白藜、灰藜、小灰菜。藜科一年生杂草，以种子繁殖。分布于我国东北、华北、西北及河南、山东、江苏等地。生于轻盐碱地，种子发芽温度为5～40℃，最适为15～30℃，深度为3 cm以内。在冬小麦区3月份出苗，5月份开始开花，6月份种子陆续成熟，种子经越冬休眠后萌发。

(23)地肤　俗名扫帚菜。藜科一年生杂草，以种子繁殖。分布于东北、华北、西北及山东、江苏、河南等省区。适生于较湿润而肥沃的土壤，种子适宜发芽温度为10～20℃，发芽深度在4 cm以内。陕西地区3月初出苗，3月中、下旬出现高峰期，6～9月份为花期，种子于8月份渐次成熟，经冬季休眠后萌发。

(24)猪毛菜　俗名沙蓬、山叉明棵、扎蓬棵。藜科一年生早春杂草，以种子繁殖。分布于西北、华北、东北及河南、山东、江苏等省区。以沙质地最多，耐干旱与瘠薄。种子适宜发芽温度为10～20℃，发芽土层深度为1～3 cm，土壤深层未发芽的种子1～2年后即失去发芽能力。陕西地区麦田3月初发生，3月中、下旬出现高峰，棉田、秋作物田4月中、下旬发生，6～10月份为花期，果实8月份渐次成熟。种子经冬季休眠后萌发。

(25)灰绿碱蓬　俗名碱蓬、盐蒿、盐吸。藜科一年生杂草，以种子繁殖。分布于西北、东北及河北、山西、河南、江苏等省区。生于盐碱地。陕西地区3月份出苗，4～5月份出现高峰期，7月份见花。种子于9～10月份成熟，植株由绿变红，枯死后变黑，种子干后落地，经越冬休眠后萌发。

(26)朝天委陵菜　俗名背铺委陵菜、伏委陵菜、仰卧委陵菜。蔷薇科越年生或一年生杂草。种子(瘦果)繁殖，种子或幼苗越冬。分布于东北、华北及山东、江苏、河南、陕西、甘肃、四川等省。近生于湿润沙地或水边。陕西地区4～10月份出苗，早苗4月份即见花。种子于5月份即渐次成熟落地，经越冬休眠后萌发。

(27)车前　俗名车前草、猪耳朵、车轱辘菜。车前科多年生杂草，以种子繁殖。全国各地均有分布。适生于低湿地或沟渠、路旁等处，黑龙江地区5月上旬开始出苗，当年只进行营养生长，8～9月份产生越冬芽，第二年5月份返青，长出新的植株，6～8月份为花、果期。种子经短期休眠后即可萌发。

(28)野胡萝卜　伞形科越年生杂草。以种子(分果)繁殖。幼苗或种子越冬。分布于我国江苏、河北、山西、陕西、河南、湖北、四川、贵州等省区。常生于较湿润的农田、荒地、路旁等处，以地边最多。陕西地区9～10月份出苗，10月中、下旬出现高峰期。花期5～8月份，种子于6～9月份成熟，借动物或风力传播，经短期休眠后萌发。

(29)蒺藜　俗名刺蒺藜、蒺藜狗子、小老虎子。蒺藜科一年生杂草，种子繁殖。分布于西北、华北及辽宁、山东、河南等省区。多生于干燥沙质地，耐干旱与瘠薄。陕西地区3～4月份出苗，5月上、中旬出现高峰期。6～9月份为花、果期，果实于6月份渐次成熟，不裂，多附着在动物体上传播。

7.3.2　影响发生的主要因素

杂草种群的发生及群落的组成受到多方面因素的制约，首先是自然环境因素的影响。水分条件、地理纬度、土壤类型等决定着棉区杂草群落的组成和杂草的发生。杂草种群中马唐、鳢肠、稗、铁苋菜等在各棉区均为优势种，再辅以各区特定的杂草种群，就组成了该棉区的杂草群落。地势低洼处，水网密布，水分条件好，湿生性杂草如稗、千金子、水花生等会大量发生；如水分条件较差，喜旱性杂草如牛筋草、反枝苋等发生较多。耕作制度则是另一重要的影响因素。水旱轮作与旱连作不同的是，通过水稻的种植，改变了土壤水分状况，有利于喜湿性杂草如鳢肠、千金子等的发生，但同时也带来了一些稻田杂草如稗、异型莎草等的为害。水稻种植时灌水则淹渍土壤中旱生性杂草的繁殖体，导致其腐烂死亡，大大降低了这些杂草的种群数量。研究结果表明，水旱轮作比旱连作棉田的杂草为害要轻。这一方面证明水旱轮作能极大地改变农田生态条件，切断某些杂草得以延续的环境，减轻草害；另一方面也证明了水旱轮作是控制杂草的一种有效的农业措施。

7.3.3　主要防治方法

7.3.3.1　农业防治

(1)轮作　不同作物常有其各自的伴生杂草或寄生杂草，这些杂草之所以能够与某种作物伴生，其原因主要是它们在长期生长发育过程中形成的生态习性，以及其所需的生态环境与某种作物相似。在棉花的生产过程中如能做到科学合理地与其他作物轮作换茬，改变其生态和环境条件，便可明显减轻杂草的为害。

(2)精选种子　杂草种子的主要扩散途径之一是随作物种子传播，在棉花播种前进行种子精选、脱绒等，清除混杂在棉种中的杂草种子，可减轻杂草的为害。

(3)使用充分腐熟的农家肥　农家肥中或多或少均带有不同种类与数量的杂草种子，充分腐熟可以有效"闷死"或"烧死"混在其中的杂草种子。

(4)清除棉田及路边的杂草　要及时除去棉田周围和路旁、沟边的杂草，防止向田内扩散和蔓延。

(5)合理密植，抑制田间杂草　棉花科学、合理的密植栽培，可加速棉花封行进程，利用其自身的群体优势抑制中后期杂草的生长，收到较好的除草效果。

7.3.3.2　机械防除

(1)深翻　春季耕地可以有效地消灭越冬杂草和早春出土的杂草，同时将前一年散落在地表的种子翻埋于较深的土层中，使其当年不能发芽出土。在保证适期播种的前提下，可适当推迟春耕的时间。

(2)中耕　在棉花生产过程中虽然通过耕作灭草、化学除草等方法均收到较为理想的效果，但由于种种原因田间仍然会存在残留的杂草，此时仍需借助中耕作业加以清除。

7.3.3.3　化学防除

人工除草费时费力；机械除草仅能除掉棉株间的杂草，对棉株生长发育影响最大的棉株旁边的杂草却难以除掉。而使用化学除草，可以把杂草消灭在杂草的萌芽时期或发生的早期，除草及时，效果显著，并且能够有效地减轻劳动强度。因此尽管化学防除存在破坏生态环境、产生药害等诸多不利因素，依然是棉田杂草防除的主要措施而被广泛使用。

化学防除一定要根据棉田的耕作类型、杂草的种类、群落结构选择适当的时机、适当的除草剂进行。

参考文献

[1]王恒铨. 河北棉花. 石家庄:河北科学技术出版社,1991.

[2]陈利锋,徐敬友. 农业植物病理学:南方本. 北京:中国农业出版社,2001.

[3]董金皋. 农业植物病理学:北方本. 北京:中国农业出版社,2001.

[4]黄骏麒. 中国棉作学. 北京:中国农业科学技术出版社,1997.

[5]中国农业科学院棉花研究所. 中国棉花栽培学. 上海:上海科学技术出版社,1983.

[6]李文炳. 山东棉花. 上海:上海科学技术出版社,2001.

[7]北京农业大学. 农业植物病理学. 2版. 北京:农业出版社,1989.

[8]周建业. 棉花苗期病害. 上海: 上海科学技术出版社,1995.

[9]华南农业大学. 农业昆虫学:上、下册. 北京:中国农业出版社,1995.

[10]西北农业大学. 农业昆虫学.北京:中国农业出版社,1996.

[11]中国科学院动物研究所.中国主要害虫综合治理.北京:科学出版社,1979.

[12]郭予元.棉铃虫研究.北京:中国农业出版社,1998.

[13]马奇祥,姜昆.棉花病虫草害实用原色图谱.郑州:河南科学技术出版社,1995.

[14]方昌源,张永孝,文绍贵.棉花病虫草害防治手册.北京:中国农业科技出版社,1993.

[15]查兴.安徽省农作物病虫草害发生于防治技术进展.安徽农业科学,1994,22(1):89-92.

[16]吴忠义,徐文华,杨明,等.敌、乙草胺复配剂对棉花苗床期杂草的防除效果.江西棉花,2001,23 (1):36-37.

[17]吴建荣,韩娟,沈俊明,等.恶性杂草马唐与麦套移栽棉的竞争临界期.江苏农业学报,1999,15(2):87-91.

[18]朱文达,胡祥思,钱益所,等.湖北省棉田恶性杂草的调查及综合治理.湖北省农业科学院,1996,6:40-46.

[19]吴建荣,康淮林,石学旭,等.江苏淮北棉区棉田杂草发生种类分布及其消长规律研究.江苏农业科学,1998,5:35-37.

[20]强胜,胡金良.江苏省棉区棉田杂草群落发生分布规律的数量分析.生态学报,1999,19(5):705-709.

[21]强胜，魏守辉，胡金良.江苏省主棉区棉田杂草草害发生规律的研究.南京农业大学学报，2000，23(2)：18-22.

思考题

1. 以一种病害为例，阐述其侵染循环、为害规律和主要防治措施。
2. 讨论棉花枯、黄萎病为何要以抗病育种为主要防治措施。
3. 棉蚜与棉红蜘蛛的为害特点有什么不同？
4. 棉铃虫与棉红铃虫的为害特点有什么特点？
5. 以棉铃虫为例，组建对其防治的IPM体系。
6. 棉田杂草有几大类？多少种？
7. 棉田杂草对棉花有哪些危害？
8. 如何防治棉田杂草？

第8章　蔬菜病虫草鼠害

8.1　蔬菜病害

8.1.1　主要种类及发生规律

8.1.1.1　苗期猝倒和立枯病

(1)病原　猝倒病的病原为鞭毛菌亚门的多种腐霉菌(*Pythium* spp.),较常见的是瓜果腐霉菌和德巴利腐霉菌。立枯病的病原是半知菌亚门的立枯丝核菌(*Rhizoctonia solani* Kühn)。

(2)发病规律　腐霉菌和立枯丝核菌都是土壤中常见的真菌,尤其是老菜园土中普遍存在。腐霉菌可在病残体或土壤中腐生,或以卵孢子休眠越冬;立枯丝核菌以菌核或菌丝在土壤中或病残体上越冬。病菌通过灌溉或农具耕作传播,条件适宜时对幼苗进行初侵染,发病后,苗期阶段还可以进行再侵染。

8.1.1.2　黄瓜霜霉病(图8-1)

(1)病原　病原为鞭毛菌亚门古巴拟霜霉菌(*Pseudoperonospora cubensis* (Berk. et Curt.) Rostov.)。

(2)发病规律　该菌为专性寄生菌。葫芦科多种蔬菜均可受侵染发病,但以黄瓜、香瓜受害最重。黄瓜霜霉病在黄瓜整个生育期均可发病,主要为害叶片。在我国南方地区霜霉病菌以孢子囊在各茬黄瓜上辗转为害,北方地区亦以孢子囊在温室和露地之间互相传播。病菌从寄主的气孔或表皮侵入,条件适宜时在病部产生孢子囊,孢子囊通过气流传播到健叶表面后引起再侵染。

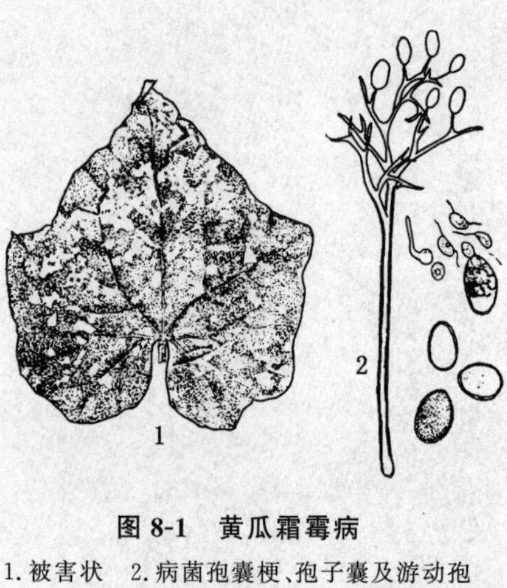

图8-1　黄瓜霜霉病

1. 被害状　2. 病菌孢囊梗、孢子囊及游动孢

8.1.1.3　黄瓜细菌性角斑病

(1)病原　病原为丁香假单胞杆菌黄瓜角斑病致病变种(*Psendomonas lachrymans*)。

(2)发病规律　病菌革兰氏染色反应阴性。病原细菌随病残体在土壤中越冬、越夏,成为下一季发病的初侵染菌源。细菌还可在种皮和种子内部存活1~2年,播种带菌种子可直接引起子叶和幼苗发病。病原细菌通过风雨溅散、农事操作或昆虫传播,从植株的气孔、水孔或伤口侵入,在适宜条件下孔口侵入的7~10 d便发病,伤口侵入的3~5 d便发病。初侵染发病后病部溢出的菌脓含有大量细菌,通过传播可进行频频的再侵染。

8.1.1.4　黄瓜疫病

(1)病原　病原是鞭毛菌亚门的甜瓜疫霉(*Phytophthora melonis* Kalsura)。

(2)发生规律　病菌的白色霉层是它的孢囊梗和孢子囊。病原菌同病株茎叶及果实一同进入土壤,主要以菌丝和厚垣孢子形态越冬形成侵染源,也可以附着在支架及大棚框架上,形成侵染源。大雨之后,病原菌借水传播,导致病发。

8.1.1.5　番茄早疫病(图8-2)

(1)病原　病原是半知菌亚门茄链格孢菌(*Alternaria solani* (Ellis et Martin) Jones et Grout.)。

(2)发生规律　病菌主要以菌丝体和分生孢子随番茄、茄子、辣椒和马铃薯等病株残体在土壤中越冬,偶尔也会附在种子表皮上越冬。分生孢子主要借风、雨传播,通过气孔、伤口或直接穿透表皮侵入寄主。病菌的潜育期很短,条件适宜时,仅2~3 d就可形成病斑。可进行多次重复再侵染。

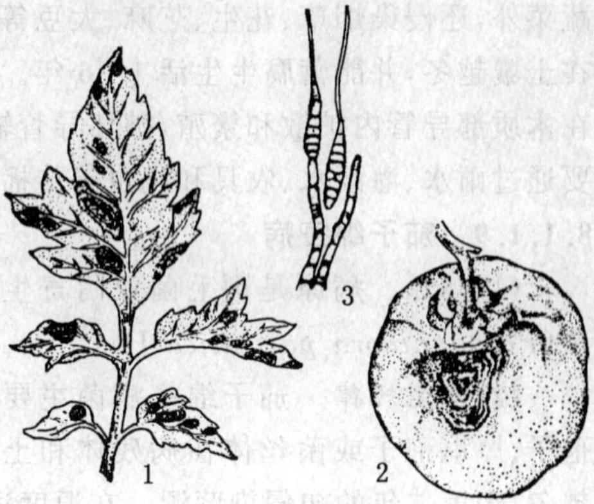

图8-2　番茄早疫病

1,2.被害状　3.病菌分生孢子梗及分生孢子

8.1.1.6　番茄晚疫病

(1)病原　病原为鞭毛菌亚门致病疫霉菌(*Phytophthora infestans* (Moni.) de Bary)。

(2)发病规律　该菌为专性寄生菌。番茄的叶片、茎和果实均可发病,以叶和青果受害最重。病菌寄主范围很窄,除番茄外只侵染马铃薯和茄子。病菌主要以菌丝体寄主病残体在土壤中越冬,形成翌年侵染源。另外,马铃薯带病薯块和冬季加温温室寄主上的病原菌也是重要的侵染源。病残体上的分生孢子,被风雨吹落至番茄叶片上，从气孔或表皮侵入叶片，形成中心病株，并以此为基础进行多次再侵染。

8.1.1.7 番茄灰霉病

(1)*病原* 病原是半知菌亚门灰葡萄孢菌(*Botrytis cinerea* Pers.)。

(2)*发生规律* 番茄植株地上部分均可受害，但以果实和叶片为主。病菌寄主范围较广，除侵染茄科蔬菜外，还可侵染瓜类、甘蓝、菜豆、莴苣、洋葱、苹果等作物。病菌除了在土壤中的植株病残体上以菌核、菌丝或分生孢子形态越冬之外，还在其他有机物上腐生存活。由越冬分生孢子、菌丝和菌核生成的分生孢子，通过气流、雨水及农事操作等进行传播。花发病时，蘸花是重要的传播途径，主要通过残留的花瓣进行侵染，然后蔓延至幼果发病。

8.1.1.8 番茄青枯病

(1)*病原* 病原为青枯假单胞菌(*Pseudomonas solanacearum* (Smith) Smith 1914)。

(2)*发生规律* 革兰氏染色阴性，寄生植物维管束组织。寄主范围广，除茄科蔬菜外，还侵染烟草、花生、芝麻、大豆等 33 科 100 多种植物。病菌随病残体遗留在土壤越冬，并能营腐生生活 1～6 年。该病菌通过根部和茎基部的伤口侵入，并在木质部导管内扩散和繁殖，破坏导管输水功能，植株因缺水而萎蔫。田间病菌主要通过雨水、灌溉水、农具和昆虫等传播。

8.1.1.9 茄子绵疫病

(1)*病原* 病原是鞭毛菌亚门寄生疫霉菌(*Phytophthora parasitica* Dast.)。

(2)*发生规律* 茄子绵疫病菌主要以卵孢子、厚垣孢子或菌丝体在病残体和土壤中越冬，为第二年的初侵染菌源。在温度适宜，有雨水和湿度大的条件下，越冬菌源长出孢子囊，经气流或风雨传播，孢子囊萌发释放出多个游动孢子，游动片刻后鞭毛收缩成休止孢，然后又萌发长出芽管进行初侵染。初侵染发病后又长出大量新的孢子囊，传播后在同一生长季可进行频频的再侵染。

8.1.1.10 茄子褐纹病(图 8-3)

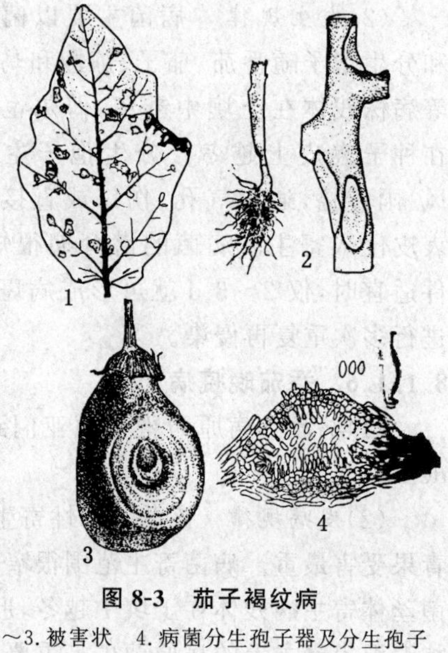

图 8-3 茄子褐纹病

1～3. 被害状 4. 病菌分生孢子器及分生孢子

(1)*病原* 病原是半知菌亚门茄褐纹拟茎点霉(*Phomopsis vexans* (Sacc. et Syd.)

Harter)。

(2)*发生规律* 病菌主要以菌丝体和孢子形态附在种子上或以病斑上的分生孢子器形态在田间越冬,成为第二年的侵染源。分生孢子借助风雨向四周扩散,并萌发出芽管,由伤口或表皮直接侵入。

8.1.1.11 白菜软腐病

(1)*病原* 该病是由胡萝卜软腐欧氏菌胡萝卜软腐致病型(*Erwinia carotovora* subsp. Carotovora (Jones 1901) Bergey, Harrison, Breed, Hammer et Huntoon 1923)侵染引起的细菌性病害。革兰氏染色阴性。

(2)*发病规律* 在南方温暖地区,软腐病菌无明显越冬期。在北方则主要在田间病株或在病残体上越冬。病菌通过昆虫、雨水或灌溉水传播蔓延,由伤口、根毛尖端侵入寄主引起发病。在高温高湿条件下,细菌可借雨水及灌溉水传播引起再侵染,使病害进一步扩展蔓延。

8.1.1.12 白菜霜霉病

(1)*病原* 病原是鞭毛菌亚门寄生霜霉菌或称芸薹霜霉菌(*Peronospora parasitica* (Pers.) Fr.)。

(2)*发病规律* 霜霉病主要为害叶片,也可以为害花梗、种荚。该病害初侵染菌源主要来自田间各种受侵染的十字花科蔬菜病株上的孢子囊,孢子囊通过气流或风雨传播。在有水分和高湿度、温度7～13℃的条件下直接萌发,长出芽管进行初侵染。卵孢子也可以在同样条件下萌发进行初侵染。条件适宜时3～5 d就发病,发病后又产生大量新的孢子囊,通过传播进行频频的再侵染。带菌种子可引起半系统性侵染。

8.1.1.13 蔬菜线虫

(1)*线虫种类* 在蔬菜作物中,豆科、茄科、葫芦科和十字花科都有线虫病发生,但为害蔬菜的线虫主要是异皮科的马铃薯金线虫(*H. rostochiensis*)、瓜类根线虫(*H. marion*)和根瘤线虫(*Meloidogyne* sp.)。

(2)*发生规律* 线虫主要为害蔬菜的根部,因而使植株长势衰弱,严重时叶片黄化,叶缘干枯。在土壤中有根系存在的地方,一般或多或少都能找到线虫。线虫多数存活于土表下10 cm左右处,营寄生生活,在土质疏松、有机肥较多的土壤中数量较多。它们除为害根部使植株长势衰弱外,还能帮助其他病原物传播和造成伤口,使植株受害程度加重。线虫皆为专化寄生,一个小种或一个专化型线虫只能为害很少数的寄主,而不能广泛寄生。同时,在不同品种上,寄生程度也有明显区别。大部分线虫以幼虫越冬,有的存活于寄主内,有的存活于土壤中,第二年条件适宜时再继续进行为害。有的线虫在条件很不适合时,还可以休眠方式越冬,条件适合时再继续为害。

8.1.2 影响发生的主要因素

8.1.2.1 苗期猝倒和立枯病

这两种病菌的寄生力较弱，只有在幼苗生活力降低及外界条件对幼苗生长不利的情况下才易对幼苗侵染致病。早春遇到春寒，天气阴冷多雨，光照不足，土壤湿度大，夏季遇台风暴雨、菜田淹水等情况，都有利于发病。此外，菜田地势低、土质黏重，或施用未腐熟的有机肥都可能加重苗病发生。

8.1.2.2 黄瓜霜霉病

低温高湿是黄瓜霜霉病发生的重要条件。孢子囊形成需要83%以上的湿度，湿度低于60%时孢子囊不能形成。孢子囊形成的适温是16～24℃，低于15℃或高于30℃时不适发病。孢子囊萌发和侵入需要叶片上的水滴或水膜持续3 h以上，否则即使相对湿度达到100%也不会发病。因此叶面上持续存在的水滴或水膜是霜霉病发生的决定性因素。

不同品种的抗病性不同。密刺系统黄瓜抗病能力较差，津研系统黄瓜抗病性较强。

地势低洼、土质黏重、排水不良，或种植过密，整枝绑蔓不及时，田间杂草丛生，湿度大，均有利于发病。土壤肥力不足或结瓜后追肥不及时，或过量偏施速效氮肥，都会降低植株抗病性，加重病害发生程度。

8.1.2.3 黄瓜细菌性角斑病

多雨和高湿度是此病流行的主要条件，最适于发病的温度是23～26℃，因此，雨多、雨量大、持续期长，或露多雾重、气温偏高有利于此病的发生。

8.1.2.4 黄瓜疫病

病菌生长发育要求高湿度和28～30℃较高的温度。

8.1.2.5 番茄早疫病

高温潮湿是最有利于早疫病发生的条件，温度在20～25℃、湿度在80%以上时对发病有利。大棚由于栽培温度上升比较快，比露地栽培发病早些。管理粗放，尤其在生长中后期肥料供应不足，引起植株各器官早衰，抗病力降低，病害程度会加重。

8.1.2.6 番茄晚疫病

晚疫病是一种高湿病害。一般田间湿度超过95%、温度在18～22℃之间易发病，尤其在番茄生长的中、后期，华北地区在7月中、下旬左右，由于降雨量大或连阴雨天多，晚疫病容易发生。

栽培因素中土质黏重、地势低洼、排水不良、过度密植、土壤瘦瘠或偏施氮肥的易诱发此病。不同品种对晚疫病菌的抗性有明显的差异。

8.1.2.7 番茄灰霉病

气温15℃左右、湿度85%以上时开始发病,气温20℃左右、湿度90%以上时最易发病。低温时几乎不生成孢子。

一般番茄花期为病菌的适宜侵染时期,此时如浇水过量或浇水后遇阴天,会加重病害的发生。

8.1.2.8 番茄青枯病

病菌适于微酸性土壤,土壤含水量大时,可以存活2~3年,干燥时则只能存活几天;土壤含水量达到25%时,有利于病原侵入。

青枯病菌存活温度为10~41℃,最适温度为30~37℃,一般气温达到20℃时开始发病,地温超过20℃时十分严重。

为害程度和发病早晚与当年雨季来临早晚和雨量大小密切相关。一般连阴雨天过后天气转晴,土温随气温急剧回升,常引起病害流行。

番茄等茄科作物连作、地势低洼、排水不良、植株出现伤口等,也是发病的重要条件。

8.1.2.9 茄子绵疫病

此病在湿度90%以上、温度25~30℃的条件下易发生。尤其是在高温季节,暴雨后转晴,气温骤升,土壤蒸发强烈,形成闷热潮湿的田间小气候,特别有利于茄绵疫病暴发性流行,1~2 d即可产生严重为害。

菜田低湿,土质黏重,整地和管理粗放,杂草丛生,或种植过密,田间通风透光性差等情况均有利于茄绵疫病的流行。

8.1.2.10 茄子褐纹病

气温在28℃以上时,产生具侵染能力的孢子,在24℃以下则产生无侵染能力的孢子或不生成孢子。高温多湿易发病。平均气温达到24~26℃时开始发病,28℃以上时迅速蔓延。

8.1.2.11 马铃薯环腐病

环腐病发病的主要因素有品种、温度与生育期。

不同品种间感病性存在差异,例如男爵、北京黄、克新2号等属于感病品种;波友1号、波友2号、乌盟684、六六黄、高原3号、克新1号等属于较抗病品种。

在温度因素中,土壤温度影响较大,16~30℃都适合环腐菌的侵染,高于30℃或低于16℃侵染力明显减弱,病菌最适合的活动温度是25℃左右。在储存期中,20℃左右的温度发病重,在1~3℃时发病轻。

在生育期中,播期偏早发病重,收获偏晚发病也重。晚播早收者发病轻,其原因在于缩短了生育期，减少了侵染条件；夏播秋收者比春播者发病轻，其原因就在于生育期短。

8.1.2.12　白菜软腐病

病菌发育最适温度25～30℃，51℃时10 min致死。播种过早发病较重。平畦及地势低洼易造成积水田块，大水漫灌的地块，植株长势较弱，由于农事操作和虫害原因造成较多伤口的，发病均较重。

8.1.2.13　白菜霜霉病

发病要求多雨、潮湿及稍冷凉、昼夜温差大的天气条件。

菜田低湿、土质较黏重，肥力较差或过量单施无机氮肥的发病较重；管理粗放、杂草丛生、田间郁闭、通风不良也有利于发病。

不同菜种的不同品种对霜霉病的抗性有差异。

8.1.3　主要防治方法

8.1.3.1　苗期猝倒和立枯病

防治猝倒和立枯病应以加强栽培控病管理为主。

翻晒土壤，精耕细作，高畦深沟，施充分腐熟的有机底肥，早春薄膜覆盖或营养钵育苗。夏季要特别注意菜田排水和平整畦面，防止积水淹苗。

老菜地播种前应结合整地用75%敌克松可溶性粉剂或50%多菌灵可湿性粉剂，或40%五氯硝基苯处理土壤，每平方米用药量5～8 g，将药剂先与少量细土拌匀然后撒施。经常发生猝倒病的菜地可用阿普隆（瑞毒霉）35%拌种剂，按种子重量0.2%～0.3%的用药量拌种后播种。

田间发病初期也可以用上述药剂按相同用药量制成的药土撒施，或单独用草木灰与适量干土拌匀后撒施，亦有一定的控病作用。

8.1.3.2　黄瓜霜霉病

(1)选用抗病品种　如津研4号、津春2号、津杂2～4号、长春密刺及山东密刺等。

(2)加强栽培管理　采用高垄地膜覆盖栽培技术，膜下浇水，减少浇水次数。加强通风，降低空气湿度。增施磷钾肥，提高植株的抗病能力。结瓜后及时摘掉下部老黄叶。根外喷施0.2%磷酸二氢钾或者喷施尿素和糖的混合液(1∶1∶100)，提高功能叶片糖总含量，提高叶片生理抗病能力。

(3)高温闷棚　选择晴天上午，关闭大棚温室门窗，使棚室内的温度升到45℃（最高不能超过48℃），持续2 h后适当通风，使棚室温度逐渐下降，恢复正常温度。闭棚前一天必须浇水，植株较高的可将生长点向下压低一些。

(4)药剂防治　发病初期可选用25%瑞毒霉可湿性粉剂800～1 000倍液；90%疫霜灵可湿性粉剂500～600倍液；75%百菌清可湿性粉剂500～600倍液；72%克露可湿性粉剂600～800倍液；72%普立克水剂600～1 000倍液；45%百菌清烟剂，每亩每次250 g；5%百菌清或5%万霉灵粉尘剂，每亩每次1 kg，每7～10 d用药一次，连续防治3～5次。并注意以上药剂轮换应用。

8.1.3.3　黄瓜细菌性角斑病

①选无病优质瓜留种。

②用40%福尔马林150倍液闷种1.5 h，或用100万U硫酸链霉素500倍液浸种2 h，然后用清水充分洗干净便可催芽播种。避免瓜类连作，最好与水稻轮作一年。

③清除病残体，深翻晒田，增施优质有机肥，起高畦种植，及时支架提蔓、绑蔓，及时中耕除草，以利田间通风降湿。发病初期可选喷下列药剂：72%农用链霉素可溶性粉剂4 000倍液，30%氧氯化铜悬浮剂500倍液，30%DT(琥胶肥酸铜)500倍液，77%可杀得可湿性微粒粉剂500倍液。隔7 d一次，连续喷3～4次。

8.1.3.4　黄瓜疫病

(1)选耐疫病品种　保护地用中农5号、长春密刺等，露地选用早春2号、中农1101、京旭2号、津杂3号、津杂4号、湘黄瓜1号、湘黄瓜2号。

(2)嫁接防病　用云南黑籽南瓜或南砧1号做砧木与黄瓜嫁接，可防疫病及枯萎病。苗床或大棚土壤处理，每平方米苗床用25%甲霜灵可湿性粉剂8 g与适量土拌匀撒在苗床上，大棚于定植前用25%甲霜灵可湿性粉剂750倍液喷淋地面。

(3)药剂浸种　72.2%普力克水剂或25%甲霜灵可湿性粉剂800倍液浸种0.5 h后催芽。

采用配方施肥技术同时施放二氧化碳$(700\sim1\ 000)\times10^{-6}$，持续十几天，增强抗病力。

(4)轮作　采取与非瓜类作物5年以上轮作，覆盖地膜阻挡土壤中病菌溅附到植株上，减少侵染机会。

(5)加强田间管理　采用高畦栽植避免积水。苗期控制浇水，结瓜后做到见湿见干，发现疫病后，浇水减到最低量，控制病情扩展。但进入结瓜盛期要及时供给所需水量，严禁雨前浇水。做到及时检查，发现中心病株要拔除深埋。

(6)药剂防治　在测报基础上于发病前开始喷药，尤其雨季到来之前先喷一次预防，雨后发现中心病株及时拔除后，立即喷洒或浇灌70%乙膦·锰锌可湿性粉剂500倍液，或72.2%普力克水剂600～700倍液、72%克露或霜脲锰锌可湿性粉剂700倍液、72%霜霸可湿性粉剂700倍液、56%霜霉清可湿性粉剂700倍液、

69%安克锰锌可湿性粉剂1 000倍液、50%甲霜铜可湿性粉剂600倍液,或25%甲霜灵可湿性粉剂800倍液加40%福美双可湿性粉剂800倍液灌根,隔7～10 d一次,病情严重时可缩短至5 d,连续防治3～4次。

8.1.3.5 番茄早疫病

(1)选用抗病品种 苏抗5号、强丰、毛粉802等品种抗病性较强。

(2)种子处理 从无病植株上采收种子。播种前用温水浸种。

(3)加强栽培管理 苗床内注意保湿和通气,每次洒水后一定要通风,待叶片干后盖窗。降低床内空气湿度,不利病害发生和发展。筑高畦种番茄,做好开沟排水工作,以降低田间湿度。早期发现病叶或病株应及时摘除,加以烧毁或深埋。番茄生长期间应增施磷、钾肥,特别是钾肥,促使植株生长健壮,提高对病害的抗性。

(4)药剂防治 在发病初期可喷洒(0.5∶0.5∶100)波尔多液、64%杀毒矾WP 500倍液、50%甲霜灵·锰锌WP 500倍液、50%多菌灵可湿性粉剂500～1 000倍液。苗期喷洒波尔多液的浓度一般以0.2∶0.2∶100为宜。每隔7～10 d再喷一次,连续喷3～5次。

8.1.3.6 番茄晚疫病

①因地制宜选用抗病品种。

②在栽培管理上尤其是生长的中、后期,要及时清除田间杂草,打去疯杈,加强通风。雨后及时排除田间积水,降低田间湿度。利用地膜覆盖防止病原菌被雨水反溅传染。注意氮肥施用量。

③始见中心病株应立即拔除销毁。

④发病初期可选喷下列药剂:58%瑞毒霉锰锌可湿性粉剂600倍液,72.2%普力克水剂800倍液,64%杀毒矾可湿性粉剂500倍液,80%乙膦铝粉剂500～600倍液,30%氧氯化铜悬浮剂500倍液。隔7～10 d喷一次,连续喷3或4次。药剂应轮替使用以减缓病菌产生耐药性。

8.1.3.7 番茄灰霉病

(1)苗床处理 选用无病床育苗,或用200倍4%农抗120瓜菜烟草型液浇透床土,杀菌消毒。

(2)加强栽培管理 合理轮作倒茬,深耕,施足腐熟的有机肥,增施磷钾肥,提高植株抗病能力;避免阴雨天浇水,防止大水漫灌,推广滴灌、膜下暗灌技术,降低棚内湿度;发病初期及时摘除残留花瓣及柱头,清除病叶、病果,拔除病株,集中销毁,防止病害扩散蔓延。

(3)加强通风和温度、湿度管理 晴天上午先闭棚升温,当温度达28～30℃时持续1 h后开始放顶风,中午继续放风;温度保持在20～25℃。下午温度到18～

20℃时关闭通风口，夜温保持在14～16℃，相对湿度保持在70～80%。阴天也要在中午短时通风换气。

(4)蘸花防治　结合蘸花保花素或2,4-D稀释液中加0.1%的50%速克灵可湿性粉剂或50%多菌灵可湿性粉剂，混匀后蘸花，可有效预防病害发生。

(5)药剂防治　发病前或发病初期叶面喷施4%农抗120瓜菜烟草型500～600倍液，每隔7～10 d喷一次，连续喷施3或4次。发病较重时可加喷甲基托布津、多菌灵等药剂。每亩用350 g百菌清，点燃后闭棚，烟熏4～6 h。

8.1.3.8　番茄青枯病

①选育抗病良种，目前抗性较好的有西粉3号、渝抗5号、霞粉、早魁、毛粉802等。

②农事操作过程中，尽量避免伤根、伤苗。采用营养钵育苗和化学除草可达到此目的。

③整地时每平方米施石灰0.25 kg，使土壤偏碱性，抑制病菌生长繁殖。

④加强田间管理，及时排除渍水，促进根系生长。

⑤嫁接换根育苗栽培。选用高抗青枯病、亲和力强的砧木品种——砧木一号，采取大棚育苗和大苗劈接的方法，使砧木的抗病性与接穗的优质性结合在一起，可有效预防番茄青枯病的为害。

8.1.3.9　茄子绵疫病

(1)轮作　避免与番茄、辣椒等茄科蔬菜连作或邻作。与葱蒜类或水稻轮作效果较好。

(2)加强栽培控病管理

①采收后彻底清园，病残体带出田外集中销毁。

②收后深翻晒土，结合整地增施充分腐熟的有机底肥。高畦深沟、整平畦面以利雨后迅速排水。

③适度密植，勤除畦面田边杂草，及时整枝打杈，开花结果后可适当摘除底部老叶以利田间通风透光。田间发现病果应即时摘除并带出田外销毁。

(3)药剂防治　茄子绵疫病是一种流行性很强的病害，并且植株进入的开花结果阶段又值多雨潮湿高温季节，所以应进行一次预防性喷药。当田间刚开始发病即应加强喷药防治。可选用下列药剂并注意轮换使用：

①58%雷多米尔(瑞毒霉锰锌)可湿性粉剂500～600倍液；

②64%杀毒矾可湿性粉剂450～500倍液；

③30%氧氯化铜悬浮剂500倍液；

④40%乙膦铝可湿性粉剂300倍液，隔7～10 d喷一次，连续喷3或4次。

8.1.3.10 茄子褐纹病

(1)选用抗病品种 选用品质优、抗病性强的成都竹丝茄、天津二茛茄、吉林长茄等品种。

(2)种子处理 播种前,种子用55℃温水浸15 min,或52℃温水浸30 min,再放入冷水中冷却,晾后备播。或采用50%苯菌灵可湿性粉剂和50%福美双可湿性粉剂各1份,泥粉3份混匀后,用种子质量的0.10%拌种。

(3)实行轮作 应选择4年以上未种过茄子及茄科作物的地块种植茄子。

(4)加强栽培管理 良好的栽培条件,可使植株生长健壮,增强抗病力。施足基肥,促进早长早发,把茄子的采收盛期提前到病害流行季节之前,均可以有效地防治此病的发生。定植时要除掉病苗,合理密植,这有利于田间通风透光,降低田间温度可减轻发病。在茄子生长期,要及时拔除病苗,摘除病枝、病叶、病果并烧毁,茄子收获后要及时清理病残体。合理灌水,雨后及时排水,防止地面积水,这也是一项有效措施。

(5)药剂防治 结果后开始喷洒75%百菌清可湿性粉剂600倍液、40%甲霜铜可湿性粉剂600～700倍液、58%甲霜灵·锰锌可湿性粉剂500倍液、64%杀毒矾可湿性粉剂500倍液、70%乙膦·锰锌可湿性粉剂500倍液、50%苯菌灵可湿性粉剂800倍液,视天气和病情隔10 d左右喷一次,连续防治2或3次。

8.1.3.11 马铃薯环腐病

(1)提倡整薯播种 应有计划的建立无病留种地,在无病留种地中培育无病小整薯,此项措施如果形成制度,认真地连续进行3年以上就可看出明显效果。

(2)囤种选择 对留做种用的小整薯,有计划地置于25℃左右环境中,给其创造适合的发病温度,经15～20 d后,病薯自然会暴露出来,剔除病薯和芽眼发暗的薯块,选用芽眼明亮、幼芽茁壮的薯块做种薯。

(3)切刀与切口消毒 民间用干草木灰拌切好的种块的方法,保留应用下去。此外,在切块时,始终把切刀放于75%酒精或5%来苏儿中浸泡,进行切刀消毒。内蒙古试验和推广用薯块5%量的过磷酸钙拌种效果良好,在播种沟内每亩施用25～30 kg过磷酸钙做种肥有明显防病作用。

(4)削尾检查 将做种用的小整薯块,用切刀削去1/4～1/3的尾部,这种方法可及时检出有病薯块。

(5)选用抗病品种 据内蒙古农业科学院报道,对46个品种进行人工接菌,鉴定出"铁筒"、"赫拉"、"克疫"等品种比较抗病。

8.1.3.12 白菜软腐病

①选用青帮类型或耐热抗软腐病品种,如青麻叶、83-24、盛夏、中国夏阳白等。

②采用高垄直播，搞好排灌系统，雨后及时排水，防止大水漫灌或田间积水。适期播种，施足基肥，肥料要充分腐熟。同时要避免因施肥、打药等农事操作造成人为伤口。

③用“丰灵”50～100 g拌白菜籽150 g后播种，或采用农抗751按种子质量的1%～1.5%拌种；苗期喷洒“丰灵”，每亩100～150 g，加水50 L；用“丰灵”150～250 g对水100 L，沿菜根挖穴灌入，或浇水时随水滴入农抗751，每亩2.5～5 L。喷洒硫酸链霉素或72%农用链霉素可溶性粉剂3 000～4 000倍液，或新植霉素4 000倍液，每隔10 d一次，连续防治2或3次。

8.1.3.13 白菜霜霉病

①因地制宜选用抗病品种。

②从无病种株选留种子；播种前可用种子重量0.3%的58%瑞毒霉锰锌可湿性粉剂拌种。

③彻底销毁病残体，减少初侵染菌源。菜田深翻晒土，增施优质有机底肥，起高畦并整平畦面利于排水，及时中耕除草利于田间通风降湿。

④发病初期可喷施下列药剂：58%瑞毒霉锰锌可湿性粉剂600倍液，72.2%普力克水剂600～800倍液，64%杀毒矾可湿性粉剂500倍液，40%三乙膦酸铝可湿性粉剂250倍液。药剂隔7～10 d喷一次，连续喷2或3次。为减缓病菌产生耐药性，上述药剂最好轮换使用。

8.1.3.14 蔬菜线虫

(1)实行计划轮作　一种线虫一般在同科、同属或邻科、邻属中为害，所以有计划地进行远缘科、属间隔法，进行2～3年间隔轮作，线虫即无法生存。

(2)深耕与土壤处理　根据线虫在土表下10 cm处数量最多、最活跃的特点，播前深耕深翻20 cm或20 cm以上，把可能存在的线虫翻到土壤深处。另外，根据线虫的致死温度为55℃(5 min)的特点，在线虫病害发生的地块，待作物收获后，土表覆盖地膜，暴晒7 d左右，即便土表温度达不到55℃的高温，1周左右的长时间也可使土壤上层的线虫不能存活。另据试验，线虫在土壤高水分条件下4个月时间也难以存活。因此，如有条件，改种一茬水稻，效果比较好。

(3)土壤的药剂处理　播种或分苗前2～3周，在土壤湿度较大的情况下，将滴滴混剂(D-D混剂)施入上层下15～20 cm的位置，及时覆土熏闷。或用打孔法，每隔30 cm打一个深15～20 cm、直径3 cm左右的洞穴，每穴灌药5 mL后立即耙平封口，熏闷时间保持1周以上。

增施有机肥做基肥，可起到提高寄主抗性和耐性，增加根系发育强度和根表组织韧性,抵制线虫侵害的作用。另外,清理残株,增施磷、钾肥料,基肥中增施石灰,添加过磷酸钙浸出液进行叶面追肥等,都可起到明显的控制和减轻病害的效果。

8.2 蔬菜虫害

8.2.1 主要类群

8.2.1.1 菜粉蝶类

我国为害十字花科蔬菜的粉蝶有 5 种:菜粉蝶(*Preris rapae* L.)、东方粉蝶(*P. canidia* Sparrman)、大菜粉蝶(*P. brassicae* L.)、褐脉粉蝶(*P. melete* Menetries)和斑粉蝶(*Pontia daplidice* L.)。成虫和幼虫形态特征见表 8-1。

8.2.1.2 小菜蛾(*Plutella xylosiella* (L.),图 8-4)

小菜蛾的主要形态特征有:成虫体长约 6 mm,翅展 12～15 mm,头部黄白色,胸腹部灰褐色,雄虫体色较深。前翅灰黑色或褚褐色,前后翅狭长,缘毛很长,前翅中央有黄白色三度曲折的波状纹,静止时两翅覆盖于体背呈屋脊状,由翅面灰黄色部分合并成 3 个连串的斜方块,后翅均为银灰色。卵椭圆形,一端稍倾斜。初产时乳白色,后变淡黄绿色,具光泽。成熟幼虫体长 10～12 mm。身体纺锤形,淡绿色。头部淡褐色。前胸背板上有由淡褐色无毛的小点组成的 2 个"U"形纹。臀足向后伸长超过腹部末端。蛹体长 5～8 mm,蛹体颜色变化较大,有绿色、灰黑色、灰黄绿色、粉红色和黄白色等,无臀棘,腹末有钩状臀棘 4 对。即将羽化时复眼变黑、翅芽上有 3 度曲波线,触角、足、胸部颜色变深。茧呈稀疏的网状,灰白色。

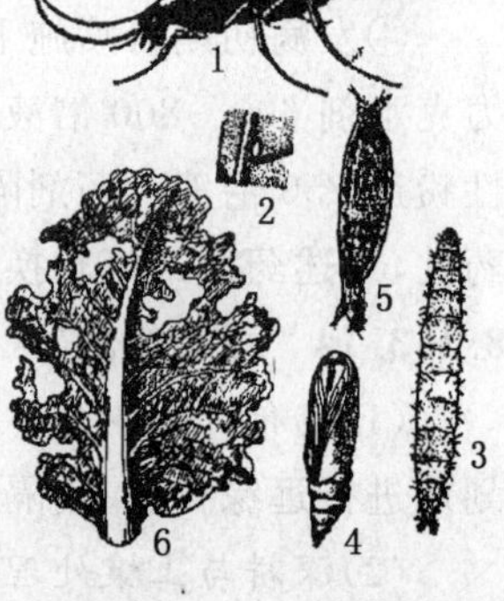

图 8-4 小菜蛾

1.成虫　2.卵　3.幼虫　4.蛹　5.茧　6.被害状

8.2.1.3 黄守瓜(图 8-5)

据陈世骧(1959)记载,我国为害瓜类的守瓜属害虫有 15 种,其中最重要的是黄守瓜(黄足黄守瓜)(*Aulacophora femoralis chinensis* Weise),其次还有黑足黄守瓜(*A. nemoralis femoralis* Motsch)、黄足黑守瓜(*A. nattigarensis* Weise)和黑足黑守瓜(*A. nigripennis* Motsch)。黄守瓜(黄足亚种)的形态特征为:成虫体

表 8-1　主要菜粉蝶成虫和幼虫形态特征

特征		种类				
		菜粉蝶	大菜粉蝶	东方粉蝶	褐脉粉蝶	斑粉蝶
成虫	体长/mm	12～20	23～26	20～25	20～25	20～25
	翅展/mm	45～55	60～65	50～55	55	40～45
	前翅特征	顶角的三角形黑斑内缘近于一条直线（正面）	与菜粉蝶相比，顶角三角形黑斑的内缘近于圆弧形	顶角三角形黑斑内缘呈锯齿形（即在大三角形黑斑沿外缘有 2 或 3 个小三角形黑斑组成内缘的锯齿形）	翅脉上有宽窄不等的褐色条纹，其他种类均没有	正面顶角及外缘有黑斑 5 或 6 个，黑斑内侧有较长的菱形黑斑，2 个中室外方横脉上有 1 个黑斑，这些斑在翅背面呈黄绿色
	后翅特征	正面外缘纵脉末梢无黑斑	同菜粉蝶	正面外缘纵脉末梢有黑斑 4 或 5 个	翅脉上也有宽窄不等的褐色条纹	背面中室四周由许多连续的黄绿色斑组成环圈，中央白色。室外侧由 6 个黄绿斑组成半圆形，外缘有 5 个楔形黄绿斑
幼虫	体色	头部和身体绿色	头黑色，体绿色	绿色	头和身体绿色	体黄色
	身体特征	毛瘤周围无墨绿色圆斑，气门线处各体节有 2 个黄斑，其一环绕气门，另一在气门后	头部至少额区及颅中沟两侧形成“∧”形黑带。毛瘤周围无墨绿色圆斑	体背黑褐色的毛瘤周围有墨绿色的圆斑，似乎毛瘤特大	毛瘤周围无墨绿色圆斑，气门线上只有环绕气门的黄斑，气门后无黄斑	身体具有带黄紫色的宽背线和亚背线，形成明显的 3 条带

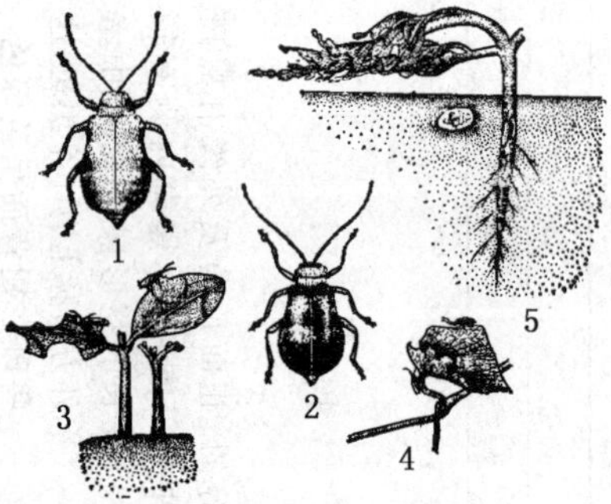

图 8-5 黄守瓜及黑守瓜

1. 黄守瓜 2. 黄足黑守瓜 3. 黄守瓜成虫为害状 4. 黑守瓜为害丝瓜状 5. 黄守瓜幼虫为害瓜株根部

长 8～9 mm，椭圆形。除复眼、上唇、后胸腹面、腹部等处黑色外，其他各部橙黄色，有光泽。复眼圆形。触角丝状，约为体长之半。前胸背板有细刻点，中央有一弯曲横凹沟，四角各有一根细长刚毛。鞘翅基部比前胸宽，中部两侧后方膨大，翅面密布刻点。雌虫腹部较尖，尖端露出鞘翅外，末节腹面有“V”形凹陷。雄虫腹部较钝，末节腹面有一匙形构造。卵近球形，底径约 0.8 mm，黄色，孵化时变为灰白色。表面密布一层多角形网纹。幼虫体长 11.5～13.0 mm。初孵化幼虫为白色，以后头部逐步变为褐色，胸腹部黄白色。前胸盾板黄色，腹部末节臀板长椭圆形，向后方伸出，上有圆圈状的褐色斑纹，并有纵行凹纹 4 条。蛹体长约 9 mm。乳白带淡黄色。纺锤形，翅芽达第五腹节，各腹节背面疏生褐色刚毛。腹末端有巨刺 2 个。

8.2.1.4 黄条跳甲类

跳甲类属鞘翅目(Coleoptera)叶甲科(Chrysomelidae)。发生普遍而严重的是黄曲条跳(*Phyllotreta vitata* F.)，此外还有黄狭条跳(*P. vittula* Redr)、黄宽条跳(*P. humillis* Weise)和黄直条跳(*P. rectilineata* Chen)，其形态特征见表 8-2。

表 8-2 4 种黄条跳甲成虫形态特征

特 征	种 类			
	黄曲条跳	黄宽条跳	黄直条跳	黄狭条跳
体长/mm	1.8～2.4	1.8～2.2	2.2～2.8	2.5～2.8
头、胸部颜色	黑色，光亮	黑色，光亮	黑色，光亮	具绿色金属光泽
鞘翅上的特征	黄色条纹略呈弯弓形，其外侧中部向内凹曲颇深，内侧中部直形，仅前后两端向内弯曲	黄色条纹甚宽大，几乎占鞘翅大部分，仅余黑色周缘	黄色条纹与狭条相似，与狭条区别在于体长和头、胸部颜色	黄色条纹近直形，较窄，其中央宽度仅翅宽的 1/3

8.2.1.5 菜蚜类(图 8-6 和图 8-7)

菜蚜类属同翅目(Homoptera)蚜科(Aphididae)。主要种类有桃蚜(*Myzus*

persicae Sulzer)、菜缢管蚜(即萝卜蚜)(*Rhopalosiphum pseudobrassicae* Davis)和菜蚜(即甘蓝蚜)(*Brevicoryne brassicae* Linné)。它们的形态特征比较见表 8-3。

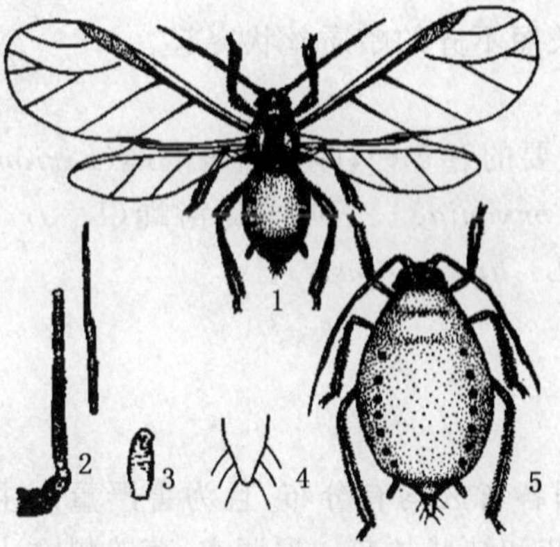

图 8-6　菜缢管蚜

1～4. 有翅胎生雌蚜(1. 成虫　2. 触角　3. 腹管　4. 尾片)　5. 无翅胎生雌蚜成虫(仿浙江农业大学图)

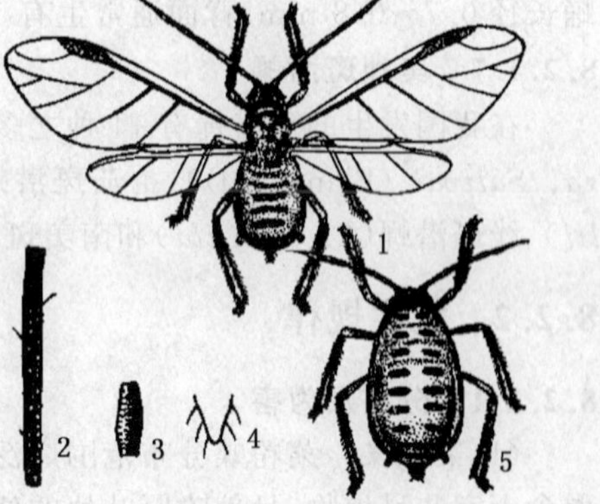

图 8-7　甘蓝蚜

1～4. 有翅胎生雌蚜(1. 成虫　2. 触角　3. 腹管　4. 尾片)　5. 无翅胎生雌蚜成虫(仿浙江农业大学图)

表 8-3　3 种有翅胎生蚜特征比较

特　征	种　类		
	桃　蚜	菜蚜(甘蓝蚜)	菜缢管蚜(萝卜蚜)
触角第 3 节	感觉圈 12 或 13 个，排列成行	感觉圈 35～50，排列不规则	感觉圈 19～25，排列不规则
额瘤	显著，外倾	无	不明显
腹管	细长，较右列二种均长	大，远较触角第五节短	与触角第五节等长，末端缢缩明显
蜡质	没有白粉	全身覆有白粉	白粉较厚

8.2.1.6　白粉虱

粉虱属同翅目(Homoptera)粉虱科(Aleyrodidae)。我国粉虱已知约有 34 个种，其中 4 个种是农业上的重要害虫，除温室白粉虱(*Trialeyrodes vaporariorum* (Westwood))外，还有烟粉虱(*Bamicia tobacci*)、草莓粉虱(*T. packardi* (Morrill))、结翅粉虱(*T. abutilonea* (Hal.))和鳄梨粉虱(*T. floridensis* (Quaint.))。温室白粉虱形态特征有：成虫体长 0.95～1.4 mm，淡黄白色到白色，雌、雄均有

翅，全体覆有白色蜡粉。雌成虫停息时两翅合拢平坦，雄虫则稍向上翘成屋脊状。卵长椭圆形，长径0.2～0.25 mm，初产时淡黄色，以后逐渐转变为黑褐色。卵有柄，产于叶背面。幼虫长卵圆形，扁平；1龄体长0.29 mm，2龄为0.37～0.39 mm，3龄为0.52 mm；淡绿色，半透明，在体表上被有长短不齐的丝状突起。蛹长径0.7～0.8 mm，背面通常生有11对长短不齐的蜡质丝状突起。

8.2.1.7 美洲斑潜蝇

在我国发生的斑潜蝇有14种之多，较重要的有5种，即美洲斑潜蝇（*Liriomyza. Sativae* (Blanchard)）、番茄斑潜蝇（*L. bryoniae*）、三叶草斑潜蝇（*L. trifolii*）、线斑潜蝇（*L. strigata*）和南美斑潜蝇（*L. huidobrensis*）。

8.2.2 发生规律

8.2.2.1 分布及为害

（1）菜粉蝶　菜粉蝶分布范围广泛，全国各省区均有分布，且为害严重。主要取食十字花科植物，且偏嗜厚叶片的球茎甘蓝和结球甘蓝。据调查，菜粉蝶在十字花科蔬菜上发生量依次为结球甘蓝、球茎甘蓝、小白菜、小萝卜和小油菜，但在缺乏十字花科寄主时，也可为害其他植物，已知寄主有白花菜科、百合科、金莲花科等9科35种植物。菜粉蝶以幼虫取食寄主叶片，咬成孔洞和缺刻。一年以春、秋雨季为害最重，不及时防治，叶片有时几乎全部被吃光，只残留较粗的叶脉和叶柄。苗期受害严重时整株死亡，轻则影响包心。幼虫若钻进叶球中，不但在叶球中暴食叶心，同时由于软腐病的入侵和粪便污染菜心，严重影响包心菜的品质和产量。

（2）小菜蛾　小菜蛾分布范围很广，属世界性害虫。国内各蔬菜栽培区均有发生。主要为害十字花科蔬菜，达40种之多，主要寄主植物有结球甘蓝、球茎甘蓝、花椰菜、白菜、芥菜、芜菁、油菜等，偶尔为害马铃薯、葱、洋葱、姜、番茄和一些温室植物。小菜蛾以幼虫为害十字花科蔬菜的叶片，尤以厚叶片的甘蓝类受害最重。初龄幼虫剥食寄主叶片，2龄后取食叶片后留下一层表皮，成透明薄膜。成长幼虫则将叶片咬成小型孔洞。在苗期尤其喜在心叶间为害，受害最重，常使后期不能包心结球，甚至使植株不能生长或造成畸形。大发生时，一株上能群集百头，将叶肉、上下表皮一齐吃光，仅留叶脉。

（3）黄守瓜　黄守瓜（黄足黄守瓜）分布很广，全国均有发生。其寄主复杂，国内有27种作物和26种野生植物。以葫芦科植物为主，主要为害甜瓜、西瓜、南瓜、葫芦、笋瓜等，此外，还可取食豆科、十字花科等蔬菜；幼虫只为害瓜类。黄守瓜以成虫、幼虫为害。成虫为害瓜叶时常以身体为半径旋转咬食一圈，然后在圈内取食，使叶片残留若干干枯环形或半环形食痕或圆形孔洞。还可为害南瓜的皮层，咬断瓜苗嫩茎，又能取食花和幼瓜，但以叶片受害最重。幼虫半土生，群集在某些瓜根内及瓜的贴地部分蛀食为害，造成幼苗干枯骤死。黄守瓜幼虫的为害重于成虫，幼虫是某些瓜类最重要的害虫。

(4)黄曲条跳甲　黄曲条跳甲分布广泛，我国除新疆、西藏、青海尚无报道外，其余各省份均有发生，为寡食性害虫，偏嗜十字花科蔬菜。成虫主要为害十字花科中的小白菜、萝卜、油菜、芥菜等薄叶片的种类，也为害瓜类、番茄、茄子、豆类等。黄曲条跳甲以成虫群集在叶上为害，叶背尤多，使被害叶片上布满稠密的小椭圆形孔洞。对一些叶肉较厚的品种，只啃食叶肉，留下一层表皮。对抽薹的留种株，除为害叶片外，还时常将蒴果表面、果梗、嫩梢上咬成疤痕或咬断。喜吃植物的幼嫩部分，作物苗期受害后不能生长，往往毁种。幼虫则专门为害寄主根部皮层，使其表面形成若干不规则的条状疤痕，也可咬断须根，使叶片由内到外发黄、萎蔫、死亡。萝卜被害后，表面蛀成许多黑斑，变黑腐烂。

(5)菜蚜　3 种菜蚜的分布与为害见表 8-4。

表 8-4　3 种菜蚜的分布与为害

项　目	桃　蚜	菜蚜(甘蓝蚜)	菜缢管蚜(萝卜蚜)
分布	最广，是我国最普遍的种类，几乎遍及全国	温带和亚热带各地，已知为新疆优势种，陕西、宁夏及东北中、北部也有发生	很广，国内除西藏、新疆、青海不详外，其他各省(市、区)均有发生
食性	食性广	寡食性害虫	寡食性害虫
寄主范围	植物多，除为害十字花科蔬菜外，还为害马铃薯、菠菜等	以十字花科蔬菜和植物为主要寄主，偏嗜甘蓝、花椰菜、芸薹等蔬菜	主要有十字花科蔬菜及植物，偏嗜萝卜、白菜等及其他非十字花科蔬菜如莴苣、生菜等
为害症状	以成虫、若虫聚集在幼苗、嫩叶、嫩茎和近地面的叶片上，吸食寄主汁液，多集中在叶片背面。由于数量多、繁殖快、密集为害而使菜株严重失水和营养不良，叶面卷曲皱缩，绿色不均匀和发黄，严重时使整个外叶塌地枯萎，即所谓“塌帮”，使菜不能包心。还能传播多种病毒病害		

(6)白粉虱　白粉虱俗称小白蛾，我国分布范围广泛。其寄主范围很广，我国已知寄主有 70 科 270 种植物，其中蔬菜包括黄瓜、菜豆、茄子、番茄、青椒、冬瓜、苦瓜、豆类、莴苣、生菜、油菜、甘蓝、萝卜、芹菜、茴香、大葱、大蒜等。受害最重的蔬菜有番茄、黄瓜、茄子和豆类等。白粉虱主要以成虫和若虫群集在叶片上面吸取汁液，使叶片退绿变黄，萎蔫甚至枯死。同时成虫排出的“蜜露”可引起霉菌的寄生，污染叶片及果实。此外，还可传播某些病毒病。

(7)美洲斑潜蝇　美洲斑潜蝇俗称蔬菜斑潜蝇、甘蓝斑潜蝇和蛇形斑潜蝇。原分布于巴西、加拿大、美国、墨西哥、古巴、巴拿马和智利等30多个国家和地区。我国已知有21个省市有美洲斑潜蝇发生。主要集中在中南部地区,北方的保护地发生较多。美洲斑潜蝇能为害14科64种瓜菜,以取食豆科、葫芦科和茄科瓜菜为主,同时也能取食曼陀罗、龙葵、灯笼草、胜红蓟和野苋等野生寄主25种。美洲斑潜蝇主要以幼虫潜入叶表组织中取食叶肉,形成不规则的白色弯曲隧道,破坏叶绿素,严重时被害叶片可脱落。

8.2.2.2 发生规律

(1)菜粉蝶　菜粉蝶一年发生多代,全国各地发生世代数由北向南逐渐增加,一般发生3～9代。菜粉蝶有滞育期,各地冬季以蛹在秋季为害地附近的屋墙、篱笆、风障、树干上越冬,有些也可在砖石、土块、杂草或残枝落叶间越冬。由于越冬场所分散,越冬蛹羽化时间参差不齐,造成世代重叠现象。

成虫一般只在白昼活动,夜间、风雨天和阴天则在生长茂密的植物上栖息不动,以晴朗无风的白天中午活动最盛。经常在蜜源植物与产卵寄主之间来回飞翔。卵为散产,夏季多产于寄主叶片背面,寒季多在叶正面。尤其喜好产在十字花科厚叶片的蔬菜和甘蓝上。产卵时,菜地边缘尤其是蜜源植物附近菜地卵的密度较大。

大多幼虫在清晨孵化,初孵幼虫先吃卵壳,然后再吃叶片,幼龄幼虫皆停留在寄主叶片背面剥食为害,留下透明的表皮,虫体长大后开始爬到叶片表面取食,并能侵入甘蓝心球取食,4～5龄时食量最大。

(2)小菜蛾　小菜蛾在各地发生世代各不相同,东北每年3～4代,新疆每年4代左右,华北则可发生5～6代。小菜蛾在我国北部、西部蔬菜产区以蛹越冬。成虫昼伏夜出,白天多隐蔽于植物叶片背面,黄昏后开始活动,午夜活动最盛,成虫羽化后1～2 d即可产卵,产卵高峰在开始产卵后的前3 d,多数成虫产卵方式为散产,一般产卵于寄主叶片背面靠近叶脉有凹陷的地方。成虫有趋光性,对黑光灯、日光灯趋性更强,一般气温10℃以上即可扑灯。

初孵幼虫即潜入叶组织内,取食叶肉,2龄后多数在叶背为害,取食下表皮和叶肉,仅留上表皮。三四龄后将寄主叶片吃成空洞及缺刻。在气温过低或过高时,能钻入菜心或近地面的叶片背面。幼虫受惊扰时可以强烈扭动,倒退或吐丝下垂。幼虫有较强的抗寒力,在-1.4℃时尚可取食。老熟幼虫化蛹部位大多在原来取食叶的反面或枯叶上,也可在茎、叶柄、叶腋及枯草上化蛹,化蛹前做茧。

(3)黄守瓜　黄守瓜每年发生世代决定于当地温度情况,由南到北发生世代逐年减少。在我国北方大部分地区一年发生1代。以成虫潜伏在避风向阳的田埂土缝中、土块下或杂草落叶中越冬,越冬的深度约0.5 cm。越冬成虫在第2年3月底到4月初开始活动。首先飞至麦田、菜园、果树上取食,然后迁移到瓜苗上为害。在北方蔬菜产区,一般越冬成虫在5～8月份产卵,5月下旬至6月上旬为成虫产卵盛期,6～8月份为幼虫为害期,以7月份最烈,8月份羽化为成虫,为害晚生瓜菜及其他寄主,至10～11月份逐渐转入越冬场所越冬。

黄守瓜成虫喜在温暖的晴天活动,早晨露水干后开始取食,午时前后为害最烈,阴天活动迟钝,雨天不活动。黄守瓜往往因为雨过天晴时饥饿而大量取食为害。成虫产卵与温湿度有关,一般20℃以上开始产卵,24℃为产卵盛期,在此温度条件下,春季降雨早,成虫产卵早;产卵期降雨量少,产卵延迟,所以常常形成每次降雨后田间卵量激增的现象。黄守瓜的卵常产于靠近寄主根部或瓜下的土壤缝隙中。成虫产卵对土壤有一定的选择性,壤土中产卵最多,黏土次之,沙土最少,纯沙因表层过于干热,最不喜产卵。成虫有假死性,稍有群集性,越冬成虫寿命长,成虫喜欢温暖,耐热,耐饥。一般生长衰弱的和比较短小的植株受害重,生长健壮和高大的植株受害轻。

幼虫共3龄。初孵幼虫为害寄主的支根、主根和茎基部,3龄可钻入主根或根茎内蛀食,也能钻入贴近地面的瓜果皮层和瓜肉内为害。有转株为害习性。一般幼虫在土内6～10 cm深度活动。老熟幼虫即在为害部位附近做土室化蛹,越近植株,密度越大。幼虫和蛹浸水一昼夜就会死亡。

(4)黄曲条跳甲　黄条跳甲是北方蔬菜产区的重要害虫,以黄曲条跳甲为例,在北方蔬菜产区一年发生2～5代。一般东北每年发生2～3代;河北、山东每年发生3～4代;北京、宁夏每年发生4～5代。以成虫在匍匐地面的菜叶下面或残枝落叶、杂草丛中越冬,越冬时,若气温转暖,可活动取食。越冬成虫于次年春温度回升到10℃左右时开始活动,东北越冬成虫于4月份开始活动。在一年发生5代的地区,第1代成虫羽化初期为5月中旬,5月中、下旬出现最多;第2代成虫羽化初期在6月底;第3代在8月初;第4代在9月上旬;第5代在10月底。4～5月份越冬成虫活动最盛。

黄曲条跳甲属寡食性害虫。成虫活泼,善于跳跃,温度高时能飞翔,有趋光性,对黑光灯特别敏感。抗寒力强。成虫夜伏昼出,早晚和阴雨天藏身于叶背和土块下,中午或中午前后温度较高时活动力强,疾风时躲在植株下不活动。成虫寿命颇长,平均50 d,最长可达一年之久。产卵前期和产卵期很长,因此世代重叠,发生期很不整齐。成虫产卵大多在晴天,一天中以午后为多,卵散产,多产于植株,周围离主根3 cm左右的湿润土隙中或细根上,也可在近土表的植株基部咬一小孔产卵于其中。

幼虫共3龄,初孵幼虫沿须根食向主根,剥食根的表皮。幼虫在土中栖居深度与作物种类有关,在萝卜地以4～5 cm处较多,白菜地则在3～4 cm之间,幼虫老熟后,在土下3～7 cm处做土室化蛹。

黄曲条跳甲的发生与气候关系密切,卵的孵化要求湿度很高,符合南方春、秋季气候,有利于孵化,因而为害重。北方一般春旱较多,又多风沙,对成虫活动和卵的孵化均不利,而秋季多为雨季,天暖无风,有利于成虫活动和卵的孵化。夏季高温对黄曲条跳甲发生不利,一般为害不大。黄曲条跳甲为寡食性害虫,偏嗜十字花科蔬菜,一般十字花科蔬菜连作地区有利于大量繁殖,受害严重。与其他蔬菜轮作可减轻为害。

(5)菜蚜

①萝卜蚜:在北方一年发生10~20代甚至更多,北方温室内可终年繁殖为害。在北京11月上旬则发生无翅的雌雄性蚜,交配后在菜叶反面产卵越冬;亦有部分成、若蚜在菜窖内越冬。夏季无十字花科蔬菜的情况下,则寄生在十字花科杂草上。萝卜蚜适温范围广,在较低的温度下发育也较快,这是秋后白菜、萝卜上萝卜蚜比桃蚜多的原因之一。同时,萝卜蚜具有趋绿的习性,集聚在十字花科蔬菜心叶和花序上。

②甘蓝蚜:在温带北部气温较低地区,甘蓝蚜一年发生8~9代,北京等地年发生10代。以卵在晚甘蓝及球茎甘蓝、萝卜、白菜上越冬。越冬卵一般在4月份开始孵化,先在越冬寄主上繁殖,5月中下旬以有翅蚜转移到春菜,再扩大到夏菜和秋菜上,10月上旬开始产卵越冬。甘蓝蚜繁殖适温为16~17℃,高于18℃或低于14℃,产卵数趋于减少,因此呈春、秋两次发生高峰。

③桃蚜:在蔬菜区,桃蚜存在着生理分化现象,一部分挑蚜只在蔬菜上为害,在我国北方,以成蚜在靠近风障下的菠菜心叶里和接近地面的主根上越冬,或随秋菜收获进入菜窖内和在大白菜上产卵越冬。在京津地区翌年3月份可迁入春播十字花科蔬菜或留种菜上为害,这是第二年春菜的蚜源。另一部分桃蚜冬季以卵在桃树的枝条、芽腋间、裂缝等处产卵越冬,卵于第二年3月中旬至4月间侵入菜地,5月底6月初大量在夏寄主小萝卜、小白菜、甘蓝上发生为害,7月份最盛,8、9月间部分蚜虫转移到秋种十字花科蔬菜上,继续为害,至10、11月间迁回到桃树。

(6)白粉虱　白粉虱一年发生10余代,并有世代重叠现象。在北方冬季寒冷和寄主植物枯死情况下,不能存活。自然条件下,不同地区越冬虫态不全一样,一般以卵或成虫在杂草上越冬,有的地方以卵、老熟幼虫及蛹越冬。越冬场所主要在绿色植物上,但也有少数可以在残枝落叶上越冬。据北京郊区调查发现,温室白粉虱以各种虫态在温室蔬菜上越冬并继续为害。次年从越冬场所向阳洼和露地上逐渐转移扩散。开始时增长缓慢。7、8月间虫口增长快,8、9月间为害严重,10月下旬后气温下降,数量减少,逐渐向温室转移。一般春季大棚内数量比秋季大棚少,露地蔬菜上虫口数量比春、秋大棚内多,距离温室较近的地方比较远地方的数量多,为害重。在北方,由于温室、大棚和露地蔬菜生产紧密衔接和相互交替,使白粉虱可周年发生。此外,该虫还可随花卉、苗木的运输而远距离传播。

成虫喜欢比较幼嫩的植物，栖息在被害寄主叶背面，有强烈的集中性，一般不向远处移动或迁飞，但在整枝、收获等农事操作活动受惊扰时可引起扩散。对黄色有较强的趋性。成虫以吸食点为圆心，转动身体产卵排列成半圆形。也有散产者。卵多产在叶背面，卵有柄，卵柄插在叶背组织中。雌虫在生殖时，一般有性生殖可产生雌虫，孤雌生殖均产生雄虫。

白粉虱孵化后数小时到3 d左右可回旋活动，也可迁居到其他叶片或植株上，直到找到适合的取食场所定居下来为止。

白粉虱的发育时期、成虫寿命、产卵数量等均受温度控制。成虫活动最适合温度为25～30℃。温室白粉虱的天敌有丽蚜小蜂、中华草蛉、刻眼小毛瓢虫。

(7)美洲斑潜蝇　美洲斑潜蝇生活史短，发生世代多，而且世代重叠严重，据研究，该虫在海南省每年可发生21～24代。全国各地为害严重的时间各不相同，见表8-5。

表8-5　美洲斑潜蝇的发生时间

省(市)	发生高峰	蔬菜季节
琼	11月份至次年4月份	冬季蔬菜
粤	5～6月份、8～9月份、11～12月份	春、秋、冬菜
闽	6～7月份、9～10月份	春、秋菜
鄂、皖、苏	8、9、10月份	秋季蔬菜
京、冀、津	7、8、9月份	夏、秋菜

美洲斑潜蝇的雌、雄虫在8～14时活动，早晚行动缓慢，中午较活跃，主要是取食和交尾。雌虫当天即可产卵。雌虫刺伤叶片，取食汁液并在其中产卵，雄虫不刺伤叶片，但可取食雌虫刺伤点中的汁液。成虫产卵部位随植株的生长逐渐向上移动，多产在充分展开的嫩叶上。成虫对黄色有较强的趋性。初孵幼虫即潜入叶片和叶柄取食为害，幼虫历期3～8 d，老熟幼虫爬出叶片隧道，随风飘荡至地面化蛹，也有少数在叶表化蛹的。在20～30℃时，蛹的历期为9～10 d。

8.2.3　主要影响因素

8.2.3.1　菜粉蝶

气候条件对菜粉蝶的成虫产卵和幼虫取食影响较大，从春到初夏，产卵逐渐增多，盛夏产卵量则减少。幼虫发育的适温范围为16～31℃，相对湿度为68%～86%，当温度降至－9℃或高温至32℃或相对湿度降至68%以下，幼虫就会死亡，幼虫的活动受气候影响很大。菜粉蝶的天敌很多，有卵、幼虫和蛹的捕食性天敌和寄生性天敌。

8.2.3.2 小菜蛾

小菜蛾在气温为20～30℃时最适合成虫产卵、卵孵化和幼虫的生长发育，温度过高或过低均对其不利。因此在北方以春季为主，每年4～6月份为害最重。雨量对小菜蛾影响较大，夏、秋雨季雨水多的年份，秋季小菜蛾往往为害轻。夏季干旱少雨年份为害较重。寄主植物影响成虫产卵，一般含有异硫氰酸酯类化合物的植物，能吸引成虫产卵。凡是十字花科蔬菜周年陆续种植、复种指数高、相互间作套种、管理粗放的地方，小菜蛾为害就重。栽培方式的变化促进了小菜蛾的发生与为害。首先是叶菜复种指数的提高，叶菜一年四季的栽培方式为小菜蛾提供了赖以生存的基本条件；其次是保护地栽培的发展，小管棚、大管棚、温室等设施的发展使小菜蛾度过冬天和夏天的条件得以大大改善。

小菜蛾的天敌很多，捕食性天敌有蜘蛛、草蛉和蛙类，寄生性天敌有菜蛾绒茧蜂和菜蛾啮小蜂，还有颗粒体病毒，它们对小菜蛾种群数量均有一定的抑制作用。

8.2.3.3 黄曲条跳甲

黄曲条跳甲集中发生在前中期，后期相对较少。由于苗期油菜植株矮小幼嫩，遇到越冬出来的饥饿的黄条跳甲成虫，受害比较严重。调查结果还表明，密度高的地块，黄条跳甲的虫口数量也较多，为害较严重。播期晚的地块，黄条跳甲虫口数量也多，并随播期推迟，虫口数量呈上升趋势，虫情指数最大，与其他3个播期均有显著差异，但其他3个播期的虫情指数差异不显著。密度与虫情指数的关系是，密度小，虫情指数低，受害轻；密度大，虫情指数也高。在不同密度处理中，45万～75万株/hm^2低密度处理受害较轻，105万～225万株/hm^2高密度处理受害重。

8.2.3.4 菜蚜

3种蚜虫的发生和消长有共同的季节消长型——春、秋两季大量发生，夏季发生少。这一消长型的形成，温度是一个重要因子。除温度影响外，夏季降雨量大，也对蚜虫发生不利，在高温高湿条件下，蚜虫常因菌类寄生而死亡。大雨对蚜虫还有机械的冲刷作用，因此夏季蚜虫数量少。在北方地区，春季由于大白菜削梢脱帮，萝卜削顶，对萝卜蚜越冬极为不利，数量受到抑制，早春虫源少而发生较轻微。秋季是十字花科蔬菜生长季节，食料充分，发生为害远较春季为重。3种蚜虫均可传播十字花科病毒病，在北方菜区主要是孤丁病。

8.2.3.5 美洲斑潜蝇

气温为15～35℃时，美洲斑潜蝇幼虫均可活动和取食，最适温度为25～30℃。当气温超过35℃时，成虫和幼虫均受到抑制。降雨量也是影响该虫种群数量的主要因素。因虫体小，抗暴风雨能力较差，当遇到暴风雨和连续降雨而积水时，湿度较大，对其蛹的发育极为不利。

美洲斑潜蝇嗜食的植物为瓜、豆、茄类作物，一般瓜类受害重于豆类，豆类受害重于叶菜类蔬菜。这些作物的大面积连片种植，易诱集该虫高密度地为害。管理粗放，特别是美洲斑潜蝇寄主杂草丛生的田块，为害较重。

种植制度对美洲斑潜蝇有较大的影响 据石宝才等(1986)研究，在北京市，单纯菜区比混植菜区发生要严重，粮菜、果菜和粮果菜混栽区，美洲斑潜蝇发生较轻。

此外，美洲斑潜蝇有 3 种寄生性天敌：潜蝇茧蜂(*Opius dimidiatus*)、潜蝇姬小蜂(*Chrysocharis* spp.)和金小蜂(*Halticoptera* sp.)，且潜蝇茧蜂为单寄生，其余为多寄生。

8.2.4 主要防治措施

8.2.4.1 菜粉蝶

(1)农业防治　及时清洁田园，对菜粉蝶秋季为害的田块及时清除田间残株、杂草，减少越冬虫量。合理布局，尽量避免小范围内十字花科蔬菜连作；提早甘蓝的定植期以提早收获，避开第 2 代菜粉蝶的为害。

(2)生物防治　在菜粉蝶卵高峰期释放赤眼蜂，提高田间卵的寄生率。在幼虫发生盛期喷施寄生菌类制剂如青虫菌、8401 和 Bt 制剂等，提高幼虫死亡率。

(3)药剂防治　药剂防治以产卵高峰后 1 周左右，甘蓝包心前为宜，此时幼虫均为 3 龄以前，为害小，抗药性弱，易于消灭。可用 40%菊马乳油 2 000～3 000 倍液、40%菊杀乳油 2 000～3 000 倍液、10%氯氰菊酯乳油 2 000～3 000 倍液、5%农梦特乳油 3 000 倍液、10%天王星乳油 8 000～10 000 倍液、2.5%功夫乳油 4 000～5 000 倍液、20%灭扫利乳油 2 000～3 000 倍液、20%马扑立克乳油 3 000 倍液、25%菊乐乳油 2 000～3 000 倍液或 21%灭杀毙乳油 4 000～5 000 倍液，隔 10～15 d 喷一次，连喷 2 或 3 次。应注意的是，菜青虫防治应在 1～2 龄时进行，因为此时为害轻，而且抗药力弱，效果好。同时农药要交替使用，防止产生抗药性。

8.2.4.2 小菜蛾

(1)农业防治　清洁田园，蔬菜收获后及时清除田间残株残叶，晚秋季清除田园周围的杂草，并适时翻耕，破坏越冬场所，压低越冬虫源。合理布局，安排好种植方式，尽量避免连作十字科植物和间作套种，减少小菜蛾的中继食物田，减轻为害。

(2)性诱剂防治　每亩用小菜蛾性诱剂诱芯 6～8 个，诱盆距蔬菜 10～20 cm 高，诱芯距水面 1～2 cm，每月换一次诱芯，及时添加水。

(3)物理防治　小菜蛾对黑光灯有较强的趋性，在成虫羽化盛期设置黑光灯进行诱杀。

(4)生物防治　在温度20℃以上时，喷施微生物农药如青虫菌、杀螟杆菌等，一般用每克菌粉含活孢子80亿～100亿的800～1 000倍液，另加0.1%洗衣粉做展着剂效果更好，也可用Bt乳剂、爱福丁防治小菜蛾。

(5)药剂防治　药剂防治最佳时间为卵盛孵期至2龄幼虫以前。药剂有25%喹硫磷2 000倍液，5%农梦特乳油，5%卡死克乳油，5%抑太保乳油4 000倍液，20%灭幼脲1号，或25%灭幼脲3号胶悬剂1 000倍液，2%阿维菌素乳油2 000倍+46%杀苏可湿性粉剂1 000倍混合液，武大绿洲1号病毒杀虫剂1 000倍+菜青必克杀虫剂1 500倍混合液，38%凯威一路杀乳油2 000倍+劳吉特生物杀虫剂200倍混合液，虫蛾毙治(植物性杀虫剂)1 000倍+克蛾宝乳油1 500倍混合液等。

8.2.4.3　黄守瓜

(1)农业防治　调整瓜类的播种期，避过越冬成虫为害的高峰期，减轻为害。利用瓜类与其他作物间作套种，可以减轻黄守瓜的为害。

(2)成虫防治　在成虫为害和产卵期间，于露水未干时，在瓜根附近的土面及瓜叶上撒草木灰、糠秕、锯木屑、废烟末等可防治成虫为害和产卵。

(3)药剂防治

①成虫期的防治：瓜苗四五片叶后发现为害，可用药剂喷雾防治成虫。主要药剂有40%氰戊菊酯8 000倍液、50%巴丹可湿性粉剂1 000倍液和0.5%蔬果净乳油600～800倍液。

②幼虫期的防治：防治黄守瓜幼虫，可用40%甲基异硫磷，每亩1.5 kg掺细土6～7.5 kg，撒入移栽瓜苗的穴中。幼苗初见萎蔫时，可用50%辛硫磷乳油1 000～1 500倍液、90%晶体敌百虫1 000～2 000倍液或鱼藤精500倍液灌根，杀死根部幼虫。

8.2.4.4　黄曲条跳甲

黄曲条跳甲的防治以治成虫为主，幼虫为辅；并以农业防治为基础，实行综合防治。

(1)农业防治

①清理田园。在蔬菜收获后，清除菜地残株落叶，勤除杂草，消灭成虫和幼虫的滋生场所。

②实行轮作。十字花科蔬菜和其他作物进行轮作，断绝黄曲条跳甲的过渡食物源，可以减轻其为害。

有条件的地区，播种前7～10 d深耕晒垡，改变幼虫在地里的生活环境，不利其生活，可以减轻其为害，同时有灭蛹作用。播种前多施基肥，使幼苗健壮，生长快,也可使受害减轻。

(2)用烟草粉防治　在黄曲条跳甲发生期,用烟草粉 0.5 kg 加草木灰 1.5 kg 或烟草粉 5 份加消石灰 4 份,混匀后于早晨露水未干时撒在菜叶上,效果也很好。

(3)药剂防治

①药杀成虫:成虫的防治可选用的化学药剂有:Bt 乳剂、灭幼脲 1 号和 3 号 500～1 000 倍液、48%毒死蜱乳油 1 000 倍液、40%菊马乳油 2 000～3 000 倍液、40%菊杀乳油 2 000～3 000 倍液、10%氯氰菊酯乳油 2 000～3 000 倍液、20%杀灭菊酯乳油 2 000～3 000 倍液、5%农梦特 3 000 倍液、2.5%溴氰菊酯 2 500～4 000 倍液及 50%二嗪农乳油 1 000～2 000 倍液等。在成虫已开始活动而尚未产卵时,重点在蔬菜苗期,发现被害,立即用药。用药时注意从田边向田内围施,防止成虫逃逸。

②药杀幼虫:菜苗出土后立即进行调查,在幼龄期及时用药剂灌根或撒施颗粒剂,可选用的药剂有:5%锐劲特,20～30 mL/亩;48%毒死蜱乳油 1 000 倍液;90%敌百虫 1 000 倍液;3%米乐尔颗粒剂,1.5～2 kg/亩;5%辛硫磷颗粒剂,2～3 kg/亩等。

8.2.4.5　菜蚜

(1)农业防治　早春要及时用药防治园地附近果树或菠菜上的蚜虫,防止蔓延迁移。春季控制留种用十字花科蔬菜地越冬的各种蚜虫繁殖数量。结合定苗、间苗等农事操作,清洁田园,拔除虫苗。选择抗虫品种。

(2)生物防治　蚜虫的天敌很多,应切实加强天敌保护措施。必要时采用人工饲养和释放天敌,如草蛉、瓢虫等;也可采用冬季收集越冬瓢虫和草蛉,春季饲养一段时间后释放于田间。

(3)药剂防治　常用药剂有 50%抗蚜威(辟蚜雾)可湿性粉剂或水分散粒剂,每亩用 10～18 g,对水 15～25 kg 喷雾,对蚜虫效果好,且不杀伤天敌。

8.2.4.6　温室白粉虱

(1)农业防治　加强检疫措施,种植健全的幼苗,防止其分布区域的继续扩大。及时清除落叶残株和杂草,以消灭虫源。注意不要把带虫的植株带进保护栽培地。利用橘黄色塑料板,涂上凡士林,放在温室通风处附近以诱杀成虫。

(2)生物防治　利用丽蚜小蜂、中华草蛉防治温室白粉虱有很好的效果。应用赤座孢菌防治温室白粉虱,效果可达 65%～90%。

(3)化学防治　由于白粉虱世代重叠,在同一时间存在各虫态,对同一类药剂应轮换使用,以减缓抗药性的发生。可用 2.5%天王星乳油 3 000～4 000 倍液,亦可与扑虱灵混用;2.5%扑虱灵可湿性粉剂 2 500～3 000 倍液可控制卵、若虫和成虫;2.5%灭螨猛乳油 1 000 倍液对成虫、若虫、卵皆有效;也可用 21%灭杀毙乳油 4 000 倍液、2.5%功夫乳油 5 000 倍液、20%灭扫利乳油 2 000 倍液,连续使用。

(4)露地药剂防治　温室白粉虱体表覆有一层蜡质,抗药力较强,因此,在初见为害时立即进行防治,效果最好。选用的药剂有 2.5%溴氰菊酯乳油或 25%速灭菊酯乳油各 2 000 倍液。

8.2.4.7　美洲斑潜蝇

(1)加强农业防治措施的研究和应用　选育抗虫性品种。合理布局蔬菜的种植。加强田间管理,及时清除一些中间寄主。蔬菜收获以后及时清洁田园,减少部分蛹的存活率。

(2)进行成虫诱杀　成虫对橙黄色趋性很强,在黄色塑料板上涂上凡士林,黏虫效果较好,每亩平均 15～20 块。

(3)重视防治策略　从生长期看,要抓"早"字。所谓"早",即重点抓住苗期进行防治,一般在幼苗 2～4 片叶期及早防治。从施药时间看,要抓"准"字。一般幼虫在早晨露水干后至上午 11 时前,在叶片上活动最盛,老熟幼虫早上易从虫道中出来暴露在叶面上及化蛹时的预蛹期,均是防治最佳时间。

(4)做好监测工作,掌握好防治指标和防治适期　据海南省研究,一般 2 龄幼虫发生高峰期在成虫发生高峰期后 4～7 d,为防治适期,或当叶片受害率在 10%～20%时,应考虑药剂防治。广东省对防治指标的研究认为,百叶活虫 10 头左右,或为害虫道在 1 cm 以内,应考虑药剂防治。

(5)正确掌握施药方法,严格控制施药间隔期　防治成虫易早、晚喷药。瓜、豆类作物最好从顶部向下喷药。同一块瓜菜地应统一喷洒药剂。施药间隔期为苗期虫口密度大,一般 3～4 d 喷药一次,连续喷 2 次为宜;花前应 5～6 d 喷药一次,花后 6～7 d 喷药一次。应注意天敌的保护。要选用高效低毒低残留的药剂。

8.3　蔬菜田杂草和鼠类

8.3.1　主要种类及发生规律

8.3.1.1　蔬菜田杂草主要种类及发生规律

我国蔬菜栽培历史悠久,种类繁多,栽培方式复杂,蔬菜田杂草的发生和分布亦有多种特点。全国性为害的蔬菜田杂草有马唐、凹头苋、稗草、马齿苋等。此外,温带以南的牛筋草;亚热带以南的千金子、香附子、双穗雀稗、空心莲子草以及该地地区性杂草如南亚热带的胜红蓟;北方的藜、小藜、反枝苋、田旋花;温凉地区的辣子草等均有较大危害。

根据我国自然条件和蔬菜栽培特点，我国的蔬菜田杂草大致可以分为8个类型。

(1)东北温带单作蔬菜田杂草区 本区夏短冬长，年无霜期约140 d，冬季气温可低至－30℃。蔬菜一年一熟，主要有大白菜、甘蓝及早春温室育苗后夏季移栽到大田的番茄、黄瓜等。菜田杂草主要集中在夏、秋季，冬季由于温度低，杂草不能发生，秋季所生杂草也不能越冬。

(2)华北暖温带蔬菜田杂草区 本区四季分明，冬季气温低，无霜期约200 d。一年能种植春夏和早秋两季蔬菜，主要有早春的茄果类及秋天的白菜、甘蓝、萝卜等。杂草主要发生在夏季；冬季无露地蔬菜，无杂草发生；至开春后有看麦娘、牛繁缕、猪殃殃、婆婆纳等杂草发生，但一般不造成危害。有些亚热带杂草如千金子、细叶千金子、双穗雀稗、空心莲子草等仅在本区南部出现，不为害菜田；香附子在山东、河南有部分危害，在北京仅个别发现。

(3)长江中下游亚热带三作蔬菜田杂草区 本区四季分明，各季长短相近。春夏气温高、光照足、雨水多，茄果类、瓜类、叶菜类蔬菜种类繁多，是菜田杂草的主要为害期。秋季蔬菜种类亦多，杂草种类和春夏季相似。冬季气温不低，有菠菜、青菜、大白菜、甘蓝等耐寒蔬菜种植，但杂草为害不严重。春夏、秋冬和冬春三季蔬菜，前二季主要有马唐、千金子、稗草、凹头苋等夏季杂草；冬春菜田主要有牛繁缕、看麦娘等冬季杂草及早春的小藜等。

(4)华南多作蔬菜田杂草区

①热带多作蔬菜田杂草区：本区年均温在23～25℃，全年无冬季，有较短的春、秋和漫长的夏季，全年可种植番茄、茄子、黄瓜、青菜、甘蓝、四季豆等。由于雨量集中在春夏之间，加之气温较高，适宜杂草发生，杂草主要集中在夏季为害；由于没有冬季，看麦娘、牛繁缕、婆婆纳、猪殃殃等冬季喜凉杂草不见分布。

②南亚热带菜田杂草区：本区冬季短暂，全年基本无霜，平均气温21℃以上。夏季杂草主要有千金子、马唐、凹头苋、碎迷莎草、胜红蓟、牛筋草、马齿苋等。冬春季杂草有繁缕、看麦娘、裸柱菊等。

(5)云贵川菜田杂草区 本区菜地多位于海拔1 000～2 000 m之间，属亚热带气候，一年三作。主要杂草有马唐、凹头苋、牛繁缕、小藜、田旋花、马齿苋、辣子草。在云贵高原的低海拔地区属热带或亚热带气候，是我国天然温室，12月份至第二年1～2月份可露地种植番茄、茄子、黄瓜等。主要杂草有属热带的龙爪茅、两耳草和南亚热带的胜红蓟，高海拔处有尼泊尔蓼、欧洲千里光等。

(6)黄土高原单作菜田杂草区 本区海拔较高，年平均气温6～7℃，年降雨量低于 400 mm。主要蔬菜为大白菜、萝卜及早春温室育苗初夏移栽的番茄、茄子、黄瓜等。杂草有藜、驴耳草、西伯利亚蓼、小藜等。

(7)高寒单作菜田杂草区　本区地处海拔 2 000 m 以上的高寒地带，生长季仅约 130 d。有白菜、甘蓝、萝卜、马铃薯及温室栽培后移栽的番茄、茄子、黄瓜等。主要杂草有灰藜、藜、荠菜、繁缕、宝盖菜、田旋花等。

(8)西北内陆单作菜田杂草区　本区海拔 1 000 m 以上，日夜温差大，冬季绝对低温在－40～－30℃，年降雨量在 400 mm 以下，为内陆气候。主要的栽培蔬菜为大白菜、甘蓝、葱、蒜、马铃薯及温室栽培后移栽的番茄、茄子、黄瓜等。常见杂草为稗草、冬寒菜、反枝苋、凹头苋、绿尾狗、藜、小藜等。

8.3.1.2　蔬菜田鼠类(rat of vegetable field)的主要种类及发生规律

蔬菜在生长期和储存期可能受到鼠类为害。为害蔬菜的鼠类以家栖鼠为主，常见的有褐家鼠、黄胸鼠、鼢鼠、小家鼠等，黑线姬鼠、黑线仓鼠、大仓鼠等野栖鼠种也偶有为害，此外，子午沙鼠、黄鼠、花鼠、长沙土鼠等有时也取食蔬菜。

各类蔬菜中茄果类、瓜类和豆类蔬菜受害较重。在蔬菜生长周期中，播种期以大粒型种子(如花生)受害较重，生长期以幼果和嫩荚受害较重，成熟期则以瓜果类较易受害。

(1)褐家鼠(*Rattus morvegicus*)　参考玉米田鼠害。

(2)黄胸鼠(*Rattus falvipectus*)　啮齿目鼠科。又名黄腹鼠、长尾鼠，分家栖和野栖两类。主要分布于长江以南、西藏东南部和秦岭、嵩山一带往南。

食性杂，偏食植物性及含水较多的食物，如萝卜等蔬菜，也食谷子、馒头、饼干、面粉和肉类等人的食物，还食小动物，有的咬食瓜类的花托、果肉。主要栖息在室内，靠近村庄的田块容易受害，其为害程度不亚于褐家鼠。

黄胸鼠体型小于褐家鼠，尾长与体长相近，鼻吻部略尖，耳薄且大，向前翻时遮眼。体背毛棕褐色，背脊处夹生黑色毛较暗，腹面毛灰白至污黄，喉与胸间有棕黄色斑，毛基灰色。尾毛稀，尾黑褐色。头骨小于褐家鼠，呈弧形向两侧凸。

洞穴较简单，洞径 4～6 cm，洞口内壁光滑，出口多。喜昼夜活动，夜间活动频繁，尤以晨、昏活跃。在农区有季节性迁移。多与大家鼠混居，黄胸鼠在建筑物上层，褐家鼠在下层。黄胸鼠一年四季均可繁殖。7～8 月份是繁殖高峰，每年繁殖 3 或 4 次，每胎 6～8 仔，幼鼠出生后 3 个月性成熟，寿命长达 3 年。

(3)中华鼢鼠(*Myospalax fontanieri*)　啮齿目鼢鼠科。又名原鼢鼠、瞎老鼠，藏语也叫仔隆。广布于华北、西北、四川等地。

最喜食马铃薯、萝卜、苜蓿、大葱、豆类等，也喜谷物。幼期咬食禾苗，严重时造成大量缺株断垄；后期取食粮食。尤喜植物多汁部分。

体胖，较大，呈圆筒状。头部宽而扁，吻端平钝，耳壳极度退化，耳孔隐于毛下。眼极细小。四肢较短，前足较后足粗壮，爪镰刀状，第二与第三趾的爪接近等长。尾细短，被稀疏的毛，尾长约体长的1/4。全身具天鹅绒状的毛被，夏毛毛尖铁锈红，毛基石板青色。腹毛灰黑色，毛尖锈红。额中央一白斑。足背与尾毛稀疏，污白色。头骨粗壮，有明显棱角。鼻骨狭长，幼体额骨平坦，老龄个体有不发达的眶上嵴，向后与颞嵴相连，并延伸到人字嵴处。人字嵴发达，听泡骨低平。上颌门齿形短而强，第一臼齿较大，其内外侧各有2个内陷，交错排列；第三臼齿后端具一个向后方斜伸的小突起；下颌门齿的齿根很长，一直延伸到下颌后端的角突上方。

生活在低洼、土壤疏松湿润且食物较丰富的地段，多见于马铃薯、小麦、莜麦和豆类农田。洞系复杂，一般分为洞道和老窝两部分。洞道亦称常洞，与地面平行，弯曲多支，其中常有数量不等的临时巢、仓库和便所。洞道经过的地方，地表形成一条略隆起的虚土梁，不见土丘。洞道中一些分支的盲洞用作临时储粮的仓库。中华鼢鼠在晨昏和夜间活动，不冬眠，有储粮习性，每年有两个活动高峰；怕风、光、水。

(4)黑线姬鼠(*Apodemus agrarius*)　啮齿目鼠科。又名田姬鼠、黑线鼠、长尾黑线鼠。分布于全国除新疆、青海和西藏外的所有地区。食番茄、西瓜、甜瓜、蔬菜及农作物。在播种期间取食种子，其他时候啃食作物营养器官和果实。

参考玉米田鼠害。

(5)大仓鼠(*Cricetulus triton*)　啮齿目仓鼠科。又名大腮鼠、灰仓鼠、齐氏鼠、搬仓鼠和棉榔头。分布于东北、华北、陕西北部、甘肃、内蒙古及长江流域。

参考麦田鼠害。

(6)子午沙鼠(*Meriones meridianus*)　啮齿目仓鼠科。又名黄耗子、中午沙鼠、午时沙鼠。分布于内蒙古中部和河北张家口向西的陕西、甘肃、宁夏、山西及青海、新疆等地。

食蔬菜、草类及粮食作物。主要取食植物种子和营养体，秋季取食粮食。在黄土高原区，其洞穴可加速水土流失。

(7)黄鼠(*Citellus dauricus*)　兔形目鼠兔科。又名达乌尔黄鼠、蒙古黄鼠、草原黄鼠、大眼贼、豆鼠子、禾鼠等。分布于东北、山西、内蒙古、陕西、甘肃、青海、河南等地。

食谷子、沙蒿、沙葱、牧草及一些植物的浆果、种子，有时也食鞘翅目幼虫。喜食植物多汁幼嫩部分，常使作物的管心被成片抽掉。秋季食灌浆乳熟期的种子，使植物大量枯死。

尾长为体长的1/5～1/3，头大，眼大而圆，故称大眼贼。耳壳退化，短小；颈、四肢、尾均较短。爪黑色,强壮。雌体有乳头 5 对,背毛深黄色,杂有黑褐色毛。腹部、体侧及前肢外侧为沙黄色。尾末端间有黑白色环。眼眶四周具白环,耳壳黄色。颅骨椭圆形,吻端略尖,眶上嵴基部的前端有缺口,无人字嵴。门齿狭扁,后无切迹,牙端整齐。

黄鼠是我国北部干旱草原和半荒漠草原的主要鼠类,喜散居。对生境有选择性,喜湿,最适生境为草原和山地草原,通常多在植被覆盖率 25%左右,植株高 15~20 cm 处活动。该鼠除繁殖季节外多单洞独居,洞穴多筑于荒地、地头、坟草坡、荒草坡、路旁几多年生草地处,分常筑洞和临时洞;临时洞内无窝巢,洞口有几个到几十个;常筑洞通常只有一个洞口,光滑完整,洞口前有土丘和足迹,周围无粪便,洞道长,洞深,无仓库,不储粮。雄巢球状,雌巢盆状。黄鼠在一年中半年活动,半年休眠即冬眠。该鼠挖掘力强,遇敌害时能迅速打墙逃避。视觉、嗅觉、听觉灵敏,记忆力强,警惕性高。黄鼠不喝水,每年繁殖一次,寿命 2~3 年,一般不超过 5 年。

(8)花鼠(*Eutamias sibiricus*) 啮齿目松鼠科。又名五道眉、花黎棒。分布在我国北方各地。

食蔬菜、大田作物、人参、昆虫和鸟蛋。喜食种子、坚果及浆果。春季常刨食种子,秋季食粮食。

体型小,具颊囊,耳壳明显,耳端无丛毛。尾长近体长。尾毛略蓬松,端毛长。全身棕灰黄色,后半身较前半身黄,背毛浅黄或橘红色,具 5 条黑褐色纵纹,故称五道眉。腹毛污白色,毛基灰色,尾毛毛基褐色,中间黑色,毛尖白色,尾四周具白色毛边。具乳头 4 对。头颅狭长,脑颅不突出,上颌骨的颧突横平。臼齿的咀嚼面近乎原型,上下门臼齿前表面具不明显的细纵脊。

栖息于平原、丘陵、阔叶林、针叶林及多灌丛的地区和山区农田等地。常在林区倒木、树跟基部、深沟塄壁裂缝、石缝等处做洞,洞道结构简单,深约 1 m,仓库与巢合为一,下部储粮,上部用毛草做巢,洞穴附近有储粮坑。巢呈球状或碗状。白昼活动,清晨先爬到高处观察四周动静,后窜入地中活动,行动敏捷,好奇,善攀爬。

(9)长沙土鼠(*Meriones unguiculatus*) 啮齿目仓鼠科。又名黄耗子、白条鼠、沙老鼠、黄尾巴鼠。分布于东北、西北和华北。

食胡麻、谷子、苍耳、滨藜、猪毛菜、蒿类,有时食蔬菜。喜食植物的绿色部分及种子,冬食秋储粮。具自残性。尾长小于头躯长,短小,尾端具毛束。耳小而圆,几乎被毛掩盖。爪黑褐色,弯曲且锋利。背毛黄棕褐色,毛基深灰色,体侧毛较浅,为浅棕黄色,腹部及胸部为乳白色,毛基灰色,毛尖浅橘黄色。尾毛黄色,毛束深黑色。颅骨前窄后宽,鼻骨狭长,听泡发达。

主要栖息于荒漠草原，也分布于草原和农业区，喜居于沙质撂荒地、农田、路旁、低埂等植被稀疏，植株低矮处。洞系复杂，多以家族为单位生活在一个洞系内。每个洞系由洞口、洞道、仓库和巢室组成，分为越冬洞、夏季洞和临时洞。越冬洞复杂，有多个洞口，洞道长，巢室位置深；夏季洞仅有窝巢；临时洞简单，洞道短而直，为临时藏身之处。该鼠主要白天活动，不冬眠，一天有2个活动高峰，冬季中午活动。繁殖力强，条件适宜几乎全年都能繁殖。秋季长沙土鼠数量最多。

8.3.2 影响发生的主要因素

8.3.2.1 影响蔬菜田杂草发生的主要因素

蔬菜田杂草的发生受蔬菜的栽培措施、管理水平、除草技术和生长季节的影响。

(1)季节的影响　同一地区，季节不同，田间杂草种类有差别。如亚热带地区蔬菜田，冬季杂草为喜凉的牛繁缕、看麦娘、小藜等；而夏秋季节为稗草、马唐及千金子等喜温杂草。

(2)耕作制度的影响　在广州、上海郊区荠菜田的主要杂草为香附子、田旋花等旱田杂草；而在茭白等水生蔬菜田中则以异型莎草、千金子等水生杂草为主。

(3)栽培条件的影响　近年来，各地发展起来的冬季温室和早春保护地栽培(底膜覆盖)，使田间局部小环境发生了显著改变。因此，原来在夏天出苗的杂草可以提前到春天发生；原来在长江流域出现的马齿苋、凹头苋也可以在东北、西北等寒冷地区发生。所以，对由于栽培条件的优化产生的新杂草应予以特殊关注。

(4)化学除草剂的影响　不同化学除草剂有不同的靶标，蔬菜田杂草随化学除草剂的使用类型而变化。如在上海地区，20世纪60～70年代针对双子叶杂草主要使用除草醚，小藜、凹头苋等双子叶杂草得到有效控制；但稗草、马唐等单子叶杂草明显上升。到80年代使用氟乐灵以后，稗草、马唐的为害减轻，而双子叶杂草又重新加重。

8.3.2.2 影响蔬菜田鼠类发生的主要因素

在自然环境中和食物链中，气候、人类、食物、天敌对鼠类的发生都有很大影响。

(1)气候的影响　在各种气象条件中，温度对鼠类的影响最为明显。鼠类是温血动物，而且体形小，散热表面积相对较大，部分鼠类会因气温低热量不足死亡。为了适应其自身散热表面积大，机体需要有相应的机能保持体温，所以鼠类的汗腺和散热机能不发达。但是，这种机能又使鼠类必须减少夏季的活动，以免产热过多无法排出。在春季，若气温升高早，对鼠类提高繁殖率和成活率有利；但春季寒流则会降低其繁殖率和成活率，造成部分死亡。

日照影响鼠类的分布、栖息和生活方式。光对鼠类是一个重要的刺激信号，作用于鼠类的神经系统，调节内分泌，拨动生物钟。光照还影响作为鼠类食物的植物的生长。

鼠类通常通过取食和皮肤吸收获得水分。在干旱年份，黄鼠等为了避免不良环境，夏蛰与冬眠常常连起来。在雨量充沛时，鼠类食物丰富；但雨水过多，又会浸灌其洞道。

(2)食物的影响　食物影响鼠类的栖息地、生活环境和习性。食物充足，营养丰富时，鼠类的繁殖率显著提高。

(3)栖息环境的影响　各种鼠类都有最适的栖息环境。如黄鼠喜欢在植被低、不太郁闭的地方栖息。改造当地环境可以在一定程度上控制鼠类为害。

(4)天敌的影响　鼠类天敌很多，它们对控制鼠类发展、保持生态平衡有重要作用，要注意保护这些天敌。

8.3.3　防治方针和主要防治方法

8.3.3.1　农田杂草的防治方针和主要防治方法

我国生产的蔬菜种类多，各种蔬菜的耐药程度不同；由于栽培方法复杂，不同环境条件下杂草的发生和分布特点各异；不同地区、不同的除草剂使用习惯和使用历史不同，杂草的分布和为害也不同。在多作蔬菜区，提倡安全、合理、高效地使用不同除草方法。

(1)物理防治

①人工除草：人工除草是一种简单而原始的除草方式，费工费时，效率低。但是，在不发达地区，人工除草仍是主要的除草手段；在某些特殊植物上，也以此为主要防除杂草的方式；另外，人工除草也可以被当做补救的除草措施。

②机械除草：目前主要的除草机械有中耕除草机、除草施药机和一些主要用于耕翻兼有除草效果的耕翻机（如电耕犁、机耕犁、旋耕机等）。

机械除草效率高，效果好，成本低，不污染环境，在绝大多数作物上都可以用，但在蔬菜田中应用机械除草要考虑不同的蔬菜是否适用机械除草，以及除草机械的种类和除草时间。

③其他物理防治方法：另外还有火力灼烧、电力和微波及薄膜覆盖等方法防治杂草，其中薄膜覆盖的方法在蔬菜地中被广泛使用。

(2)农业及生态防治

①农业防治：农业防治方法包括精选种子除去混杂的杂草种子；充分腐熟有机肥，利用其发酵过程的持续高温杀死杂草种子；利用耕翻、深松土等农事措施除草；轮作、间作套种除草。

②生态防治：

他感作用防治：利用某些蔬菜或其他植物及其产生的有毒分泌物抑制杂草产生。

竞争性防治：挑选优质作物，利用其个体和群体竞争性使作物充分利用生长条件，削弱杂草对资源的竞争和利用。

(3)化学防治　利用化学方法防治杂草优点颇多，在众多的防治方法中，化学防治仍具有明显的优势，不可替代。

不过目前专门针对蔬菜的除草剂很少，多数是用于其他主要农作物后借用于蔬菜上的。同时，由于各种蔬菜的抗药性和耐药性不同，有些杂草与蔬菜近缘或形态相近；又考虑到蔬菜生长期短，收获后很快被食用，农药残留或残毒都会影响消费者的健康安全。所以蔬菜田化学除草剂的使用应依据蔬菜种类、防治对象、生态环境、防治时期谨慎选用，合理施药。

(4)生物防治

①利用动物和动物产物防治。利用动物防治杂草可以选择合适的食草动物，如在稻田中养鱼，在稻田中饲养鸭、鹅，或是以虫治草。

②利用微生物及其代谢产物防治。

(5)杂草检疫　在保证种子"四化一供"的前提下，在种子调运过程中，做好产地检疫和各种环节的检疫，未经检疫的种子不得出售，以防恶性杂草及病虫害的传播蔓延。中毒麦、野燕麦均属检疫对象。

8.3.3.2　农田鼠类的防治方针和主要防治方法

农业鼠害的防治，根据不同地区和不同耕作制度下农田生态系统的特点，结合农田基本建设及农事操作，应当采取不同的方法，创造不利于害鼠栖息、生存、繁殖和为害的生态环境，使鼠害的种群发生量维持在较低的水平，以减轻鼠害发生与为害。并且，力求在经济有效地防治鼠害的同时，获取最大的生态和社会效益。

(1)农业防治

①翻耕土地、清除杂草。翻耕和平整土地，可以破坏鼠类洞穴，恶化鼠类的栖息环境，提高鼠类死亡率，抑制其种群增长。

②整治农田周边环境。鼠类的种群密度多和农田生态环境关系密切。如长江以南稻区发生的黑线姬鼠、褐家鼠、黄毛鼠等多栖息于田埂、沟渠边、河塘边、土堆、草堆。所以，结合冬季兴修水利、冬季积肥、田埂整修等农田基本建设活动，可以铲

除杂草、土堆等,保持田边及沟渠的清洁,破坏鼠类的生存生活条件。

③及时收割、归仓存储。

④合理布局农作物。农作物的合理布局及合理的品种搭配,可以降低鼠类为害。大面积连片种植同一种作物与多种作物间作或套种相比,鼠害较轻。单一作物种植区,播种期及各品种的成熟期应尽可能同步,过早或过晚播种(成熟)的地块容易遭受鼠害。另外,水旱轮作的地块较旱地鼠害发生轻。

(2)物理防治　物理防治通常指利用捕鼠器械防治鼠害,如捕鼠夹、捕鼠笼、捕鼠箭、电子捕鼠器等。这些捕鼠器械如果合理使用,一般对人畜安全、不污染环境。

一些生活于地下的鼠类,如鼢鼠、鼹型田鼠等,有封堵洞口的习性,因此可以用捕鼠箭捕杀。常用电子捕鼠器有电猫、超声波灭鼠器、全自动捕鼠器等。电猫是根据强脉冲电流对生物体的杀伤原理制作,无毒害、无污染、成本低、操作简便,但其应用范围窄,在潮湿地面使用时要注意防止触电。另外,大多数鼠类被高压击昏一段时间后可以缓解过来,因此要及时处理。

(3)生物防治　生物防治指利用天敌动物和病原微生物来防治鼠害。

①天敌动物:自然界中鼠类的天敌主要有鸟类、兽类和蛇类等肉食动物,从生态平衡和环境保护的观点出发,人类应该积极保护同时减少甚至禁止捕猎鼠类天敌动物。但是,在鼠害暴发时,天敌并不能及时有效地控制鼠害。

②病原微生物:目前发现的鼠类病原微生物主要是细菌,其次是病毒和寄生虫。细菌中主要是沙门氏杆菌及肠炎沙门氏杆菌。考虑到人畜安全,对鼠类病原微生物的使用应当谨慎。沙门氏杆菌中的达尼契氏菌、依萨琴柯氏菌、密雷日克夫斯基氏菌、5170菌等,都先后被使用过。但由于其对人畜的安全性问题,在有些国家已经被禁用。此外,微生物灭鼠制剂的总体成本偏高。

(4)化学防治　化学防治是指利用化学灭鼠剂防治鼠害。化学灭鼠剂包括胃毒剂、熏蒸剂、驱避剂和绝育剂,其中胃毒剂使用广泛,效果好,见效快,使用方便,效益高。在当前的鼠害防治中,化学防治是主要手段,特别是在鼠害大发生时,必须依靠化学防治。但是,在采用化学防治方法时应讲究防治策略,科学用药,确保人畜安全,尽可能保护天敌,降低环境污染。

①化学防治的基本原则:

a.了解鼠类发生情况和发生规律,制定防治方案。为了获得好的防治效果和效益,首先要掌握鼠情,了解当地鼠类种类、数量、分布情况和活动规律;调查作物受害数量和受害程度。然后根据耕作制度、气候条件和自然资源等因素制定科学有效的防治方案,包括确定防治对象、防治时期、用药种类及施药方法等。

b.大面积连片防治。由于鼠类有流动和迁移的习性,当防治区鼠类密度降低后，非防治区高密度的鼠类会逐渐向防治区迁移。如果防治区面积小，迁移的鼠类会很快建立起种群，防治效果很快丧失。因此，化学防治必须大面积连片统一行动，建议以市、县为单位统一部署，以乡镇为单位统一投药时间。在防治区内，最好做到农田防治和居家灭鼠同步。

c. 防治与预防相结合。当鼠类密度达到防治指标时，采用化学防治可以尽快降低鼠类密度，避免为害大发生。但是，鼠类密度降低后，仍然应该加强农业、物理和生物防治，并注意鼠情监控。在田间长期设置毒饵盒或毒饵罐，可以长久有效控制鼠类，使其保持在低密度水平，但是要注意人畜安全。

d. 安全用药，防止伤及无辜。目前使用的灭鼠药多具广谱性，对人类、牲畜及有益动物均有一定毒性，甚至危及生命。所以，杀鼠剂的储藏、运输和使用过程中，要注意安全。另外，为了防止二次中毒，对中毒死鼠要及时妥善处理，避免其他动物取食。

②化学防治的主要途径：

a. 毒饵灭鼠。毒饵灭鼠是鼠类防治的主要途径。

b. 熏蒸灭鼠。在密闭环境内，使用熏蒸药剂，释放有毒气体，使鼠类呼吸中毒死亡，称为熏蒸灭鼠。该方法具有强制性，不受鼠类取食行为的影响；效率高；节省粮食；作用快（一般1～2 h即可生效）；使用安全，无二次中毒现象；仓库内使用还可以兼治害虫。其缺点是用药量大，要求密闭环境。同时要小心熏蒸药品在蔬菜或是其他作物上的残留。

c. 化学驱鼠。当鼠类嘴唇或舌头接触到驱鼠剂时，驱鼠剂刺激鼠类口腔黏膜，鼠类感到不适，以致不愿再次啃咬。不过，化学驱鼠剂只是保护物品不被鼠类为害，并不能降低鼠类种群数量。

d. 化学绝育。使鼠类取食绝育剂，导致其不育，以控制鼠类种群。对化学不育剂的要求比一般杀鼠剂严格。好的不育剂应该只对目标动物有作用，对非目标动物没有绝育作用或其他副作用；至少要对雌鼠产生作用；口服有效，期望一次服用，终身有效；不影响鼠类的性行为；适口性好；使用方便，价格合理。遗憾的是，至今还没有一个较好的绝育剂。

③两类常用化学杀鼠剂：现有化学杀鼠剂按作用形式可以分为急性杀鼠剂和慢性杀鼠剂。两类杀鼠剂各有特点，在鼠类防治中要因地制宜，合理选择。

a. 急性杀鼠剂。急性杀鼠剂作用快，潜伏期短，1～2 d甚至几小时内即可引起鼠类中毒死亡。此外，急性杀鼠剂用量少，使用方便。为了与多剂量的抗凝血杀鼠剂区别，急性杀鼠剂又被称为单剂量杀鼠剂。这种杀鼠剂对野外鼠类可直接投放，且一次投放即可以取得很好的防效。但是，当前使用的这类杀鼠剂大多无选择性，对非目标动物亦有毒害，且无特效解毒剂，使用时要特别当心。通常使用的急性杀鼠剂有：

·磷化锌，灰色粉末，不溶于水，具有大蒜臭味，配制毒饵浓度1%～2%；

·安妥，不溶于水的灰色粉末，可防治褐家鼠，毒饵浓度2%；

·灭鼠优，黄色粉末，防治褐家鼠和屋顶鼠，适口性好，一般不拒食，毒饵浓度2%；

·鼠特灵，黄色粉末，微溶于水和乙醇，用于防治褐家鼠和屋顶鼠，适口性差，不易诱食，毒饵浓度0.5%。

b.慢性杀鼠剂。慢性杀鼠剂主要指抗凝血剂。这类杀鼠剂需要使鼠类多次食用，积累中毒，才能充分发挥效用。慢性杀鼠剂采用低浓度的毒饵让鼠类反复取食，既符合鼠类的取食习性，能够充分发挥药效；又可以减少非目标动物误食中毒。这种杀鼠剂作用缓慢、症状轻、不易引起鼠类的警觉而拒食，效果好。

慢性杀鼠剂按化学结构可以分为香豆素类杀鼠剂（包括杀鼠灵、杀鼠醚、比猫灵等）和印满二酮类杀鼠剂（敌鼠、鼠完、氯敌鼠等）。20世纪70年代以来，香豆素类杀鼠剂有较大发展，不但急性毒力大大提高，使低剂量也能取得非常好的效果，并且能有效地毒杀对老一代产品产生了抗性的鼠种，因而被称为第二代香豆素杀鼠剂，有大隆、溴敌隆、杀它仗和硫敌隆等。

参考文献

[1]马琪，祁德富，马国良.小油菜播种期与密度对黄条跳甲危害程度的影响.中国油料作物学报，1998，20(3)：73-76.

[2]王冬生.蔬菜害虫治理技术.上海蔬菜，2002，2：40-41.

[3]西北农业大学.农业昆虫学.北京：中国农业出版社，1996.

[4]华南农业大学.农业昆虫学：上、下册.北京：中国农业出版社，1996.

[5]李蕙明.蔬菜病虫害防治实用手册.上海：上海科学技术出版社，2001.

[6]张青文，蔡青年，丁军.北方蔬菜病虫害识别与防治新技术.北京：中国农业大学出版社，1998.

[7]黄仲生，王军，张芝莉.叶菜类蔬菜病虫害识别与防治.北京：中国农业出版社，2002.

[8]黄涛生.一套菜农易于操作的小菜蛾防治配套技术.蔬菜，2003，10：24-25.

[9]北京市植保站.农业杂草彩色图谱.北京：中国科学技术出版社，1990.

[10]中国农垦进出口公司.农田杂草化学防除大全.上海：上海科学技术文献出版社，1992.

[11]谢开春，惠金木.灭鼠技术问答.北京：中国商业出版社，1986.

[12]王正存，马壮行.鼠害的化学防治.北京：化学工业出版社，1984.

思考题

1. 菜粉蝶有哪些为害习性和防治方法？
2. 小菜蛾何以成为蔬菜的重要害虫？
3. 为害我国蔬菜的蚜虫主要种类有哪些？
4. 防治温室白粉虱有哪些重要措施？
5. 影响斑潜蝇发生的主要因素有哪些？
6. 蔬菜田杂草和鼠类有哪些种类？
7. 蔬菜田杂草和鼠类与作物田杂草和鼠类有什么不同？
8. 蔬菜田杂草和鼠类如何防治？

第9章 果树病虫草鼠害

9.1 果树病害

9.1.1 主要种类及发生规律

各种果树都有一些危害比较严重的病害，据粗略统计有800余种，其中包括相当数量的病原相同但寄主不同的病害。

9.1.1.1 苹果腐烂病(apple tree canker)

(1)病原 *Valsa mali* Migable et Yamada，子囊菌亚门黑腐皮壳属。子囊壳埋生于子座基部，有长颈伸出子座，子囊孢子香肠形，单细胞。

(2)症状

①溃疡型：病部皮层红褐色，水渍状湿腐，有酒精味，用手压之即下陷，并流出红褐色汁液，皮层极易剥离。后期病部失水下陷，与健部交界处发生裂缝，表面产生突起的小黑色。

②枝枯型：春季在2～5年生小枝上，病斑不隆起，亦不呈水渍状，而是全枝迅速失水枯干，很快死亡。有时亦可侵染果实，病斑近圆形或不规则形，有圆心轮纹，病组织软腐，有酒精味，病斑中部产生小黑点。

9.1.1.2 苹果干腐病(apple botryosphaeria canker，图9-1)

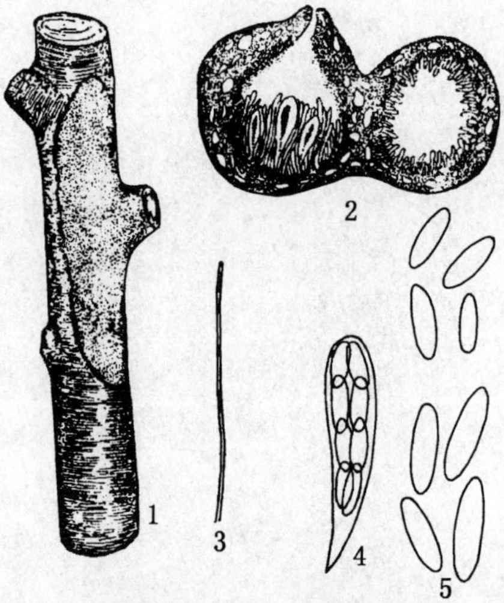

图9-1 苹果干腐病

1.病树干 2.病菌子座及子囊壳 3.侧丝 4.子囊 5.子囊孢子

(1)病原 *Botryosphaeria ribis*，子囊菌亚门。

(2)症状 发病初期病斑暗褐色，逐渐

扩大，失水，干缩成稍凹陷的黑褐色病斑，病健交界处往往裂开，病皮组织坏死，易剥落，严重时烂至木质部，秋季病斑生出密集的黑色小粒点。也可以侵染果实，病斑初期为黄褐色，在扩展过程中形成同心轮纹状病斑。

9.1.1.3　苹果(梨)轮纹病(apple (pear) ring rot)

(1)病原

①有性态：贝伦格葡萄座腔菌梨生专化型(*Botryosphaeria berengeriana* f. sp. piricola(Nose) Koganezawa et Sakuma)，子囊菌亚门葡萄座腔菌。

②无性态：簇小丛壳菌(*Dothiorella gregaria*)，半知菌亚门小丛壳属。

子囊壳埋生于寄主表皮下，黑褐色，球形或扁球形，具孔口，子囊棍棒状，子囊孢子单胞无色，椭圆形，分生孢子器扁圆形或椭圆形，具乳头状孔口，分生孢子梗丝状，单胞，分生孢子椭圆形或纺锤形，单胞，无色。轮纹病菌具潜伏侵染特性，寄主范围很广。

(2)症状　苹果(梨)轮纹病的症状基本一致，枝干受害，以皮孔为中心形成近圆形的褐色小点，稍突起，后病斑扩大，直径 3～20 mm，病斑中央呈瘤状突起，周围逐渐凹陷，病健交界发生龟裂，病皮翘起，质地坚硬，色泽从灰褐色逐渐变为灰白色。翌年从病斑表面产生黑色的小粒点(分生孢子器或子囊壳)。在过年生的主干或枝干上，由于病斑相互愈合，常引起病皮严重开裂，十分粗糙，故又称粗皮病。受害果实常以皮孔为中心形成水渍状、近圆形褐色小点，病斑扩大后形成淡、暗褐色相间的同心轮纹，并有茶褐色黏液渗出，几天内全果腐烂。叶片受害初产生形状不规则的褐色病斑，后逐渐变为灰色，其上散生黑色小点。

9.1.1.4　桃树流胶病

主要为害主干和主枝，病斑多以皮孔为中心，初呈水疱状、后呈溃疡状病斑，严重的枝条枯死，死树皮上可形成黑色粒点。病树遍体流胶，初柔软、半透明、色淡，后期变褐色、晶莹的胶块。被害植株很快衰弱甚至死亡。

9.1.1.5　葡萄蔓枯(割)病

(1)病原　*Fusicoccum viticolum* Rcdd，半知菌亚门。

(2)症状　主要侵染当年新蔓，也能侵染多年枝蔓。一般被侵染新梢当年不表现症状，翌年病蔓表现发芽推迟，病皮粗糙、翘起，皮层往往变为黑褐色，上面产生黑色分生孢子器；侵染多年枝蔓后，初呈红褐色、稍凹陷病斑，扩大后呈菱形，病部组织腐烂变成褐色，其上产生黑色分生孢子器。病蔓出现黄化现象，长势衰弱，严重的可导致全蔓枯死。

9.1.1.6　栗干枯(胴枯)病

(1)病原　*Endothia parasitica*，子囊菌亚门。

(2)症状 病部表皮粗糙,皮层腐烂变褐,前期病部溢出有臭味的黄褐色汁液,后变黑呈黑色斑,枝条发病初期出现红褐色病斑,组织松软、稍隆起,并溢出黄褐色汁液,有酒糟味,后期失水干缩,病皮产生黑褐色小颗粒突起,即病菌子座,遇雨或潮湿时溢出橙黄色卷须状孢子角。病树发芽晚,叶片小而黄,叶缘枯焦。

9.1.1.7 柑橘树脂病(citrus melanose)

(1)病原 *Diaporthe citri* (Fawcett) Wol,子囊菌亚门。

(2)症状 此病可为害枝干、果实和叶片,因受病部位的不同,有下列几种症状类型:

①流胶和干枯:树干受害后,表现为病部皮层组织松软,呈灰褐色,流出褐色有臭味的黏液。高温干燥情况下,病势发展缓慢,病部逐渐干枯下陷;后期病斑周缘有愈合组织产生,已死亡的皮层开裂剥落,木质部外露,现出四周隆起的病疤。为害严重时引起全株枯死,在病部可看到许多黑色小粒点。

②蒂腐:一般在果实贮藏或运输期中发生。主要特征为环绕蒂部出现水渍状病斑,后呈暗褐色,并向脐部扩展,边缘呈波纹状,变为深褐色。果心腐烂较果皮为快,当果皮变色扩大至果面1/3~1/2时,果心已全部腐烂,亦称“穿心烂”。

③沙皮:当病菌侵害新叶、嫩梢和幼果时,在病部长出黄褐色或黑褐色胶质的小粒点,散生或密集成片,致使叶片、枝梢或果实的表面粗糙,似黏附沙粒一样。

9.1.1.8 苹果炭疽病(apple anthracnose)

(1)病原

①有性态:围小丛壳(*Glomerella cingulata* (Stonem.) Spauld. & Schrenk),子囊菌亚门小丛壳属。

②无性态:胶孢炭疽菌(*Colletotrichum gloeosporioides* (Penz.) Penz. & Sacc.),半知菌亚门炭疽菌属。

(2)症状 主要为害果实,也可侵染枝干和果台。自病斑中心剖开果实,可见果肉自果面向果心成漏斗状变褐腐烂。病组织带有苦味。病斑边缘紫红色或黑褐色,中央凹陷,斑上黑色小点稀疏,不呈同心轮纹状排列,其下果肉局部坏死。枝干发病后,起初在表皮上形成不规则的褐色小点,逐渐扩大为溃疡斑,后期病皮龟裂脱落,致使木质部外露,严重时溃疡斑以上枝条干枯,病部表面同样产生黑色小点。

9.1.1.9 苹果银叶病(stereum purpureum)

(1)病原 *Stereum purpureum* Pers,担子菌。病菌子实体着生于病死枝干的外表,软革质,圆形平伏而上缘反卷成檐状,檐外层有绒毛,灰白色。子实层平滑,灰褐色或紫褐色。担孢子单胞无色,近椭圆形,但一侧扁平,大小为(5~7) μm×(3~4) μm。

(2)症状　苹果树展叶后不久即可表现症状。发病初期叶面布满不甚鲜明的褪色斑点，逐渐变化呈明显的银灰色，在阳光直射下银光闪闪，好像涂上了一层银粉，表皮极易刮落。造成"银叶"的原因是病菌菌丝在枝干内寄生并产生毒素，毒素随着寄主输导系统到达叶片，促使叶组织发生萎蔫现象，同时表皮细胞与下层的栅状组织分离开来，其中充满空气，由于光线的折射作用而呈现银灰色，故名银叶病。病势进一步发展时，主脉和侧脉两侧渐成枯褐色，褐斑扩大后可使全叶枯死、碎裂并脱落。

此病多数在伤口附近的枝条上先表现症状，并由小枝扩展到主枝，以至全树。发病严重的树，展叶晚1周左右，叶小，死灰色，叶片锈斑连片直至枯焦，树干上的树皮像"纸皮"一样翘起，极易剥落。一般出现"纸皮"症状后，病树即接近于死亡。在枯死的枝干上，长有病菌的子实体。病树枝干的木质部和根部都有不同程度的变褐现象，大多在多年生枝干部位变色，1～4年生的小枝发病不易变褐色。

9.1.1.10　梨褐斑病(pear speckle)

(1)病原　*Mycosphaerella sentina*（Fr.）Schroeter，子囊菌，病菌无性时期产生分生孢子器及分生孢子，有性时期产生子囊壳及子囊孢子。

(2)症状　仅为害叶片，最初在叶片上发生圆形或近圆形的褐色病斑，以后逐渐扩大。发病严重的叶片，往往有病斑数十个之多，以后相互愈合呈不规则形的褐色大斑块，病斑初期为褐色，后期中间褪呈灰白色。病斑上密生黑色小点，中层褐色，外层则为黑色。

9.1.1.11　梨黑斑病(pear black spot)

(1)病原　*Alternaria kikuchiana* Tanaka，半知菌，病斑上长出的黑霉是病菌的分生孢子梗和分生孢子。分生孢子梗褐色或黄褐色，数根至10余根丛生，单一，少数有分枝；基部较粗，先端略细，有隔膜3～10个，大小(40～70)μm×(4.2～5.6)μm；其上端有几个孢痕。分生孢子常2～3个链状长出，形状不一，普通为短棍棒状，基部膨大，顶端细小，往往有较长的嘴胞，有横隔膜4～11个，纵隔膜0～9个，大小为(10～70)μm×(6～22)μm，隔膜所在处略缢缩。老熟的分生孢子壁较厚，暗褐色；幼嫩的分生孢子则壁薄而呈黄褐色或暗黄色。

(2)症状　主要为害果实、叶片及新梢。幼嫩的叶片最早发病，开始时产生针头大、圆形、黑色的斑点，以后斑点逐渐扩大，近圆形或不规则形，潮湿时病斑表面遍生黑霉，此即病菌的分生孢子梗及分生孢子。叶片上长出多数病斑时，往往相互愈合成不规则形的大病斑，叶片畸形，引起早期落叶。

幼果受害，初在果面上产生一个至数个黑色圆形针头大的斑点，逐渐扩大，近圆形或椭圆形。病斑略凹陷，表面遍生黑霉。由于病健部发育不均，果实长大时，果面发生龟裂，裂隙可深达果心，在裂缝内也会产生很多黑霉，病果往往早落。

成长果实感病时，其前期症状与幼果上的相似，但病斑较大，黑褐色，后期果实软化，腐败而落果。重病果常数个病斑合并成为大病斑，甚至使全果变成漆黑色，表面密生墨绿色至黑色的霉。

新梢上的病斑，早期黑色，椭圆形，稍凹陷，后扩大为长椭圆形，凹陷更明显，淡褐色，病部与健部分界处常产生裂缝。

9.1.1.12 梨黑星病(pear scab)(图 9-2)

(1)病原

①有性态为 *Venturia pirina* Aderh，子囊菌亚门梨黑腥菌，假囊壳圆球形或扁球形，黑褐色；子囊棍棒状；子囊孢子双胞，上大下小。

②无性态为 *Fusicladium virecens* Bon，半知菌亚门梨黑腥孢菌，分生孢子梗粗而短，暗褐色，无分枝，直立或弯曲，其上可见有许多疮疤状突起物；分生孢子淡褐色或橄榄色，两端尖，纺锤形，单胞。病菌存在生理和致病性分化的现象。

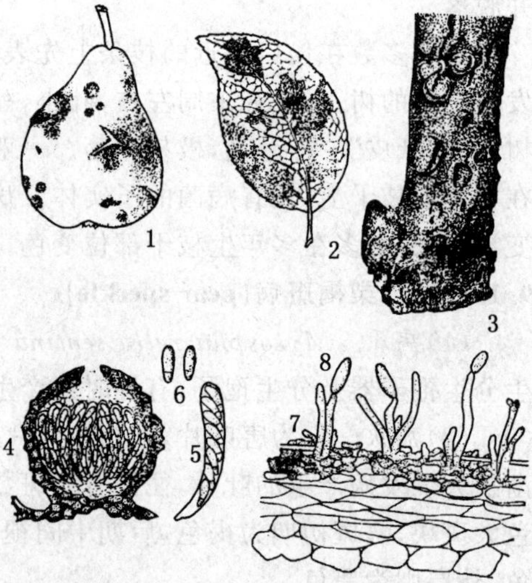

图 9-2 梨黑星病

1. 病果 2. 病叶 3. 病树干 4. 病菌子囊壳 5. 子囊 6. 子囊孢子 7. 分生孢子器 8. 分生孢子

(2)症状 叶片和果实受害严重。

①叶片：发病初期现在叶片背面产生圆形、椭圆形或不规则形黄白色病斑，病斑沿叶脉扩展，产生黑色霉状物，发病严重时整个叶背面甚至叶正面布满黑霉，叶片正面常出现多角形或圆形褪色黄斑。

②果实：受害幼果常不能长大而脱落，较大果实受害，病部木质化、停止生长而形成畸形果，后期果实受害则不畸形，而在表面产生大小不等的黑色、圆形凹陷的病疤，病疤坚硬，常产生星状开裂。

9.1.1.13 葡萄白腐病(grape white rot)

(1)病原 *Coniothyrium diplodiella* (Speg.) Sacc.，是一种半知菌侵害葡萄引起。分生孢子器散生于寄主表皮下，灰白色或灰褐色；球形或扁球形，顶端稍突起，器壁厚，大小(118～146) μm×(91～146) μm。分生孢子梗着生于分生孢子器底部，单胞，不分枝，淡褐色，长 12～22 μm。分生孢子单胞，褐色至暗褐色，椭圆形或卵圆形，一端稍尖，内含1～2个油球，大小(8.9～13.2) μm×(4.8～6) μm。

(2)症状 此病主要侵害果实和穗轴，也能侵害枝蔓及叶片。一般先在穗轴或小穗轴上发病，初穗轴发生淡褐色水渍状的不整形病斑，逐渐向果粒蔓延。果粒先在基部变为淡褐色，软腐，后全粒变褐腐烂。

果粒发病后约1周，病果渐由褐色变为深褐色，果皮下密生灰白色、略突起的小粒点，此为病菌的分生孢子器。

枝蔓发病一般在有损伤的地方，如扎心部位或新梢和铁丝摩擦之处等。蔓上病斑初呈淡红褐色水渍状，以后色泽逐渐变深，表面密生略突起的灰白色小粒点。病蔓后期往往是皮层与木质部分离，纵裂，纤维散乱如麻丝状。

叶片发病多从叶缘开始，先自叶缘发生黄褐色病斑，边缘水渍状，逐渐向叶片中部扩展形成大型近圆形的淡褐色病斑，有不明显的同心环纹。后在病叶上也形成灰白色的小粒点。

9.1.1.14 葡萄黑痘病(grape black pox)

(1)病原

①无性时期：葡萄痂圆孢菌(*Sphaceloma ampelimum*)。分生孢子梗极短，不分枝，紧密排在子座组织上；分生孢子单细胞，卵圆形或椭圆形。

②有性时期：痂囊腔菌(*Elsinoe ampelina*)，我国尚未发现。

(2)症状 主要为害葡萄绿色幼苗部分，如新梢、嫩叶、幼果。受害果实果小，味酸，病斑圆形，中央凹陷，呈灰白色。受害叶片圆形或不规则形，中间灰白色，边缘暗褐色或紫色，干燥时病斑中央易穿孔。

9.1.1.15 葡萄炭疽病(grape anthracnose)

(1)病原 *Glormerella cingulala* (Ston.) Schr. et Spaul.，子囊菌围小丛壳属。分生孢子盘上聚生分生孢子梗，无色，单胞，圆筒形或棍棒形，大小(12～26) μm×(3.5～4) μm。分生孢子无色，单胞，圆筒形或椭圆形，大小(10.3～15) μm×(3.3～4.7) μm。病菌的有性时期很少发现。

(2)症状 炭疽病主要侵害着色后的果实，也能为害果梗及穗轴。果实被害，初在果面产生针头大褐色圆形的小斑点，后来斑点逐渐扩大并凹陷，在表面逐渐长出轮纹状排列的小黑点，这是病菌的分生孢子盘。当天气潮湿时，病斑上长出粉红色黏质物，即病菌的分生孢子团块。发病严重时，病斑可以扩展到半个或整个果面，后期感病，果粒软腐，易脱落，或逐渐失水干缩成为僵果。果梗及穗轴发病，产生暗褐色长圆形凹陷病斑，影响果穗生长，发病严重时使全穗果粒干枯或脱落。

9.1.1.16 葡萄霜霉病(grape downy mildew)

(1)病原 *Plasmopara viticola* (Berk. et Curtis) Bert. et de Toni，藻状菌葡

萄霜霉。

(2)症状　霜霉病主要为害叶片,也能侵害嫩梢、花、幼果等柔嫩部分。叶片发病,初出现细小的不定型的淡黄色水渍状斑点,以后逐渐扩大,在叶正面呈现黄色或褐色的不整形病斑;其边缘界限不明显,常数斑愈合在一起。病斑背面产生白色浓霜状霉层,此为病菌的孢囊梗和孢子囊。受害严重时,叶片焦枯卷缩,引起早期脱落。嫩梢受害,开始也产生水溃状病斑,淡黄色,逐渐变为黄褐色至褐色,表面也密生白色霜状霉。嫩梢被害后生长停滞,扭曲,严重时干枯死亡。幼果受害,病部凹陷,遍长白霉,不久即皱缩脱落。当果实长到豌豆大时受害,则呈现红褐色斑,内部软腐,最后僵化开裂。果实着色以后就不再受害。

9.1.1.17　葡萄褐斑病(grape speckle)

(1)病原

①大褐斑病:*Phaeoisariopsis vitis* (Lev.) Sawada.,异名 *Cercospora viticala* (Ces.) Sacc.,分生孢子梗常 10～30 梗集结成束状,直立,暗褐色,单个分生孢子梗大小(92～225) μm×(2.8～4) μm,有 1～6 个隔膜。老熟的分生孢子梗先端常有 1～2 个孢痕。分生孢子着生于分生孢子梗顶端,长棍棒状,微弯曲,基部稍膨大,上部渐狭小,有 0～9 个隔膜,褐色至暗褐色,大小(12～64) μm×(3.2～6.8) μm。

②小褐斑病:*Cercospora roseleri* (Caff.) Sace.,分生孢子梗较短,松散,不集结成束,淡褐色。分生孢子长柱形,直或稍弯,有 3～5 个分隔,棕色。

(2)症状　褐斑病仅为害叶片。大褐斑病初在叶面长出许多近圆形、多角形或不规则形的褐色小斑点。以后斑点逐渐扩大,直径达 3～10 mm。病斑中部呈黑褐色,边缘褐色,病、健部分界明显。叶背病斑呈淡黑褐色。发病严重时,一张叶片上病斑数可多达数十个,常互相愈合成不规则形的大斑,直径可达 9 cm 以上;后期在病斑背面产生深褐色的霉状物,即病菌的孢梗束及分生孢子。严重时病叶干枯破裂,以至早期脱落。小褐斑病在叶片上呈现深褐色小斑,中部颜色稍浅,后期病斑背面长出一层较明显的黑色霉状物。病斑直径 2～3 mm,大小比较一致。

9.1.1.18　桃穿孔病(peach shot hole)

(1)病原　*Xanthomonas pruni* (Smith) Dowson,病原细菌呈短杆状,两端圆,大小(0.4～1.7) μm×(0.2～0.8) μm,单生或连成短链。

(2)症状　主要为害叶片,也可为害新梢及果实。叶片受害,开始时产生半透明油浸状小斑点,后逐渐扩大,呈圆形或不整圆形,紫褐色或褐色,周围有淡黄色晕环。天气潮湿时,在病斑的背面常溢出黄白色胶黏的菌脓,后期病斑干枯,在病、健部交界处,发生一圈裂纹,仅有一小部分与叶片相连,因此,很易脱落形成穿孔。枝梢受害后,产生两种不同类型的病斑,一种称春季溃疡,另一种称夏季溃疡。果实被害,产生暗紫色圆斑,边缘有油浸状晕环。病斑表面和周围常发生小裂缝,严重时发生不规则的大裂缝。

9.1.1.19 桃褐腐病(peach brown rot)

(1)病原 常见的都是无性阶段,属半知菌亚门丛梗孢属(*Monilia laxa*)。有性阶段为子囊菌亚门链核盘菌属(*Monilinia laxa*),有3个种。

(2)症状 可为害果、花、叶、茎。从幼果至成熟期均可发病,以果实接近成熟后发病重。病部褐色,水渍状腐烂,湿度大的条件下,病部易长出灰褐色绒状霉层。

9.1.1.20 桃炭疽病(peach anthracnose disease)

(1)病原 *Gloeosporium laeticolor* Berk,半知菌亚门真菌。病部所见的橘红色小粒点是分生孢子盘,其上集生分生孢子梗,线状,单胞,无色,大小(17～26) μm×(4～5) μm,顶端着生分生孢子。分生孢子长椭圆形,单胞,无色,内含2个油球,大小(16～23) μm×(6.9～9) μm,周围有胶状物质。

(2)症状 炭疽病主要为害果实,也能侵害叶片和新梢。幼果被害,果面呈暗褐色,发育停滞,萎缩硬化。稍大的果实发病,初生淡褐色水渍状斑点,以后逐渐扩大,呈红褐色,圆形或椭圆形,显著凹陷。果实将近成熟时染病,开始在果面产生淡褐色小斑点,逐渐扩大,成为圆形或椭圆形的红褐色病斑,显著凹陷,其上散生橘红色小粒点,并有明显同心环状皱纹。

新梢受害,初在表面产生暗绿色水渍状长椭圆的病斑,后渐变为褐色,边缘带红褐色,略凹陷,表面也长有橘红色的小粒点。

叶片发病,产生近圆形或不整形淡褐色的病斑,病、健分界明显,后病斑中部褪呈灰褐色或灰白色,在褪色部分,有橘红色至黑色的小粒点长出。最后病组织干枯,脱落,造成叶片穿孔。

9.1.1.21 桃缩叶病

(1)病原 *Taphrina deformans* (Berk.)Tul,畸形外囊菌,属子囊菌亚门。病叶表面的银灰色粉状物为它的子囊层,子囊裸露排列成层,圆筒形,内有4～8个子囊孢子,子囊孢子椭圆形,单胞无色,子囊孢子可以芽殖产生许多芽孢子。

(2)症状 桃缩叶病主要为害叶片,发病严重时也可以为害花、幼果和嫩梢。春季幼叶刚抽出就表现卷曲状,颜色发红;展叶后皱缩程度加剧,叶面凹凸不平,受侵染部位的叶肉增厚变脆,呈红褐色。春末夏初在病部表面长出一层银灰色粉末状物,这是病原菌的子囊层。最后病叶变褐,枯焦脱落。病叶脱落后,腋芽再抽出的新叶不再受害。

新梢受害呈灰绿色,节间缩短,略肿,叶片丛生,严重的会使新梢枯死。花瓣受害肥大变长。果实受害变畸形,果面龟裂,易早落。

9.1.1.22 枣疯病

(1)病原 *phytoplasma*，植原体。菌体基本形态为圆球形或椭圆形，有变形现象，菌体大小为 80～1 000 nm。

(2)症状 枣疯病的主要症状是花器返祖，芽不正常萌发与生长所引起的枝叶丛生，以及嫩叶的明脉、黄化和卷成匙形等。病株花器各部分的着生部位不变。花器返祖现象表现为花梗变长，花瓣变成小叶，有时变成小枝条，有时则不发生变态；雌蕊变成小枝条，其腋芽往往萌发，生成短而细的小枝。后来除了雌蕊变成的小枝和萼片腋芽萌发生成的枝条外，其余各部分大都脱落。这样，果实就为小枝所取代，形成结果枝上的丛生症状。

叶部有时出现花叶症状，此种症状多发生在新梢顶端的嫩叶上。病叶纤细，叶形仅及正常叶片的 1/4 至一半大小。叶面发生黄绿相间的嵌花斑纹，略呈凹凸状。叶脉褪绿，叶缘不规则地向内卷成匙状。丛生枝上的叶易焦枯，但在冬季落叶期大多不脱落，仍留枯枝上。非丛生的叶片组织较厚而脆，有时卷曲，叶肉黄化最后仅主脉保持绿色。病株枝条局部枯死，逐年扩展，直至全株死亡。

9.1.1.23 柑橘黄龙病(citrus yellow shoot)

(1)病原 亚洲菌系为 *Liberobacter asiatum*（亚洲柑橘黄龙病）；非洲菌系为 *Liberobacter africanum*（非洲柑橘黄龙病）。

(2)症状 黄龙病国外又名青果病，是柑橘生产中最具危险性的一种传染性病害，是我国检疫对象。病树初期典型症状是树冠中的一两条或多条枝条发黄（黄化有 2 种病状类型，一种为叶片均匀黄化，另一种为黄绿相间的斑驳状）。发黄枝条的叶片凋落，枝梢逐渐枯死，乃至全株枯死。果实上症状俗称“红鼻果”，近果蒂部分表现橙红色而其余部分青绿色

9.1.1.24 柑橘溃疡病(citrus canker)

(1)病原 *Xanthomonas axonopodis* pv. *citri*（异名 *X. campestris citri*）Vauterin(1995)等。将 *Xanthomonas* 分成 20 个 DNA 基因种(组)，除已明确的 4 个种(*X. albilineans*、*X. fingariae*、*X. oryzae* 和 *X. popali*)外，*X. campestris* pv. *citri* 5 个菌系均归为地毯草黄单胞菌 *X. axonpodis* 种中，并根据其致病性和寄主专化型不同分为 3 个致病型：

①*X. axonopodis* pv. *citri*，即 *X. campestris* pv. *citri* 中的 A 菌系；

②*X. axonopodis* pv. *aurantifolia*，即原来的 BCD 菌系(来檬菌系)；

③*X. axonopodis* pv. *citrumelo*，即原来 E 菌系。

(2)症状 为害叶片、果实、树梢等，以苗木和幼树受害严重，叶片病斑两面隆起，近圆形，表面粗糙呈灰白色或灰褐色，病部中央凹陷，呈火山口状开裂，周围有

黄色的晕环。果实上病斑与叶片相似，但病斑较大(4～5 mm)，木质化程度高，火山口状开裂更加明显。

9.1.1.25　柑橘疮痂病(citrus scab)

(1)病原　*Sphaceloma fawcettii* Jenkins，柑橘疮痂圆孢。

(2)症状　疮痂病斑较溃疡病小，2 mm 之内，一面凸起，一面凹陷，无火山口状，叶片畸形，天气潮湿时产生粉红色霉状物(分生孢子盘)。

9.1.1.26　柑橘炭疽病(citrus anthracnose)

(1)病原　*Colletotrichum gleosporioides* Penz，盘长孢状刺盘孢，半知菌亚门刺盘孢属。

(2)症状　①为害叶片有 2 种类型：叶斑型(慢性病)和叶枯型(急性病)；②为害枝梢有 2 种类型，一种由梢顶向下枯死，另一种发生在枝梢中部，病部初为淡褐色，椭圆形，后扩展成梭形，稍凹陷，当病斑环割枝梢一周时，其上部枝梢很快干枯死亡；③为害果实有 3 种类型：干疤、泪疤和腐烂。

9.1.1.27　柑橘青、绿霉病

(1)病原　青霉病和绿霉病的病原为半知菌亚门青霉属的意大利青霉(*Penicillium italicum*)和指状青霉(*P. digitatum*)。

(2)症状　青霉病和绿霉病症状十分相似。发病初期果皮软化，水渍状，色泽比健全果皮略淡，组织柔软，以手指轻压极易破裂；后在病斑表面中央开始长出白色霉状物(菌丝体)，迅速扩展或为白色圆形霉斑；接着又从霉斑的中部开始长出青色或绿色的粉状霉(分生孢子梗及分生孢子)。由于白色霉斑扩展快，青色或绿色的粉霉生长慢，故在青色或绿色的粉霉外围通常留有一圈白色的菌丝环。病部扩展很快，几天内就可以扩展到整个果实。最后全果腐烂，病果表面为青色或绿色的粉状物所覆盖。

9.1.1.28　草莓白粉病

(1)病原　*Oidium* sp.，粉孢菌，属半知菌亚门。菌丝体表生，产生指状吸器深入寄主表皮细胞中吸取营养。分生孢子梗直立，丛生。分生孢子椭圆形，单细胞，无色，成串长在分生孢子梗上，极易脱落。

(2)症状　受害叶片初期产生红色到紫红色、无明显边缘的病斑，后多个病斑愈合成大斑，上生一层白粉状物，往往叶背面白粉较多。叶柄受害严重时可变红坏死。花受害后变褐色枯死。果实早期受害，病部变褐色、硬化，并提前成熟，但无经济价值。

上述受害器官的病部表面都生有一层白粉状物体，这是病原菌的分生孢子。

9.1.1.29 草莓轮斑病

(1)病原 *Dendrophoma abscurans*(Ell. et Ev.)H. W. Anderson,草莓刺环毛孢,属半知菌亚门,分生孢子器生于寄主角皮层下,球形,暗褐至黑色,散生或集生。分生孢子梗无色,有分枝。分生孢子无色,圆筒形,孢子中具1或2个油球。

(2)症状 主要为害叶片,发病初期在叶片上产生红褐色的小斑点,逐渐扩大后病斑中间呈灰褐色或灰白色,边缘褐色,外围呈紫黑色,病、健分界处明显。在叶尖部分的病斑常呈"V"字形扩展,造成叶片组织枯死,发病严重时,病斑常常相互联合,致使全叶片变褐枯死。后期在病斑上长有不规则轮状排列的褐色或黑褐色小粒点,即为病原菌的分生孢子器。

9.1.1.30 桃根癌病

(1)病原 根癌农杆菌(*Agrobacterium tumefaciens*),短杆状,单独或两两相连,大小(1.2~5) μm×(0.6~1) μm。具1~3根极生鞭毛,有荚膜,无芽孢。革兰氏染色呈阴性反应。

(2)症状 此病主要发生在根颈部,也发生于侧根和支根。根部被害后形成癌瘤。开始时很小,随植株生长不断增大。在苗木上,癌瘤绝大多数发生于接穗与砧木的愈合部分。初生时为乳白色或略带红色,光滑,柔软,后逐渐变呈褐色乃至深褐色,木质化而坚硬,表面粗糙或凹凸不平。患病的苗木根系发育不良,细根极少。地上部分的发育显著受到阻碍,结果生长缓慢,植株矮小。被害严重时叶片黄化,早落。成年果树受害后果实小,树龄缩短。但在发病初期,地上部的症状不明显。

9.1.1.31 白绢病

(1)病原 Pellicularia rolfsii,担子菌亚门。

(2)症状 主要为害根颈部位,发病初期在苗木近地面的根茎部皮层出现暗褐色病斑,逐渐凹陷并向周围蔓延;后期产生大量茶褐色菜籽样菌核。上布白色绢丝状菌丝层。

9.1.1.32 白文羽病

(1)病原 Roselinianecatrix,子囊菌亚门。

(2)症状 首先细根霉烂,后扩展至侧根和主根。病根表面绕有白色的丝网状物。后期根皮腐烂木质朽枯,有蘑菇味,病株衰弱乃至枯死。

9.1.1.33 紫文羽病

(1)病原 Helicobacidium mcmpa 及 H. purpurum,担子菌亚门。

(2)症状 寄主范围广泛,可为害各种果树、林木及多种大田作物。初发于细支根,可逐渐扩展至主根、根颈乃至主干基部,病部有紫红色厚绒布状菌丝膜,后期上生紫红色、半球状、较疏松的菌核,病株衰弱乃至枯死。

9.1.1.34 香蕉枯萎病

(1)病原 Fusarium oxysporum,半知菌亚门。

(2)症状　主要表现是病茎横切面上有呈黄红色病变的维管束,根部导管变为红棕色或黑褐色,地上部叶变黄、凋萎、倒垂、干枯。

9.1.1.35　苹果霉心病

(1)病原　病原多种,常见的有 *Alternaria alternata*,*Trichothecium roseum*,*Fusarium* sp.。

(2)症状　受害果外部症状不明显,剖果观察,果实心室受害,逐渐向外扩展,果心霉烂,变褐,长满灰绿色的霉状物。

9.1.1.36　桃软腐病

(1)病原　*Rhizopus stolonifer*(Ehrenb. et Fr.)。

(2)症状　初期形成2～3 mm褐色轮纹状病斑,逐渐整个果实变为淡褐色软腐状,果面生一层浓密的白色菌丝,其中有许多黑色小点,即孢子囊。

9.1.1.37　葡萄灰霉病

(1)病原　*Botrytis cinerea* Pers.,灰葡萄孢霉,属半知菌亚门丝孢菌纲丝孢目淡色孢科。病部鼠灰色霉层为病菌的分生孢子梗及分生孢子。分孢梗密集成丛,细长,浅灰色,顶端细胞膨大呈圆形,其上长出许多小梗,小梗上着生分生孢子,大量分生孢子聚集成葡萄穗状。分生孢子圆形或椭圆形,单胞,无色。

(2)症状　成熟果实及果梗被害,果面出现褐色凹陷病斑,整个果实很快软腐,果梗变黑色,不久在病部长出块状菌核。

9.1.1.38　葡萄软腐病

(1)病原　*Rhizopus nigricans* Ehrenb.,黑根霉,属接合菌亚门接合菌纲毛霉目毛霉科根霉属。菌丝匍匐弓状弯曲,与基质接触处产生假根。孢子囊梗直立,不分枝,淡褐色;孢子囊球形或椭圆形,褐色或黑色;孢囊孢子近球形或卵形,褐色或蓝灰色。有性世代为接合孢子,球形或卵形,黑色,有瘤状突起。

(2)症状　侵染的果实开始发病时先变软,没有弹性,果肉组织被破坏,流出果汁。病害发展到中后期,果实全部腐烂。在常温条件下,烂果表面长出白色的菌丝体及细小的黑色点状物,即为病原菌的孢子囊。孢子囊初呈白色,有光泽,后逐渐变暗变黑。在冷藏条件下,菌丝体生长受抑制,孢子囊呈灰色或黑色团,紧紧附着在果实表面。

9.1.2　影响发生的主要因素

9.1.2.1　苹果腐烂病

树势衰弱是发病的主要诱因。与冻害与日灼有关。品种间抗病性有差异:白龙、醇露及印度等品种的抗病性较强,倭锦、国光、红玉、元帅、金帅等品种易感病。地势低洼、长期积水的果园或土地黏重的果园,由于养分不足或根系生长不良,腐烂病常发生较重。

9.1.2.2 苹果干腐病

病原物在病部越冬，借风雨传播，主要经伤口、皮孔和枯芽侵入，寄生性较弱，多侵染弱树或衰弱部位，树体衰弱、树皮含水量较低时扩展快，干旱年份发病较重。

9.1.2.3 苹果(梨)轮纹病

①当气温在 20℃以上、相对湿度大于 75%或雨量达 10 mm 时，或连续下雨 3～4 d，孢子大量散布，病害传播最快。干旱年份或地区病害发生轻。②不同寄主抗病性差异显著。③果园管理粗放，挂果过多，蛀虫性害虫为害严重，肥水不足或偏施氮肥，树势衰弱，均有利于病害发生。

9.1.2.4 桃树流胶病

诱发桃树流胶病的因素比较复杂，凡使桃树正常生育产生障碍的因素如不良的环境条件、机械损伤、冻害雹灾等均能引起流胶。病原物在田间病株的发病组织上越冬，借风雨传播，由伤口和侧芽侵入。一年中有 2 次发病高峰，即 5、6 月份和 8、9 月份。

9.1.2.5 葡萄蔓枯(割)病

以分生孢子器和菌丝在病蔓上越冬，借风雨传播，经伤口和自然孔口侵染。

9.1.2.6 栗干枯(胴枯)病

病原物以菌丝和分生孢子盘在病枝上越冬，病孢子借风雨传播，从伤口或自然孔口侵入，春季 3、4 月份为盛发期。土壤瘠薄、管理粗放、树势衰弱的发病重，受冻的栗树发病也重，品种之间抗病性有差异。

9.1.2.7 柑橘树脂病

寒潮是诱发树脂病的主要因素。栽培管理措施与发病也有密切的关系，如对丰收后的橘树不及时施肥，或施肥量不足，以致树势不能尽早恢复等。柑橘对树脂病的抗病性随不同品种而有差异，以温州蜜柑、甜橙和金柑发病较严重，其次为椪橘、朱红、乳橘和早橘。

病菌主要以菌丝体和分生孢子器在树干病部及枯枝上越冬。越冬后的分生孢子器，在多雨潮湿时能产生大量分生孢子，经风雨(特别是暴风雨)和昆虫等媒介而传播。病菌必须在寄主生长衰弱或受伤的情况下才能侵入为害，这是柑橘遭受冻害后容易发病的主要原因。

9.1.2.8 苹果炭疽病

苹果炭疽病的发生主要与寄主抗病性和气候条件有关。

9.1.2.9 苹果银叶病

(1)树体伤口 根据安徽涂山园艺场观察，80%以上的病枝均有伤口，距伤口近的辅养枝或小枝，以及在大伤口附近的主侧枝上的叶片，一般先表现银叶症状，特别是主干转主换头和枝干折裂的树，极易发生银叶病。

(2)地势 不同地势的苹果树银叶病发病率存在着差异，其中以洼地最重，平地次之，坡地最轻。如涂山园艺场小国光品种，洼地发病率为50.34%，平均为31.6%，岗地为为24.7%，坡地为13.6%。又如江苏涟水城南果园二队中一区为砂姜土，银叶病发病率为46.5%，而南一区为沙壤土，银叶病发病率为12%。土壤排水和通气性良好，根系分布层内不淤积地下水，一般说不利于银叶病发生；反之，土壤积水造成根系的窒息状态，银叶病发生较重。

(3)品种病性 根据涟水城南果园调查，以小国光发病最重，其次为元帅，再次为祝光、青香蕉、金帅、红奎等，而红玉、鸡冠发病甚轻。又据泗阳果园调查，以红魁、黄魁发病最重，其次为国光、红玉，而倭锦、祝光、红星、青香蕉、金帅、鸡冠等发病较轻。不同地区品种抗病性的表现不完全一致。

(4)气候条件 阴雨多湿有利子实体的产生。据佳木斯1964年观察，一株病树枯死的侧枝，于7月24日开始产生子实体，以后数日阴雨多湿，至7月27日子实体数目已多达157个。另一病枝在7月27日产生子实体，以后天晴干燥，子实体不但没有发育，反而枯萎下去。这和7、8月间雨水多、湿度大，有利于病菌的繁殖和传播有关。

9.1.2.10 梨褐斑病

在5～7月间，天气多雨、潮湿，发病重。树势衰弱、排水不良的果园，发病也多。病害一般在4月中旬开始发生，5月中、下旬盛发。发病严重的，在5月下旬就开始落叶，7月中、下旬落叶最严重。

9.1.2.11 梨黑斑病

在果树生长季节，温度和降雨量与病害的发生发展关系极为密切。一般气温在24～28℃，同时连续阴雨，有利于黑斑病的发生与蔓延。如气温达到30℃以上，并连续晴天，则病害停止扩展。

树势强弱、树龄大小与发病关系也很密切，如二十世纪品种，树龄在10年以内、树势健壮的，发病都较轻；而树龄在10年以上、树势衰弱的，发病常严重。此外，果园肥料不足或偏施氮肥，地势低洼，植株过密，均有利于此病的发生。品种间发病程度有显著差异。

9.1.2.12 梨黑星病

①梨树的不同品种对黑性病的抗性具有明显差异。寄主最易感病的是幼嫩组织；②降雨的早晚、降雨量的大小和持续时间长短是左右年度间病害流行波动的主导因素；③地势低洼、树冠茂密、通风透光不良、湿度较大的梨园，以及肥力不足、树

势衰弱的梨树均易发病。

9.1.2.13 葡萄白腐病

①果园白腐病发生与雨水有密切的关系，雨季来得早，病害发生也早，雨季来得迟，病害发生也迟。一般高温多雨有利于病害的流行。②由于白腐病菌是从伤口侵入的，所以一切造成伤口的条件都有利于发病。③病害的发生与寄主生育期关系密切，果实进入着色期与成熟期，其感病程度亦逐渐增加。

9.1.2.14 葡萄黑痘病

①病害流行与降雨、大气湿度密切相关，尤以春季及初夏（4～6 月份）雨水多少的关系最为密切。②地势低洼、排水不良的果园发病较重。③品种间抗性存在差异。

9.1.2.15 葡萄炭疽病

①病害的发生与降雨关系很密切，每逢下雨，几天后就会发生一批炭疽病；天气干旱则病害发展很慢。果园排水不良，植株栽培过密，果园内湿度大，有利于病害的蔓延。②葡萄副梢管理不及时，副梢过多造成一个阴蔽的环境条件，也有利于病害的发生。③品种与发病有一定的关系，一般果皮薄的品种发病较重，早熟品种可避病，而晚熟品种往往发病较严重。④葡萄果实含糖量及酸碱度与发病也有关系，当果汁含糖浓度达到 7%～8%，pH 值为 2.8～2.9 时，发病将严重。

9.1.2.16 葡萄霜霉病

①高湿、低温是霜霉病流行的气候条件。②凡促使果园通风透光不良、增长小气候湿度的，都会加重发病。凡施肥不当，偏施或迟施氮肥，刺激葡萄抽生新梢，或秋后枝叶茂密，组织延迟成熟等，也会使发病加重。③品种间抗病性有差异，一般美洲种葡萄较抗病，欧洲种葡萄较感病。

9.1.2.17 葡萄褐斑病

分生孢子萌发和菌丝体在寄主体内发展需要高湿和高温，故在高湿和高温条件下，病害发生严重。褐斑病一般在 5、6 月初发，7～9 月份为发病盛期。多雨年份发病较重。发病严重时可使叶片提早 1～2 个月脱落，严重影响树势和第二年的结果。病害循环（disease cycle）病菌以菌丝体和分生孢子在落叶上越冬，至第二年初夏长出新的分生孢子梗，产生新的分生孢子，新、旧分生孢子通过气流和雨水传播，引起初次侵染。分生孢子发芽后从叶背气孔侵入，发病通常自植株下部叶片开始，逐渐向上蔓延。病菌侵入寄主后，经过一段时期，于环境条件适宜时，产生第二批分生孢子，引起再次侵染，造成陆续发病。直至秋末，病菌又在落叶病组织内越冬。

9.1.2.18 桃穿孔病

病害一般在 5 月上、中旬开始发生，6 月份梅雨期蔓延最快。夏季高温干旱天气，病害发展受到抑制，至秋雨期又有一次扩展过程。温暖多雨的气候，有利于发病，大风和重雾能促进病害的盛发。树势衰弱和排水通风不良的桃园，发病较严重。

9.1.2.19 桃褐腐病

(1)气候条件　花期、幼果期低温多雨，果实成熟期温暖多雨，贮藏期高温、高湿(最适温度 22～24℃)，易导致发病。

(2)栽培管理　通风透光差，虫害严重，地势低洼，树势弱，易导致发病。皮薄、柔嫩、多汁、味甜的品种易发病。

9.1.2.20 桃炭疽病

①桃树不同品种对炭疽病的抗病性有一定的差异，一般早熟桃发病重，晚熟桃发病轻。②桃树开花期及幼果期低温多雨，有利于发病。果实虚熟期，则以温暖、多云、多雾、高湿的环境发病严重。

9.1.2.21 桃缩叶病

桃缩叶病菌以子囊孢子或芽孢子在桃芽鳞片上或潜入鳞片缝内越冬，次年春季桃树萌芽时，越冬孢子也萌发长出芽管侵染嫩芽幼叶，引起发病。初侵染发病后产生新的子囊孢子和芽孢子，通过风雨传播到桃芽鳞片上并潜伏在内越冬，当年一般不发生再侵染。桃缩叶病的发生与春季桃树萌芽展叶期的天气有密切关系：低温、多雨潮湿的天气延续时间长，不但有利于越冬孢子的萌发，而且还延长了桃树萌芽展叶的时间，即延长了侵染时期，因而发病就重，若早春温暖干旱，发病就轻。一般早熟品种较中、迟熟品种发病重。

9.1.2.22 枣疯病

管理差、土壤肥力不足、树势衰弱的枣树发病多，反之发病就少。碱性土壤中发病少，酸性土壤中发病较多。抗病性与品种有关。

9.1.2.23 柑橘黄龙病

整个生长季节均可发病，以夏、秋梢发生最多，其次是春梢。

9.1.2.24 柑橘溃疡病

①栽培柑橘的不同种类和品种对溃疡病抗病性存在很大的差异，甜橙最感，柑类次之，橘类较抗病，金柑最抗病；②树龄越长，发病越轻，幼苗较成株期易感病；③高温多雨发病重，在 25～30℃时，雨量与病害发生呈正相关；④栽培管理不当，如不合理施肥，加重病害发生，夏季摘除夏梢或控制夏梢的果园，溃疡病发生常较轻。

9.1.2.25 柑橘疮痂病

①不同种类和品种间抗病性不同，橘类最易感病，柑类、柠檬、柚类较易感病，

甜橙类和金柑类抗病性很强;②病菌只侵染幼嫩组织,以刚抽出来尚未展开的嫩叶、嫩梢、幼果最易感病;③需要较高的湿度和适宜的温度,以湿度为主要发病,最适温度为 20～24℃,当气温达到 28℃以上就很少发病。

9.1.2.26 柑橘炭疽病

(1)品种和树势　甜橙、芦柑、温州蜜柑及柠檬等发病较重,树势弱的发病严重。

(2)气候条件　夏、秋季高温多雨发病常较重。

(3)栽培管理　树势衰弱、不合理施肥加重发病,土质黏重、排水不良,病虫害严重、修剪不合理的果园常发病严重。

9.1.2.27 柑橘青、绿霉病

(1)温、湿度　青霉病发生所需的温度条件为:最低 3℃,最高 32℃,最适 18～26℃。绿霉病对温度的要求比青霉病略高,以在 25～27℃时发病最烈。相对湿度达 96%～98%时,有利于发病。

(2)伤口　分生孢子随气流传播,经各种伤口及果蒂剪口侵入,也可通过病果与健果接触而传染。

(3)果实采收时的成熟度　在柑橘储藏过程中,半黄色、未完全成热的果实对病菌的抵抗力较黄色、充分成熟的果实为差。

9.1.2.28 草莓白粉病

草莓白粉病菌是以菌丝体在受侵染的组织内越冬,是一种活体寄生的真菌(专性寄生),若病组织枯死,其表面上的菌丝体很快死亡,分生孢子寿命也不长。翌年春天环境条件适宜时,越冬的菌丝体产生新的分生孢子,通过气流传播对草莓进行初侵染和不断进行再侵染,使病情加重。

白粉菌是耐干旱的真菌,潮湿天气虽对病害发生有利,但在干旱的天气,分生孢子还可萌发侵染,而多雨对其反而不利,因此草莓白粉病无论在露地栽培或在设施栽培的环境都可以发生。凡植株栽种过密,施氮肥过多,病害发生较严重。

9.1.2.29 草莓轮斑病

病菌以菌丝体或分孢器在病组织内越冬,翌春气候条件适宜时产生分生孢子进行初次侵染。在广州地区病害多发生于 12 月份至翌年 4 月份,每年均发生,为害严重。当高温干旱时病害则基本停止。在栽培管理上,连作地发病重,田间积水或植株过密的地块病害发生亦较重。

9.1.2.30 桃根癌病

(1)温、湿度　足够的土壤湿度,是根癌病菌进行侵染的重要条件。土壤湿度增高时,感病植株的数量随之增加,反之则减少。温度对发病的关系,根据在番茄上的接种试验，瘤的形成以在22℃时为最适合；在18℃或26℃时，形成的瘤形状细小；在28～30℃时不易形成；30℃以上几乎不能形成。

(2)土壤理化性质　土壤为碱性时有利发病，酸性土壤对发病不利。土壤结构与发病也有关系，一般土质疏松、排水良好的沙质土壤发病较少，排水不良的黏重土壤发病较多。

(3)嫁接方式　由于病菌从伤口侵入，因此嫁接的部位、接口的大小以及愈合的快慢，均能影响发病。此外，耕锄不慎或地下害虫为害，使根部受伤便利病菌侵入，会增加发病。

9.1.2.31　白绢病

①病菌主要以菌核在土壤中越冬，也可以菌丝体随病残体遗留在土中越冬，翌年春在适宜温湿度下，菌核萌发产生的菌丝从寄主植物的根部或近地面茎基部直接侵入或从伤口侵入进行初侵染。②在高温高湿条件下发病重。③土壤贫瘠、黏重、过酸、过湿，一般发病较重。④连作或作物生长过于密植发病重。

9.1.2.32　白文羽病

主要以菌丝体、根状菌索或菌核在病株或病残体上越冬，翌年春萌发产生菌丝侵染新根。由伤口或直接侵入，苗木可以带菌传播。

9.1.2.33　紫文羽病

主要以菌丝、菌索、菌核在病株或病残体上越冬，由伤口或直接侵入，苗木可以带菌传播。

9.1.2.34　香蕉枯萎病

病菌在土壤和病残体中越冬，由伤口或直接侵入为害。

9.1.2.35　苹果霉心病

①病菌潜伏在树体各部分以及残留在树上或土壤的僵果内外。②花期侵入。③从果实萼筒侵入。④从芽鳞片侵入。

9.1.2.36　桃软腐病

该病菌为弱寄生菌，从伤口侵入，通过气流传播；病、健果接触也可传染。

9.1.2.37　葡萄灰霉病

①葡萄灰霉病菌以菌核或菌丝体在罹病花穗、病果、病叶等残体上越冬。次年春温、湿度适宜时即产生大量分生孢子，通过气流传播到花穗上，进行初次侵染。②在多雨潮湿和较凉的天气条件下，灰霉病容易发生；地势低洼、枝梢徒长、通风透光不良的果园，发病也较多。

9.1.2.38　葡萄软腐病

黑根霉菌是一种喜温的弱寄生菌，它很难通过无伤表皮直接侵入组织内部，而是从果实表面的伤口侵入。所以在葡萄园管理或采收、贮运过程中所造成的伤口越多,就越有利于病菌的侵入,病害发生就多。此外高温、高湿条件有利病害的发生与发展。

9.1.3 主要防治方法

9.1.3.1 苹果腐烂病

①加强栽培管理,提高树体抗病力是防治腐烂病的根本措施。②清洁田园。③及时刮除病斑,刮后涂抹843康复剂原液、80%402抗菌剂、9281绿树神医。

9.1.3.2 苹果干腐病

防治方法同苹果腐烂病。

9.1.3.3 苹果(梨)轮纹病

①培育、选用无病苗木。②加强栽培管理。③清除病源。冬季结合修剪,剪除病虫枝,对主干、主枝上的病斑及时刮除,并涂以杀菌剂保护。常用的杀菌剂有843康复剂原液、80%402抗菌剂。④喷药保护,可用50%多菌灵可湿性粉剂、70%甲基托布津可湿性粉剂、40%炭疽福美可湿性粉剂。⑤有条件的地区可实行果实套袋;避免以杨树等树木做防风林;选用抗病品种。

9.1.3.4 桃树流胶病

防治方法同苹果腐烂病。

9.1.3.5 葡萄蔓枯(割)病

①加强管理,剪除病蔓;②刮除病斑;③喷药保护防治。

9.1.3.6 栗干枯(胴枯)病

防治方法同苹果腐烂病。

9.1.3.7 柑橘树脂病

防治方法同苹果腐烂病。

9.1.3.8 苹果炭疽病

①搞好清园工作;②加强栽培管理;③喷药保护;④套袋;⑤储藏期烂果控制。

9.1.3.9 苹果银叶病

①保护树体,防止受伤。提倡轻修剪,逐年改造树形;防止大砍、大剪,对必须疏去的大枝最好在病菌休眠期的冬季进行,对伤口必须及时消毒保护。伤口先削平,然后用较浓的杀菌剂进行表面消毒,再外涂波尔多液保护,以防止病菌从伤口侵入。②清除病死枝干及断枝治疗。因银叶病为害而死亡的枝干,应在其上长出子实体之前彻底清除,携出果园并加烧毁。对已长出子实体的病死枝干,更应迅速处理,以防止孢子扩散传播。对于初发病的枝干,可在4、5月间,最迟在7月中旬

以前，在侵染点以下60～80 cm处，加以剪除，一般从病枝的基部剪除，并对剪口进行消毒保护。伤口保护剂可用波尔多液或松香桐油合剂(松香1.5～2份加桐油1份，熬煮约10 min)。③加强果园管理，增施肥料，早施、深施基肥，注意多施钾肥和磷肥，并及时防治其他病虫害，如腐烂病、早期落叶病、潜皮蛾、军配虫等，促使树势生长健壮，提高抗病能力。④药剂治疗。根据国外资料，对银叶病可用硫酸-8-羟基喹啉进行埋藏治疗。日本产品“银叶锭”即硫酸-8-羟基喹啉丸剂，这种剂型使用时较方便。

9.1.3.10　梨褐斑病

①做好清园工作：冬季扫除落叶，集中烧毁，或深埋土中。②加强梨园管理：在梨树丰产后，应增施肥料，促使树势生长健壮，提高抗病力。雨后注意园内排水，以降低果园湿度，不利于病害发展蔓延。③喷药保护：早春在梨树发芽前，约3月中下旬，结合梨锈病防治，喷0.6%石灰倍量式波尔多液。落花后，当病害初发时，约4月中下旬，喷第二次药，药剂及浓度同上。在天气多雨、有利于病害盛发的年份，可于5月上中旬再喷0.6%波尔多液一次。防治褐斑病一般喷药2～3次即能达到良好的防治效果，其中喷药重点为落花后的一次。

9.1.3.11　梨黑斑病

①做好清园工作：在果树萌芽前应做好清园工作，剪除有病枝梢，清除果园内的落叶、落果，全部加以销毁。②加强培育管理：一般管理较好、施用有机肥料较多、树势健壮的梨园，发病都较轻，反之则发病较重。因此，各地应根据具体情况，可在果园内间作绿肥，或增施有机肥料，促使梨树生长健壮，增强植株抵抗力，以减轻发病。对于地势低洼、排水不良的果园，应做好开沟排水工作。在历年黑斑病发生严重的梨园，冬季修剪宜重，这样一方面可以增进树冠间的通风透光，另一方面可以大量剪除病枝梢，减少病菌来源。③套袋：套袋可以保护果实免受病菌侵害。④喷药保护：可于发芽前，约3月上中旬，喷一次5波美度石硫合剂，以消灭枝干上越冬的病菌。在生长期，由于此病为害持续期较长，所以，喷药次数要多一些，一般在落花后至梅雨期结束前，都要喷药保护。前后喷药间隔期为10 d左右，共喷药七八次。为了保护果实，套袋前必须喷一次，喷后立即套袋。药剂可用0.6%波尔多液、50%代森铵1 000倍液、50%退菌特600～800倍液或50%二硝散200倍液。

9.1.3.12　梨黑星病

①消灭病菌侵染来源。②加强栽培管理，选择园艺性状良好、抗病性较强的优良品种种植，增施有机肥料，合理修剪。③喷药保护，可采用50%多菌灵可湿性粉剂、70%甲基托布津可湿性粉剂、75%多菌清可湿性粉剂、70%代森锰锌可湿性粉剂。

9.1.3.13 葡萄白腐病

①消灭越冬病原。秋末应将落于地面的病穗、病果、病蔓、病叶等收集干净，并烧毁或深埋。冬季结合修剪，剪除病蔓，并烧毁或深埋。②加强栽培管理。③药剂防治。在葡萄坐果后，当发现零星病穗出现时，应摘除病穗，并立即开始喷药。以后每隔半月喷药一次，直至采果前停止，共喷药四五次。药剂可以应用50%退菌特800～1 000倍液。

9.1.3.14 葡萄黑痘病

①利用抗病品种。②冬季搞好清园工作，修剪病枝病蔓，喷施3～5波美度石硫合剂。③加强栽培管理。④喷药保护。防治关键时期是展叶后至果实着色前喷1∶0.7∶(200～240)波尔多液。

9.1.3.15 葡萄炭疽病

①栽培管理方面：葡萄采收以后要把落于地面的果穗和果粒清除，挖坑深埋或烧毁，以减少果园内病菌的来源。生长期要做好副梢的管理工作，使果园通风透光良好，以减轻发病。合理施肥，氮、磷、钾三要素应适当配合，增施钾肥，以提高植株的抗病性。雨后要搞好果园的排水工作，防止园地积水。②药剂防治：发芽前喷一次3波美度石硫合剂。葡萄生育期在果实开始着色前喷50%退菌特1 000倍液，以后每隔半月喷一次，直至采收前90 d止，先后约喷4次药。但在采收前90 d应停止使用退菌特。

9.1.3.16 葡萄霜霉病

①冬季要搞好清园工作，收集病叶、病果，并剪除病梢，烧毁或深埋，以减少果园中的病菌来源。②加强果园管理，合理修剪，尽量剪去近地面不必要的蔓叶，使植株通风透光良好，以降低湿度。此外，适当增施磷、钾肥，在酸性土壤中应多施石灰，可以提高葡萄对霜霉病的抵抗性。③喷药保护。在发病前或发病初期开始喷0.6%石灰半量式波尔多液，或65%代森锌400～500倍液，以后每隔半月左右喷一次，连续两三次，可以有效地防治霜霉病。

9.1.3.17 葡萄褐斑病

①秋后彻底清扫果园落叶，集中烧毁或深埋，以消灭越冬菌源。加强葡萄的栽培管理，注意果园排水，并适当增施肥料，促使树势生长健壮，以提高抗病力。②在发病初期结合防治黑痘病、炭疽病等，喷0.5%石灰半量式波尔多液或65%代森锌500～600倍液，每隔10～15 d喷一次，连续喷两三次，就有良好的防治效果。由于病害一般从植株下部叶片开始发生，以后逐渐向上蔓延，因此，第一、二次喷药要着重喷射植株下部的叶片。

9.1.3.18 桃穿孔病

①消灭越冬菌源。枝梢上的溃疡,应结合冬季修剪,彻底剪除,并集中烧毁;落于果园地面的枯枝和落叶,也应清除。②喷药保护。在桃树发芽前可喷3～5波美度石硫合剂,或0.8%波尔多液。在5～6月间于病害开始发生时,喷硫酸锌石灰液,配方为:硫酸锌1 kg,消石灰4 kg,水240 kg。③注意桃园排水,合理修剪,使树冠通风透光良好,降低园内湿度,以不利病菌蔓延。④桃树不宜与李、杏、樱桃等易感病的果树混栽,避免互相传染。

9.1.3.19 桃褐腐病

①消灭越冬病原:结合修剪,清除病枯枝、僵果、落果。加强栽培管理 通风透光,排水,施肥,防虫,套袋,早期摘病果。②药剂防治:在花蕾现红时,喷5波美度石硫合剂消毒。落花后至采果前3周,每隔10～15 d喷一次药,可用速克灵、甲基托布津、代森锰锌等。

9.1.3.20 桃炭疽病

①冬季或早春做好清园工作,剪除病枝梢及残留在枝条上的僵果,并清除地面落果。在花期前后,注意及时剪除陆续枯死的枝条,集中烧毁或深埋。②加强树体管理,搞好开沟排水工作,防止雨后积水,以降低园内湿度;适当增施磷、钾肥,促使桃树生长健壮,提高抗病力;并注意防治害虫,避免昆虫传病。③喷药保护幼果。每隔10 d左右喷药一次,共喷3或4次。药剂以50%退菌特1 000倍液效果最好。

9.1.3.21 桃缩叶病

①药剂防治:由于桃缩叶病只在早春侵染一次而没有再次侵染,因此,在关键时机喷一次药便可收到很好的防治效果。喷药时间应掌握在桃树花芽露红而未展开前,喷1次1～1.5波美度石硫合剂或1%波尔多液,就能控制初侵染的发生。②摘除病梢,加强管理:当初见病叶而尚未出现银灰色粉状物前摘除销毁,可减少来年的越冬菌量。对发病树应加强管理,追施肥料,使树势得到恢复,增强抗性。

9.1.3.22 枣疯病

①育苗时应从健树上,最好从没有发现过枣疯病的果园选取接穗。砧木也一定要选用无病的植株。有病枣树的根蘖,切勿用做繁殖材料。在苗木培育过程中,要经常检查,发现病株,应随时淘汰,挖除烧毁。②初发病的枣树,应及早剪除疯枝,可以延迟死亡。枣树发病后,如病枝已遍及全株,病树已无经济价值,应及早彻底砍除,连根及根蘖一起挖尽烧毁,以免传染蔓延。③选栽抗病性强的品种,并加强培育,使枣树生长健壮,提高抗病力;也可选择品质优良的品种,嫁接在抗病力强的酸枣品系上,以提高抗病能力。

9.1.3.23 柑橘黄龙病

①疫区内的苗木、接穗和砧木等禁止外运,保护无病区和新区;用无病苗木种植。②建立无病苗圃,培育无病苗木。③新果园的防治(目标是建立无病的新果园):a.选择隔离条件较好的地方作为柑橘园;b.种植无病苗木;c.挖除病株;d.施药灭虫。④老果园的防治:发病率在10%以下的幼年果园,采取彻底挖除病树,加强水肥管理,春季防止木虱若虫,夏秋季多控梢,结合喷药治虫。

9.1.3.24 柑橘溃疡病

①严格执行检疫制度,保护无病区和新区;②建立无病苗圃,培育无病苗;③加强栽培管理;④进行化学防治,可用5%加瑞农可湿性粉剂、70%可杀得可湿性粉剂1∶100、叶枯灵、川化018、农用链霉素等。

9.1.3.25 柑橘疮痂病

①消灭越冬菌源。②加强栽培管理。③喷药保护新梢和幼果不受侵染,关键是喷药时期,一般喷药2或3次。④接穗、苗木消毒。

9.1.3.26 柑橘炭疽病

①加强栽培管理:冬季搞好清园工作,加强肥、水管理;②喷药保护:50%多菌灵可湿性粉剂、70%甲基托布津可湿性粉剂、5%多菌清可湿性粉剂、70%代森锰锌可湿性粉剂等。

9.1.3.27 柑橘青、绿霉病

①采收时应注意防止果实受剪刀伤、擦伤、刺伤、碰伤、压伤等机械损伤。②包装果实的箱、篓切忌粗糙,以免擦伤果皮,潮湿的木箱不适于包装。③库房及用具要消毒。每年贮藏结束后,库房和果架要洗刷干净,再用1%福尔马林或4%漂白粉喷洒库壁、库顶、地面和果架,然后密闭一昼夜,准备储藏。④低温储藏。一般柑橘果实的储藏,以温度3~6℃、大气相对湿度80%~85%为适宜;⑤果实进行防腐处理。⑥果实采收前喷药。对蕉柑、椪柑和甜橙等品种在果实采收前1周内,于树上喷射甲基托布津1 500~2 000倍液,能显著减轻储藏期青、绿霉病的腐烂。

9.1.3.28 草莓白粉病

①加强栽培管理:田间注意排水,植株过密时应及时分株,经常摘除病叶、老叶。②药剂防治:发病初期就开始喷药防治,有效药剂有40%灭病威悬浮剂500倍液、15%粉锈宁可湿性粉剂3 000~4 000倍液、50%退菌特可湿性粉剂600~800倍液。

9.1.3.29 草莓轮斑病

①选育和种植抗病品种,加强管理,增强植株抗病能力。②摘除病叶,减少病害初侵染来源。在种苗移植时,先将病叶及老朽根摘除,然后将种苗在50%甲基

托布津可湿性粉剂600～800倍液内浸20 min晾干，即可进行栽种。③喷药防治。在病害开始发生时进行喷药防治，可喷施50%甲基托布津可湿性粉剂600～800倍液、50%多菌灵可湿性粉剂600倍液、80%代森锌可湿性粉剂500～600倍液。施药次数应根据病情和气候条件而定。

9.1.3.30 桃根癌病

①适当选择苗圃的场地：应选择未发现过根癌病的土地作为苗圃；老果园、老苗圃，特别是曾经严重发生过根癌病的老果园和老苗圃，不能作为育苗的场地。②改进嫁接技术：嫁接苗木最好采用芽接法，以避免伤口接触土壤，减少感病机会。③对苗木进行检查和消毒：对嫁接用的砧木，在移栽时进行根部检查，出圃苗木也要经过严密的根部检查，发现病苗，应予淘汰。对于输出的苗木或外来的苗木，都应在未抽芽前将嫁接处以下的部位，用1%硫酸铜浸5 min，再移浸于2%石灰水中1 min。④病瘤处理：在定植后的果树上发现病瘤，应彻底刮除，刮后再用80%抗菌剂402的100～200倍液涂刷伤口，再外涂843康复剂或波尔多液保护。刮下的癌瘤应随即烧毁。⑤改变土壤反应：应适当增施酸性肥料如硫酸铵等，以改变土壤反应，使不利病害发生。

9.1.3.31 白绢病

①实行轮作，发病重的作物可与发病较轻的禾本科作物轮作，轮作年限应在4年以上。②合理施肥，注意提高钾肥的施入量。③及时排水。④清除病株及残体。⑤用哈茨木霉菌、荧光假单胞菌进行生物防治。⑥药剂防治。发病初期可用25%敌力脱乳油1 000～1 500倍液淋根，隔10 d一次，连续2或3次。

9.1.3.32 白文羽病

①选用抗病砧木。②加强果园管理。③生物防治。大蒜的水提取物、芸香的提取物可抑制菌丝体生长。④化学防治。发病初期用50%多菌灵可湿性粉剂500倍液、77%可杀得500倍液、根腐灵300倍液浇灌。

9.1.3.33 紫文羽病

防治方法同白文羽病。

9.1.3.34 香蕉枯萎病

①强化苗木的检疫和消毒处理，预防苗木带菌传播。②强化栽培管理，尤其是土壤的改良，创造适于果树生育的良好根际环境条件，抑制病原物的活性。③注重病土处理，对于可能带菌的土壤应进行妥善处理，杀死病原物。常用的土壤药剂有氯化苦、棉隆、安百亩、五氯硝基苯等。④治疗病树。治疗的一般程序是：挖开根区土壤，寻找患病部位；清理患病部位，涂药消毒，消毒剂应因病而异，对于较大伤口

要妥善保护;巧用栽培技术、强化栽培管理,促进树势尽快恢复。

9.1.3.35 苹果霉心病

①加强田间管理。②入库前剔除色泽及果形不整的果实。③储藏期的温度保持在1～2℃。

9.1.3.36 桃软腐病

在采收、分级、储运过程中防止损伤,可用50%苯来特1 000 mg/kg液浸果2 min。

9.1.3.37 葡萄灰霉病

①冬季清园:彻底清除病花穗、病果及病叶,以减少菌源。②加强果园管理:增施优质有机肥,防止枝梢徒长,对过旺的枝梢进行适当修剪,使果园通风透光,降低田间湿度。③药剂防治:葡萄开花前喷1或2次50%多菌灵可湿性粉剂500倍液或70%甲基托布津可湿性粉剂800倍液;开花后、幼果期至收获前喷施50%农利灵可湿性粉剂,每次每亩用量为70～100 g,对灰霉病有很好的防治效果。

9.1.3.38 葡萄软腐病

①适时采收。要根据品种特性、市场需求,选择适宜的采收期。在清晨或阴雨天不宜采收。②在采收和储运过程中都要十分小心,尽量减少果实损伤。③采收后进行整修,将病果、虫伤果和机械损伤果剪除,分级包装储藏。储藏前用二氧化硫熏蒸,不但能杀死果实表面的病菌,而且可以降低果实呼吸强度,能较长时间保持果色。二氧化硫熏蒸分次进行,首次可用0.5%的二氧化硫熏蒸20 min,但必须使二氧化硫迅速均匀地达到每箱的果穗中又不致引起药害。再次熏蒸时用0.1%的二氧化硫熏蒸30 min。这种处理每隔7～10 d进行一次。

9.2 果树虫害

果树害虫有1 000多种,根据为害特点可分为蛀果类、吸汁类、卷叶蛾类、食叶类、蛀干类、地下害虫、吸果夜蛾类害虫等7类。

9.2.1 蛀果类害虫

蛀果类害虫是果树上的主要害虫,影响果品产量和质量的提高。多年的调查研究,对果树主要蛀果害虫的发生规律及有效防治方法,都积累了成功的经验,收到较好效果。目前苹果、梨、桃、杏、李、枣树的食心虫类有桃小食心虫、苹(果)小食心虫、梨小食心虫、李(子)小食心虫、白小食心虫、梨大食心虫、桃蛀螟等,近年来玉米螟在部分果园也有为害。为害核桃果实的主要是核桃举肢蛾；为害柿树的主要是柿蒂虫；为害板栗果实的有桃蛀螟、栗实象。蛀果类害虫有许多共性，也有个性。仅以桃小食心虫、梨小食心虫、梨大食心虫、核桃举肢蛾、柿蒂虫的发生规律、为害症状及防治方法为典型举例如下。

苹果和梨树上几种害虫的主要区别见表9-1。

表9-1　几种果树害虫主要习性的区别

项目	苹小食心虫	梨小食心虫	桃小食心虫	白小食心虫	苹果果蛾
越冬部位及场所	老熟幼虫在树皮缝内结茧越冬	老熟幼虫在树皮缝内结茧越冬	老熟幼虫结圆形茧在土中越冬	近老熟幼虫在树皮缝内结茧越冬	老熟幼虫在树皮缝内结茧越冬
发生代数	1～2代	3～4代	1～2代	2代	在新疆一年发生1～3代
为害状况	幼虫害果时，多在果皮下，不食入果心。被害处略凹陷，呈黑褐色的干疤状	幼虫蛀果时，直入果心为害，幼虫老熟后蛀孔脱出果外	幼虫在果内纵横为害，严重时果实畸形。蛀入孔为一个小黑点。蛀孔处有白色胶状物。脱果实似梨小老熟幼虫	幼虫孵化后，从果实萼洼或梗洼处蛀入。在果皮内为害不深。为害部分表面有丝连着的虫粪堆积在被害处的果面上长期不落	
为害时期	1代：越冬成虫羽化晚，约在6月下旬，幼虫为害期在7～8月份。2代：成虫在6月上旬出现，为害期在6～9月份	5～6月份幼虫为害桃梢，7～9月份为害梨果	越冬幼虫5～7月份从越冬茧爬出地面，结化蛹茧，6月下旬至8月份蛀果为害	越冬幼虫4月下旬开始活动，为害嫩叶、芽，老熟时在内化蛹。9月中旬为害果实	

9.2.1.1　桃小食心虫(图9-3)

(1)名称　学名*Carposina niponensis* Walsingham，鳞翅目果蛀蛾科。简称桃小。

(2)为害特点　主要为害枣、桃、苹果、梨、山楂、海棠等树种。以幼虫蛀果。果面有蛀孔，蛀孔流出泪珠状果胶，不久干涸，呈白色蜡质粉末状，蛀孔愈合成一小黑点凹陷。幼虫在果内串食，直达果心，并在蛀道内留有虫粪。果实受害严重时，幼果常形成木栓化的"猴头果"。幼虫脱果后，果面还有一小米粒大小的圆形脱果孔。

(3)发生规律及生活习性　桃小食心虫在河北、山东、山西、陕西、辽宁等苹果产区一年发生1代,少数年份一年2代。以老熟幼虫在3～13 cm 土层内结冬茧滞育越冬。在平地果园多集中在距树根2尺(约67cm)以内的土中越冬,深度一般在3 cm左右。在山地果园则分散越冬,但也是根颈处最多,占越冬茧的 1/2左右。

越冬幼虫出土时期与气温、雨量有直接的关系。如出土前一周平均气温达16.9℃,地温为19.7℃ ,土壤含水量在10%左右即可出土。若5～6月份土壤含水量不足5%时,就要推迟出土期。在出土期间如遇小雨,雨后1～2 d幼虫就会连续出土或形成出土高峰。

越冬幼虫出土后,在地表面附在土块、石块、杂草旁结一个长形的化蛹茧。蛹期约10 d。从出土至羽化成虫约需14 d。

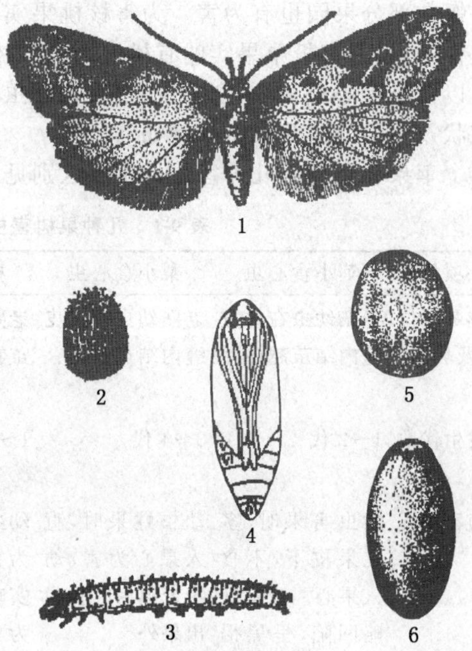

图9-3 桃小食心虫

1.成虫 2.卵 3.幼虫 4.蛹 5.冬茧 6.夏茧

越冬代成虫羽化期在6月中旬,7月上旬为羽化盛期。成虫羽化后2～3 d产卵,卵产在叶背叶脉基部和果实萼洼处,卵期6～7 d。虫孵化后先在果面爬行,寻找适当的场所蛀入果内。蛀果期从6月下旬开始,蛀果盛期在7月上、中旬。

桃小食心虫田间发现卵以后,第1、2代的卵则陆续不断地发现,直到9月中、下旬。其中第1代卵盛期在7月上旬,第2代卵盛期在8月中、下旬。第1代幼虫老熟后脱果的幼虫,在8月中旬以前脱果的继续做化蛹茧完成第2代,8月中旬脱果的幼虫只发生一代,结扁圆形茧越冬。8月下旬至9月上旬是老熟幼虫脱果越冬最多的时间。

在枣树上为害的桃小食心虫发生期比苹果树上略晚。在河北大枣产区,越冬幼虫出土期从6月上、中旬开始,6月下旬至7月上旬达出土高峰,8月初出土结束。

(4)防治方法 ①预报:做好桃小食心虫的预报。②人工防治:堆果场所铺沙诱集越冬幼虫:秋季果实采收时,在堆果场的地面上铺细沙土,诱集脱果老熟幼虫入土结茧。在采收结束后妥善处理此土壤,可消灭大量的越冬幼虫。③地面药剂防治:根据桃小食心虫越冬虫出土情况,决定田间喷粉时期。用5%西维因粉剂,每亩用量 7.5～10 kg，撒在树冠下，撒后用耙子搂一搂，使药与土壤混合，延长药效。④树上喷药防治：桃小食心虫幼虫期，全年 4～5 次为宜。

9.2.1.2　梨小食心虫(图 9-4)

(1)*名称*　学名 *Grapholitha molesta* Busck，鳞翅目卷叶蛾科。俗称“黑膏药”。

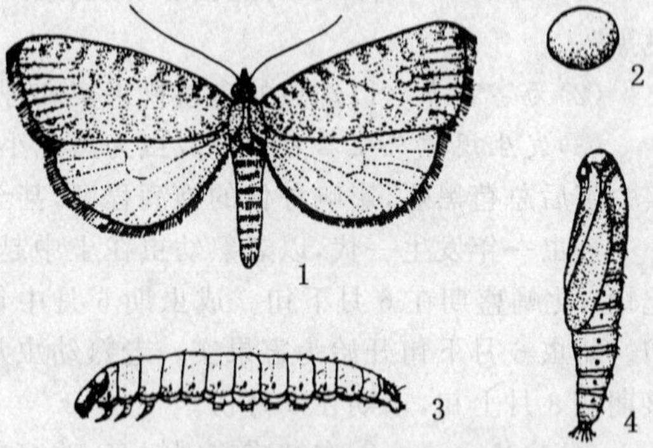

图 9-4　梨小食心虫

1.成虫　2.卵　3.幼虫　4.蛹

(2)*为害特点*　可为害桃、梨、李、杏、苹果等。春、夏发生的幼虫主要蛀食桃梢，造成新梢枯萎下垂，最后纵裂流胶，影响树冠的正常发育。夏、秋季发生的幼虫主要蛀食果实，蛀道直达果心，果实表面的蛀果孔常被病菌腐蚀变黑，所以称“黑膏药”。

(3)*发生规律及生活习性*　梨小食心虫在华北一年发生 3～4 代，以老熟幼虫在树翘皮裂缝内越冬。越冬部位以根颈部最多，其次是主干上的皮缝内。越冬幼虫 4 月中旬开始羽化，到 5 月下旬结束。成虫产卵于桃梢内为害。一个幼虫可为害 3 或 4 个嫩梢。幼虫老熟后在桃树上结茧化蛹。

第 1 代成虫 5 月下旬出现，仍为害桃、杏梢或李幼果。第 2 代成虫盛发期在 6 月末至 7 月份。此代成虫开始往梨树上转移，从 7 月初即有幼虫蛀果，但由于果实内石细胞较多，蛀入后很少成活。到 7 月中旬才有大量幼虫蛀果为害。第 2 代晚发生者常和第 3 代成虫重叠。第 3 代幼虫 8～9 月份发生，主要为害果实，还有少量幼虫为害梨梢。第 4 代幼虫 8～10 月份发生，完全为害果实。

(4)*防治方法*　①新建果园尽可能避免梨、桃、杏、李、樱桃等树种混栽，已混栽的果园要在梨小食心虫的前期寄主上加强防治，减少后期为害梨果的虫口密度。②梨树发芽前，用刮皮的办法消灭潜存在树皮、树缝里的越冬幼虫。刮下的树皮集中烧毁。③梨小食心虫越冬前，树干上束草诱集越冬的幼虫，在冬季将草束解下烧毁，有一定的防治效果。④利用糖醋液(果醋)诱梨小食心虫成虫，是行之有效的办法。⑤5～6 月间及时剪除桃树上的被害梢，将剪掉的被害梢深埋处理。⑥药剂防治：用药剂消灭梨小食心虫的卵和初孵幼虫，每代用药 2 次，间隔 7～10 d，在桃、李树上除治第 1、2 代，在梨树上除治第 3、4 代。喷药适期可根据诱蛾量来确定，如果诱蛾器中蛾量剧增，则后推 5～8 d 喷第一次药，隔 1 周后再喷一次。也可在 5 月份经常检查桃园，发现有个别新梢出现萎蔫现象，立即用第一次药。药剂可选用 2.5％敌杀死、20％速灭杀丁、10％氯氧菊酯、20％灭扫利、2.5％功夫乳油等合成菊酯类杀虫剂 3 000 倍稀释液。要注意轮换用药。

9.2.1.3 核桃举肢蛾

(1)名称　学名 *Atrijuglans hetaohei* Yang，鳞翅目举肢蛾科。俗称"核桃黑"。

(2)为害特点　以幼虫蛀食核桃果实和种仁，被害果变黑，常提早脱落。

(3)发生规律及生活习性　成虫为黑色小型的蛾子。幼虫为害果实的总苞，果实为害后总苞黑烂，影响种仁的饱满程度，甚至完全失去经济价值。

该虫一年发生一代，以老熟幼虫在土中越冬。越冬代幼虫 6 月份至 7 月下旬化蛹，化蛹盛期在 6 月下旬。成虫期 6 月中旬至 8 月上旬，羽化盛期在 7 月上旬初。幼虫 6 月下旬开始为害果实。老熟幼虫从 7 月中旬开始脱果结茧越冬，脱果盛期在 8 月上旬，末期在 9 月份。

(4)防治方法　①在结冻前刨树盘，改变它的越冬条件，使部分越冬幼虫冻死或风干而死。②提前采收被害果。一般在 8 月份以前为宜，消灭当年为害的幼虫，减少虫口密度。③成虫羽化前在树下撒杀螟丹粉，每亩用 2%杀螟丹粉 2.5～3 kg，撒后耙地，使药粉与土混匀，毒杀越冬代的成虫。④6 月中旬至 7 月下旬幼虫蛀果初期，喷 2%西维因可湿性粉剂 500～700 倍液；50%杀螟松、50%马拉硫磷 500～800 倍液。连续喷三四次可取得良好的效果。

9.2.1.4 柿蒂虫

(1)名称　学名 *Stathmopoda massinissa* Meyrick，鳞翅目举肢蛾科。

(2)为害特点　柿蒂虫是柿树上为害果实的主要害虫。以幼虫蛀果为主，亦蛀嫩梢，蛀果多从果梗或果蒂基部蛀入，幼果干枯，大果提前变黄早落，俗称"红脸柿"。

(3)发生规律及生活习性　柿蒂虫一年 2 代，以老熟幼虫在树皮缝内及干柿蒂上越冬。越冬代老熟幼虫 4 月下旬至 5 月中旬化蛹，盛期在 5 月下旬。最早孵化的幼虫在 5 月中旬至 6 月中旬，盛期在 5 月下旬。最早孵化的幼虫在 5 月下旬开始为害，一直到 7 月上旬，为害盛期在 6 月上中旬。6 月下旬至 7 月中旬化蛹，化蛹盛期在 7 月上旬。第 1 代成虫于 6 月下旬至 7 月下旬羽化，盛期在 7 月上旬。第 2 代幼虫 7 月下旬至 9 月中旬为害，8 月下旬开始越冬。

第 1 代幼虫孵化后，一般由柿蒂基部蛀入果实，并在柿蒂基部缠绕白丝，以防幼果脱落。一个幼虫为害幼果 5 个左右。老熟幼虫在被害干果内化蛹，少数在枝干皮缝内化蛹。第 2 代幼虫为害时期在 8～9 月份。被害果早期成熟，果实变红、软，提前脱落。

(4)防治方法　①早春刮树皮，消灭在树皮上的越冬老熟幼虫。②束草诱杀。在 8 月下旬(老熟幼虫越冬前)树干上绑草把，诱集越冬幼虫，秋末解下集中烧毁。③6 月中、上旬和 8 月份摘除被害果，消灭当年的幼虫(或蛹)，减少下代虫口密度。

④药剂防治。因该虫发生期长，应选择有效期长的药剂使用，如2.5%灭扫利2 500倍液、21%灭杀毙2 500倍液、10%多来宝悬浮剂1 000～2 000倍液、5%莱福灵乳油2 000倍液或25%灭幼脲三号悬浮剂1 800～2 000倍液。注意药剂的轮换使用。

9.2.2　吸汁类害虫

果树上的吸汁类害虫主要有蚜虫类、蚧壳虫类、螨类，它们的共同特点是有刺吸式口器。

9.2.2.1　蚜虫类

蚜虫是果树上常见的害虫，种类很多。它以若虫、成虫为害叶、梢。繁殖方法分为有性繁殖和无性繁殖。作物的被害状各有不同，被害状明显易于辨别的是瘤蚜，如桃瘤蚜（*Myzus momonis* Mats.）、苹果瘤蚜（*Myzus malisuctus* Matsumura），为害后叶片向背面纵卷畸形，与其他蚜虫为害状有鲜明的区别。有的蚜虫在叶背为害，如桃粉蚜（*Hyalopterus arundimis*（Fabricius）），身上覆盖一层白粉末，给防治造成一定的困难。大多数蚜虫是暴露在枝叶上的，也有少数蚜虫隐藏在地下根部或叶组织内部为害，如苹果黄蚜（*Aphis citricola* von der Goot）。除有些隐蔽的种类难以防治外，大多数蚜虫易于防治。

常见蚜虫及其为害特点见表9-2。

蚜虫防治的关键，是把它消灭在第一代若期及为害期前。鉴于蚜虫繁殖快，代数多，往往稍有忽视就有为害的可能。

①早春发芽前喷5%柴油乳剂，消灭越冬卵。②发芽期至新梢停止生长前，喷10%吡虫啉3 000倍液。这类药剂是内吸杀虫剂，残效期较长，适于此时使用。③蚜虫大量发生前，喷50%抗蚜威1 500～2 000倍液、1.8%阿维菌素4 000～5 000倍液均可。但在防治桃粉蚜时，药剂中适量加些洗衣粉可增加渗透力和黏着力，并能提高药效。

9.2.2.2　介壳虫类

介壳虫类是为害果树枝干的害虫，主要是雌成虫（包括若虫）吸取树体营养，使树势衰弱或枝条枯死。果树上介壳虫种类比较多（表9-3），在苹果、梨、桃、杏树上为害的有8种：为害桃、杏的有桑白蚧（*Pseudaulacapspis pentagona*（Targioni-Tozzotti））、球坚蚧（*Didesmococcus koreanus* Borchs）和东方盗蚧；为害枣树的有龟蜡蚧（*Ceroplastes japonicus* Green）；为害柿树的有吹绵蚧（*Icerya purchasi* Maskell）；为害苹果、梨的有梨圆蚧（*Quadraspidiotus perniciosus*（Comtock））、康氏粉蚧（*Pseudococcus comstocki*（Kuwana））；杂食性的有草履蚧（*Drosicha corpulenta*（Kuwana））。人们把介壳虫类统称为“树虱子”。

表 9-2 果树常见蚜虫及其为害特点

虫 别	成虫(无翅雌蚜)	卵	若虫	寄主	被害状	为害时期
苹果瘤蚜	纺锤状,长 1.4～1.6 mm,浓绿色或褐色,复眼红色,蜜管黑色	椭圆形,黑绿色,有光泽	长椭圆形,似无翅雌成虫	苹果	叶被害后,叶片边缘向背面纵卷,皱缩成筒状,后期干枯	3 月末至 4 月初孵化,5 月份为害严重,10～11 月份在枝上产卵越冬
苹果黄蚜	纺锤状,长 1.4～1.8 mm,呈黄或黄绿色,头部、复眼、蜜管黑色	椭圆形,黑色	鲜黄色,触角、复眼、蜜管黑色	苹果、梨	被害叶由叶尖向背面横卷曲	5 月上旬末孵化,6～7 月份繁殖最快,8～9 月份发生量少,10～11 月份产卵越冬
梨蚜	体长 2 mm,绿色或黄褐色,复眼红色;口器、触角尖端、足的跗节椭圆形,黑色		体小,绿色,无翅,似近无翅雌成虫	梨	梨叶被害后向正面卷曲,成筒状	3 月中下旬是若虫期,4 月下旬至 5 月上旬繁殖快,10～11 月份在树上产卵越冬
桃蚜	体长 2 mm,肥大,绿色或红褐色;触角基部淡褐色,其余部分黑色;足基部淡黄色,其余部分黑色	椭圆形,漆黑色	体小,近无翅雌成虫,淡绿色	桃、杏、李、樱桃	叶被害后向背面不规则卷曲	3 月中下旬开始孵化,5 月上旬繁殖最快,10～11 月份在桃、杏树上产卵越冬
桃粉蚜	体长 2.5 mm,绿色,体上有一层白色蜡粉	椭圆形,绿色,以后变为黑绿色	似无翅雌成虫,淡绿色,上有白粉	桃、杏、李	叶被害后向背面微卷曲,上有白粉	4 月份开始孵化,5 月份繁殖最快,8 月中、下旬很少见
桃瘤蚜	体长 2.1 mm,绿色或黄绿色,头部黑色,额瘤显著,复眼褐色,蜜管黑色		似无翅雌成虫,淡绿色,头和蜜管深绿色	桃、李	叶被害后从边缘向背面纵卷曲,被害叶卷曲组织变厚,凹凸不平,初为绿色,后变红色,最后干枯	5～6 月份繁殖最快,10 月份在桃树上产卵越冬

表 9-3 果树上常见介壳虫的区别

虫别	雌成虫	卵	若虫	寄主	发生代数	越冬虫态	越冬部位	防治适期（若虫期）
桑白蚧	体长1.3 mm，橙黄色，介壳白色，长2～2.5 mm，壳点褐色，偏生在壳顶的一方	椭圆形，淡橙色	长0.25 mm，扁椭圆形，橙色，长0.3 mm	桃、杏、李	2代	受精雌成虫	枝条上	第1代5月上旬至6月上旬，第2代8月中、下旬
球坚蚧	长3 mm，半圆形，黄褐色到淡红褐色，有光泽	椭圆形，白色透明，长0.3 mm	椭圆形，背面浓褐色，体背有白色花纹	桃、杏、李	1代	2龄若虫	枝上	5月中至6月初
东方盔蚧	蚧壳浓褐色，有光泽，背面有一纵隆起线。成虫体长6 mm，横径4.5 mm	椭圆形，白色，微带蜡状白粉	长椭圆形，初孵化时乳白色，以后变为褐色	桃、杏、李	2代	小若虫	枝上暴露	第1代5月下旬至6月中旬，第2代7月下旬至8月下旬
龟蜡蚧	体扁椭圆形，长2.2～4 mm，背面包一层较厚的白色蜡质物，中央隆起	椭圆形，长0.2 mm，初产橙黄色，半透明，近孵化时紫色，扁平	椭圆形，紫褐色，雌若虫蜡质，介壳圆形至椭圆形	枣、柿、梨、苹果	1代	受精雌成虫	枝上	6月末至7月末
吹绵蚧	椭圆形，介壳长3 mm，宽2 mm，白色絮状物，虫体紫红色	椭圆形，长0.3 mm，紫红色，扁平	椭圆形，体长0.5 mm，紫红色	柿	4代（河南）	初龄若虫	枝上	第1代6月中旬，第2代7月中旬，第3代8月中、下旬，第4代9月下旬
草履蚧	扁平椭圆形，体长10 mm，淡灰紫色，背部隆起，肥大，背面有白粉，能爬行	扁圆球形，黄赤色，产于卵囊内，卵囊为白色绵状物	若虫体似雌成虫，仅较小	苹果、梨、核桃等	1代	若虫（在卵囊内）	土中	3月上、中旬为若虫开始，为害至6月末
梨圆蚧	介壳圆形，灰色，壳点黄色、赤褐色，位于壳中央，体长0.9～1.2 mm，鲜红色	胎生无卵	若虫体长0.2 mm，淡黄色	梨、苹果、葡萄等	2～3代	2龄若虫	枝上	第1代6月上旬至6月下旬，第2代8月中旬至9月上旬
康氏粉蚧	扁椭圆形，长3～5 mm，体背白色，有白色毛17对，体色淡粉红色、淡黄色，长0.3 mm，宽0.2 mm	扁平椭圆形，淡黄色，长0.4 mm	似雌成虫	梨、苹果等	3代	卵	树皮缝内	第1代3月末至5月下旬，第2代7月中、下旬，第3代8月下旬

果树上的介壳虫从越冬形态来分，大体上有两大类：一类以雌成虫越冬，如桑白蚧、龟蜡蚧。另一类以幼虫在树皮上越冬，有的裸露在枝干表面，如东方盔蚧；有的用蜡膜把若虫包起来，并藏在树皮缝内越冬，如杏球坚蚧；有的以初孵若虫在卵壳内越冬，如草履蚧。由于越冬方法不同，早春防治策略上就有区别。

在果树蚧类的防治中，可因地制宜，采取以下几点措施：①严格检疫制度，杜绝虫源：蚧类常靠苗木、果品的运输传播，因此苗木调运时要严把检疫关。②保护天敌：各地各种蚧类均存在一些较重要的天敌，如红点瓢虫、北方黑缘红瓢虫、澳洲瓢虫等，对蚧类进行化学防治时要保护天敌。③对初龄若虫进行化学防治：在蚧类初龄若虫爬动期或雌成虫产卵前期，使用化学农药防治是防治蚧类的关键性措施。药剂防治蚧类的初龄若虫，一般要求在 7～10 d 内完成。④人工防治：早春用黏虫胶黏杀越冬后的若虫；在蚧类处于休眠期时，用硬刷刷除树上虫体，并结合修剪剪除虫体集中的枝条。

9.2.2.3 红蜘蛛

红蜘蛛俗称火龙，属蛛形纲蜱螨目叶螨科。

红蜘蛛以成虫或若虫吸取植物叶组织的汁液为害，使叶片失绿、焦黄、干枯而脱落，影响植物的光合作用。在苹果、梨、桃等果树上为害的红蜘蛛主要有 3 种，即山楂红蜘蛛、苜蓿红蜘蛛和苹果红蜘蛛。在苹果、梨树上 3 种红蜘蛛有时混合发生，在桃树上是以山楂红蜘蛛为主。3 种红蜘蛛的为害部位和方法见表 9-4。

果树上为害的红蜘蛛，一类以卵越冬，另一类以雌成虫越冬。这两类红蜘蛛在预测预报方法上有所差异，以山楂红蜘蛛（雌成虫越冬）及苹果红蜘蛛（以卵越冬）为例说明。

(1)山楂红蜘蛛

①名称：学名 *Tetranychus viennensis* Zacher，又名山楂叶螨。

②为害特点：为害树种主要有苹果、梨、桃、杏、李、山楂、油茶等。成、若、幼螨刺吸芽、叶、果的汁液，叶受害初呈现很多失绿小斑点，渐扩大连片。严重时全叶苍白、枯焦、早落，常造成二次发芽开花，削弱树势，不仅当年果实不能成熟，还影响花芽形成和下年的产量。

③发生规律及生活习性：以受精雌成虫在枝干粗皮裂缝、树干基部和土缝里越冬。一年发生 6～9 代。越冬雌成虫 4 月上旬开始活动，从越冬场所爬至绿色部分为害（此时称为出蛰始期），国光苹果花序分离期为越冬雌成虫出蛰盛期。

越冬成虫出蛰后转到芽上为害，以后再转到叶片上为害。为害叶片 7～8 d 后开始产卵，苹果盛花期前后是产卵盛期。此时出现第一代若虫（或少数成虫），第一代红蜘蛛发生比较整齐，是防治的有利时机。

表 9-4 3种红蜘蛛为害部位、方法的区别

项 目	山楂红蜘蛛	苜蓿红蜘蛛	苹果红蜘蛛
越冬形态	雌成虫	卵	卵
越冬部位	越冬型雌成虫在树干粗皮的翘皮下及树下根颈部、土块下、土缝中群集越冬	卵多产在侧枝、阴面老粗皮上、枝条下面	卵在短果枝、果台和2年以上的枝上越冬
为害部位	主要在叶片背面形成小群落为害,有吐丝结网习性	主要在叶片正面分散为害,行动活泼,不吐丝结网	在叶正面活动,一般不吐丝结网,不形成小群落,分散为害。在虫口密度大的情况下才吐丝结网
为害情况	叶片干脆、变褐、枯焦而脱落	叶变苍白,很少脱落	叶正面可见许多失绿斑点,一般不提早落叶

山楂红蜘蛛从第一代幼虫以后出现世代重叠,各虫态混合交错发生,为害严重。全年有2个为害严重时期,即5～6月份和7～8月份,发生猖獗,繁殖快,虫口密度大,易成灾。

每年发生严重与否,与当年气温、降水有很大关系。如高温干旱之年发生就严重,潮湿多雨之年则发生轻。一般在暴雨后红蜘蛛的虫口密度很快就降低。在自然情况下山楂红蜘蛛形成自然小群落,在叶片背面3～5头成群为害,并吐丝拉网。卵产于叶背主脉两侧或丝网上,卵期随季节而异,春季卵期10 d,夏季5 d。如果被害树虫口密度大,被害叶片干枯脱落时,在7月下旬、8月份即产生越冬型雌成虫。被害树受害轻时,红蜘蛛在9月份出现越冬型成虫。

④防治方法:a.果树发芽前的防治:在红蜘蛛虫口密度很大的果园,在早春及时刮(翘)树皮,刮后喷布柴油乳剂,对山楂红蜘蛛卵、成虫都有较好的杀灭效果。b.果树发芽后的防治:可选用0.3～0.5波美度石硫合剂、45%晶体石硫合剂300倍液或50%硫磺悬浮剂200倍液。c.盛花期后的防治:可喷50%抗蚜威超微可湿性粉剂3 000～4 000倍液、20%托尔克乳油2 000倍液、15%扫螨净乳油3 000倍液、21%灭杀毙乳油2 500～3 000倍液、20%螨卵酯可湿性粉剂800～1 000倍液、50%溴螨酯乳油或25%三唑锡可湿性粉剂1 000倍液、5%尼索朗乳油1 000～2 000倍液、73%克螨特乳油3 000～4 000倍液、25%除螨酯(酚螨酯)乳油1 000～2 000倍液、40%乐杀螨乳油2 000倍液等多种杀螨剂。注意药剂的轮换使用。提

倡用机油乳剂（蚧螨灵）与福美胂混用，配方为机油乳剂：福美胂：水＝2：1：100，可有效铲除蚜虫、蚧、叶螨外，还可兼治腐烂病、干腐病、轮纹病等。d.人工防治：冬春进行细致的刮树皮，消灭树皮内越冬的山楂红蜘蛛雌成虫，减少后期的发生量。8月份以前，在树干上绑草把诱杀越冬雌成虫都是有效的。总之人工防治措施不应忽视。

(2)苹果红蜘蛛

①名称：学名 *Panonychus ulmi*（Koch），又名苹果全爪叶螨。

②为害特点：同山楂红蜘蛛。

③发生规律及生活习性：苹果红蜘蛛在河北省一年发生6～7代，以卵在短果枝、果台和2年生以上的枝条上越冬。越冬卵深红色，夏卵为橘红色。越冬卵平均气温在10℃时即可孵化，4月下旬至5月初苹果花序分离时为红蜘蛛卵孵化盛期，孵期短而集中，前后约10 d。到5月中旬可能出现第一代成虫，卵产于叶片及枝条上，卵期9～11 d。第二代成虫出现在6月上旬，此后各世代重叠。苹果红蜘蛛成虫在叶片正面活动为害，一般不拉丝结网。受害叶背面不易识别，只残留许多幼虫和若虫脱下的皮，叶正面可以看到明显的失绿斑点。在发生严重的树上，虫口密度大，在树营养条件不好的情况下，成虫常大批吐丝下垂，随风飘荡四处传播，扩散转移。在一般情况下9月份产越冬卵。

苹果红蜘蛛分雌、雄两种成虫，有有性生殖，也有无性生殖。未经交配的雌成虫产下的卵全部发育为雌虫，交配过的雌成虫产下的卵，发育为雌、雄两种幼虫。雌成虫一般一生交配一次，雄成虫可以交配多次。

苹果红蜘蛛完成一个世代需10～14 d。它发生猖獗与否与早春干旱、虫口密度、食物和天敌的多寡有密切关系。如早春防治效果好，遗留虫口密度小，夏季潮湿多雨，当年红蜘蛛为害轻，否则为害就严重。

在防治红蜘蛛时，尽量少使用滴滴涕类的杀虫剂，以便有效保护天敌，使红蜘蛛与天敌之间保持适当的比例，才能更好地控制红蜘蛛的发生，达到综合防治的目的。

④防治方法：同山楂红蜘蛛。

9.2.3 卷叶蛾类害虫

卷叶蛾类在苹果、梨、桃树上发生的种类较多，为害也较普遍。发生量比较多的有顶梢卷叶蛾、苹果小卷叶蛾、苹果褐色卷叶蛾，其次是苹果大卷叶蛾。

顶梢卷叶蛾主要为害新梢，把顶梢卷成一团如拳头大，食害嫩芽、嫩叶，严重影响新梢的正常发育。苹果小卷叶蛾、苹果褐色卷叶蛾、苹果大卷叶蛾，不仅食害叶片，更重要的是幼虫吐丝缀连叶片，常把叶片贴在果皮上，啃食果皮及果肉，影响果实质量。苹果树上几种卷叶蛾为害时常混合发生，形态上有类似之处，因此分清虫种，掌握各种卷叶蛾的发生规律，在防治上是必要的。几种常见卷叶蛾的区别见表 9-5。

9.2.3.1 苹果小卷叶蛾

(1)名称 学名 *Adoxophyes orana* (Fischer von Roslerstamm)，鳞翅目卷叶蛾科。

(2)为害特点 为害的树种很多，除苹果、梨、桃、杏、山楂等果树外，还有榆、杨等 30 多种树木。幼虫为害幼芽、花蕾、嫩叶和果皮较严重，是苹果等果树的重要害虫。

(3)发生规律及生活习性 苹果小卷叶蛾在河北省每年发生 3 代。以 2 龄幼虫在树干的粗翘皮下、剪锯处等的粗皮裂缝内结白色小薄茧越冬。苹果树发芽后开始活动，4 月底达出蛰盛期，5 月上旬全部出蛰。出蛰的幼虫爬到新梢嫩叶内，吐丝将片叶缀在一起，潜伏其中为害。有时也为害幼芽和花蕾。5 月中、下旬在卷叶内化蛹。蛹期 6～7 d。越冬代在 6 月上旬至 7 月上旬羽化，羽化盛期在 6 月中、下旬。成虫白天不飞行，多栖息在叶背和草丛间，夜晚活动，有趋光性和趋化性，对果汁、果醋等趋性很强。成虫产卵在叶的表面，有的产在果面上。卵期 7 d 左右。一雌成虫可产卵 1～3 块，卵粒排列呈鱼鳞状。刚孵化的幼虫多分散在附近叶的背面，以及前一代幼虫为害后遗留的卷叶内，稍大后各自卷叶为害，及至 7、8 月份，除卷叶为害外，还能潜伏于叶与果、或果与果相接的地方，啃食叶肉，舐食果面。第一代成虫发生期在 7 月中、下旬，8 月下旬为第二代幼虫孵化期；9 月上旬为第 3 代幼虫孵化期，10 月份第 3 代小幼虫开始越冬。

(4)防治方法 ①早春刮树皮，尤其树干翘皮、裂缝、剪锯口缘都藏大量越冬幼虫，应刮除干净。②可用 20％速灭菊酯乳油、2.5％功夫菊酯乳油、20％甲氰菊酯乳油 2 000～3 000 倍液喷治。③在有条件的地区，可用糖醋罐(糖 5 份、醋 20 份、酒 5 份、水 80 份)诱杀成虫，每 15～20 株挂一罐，从 5 月份开始，坚持到年底。天津红光农场、北戴河小薄荷寨大队，对苹果小卷叶蛾、梨小食心虫都有成功经验。④进行生物防治。在害虫发生期可释放赤眼蜂，一般可隔株或隔行放蜂，每代放蜂 3 或 4 次，间隔 5 d，每株放蜂 1 000～2 000 头。

表 9-5 几种常见卷叶蛾的区别

项目	苹果小卷叶蛾	苹果褐色卷叶蛾	苹果大卷叶蛾	黄斑卷叶蛾	顶梢卷叶蛾	苹果白卷叶蛾
形态特征						
成虫	体长 8～11 mm，翅展 18～24 mm，黄褐色，有浓黄色斑纹	体长 10～13 mm，翅展 24～28 mm，褐色，有浓褐色斑纹	体长 10～13 mm，翅展 24～28 mm，土黄褐色，有褐色斑纹	体长 7～9 mm，翅展 17～20 mm，夏型金黄色，冬型暗褐色	体长 6～7 mm，翅展 13～15 mm，暗灰色，有黑褐色斑纹	体长 7 mm 左右，翅展 15 mm 左右，灰白色，有浓暗褐色斑纹
卵	淡黄色，长径 0.7 mm，短径 0.6 mm，卵块鱼鳞状	淡绿色，长径 0.9 mm，短径 0.7 mm，卵块鱼鳞状	淡黄白色，卵块鱼鳞状	半透明，上有一红圈，长径 0.85 mm，短径 0.6 mm，卵粒单产	淡黄色，半透明，长径 0.7 mm，短径 0.55 mm，卵粒单产	乳白色，半透明，长径 0.85 mm，短径 0.65 mm，卵粒单产
幼虫	体长 13～18 mm，头淡黄白色，身体翠绿色	体长 18～20 mm，头及前胸背板淡绿色，身体浓绿色	体长 23～25 mm，头及前胸背板黄褐色，身体黄绿色	体长 22 mm 左右，头部褐色，身体绿色	体长 8～10 mm，头、前胸背板及足黑褐色，身体污白色	体长 10～12 mm，头及前胸背板黄褐色，身体红褐色
蛹	体长 9～11 mm，黄褐色	体长 11～12 mm，浓褐色，胸部腹面稍绿，腹部淡褐色	体长 13～14 mm，红褐色	体长 9～11 mm，黑褐色	体长 6～8 mm，黄褐色	体长 7～9 mm，黄褐色
生活习性						
发生世代	3	2	2	4	2	1
幼虫活动性	极活泼	极活泼	活泼	不活泼	不活泼	不活泼
为害特征	卷叶，害果呈坑洼状	卷叶，被害果实表面呈片状凹陷伤疤	卷叶	卷叶	卷顶梢嫩叶	卷叶
越冬虫态	小幼虫	小幼虫	小幼虫	成虫	小幼虫	小幼虫

9.2.3.2 枣黏虫

(1)名称 学名 *Ancylis sativa* Liu,鳞翅目卷叶蛾科。

(2)为害特点 枣黏虫是枣树上的主要害虫之一。幼虫吐丝把叶、枣头、花、果实等黏缀在一起,为害严重时影响产量和质量。

(3)发生规律及生活习性 枣黏虫在河北省一年发生3代,以蛹在树皮内结茧越冬。越冬代成虫3月中旬开始羽化,4月上旬达羽化盛期。第一代幼虫发生在4月下旬至6月中旬,此时正值枣树发芽。第二代幼虫发生在6月中旬至7月下旬。第三代幼虫发生在7月下旬至10月中旬,为害叶和果实,为害严重期在8月下旬至9月上旬末。9月上旬开始越冬。

(4)防治方法 ①刮树皮,堵树洞,消灭越冬蛹。②5月底以前彻底摘除枣黏虫为害的虫苞,消灭当年为害的幼虫。③9月上旬以前在枣树主干上绑草把,诱集越冬的幼虫。12月份以后解下草把烧毁。④药剂防治,可喷2.5%溴氧菊酯乳油4 000倍液、20%速灭菊酯乳油3 000倍液、30%氧乐氰菊乳油3 000倍液或90%敌百虫1 000倍液,对幼虫有较好的防治效果。

9.2.4 食叶性害虫

果树食叶性的害虫主要是鳞翅目的幼虫,为害各种果树的叶片,如梨形毛虫、舟形毛虫、天幕毛虫;还有少数鞘翅目的成虫为害叶片,如各种金龟子、天牛及吉丁虫成虫,有的是专食叶片,有的成虫羽化后作为补充营养食害叶片。仅有少数成虫为害花,如苹毛丽金龟、黑绒金龟。

食害叶(花)的害虫大体分为四大类:一是常年发生,不至造成大灾害,如苹果枯叶蛾的幼虫。二是常年有发生,一旦发生量达到饱和程度即成为灾害。三是暴食性害虫,特点是来势凶猛,发生时间短,为害严重,如苹毛丽金龟为害苹果花就是如此。四是突发生性的害虫,常年发生量少,一旦遇有适宜条件,发生量则突然增加,成为暴食性害虫。如核桃小毛虫记载很少发生,1959年突然发生,遍及河北、河南、山西三省各核桃产区,将核桃叶全部吃光。有的核桃当年萌发二次芽。但是应当看到,食叶性害虫是比较容易防治的,只要及时防治不至成灾。

9.2.4.1 苹毛丽金龟

(1)名称 学名 *Proagopertha lucidula* Faldermann,鞘翅目丽金龟科。又名苹毛金龟子。

(2)为害特点 可为害苹果、梨、桃、李、杏、樱桃、海棠、葡萄等。幼虫常取食植物幼根,但为害不明显。成虫食花器、芽、嫩叶。

(3)发生规律及生活习性 苹毛丽金龟是杂食性害虫,食害多种林木花、嫩叶。

据观察，3 月中旬地面 20 cm 深处，温度变动在 5～10℃，平均温度在 8℃，成虫开始脱离蛹室，从 40～60 cm 深度逐渐向上移动。3 月下旬至 4 月上旬 20 cm 土层温度在 8～8.8℃时，10 cm 土层温度在 9.2～13.3℃时，越冬成虫移到 12.5～14 cm 土层内。4 月上旬平均温度在 7～10℃之间，日最高气温在 19.1℃或 5 cm 温度在 4.9～9.8℃时，成虫出土活动。

成虫出土后，桃、梨、苹果尚未出现花蕾，多集中在果园附近的荒地上活动，随着花蕾的开放即转移为害花。成虫为害有 2 个高峰，第一个在 4 月中旬末，集中在花期较早的杏、桃、李等果树上为害。第二个在 4 月末到 5 月初，集中在花期较晚的苹果上为害。

(4)*防治方法*　在成虫发生期，可喷洒 50%辛硫磷乳油 1 000 倍液或 50%西维因可湿性粉剂 500～800 倍液。①道边柳树上苹毛丽金龟量较大时，喷布 50%辛硫磷乳油 1 000 倍液。②樱桃园内发生苹毛丽金龟时，在周围杂树、杂草上喷布 50%辛硫乳油 1 000 倍液。③苹毛丽金龟大发生时组织人工捕捉、振落、喷药。④将榆树锯下一侧枝，插入装有 50%辛硫磷乳油 1 000 倍液容器中，放于地头，监测诱集作用及杀虫效果。

9.2.4.2　木撩尺蠖

(1)*学名*　*Culcula panterinaria* Bremer et Grey，鳞翅目尺蠖蛾科。

(2)*为害特点*　木撩尺蠖是一种杂食性的害虫，主要为害核桃树和木撩树，还有果树、林木、作物及杂草等多种植物，初步统计寄主植物 115 种。该虫主要分布在河南、河北、山西三省及太行山一带，陕西也有发生。近几年来，在部分山区为害又渐猖獗。在核桃树上有 3 种尺蠖并存，但为害严重的是木撩尺蠖。

(3)*发生规律及生活习性*　一年发生一代，以蛹在地下越冬，成虫 5 月上旬开始羽化，盛期在7月中旬，末期在 8 月下旬。幼虫主要为害果树叶。最早发现幼虫在 7 月上、中旬，为害严重期在 8 月上、中旬。越冬蛹从 8 月下旬开始越冬。

(4)*防治方法*　①蛹密度较大的地区，在早春组织群众挖蛹。②成虫有趋光性，可在成虫发生期用灯光诱杀。③在灌木丛上为害的幼虫，可采用捉幼的办法捕杀。④药剂防治应在幼虫 4 龄以前进行。果树区喷体积百分数为(15～20)$\times 10^{-6}$的灭幼脲三号、50%亚胺硫磷 2 000 倍液、25%西维因可湿性粉剂 300～500 倍液、Bt 乳剂 600～800 倍液。

9.2.5　蛀干类害虫

果树蛀干害虫有天牛类、吉丁虫类、梨茎蜂、葡萄透翅蛾等，主要以幼虫蛀食枝干为害，引起树体长势衰弱，严重时造成被害枝干或全株枯死。

9.2.5.1　天牛类

天牛类害虫有桑天牛、星天牛、桃红颈天牛 3 种，下面以桃红颈天牛为例介绍天牛类害虫的发生及防治。

(1)名称　桃红颈天牛学名 *Aromia bungii* Faldermann，属鞘翅目天牛科，分布在辽宁、内蒙古、甘肃、河北、河南、山西、陕西、山东等地，为害桃、杏、李、梅、樱桃等，幼虫在皮层和木质部蛀隧道，造成树干中空，皮层脱离，树势弱，常引起树死。

(2)形态特征　成虫体长 28～37 mm，黑色，前胸大部分棕红色或全部黑色，有光泽。卵长圆形，乳白色，长 6～7 mm。幼虫体长 50 mm，黄白色。前胸背板扁平方形，前缘黄褐色，中间色淡。蛹淡黄白色，长 36 mm。前胸两侧和前缘中央各有突起 1 个。

(3)生活史与习性　华北地区 2～3 年发生一代，以幼虫在树干蛀道内过冬。来年春越冬幼虫恢复活动，5～6 月间为害最烈，严重时树干全部被蛀空而死。卵多产在主干、主枝的树皮缝隙中，以近地面 3 cm 范围内较多。

(4)防治方法

①夏季成虫出现期捕捉成虫。

②幼虫孵化后，经常检查枝干，发现虫粪时，即将皮下的小幼虫用铁丝钩杀，或用接枝刀在幼虫为害部位顺树干纵划两三道杀死幼虫。

③虫孔施药。幼虫蛀入木质部新鲜虫粪排出蛀孔外时，清洁一下排粪孔，将杀螟松等塞入虫孔内，然后取黏泥团压紧压实虫孔。

④成虫发生前，在树干和主枝上涂白涂剂(生石灰 10 份，硫磺 1 份，食盐 0.2 份，兽油 0.2 份，水 40 份)，防止成虫产卵。

9.2.5.2　吉丁虫类

苹果、梨树等的寄生虫，1～2 年发生一代，为害浅皮层、韧皮部和形成层，被害部位皮层开裂，虫疤外有红色黏液渗出，俗称“冒红油”。虫道螺旋上升，呈椭圆形，虫道内堆满褐色虫粪。用煤油∶溴氰菊酯混合液(1∶11 混合)，搅匀涂抹被害处，杀死其幼虫。

9.2.5.3　梨茎蜂

一年发生一代，雌成虫 4 月上、中旬在嫩梢的韧皮部内产卵后，用其锯齿状产卵器将产卵处的上方锯断，幼虫孵化后即蛀食为害，向下直达 2 年生枝条，并定居其中越冬。冬剪时，剪除断枝，注意一定要剪到 3 年生枝处，集中烧毁。

9.2.5.4　葡萄透翅蛾

是葡萄的主要害虫。一年发生一代，以幼虫钻蛀嫩梢为害，影响枝蔓生长和果实发育。蛀孔处和虫道内均有棕褐色虫粪，蛀食髓部并在其内越冬，枝蔓常膨大成瘤。冬剪时，剪除膨大枝蔓，集中处理。对于较粗的蔓，可用棉花蘸取敌百虫1 000倍液塞入蛀孔，消灭幼虫。

9.2.6 地下害虫

地下害虫是指活动为害期生活在土中并以为害作物地下部分为主的害虫。这些害虫分布广，食性杂，多种作物幼苗都遭受其害，造成损失严重，同时浪费资金和劳力。主要种类有蛴螬、蝼蛄、金针虫、小地老虎等。参见“11.2 地下害虫”

9.2.7 吸果夜蛾类害虫

9.2.7.1 类别及为害特点

吸果夜蛾的种类很多，为害苹果的常见种类有乌嘴壶夜蛾、嘴壶夜蛾、枯叶夜蛾和毛翅夜蛾，均属鳞翅目夜蛾科。国内分布范围很广，除东北和华北北部果区少见以外，其他果区均有发生，尤以南方果区被害较重。寄主除苹果外，还有梨、桃、李、葡萄等果树。以成虫为害成熟或近成熟的果实。成虫的口器几丁质化程度较高，并很尖锐，能刺破未成熟果实的果皮，吸食汁液，受害轻者果实变形，变质，不耐储藏，重者腐烂脱落，味苦，不能食用。多数种类的幼虫不为害果树，只有毛翅夜蛾幼虫可食害苹果、梨、葡萄等的叶片，被害果出现针头大小的孔洞，果肉失水呈海绵状，用手指按压有松软感，以后变色凹陷，易脱落。

9.2.7.2 发生规律

上述4种吸果夜蛾的年发生代数因种类和地区而不同，一般为2～4代。越冬虫态因种类而异，越冬地点大都在果园以外的寄主上或杂草丛生的果园内。5月份就有成虫出现，先为害早熟果实如樱桃等，到7月份，数量明显增加，尤其在7～9月份，各种水果已陆续进入成熟期，为害达到高峰。到11月中下旬，当夜间气温下降到10℃以下时，成虫停止为害。

成虫白天潜伏在石缝或灌木杂草丛中，黄昏时陆续飞出为害，在日落后2 h左右，特别是天气闷热、无风雨并有月光的夜晚出现最多，直到黎明时止，发生密度大时，一个果实上可有几头成虫刺吸，被害果有时多达20～30个刺孔。皮薄、汁多、味香的果实受害尤其严重，苹果中以金冠、红玉、青香蕉、元帅、印度等品种受害重，国光受害则轻。

9.2.7.3 防治方法

(1)诱杀成虫　①用糖醋涂液诱杀成虫效果较好。糖醋液的配制方法是：红糖5～8份，醋1份，水90份，配好后盛装在碗或小盆内，挂在树上，每亩地挂2～3个，每天清除虫尸。②安置黑光灯诱杀。

(2)驱避成虫　用小叶桉油驱避成虫。方法是：用 7 cm×8 cm 的草纸片浸油，挂在树上，每棵树挂 1 片，夜间挂上，白天收回，第二天再加油。此法有一定驱避效果。

(3)药剂防治　常年严重发生时，应在果园周围及果园内的杂草上喷药防治幼虫，常规杀虫剂都有防治效果。

9.3　果园草鼠害

果树杂草是指果园内生长的非栽培植物，它们争夺水分，消耗养分，直接造成果树减产；同时还是多种病虫害的中间媒介和寄主，间接影响了果树生产。草荒严重的果园，幼树不能适龄结果，或结果后树势衰弱，果小色差，质量下降。果园害鼠取食果树的果实，还啃食枝叶、树皮、树根，严重时导致果树整株死亡。河南省灵宝市寺河山园艺场 1987—1988 年因鼠为害，2.5 万株苹果树被毁。果园草、鼠一般可造成果树减产 10%～30%。

9.3.1　主要草、鼠种类及发生规律

9.3.1.1　果园杂草的主要种类及发生规律

我国果园常见杂草约有 40 个科 150 多种，分布广泛且为害较重的有：禾本科的升马唐(马唐)、狗尾草、牛筋草(蟋蟀草)、稗草、早熟禾、白茅，菊科的刺儿菜(小蓟)、蒲公英、苍耳、苦苣菜，莎草科的香附子，藜科的藜(灰菜)，桑科的葎草，蓼科的萹蓄，马齿苋科的马齿苋(马齿菜)，石竹科的繁缕，旋花科的小旋花、田旋花，十字花科的荠菜，车前科的小车前等。禾本科、菊科和莎草科是果园杂草中数量最大的 3 个科，特别是禾本科杂草，占田间杂草总量的 50%～80%。

果园杂草包括一年生、越年生和多年生杂草，一年四季均可发生。其中一、二年生杂草主要是春季杂草或夏季杂草。春季杂草主要有早熟禾、繁缕、萹蓄、苦苣菜、小蓟、牛繁缕、益母草、婆婆纳、雀舌草等，它们在早春萌发，晚春时生长迅速，初夏时开花结籽，以后逐渐枯死。春季阔叶杂草比禾本科杂草发生早，且以阔叶杂草为主，生长比夏季杂草相对缓慢，不易形成草荒。夏季杂草主要有马唐、狗尾草、牛筋草、稗草、小旋花、藜、马齿苋等，它们初夏开始发生，盛夏生长旺盛，秋季结实枯死。夏季杂草以禾本科杂草为主，发生比阔叶杂草早，群体密度大，且恰逢高温多雨季节，杂草生长迅速，易成草荒，为害较严重。多年生杂草种类多，如白茅、香附子、刺儿菜、乌敛莓、水花生、蒿属杂草、打碗花、狗牙根、双穗雀稗和芦苇等，繁殖能力强，地下繁殖器官不易根绝。

9.3.1.2 果园害鼠的主要种类及发生规律

(1)主要种类 在河南,为害西部丘陵山区果园的鼠类的有松鼠科的岩松鼠(*Sciurotamias davidianus*)及鼠科的小家鼠(*Mus musculus*)、褐家鼠(*Rattus norvegicus*)、中华鼢鼠(*Myospalax fontanieri*)、北方田鼠(*Microtus* sp.)等。其中中华鼢鼠主要为害果树的根系,其他种类则主要为害果实。在甘肃庆阳地区,果园害鼠共 9 种,其中以灰仓鼠(*Cricetulus migratorius*)、花鼠(*Eutamias sibinous*)、中华鼢鼠、达乌尔黄鼠(*Spermophilus dauricus*)为优势种。在广东的香蕉园,黄毛鼠(*Rattus rattoides*)和小家鼠分别占 45.7%和 42.4%,板齿鼠(*Bandicota indica*)占 10.0%,褐家鼠(*Rattus norvegicus*)和黄胸鼠(*Rattus flavipectus*)占 1.9%。除此之外,常见果园害鼠还有大仓鼠(*Cricetulus triton*)、社鼠(*Rattus niviventer*)、黑线仓鼠(*Cricetulus barabensis*)、黑线姬鼠(*Apodemus agrarius*)等。

(2)为害期 在河南西部的苹果园,北方田鼠在初冬至翌年春末夏初为害;中华鼢鼠常年在地下生活,不冬眠,春、秋两季活动较频繁;松鼠科的鼠类和鼠科的黄胸鼠、社鼠则多在田间果实临近成熟至采摘前,在树上为害果实;褐家鼠、小仓鼠、黄胸鼠、仓鼠则贮藏期以为害果实为主。

在广东的香蕉园,当害鼠密度高又缺乏食物时便为害香蕉果实。11 月份蕉园害鼠数量已达到较高水平,但此时害鼠食物较丰,不用上树取食蕉果。12 月份害鼠密度达到最高峰,杂草开始减少,鼠粮进入缺乏期,始见蕉果受害;2~3 月份鼠密度比较高,害鼠食物又相当缺乏,是蕉果受害高峰期;5~11 月份田间杂草繁茂,害鼠食物较多,尽管 8 月份鼠密度较高,一般也不上树为害蕉果。当然,鼠密度极高的禽畜场一年四季可见香蕉果实受害。蕉园鼠密度比较高的夏秋季,当用除草剂杀死全部杂草,害鼠突然失去食物时,也会为害蕉果。

(3)常见害鼠的主要生物学特性和种群动态 灰仓鼠一年四季均可繁殖,每年在 4 窝以上,平均胚胎数 7.1 只,性成熟日龄 50 d 左右,性比 0.544,年内种群密度高峰在 5 月份和 11 月份,总密度明显高。岩松鼠的繁殖期在 5~7 月份,年繁殖 1 次,每胎产仔 3~5 只,产后 48 d 小鼠与母鼠分居;岩松鼠喜食松子及农作物种子,在食物组成中植物性食物占 90.28%,动物性食物占 9.72%。小家鼠主要栖息于农舍,终年繁殖,繁殖高峰期为 7 月份和 8 月份,1~3 月份为繁殖低谷期;种群数量高峰在 9 月份,低谷期在 7~8 月份,冬季的种群数量水平较高,呈后峰型;在较高的密度条件下,雌鼠的怀孕率降低,性成熟延缓。褐家鼠繁殖力强,1 年可产 3 或 4 胎,每胎产仔鼠 7~10 只,多的达 15 只;幼鼠 3~4 个月即能繁殖;全年都可以繁殖,高峰期在 4~5 月份和 9~10 月份。中华鼢鼠终年营居地下,俗称瞎老鼠,嗅觉和听觉十分敏感,但视力低下;受害果园地面可见大小不等的土丘,雌雄比为

1.15∶1，每年可繁殖1胎，平均每胎产仔2.38只；可取食植物27科49种；全年活动呈双峰形曲线。社鼠于每年9月中旬至11月底为害较重。

9.3.2　影响果园草、鼠发生的主要因素

9.3.2.1　影响果园杂草发生的主要因素

果园杂草不同于大田杂草，表现在果园杂草具有双重性，既有它的危害性又有它的有益性。因此，可以说在果园内杂草的存在是矛盾的统一体。果园杂草对果树的危害性是很大的，如与果树争营养、争水分、争二氧化碳、争光照以及诱发病虫害及其宿主等，但在果园内保留一定的杂草植被有利于杂草还田，增加果园有机质含量，有利于防止水土流失。如果不考虑除草剂的使用量或使用时期，选用一些杀草能力强的除草剂来全面、彻底、干净地消灭果园杂草，那么必然带来不良的副作用。

果园杂草的发生受温度、土壤含水量、光照以及果园类型、果树树龄、管理措施的影响。

温度、土壤含水量和光照影响杂草种子的发芽和生长。不同的杂草种子发芽的最低温度不同：萹蓄、藜为4～10℃，狗尾草、稗、苍耳为10～15℃，独行菜、荠为16～20℃。发芽要求的最低土壤含水量：狗尾草为8%～10%，刺蓼为12%～15%，黄花蒿、益母草为18%～20%。大部分杂草属于喜光性植物，70%的杂草种子是由光引起发芽的，27%是被光抑制的，其余3%不论是否有光均可发芽；郁闭度大的果园光照不足，会抑制杂草的生长。

多种因素的综合导致了杂草发生的区域性。如南方果园有许多喜温性杂草如脉耳草、龙爪茅、含羞草等，和喜温喜湿性杂草如香附子、狗牙根、婆婆纳、繁缕等，而在气候冷凉的北方地区，则以耐旱或耐盐性杂草占优势，如藜、萹蓄、白茅、刺儿菜等。不同的土壤类型，杂草群落的组成有差异，如盐碱土上主要生长耐盐碱的地肤、碱蓬等。

不同类型果园杂草发生情况不同，如种子萌发的实生苗圃或留植、扦插、嫁接不久的幼苗圃，杂草发生量大，为害重；新开垦的幼年果园往往以白茅、刺儿菜、打碗花、狗牙根、香附子等多年生杂草为主，而且杂草发生量也较大；成年果园树冠大，一般以一年生单、双子叶杂草为主，树冠下主要是双子叶杂草，株行间空地多数为单子叶杂草。

人工除草和化学除草都会使果园杂草种类和分布发生剧烈的变化。如常用人工浅锄的果园导致某些多年生杂草如小旋花、小蓟的发展由核心分布到嵌纹分布，甚至成为果园局部的优势种群。又如使用防除禾本科的除草剂——草甘膦、农达等草甘膦类除草剂，引起阔叶杂草的加倍发生，导致南方果园水花生、竹叶草、鸡矢

藤等阔叶杂草的大量发生，主要原因是草甘膦、农达对阔叶杂草及藤类的防除效果较差。

9.3.2.2 影响果园害鼠发生的主要因素

果园鼠害的发生受天敌、地形地貌、植被、气候条件、江河湖泊水位和农业生产格局的影响。

由于人类环境保护意识差，人为破坏生态环境，大量捕食野生动物，不合理使用鼠药产生二次中毒现象，导致害鼠天敌如黄鼬(黄鼠狼)、猫头鹰、蛇等不断减少，有的几乎绝迹，从而增加了害鼠的种群数量。

地形地貌、植被和气候条件的差异造成了同一地区不同生境内主要害鼠种类的差别。某个地区果园的害鼠种类与该区域鼠类区系特点密切相关。张越等(1997)将黄土高原的鼠类区系划分为16种地理省，不同地理省的鼠类在种类数和优势种上有差异。另外，杂草高、覆盖度较大有利害鼠栖居，一方面因为杂草可以起到调节巢室温度的作用，田基无植物覆盖，炎夏地面下20 cm土温可达40.2℃，害鼠无法居住；另一方面杂草既为害鼠提供隐蔽环境，又提供草籽、纤维、昆虫等食物，有利于害鼠生存。

冬春季节气候偏暖，冷空气次数少、强度弱，且没有下大雪，则有利于害鼠安全越冬，导致害鼠死亡率较低，越冬基数较高，且其生殖系统没有受到明显的抑制。

长江中下游众多江河湖泊每年水位的波动对害鼠产生很大的影响，可分为2种类型：一种是迫使生活在湖滩和河滩上的害鼠每年周期性迁移；另一种是非周期性迁移，即在洪水泛滥成灾、淹没农业生产区和村落时，对害鼠群落造成突发性干扰，这种影响具有突然性和暂时性的特点。

农业生产格局改变，引发害鼠的数量和种群的变化。20世纪80年代因农村体制改革，粮食丰产及种植多样化，分粮到户存放而缺少仓储设备并疏于防治，给鼠类提供了良好的营养条件，引发了全国性的鼠害暴发；90年代养殖业的发展使得先前因住房结构改善而趋于衰落的褐家鼠和黄胸鼠种群又重新兴起。

9.3.3 主要防治方法

9.3.3.1 果园杂草的防治

禾本科、菊科和莎草科杂草是果园的主要防除目标，防治的基本策略是：以化学除草技术为核心，在充分掌握杂草发生、组成和演变规律以及除草剂特性的基础上实施综合防治。

(1)化学除草 清耕制果园主要依靠化学除草，全年喷药1或2次。由于果树根深，吸不到药，能保证果树安全。以一年生杂草为主的果园或苗圃应以土壤封闭处理为主，茎叶处理为辅；以多年生杂草为主的果园或苗圃则以茎叶处理为主，土壤封闭处理为辅;幼苗果园常套种作物,而实生苗圃难以定向喷雾,则要施用选择性较强的除草剂。不同果树及同种果树的不同生育期对除草剂的敏感性有差异,如桃树对莠去津较敏感,而苹果、梨则敏感性差;幼树对除草剂的敏感性高于成年树,要慎用除草剂。4月下旬至5月中旬用48%氟乐灵与40%莠去津混合后进行土壤处理,可有效防除春季和夏季杂草;盛夏期间可用10%草甘膦(加入少量硫酸铵、尿素、洗衣粉、柴油或三十烷醇等助剂可显著提高除草效果)或20%百草枯水剂进行定向喷雾。

(2)*果园覆盖法*　采用作物秸秆、杂草等进行覆盖,厚度在20 cm左右。覆盖法不但能提高土壤有机质含量,改善土壤物理性状,保护土壤,增强树势,提高果树越冬抗冻能力,还有良好的除草效果。

(3)*果园生草法*　即在果树行间种植草带(或自然生草),株间和树冠下施用除草剂,全年多次用割草机除草,保持一年的草层厚度,割下的草让其就地腐烂。人工种植的草以多年生豆科的三叶草为主。利用自然生草必须除去恶性杂草。生草法能培肥地力,保护土壤,提高产量和品质。除草剂的使用仅限于树冠下和株间,可大量节省使用量。

(4)*种植绿肥,以草压草*　豆科绿肥如箭舌豌豆、毛叶苕子、草木樨等在果园行间或园边零星隙地种植,有固土、压草、肥地的功效,绿肥刈割后集中翻压,有很高的肥效。

(5)*新栽幼树覆盖地膜压草*　幼树覆盖地膜后成活率高,萌芽早,能促进树体发育,提早成型和结果。同时,覆盖地膜压草的效果十分显著,特别是杀草膜、黑膜在覆盖期不需除草。药剂防治作为辅助措施,即对地膜外生长的杂草,采用草甘膦、百草枯等定向点喷。

(6)*人工除草*　人工除草安全、方便,除用人工外,不需其他投入,是目前生产上主要的除草方法。果树施肥、修埂等都依赖人工,这些作业也有除草作用。使用土壤除草剂前,也需铲除地面杂草,有的除草剂还需要混土喷药。

(7)*农业措施防除*　要想更有效地根除果园杂草,还应采取必要的农业措施,以杜绝杂草种子的传播和扩散的途径。对果树施用的农家肥,要充分腐熟后施用。为防止果园外杂草的侵入,需及时消除果园四周的杂草。另外,要加强植物检疫工作,以防止危险性杂草随着引进苗木或砧木种子带入果园。

(8)*生物防治*　成年果园杂草的生物防治,除了采用杂草的自然微生物和昆虫天敌外,还可因地制宜地放养家兔、家禽或生猪等,以有效地控制杂草的生长。

9.3.3.2　果园鼠害的防治

果园鼠害总的防治策略是生态控制(农业和生物防治)和化学防治并重,具体方案要根据果园类型、优势害鼠的种类及密度因地制宜地确定。丘陵地区果园可采取重点生境防治策略，在鼠类(如黑线姬鼠)主要栖息的河湖岸边、干沟及石堰边等重点生境进行重点防治；在春季，85%以上的鼠类栖息在重点生境，只要把重点生境内的鼠类彻底杀灭，非重点生境及全生境的鼠害问题就可完全控制，而这些重点生境的面积约占总面积的1/5，所以在低山丘陵区采取重点生境投毒灭鼠可节省70%的药物和80%的人工，取得事半功倍的效果。人口稠密的平原地区果园的害鼠防治要与农作物害鼠的防治有机地结合起来，当害鼠密度指标在5%以下时，长年坚持采用农业防治、物理防治和生物防治技术，不开展大面积的统一化学防治；当害鼠密度在5%～10%时，以农业防治和物理防治为主，对害鼠密度较高、为害较重的局部地方，每年结合春季3～4月份或秋季10～11月份选用化学杀鼠剂进行适当挑治；当害鼠密度达10%以上时，以农业防治、物理防治和生物防治技术为辅助，每年突出抓好3～4月份和10～11月份的化学防治。

(1)农业防治　农业防治措施包括恶化害鼠的生存环境，减少鼠粮均衡供给，从而降低害鼠生态容纳量。具体办法如下。①单干整形：单干形便于对主干采取措施进行防治，在鼠类为害严害地区可考虑用单干整形，然后树干裹塑料布防止鼠类啃食树皮，或将棕片缚在主干和主枝上，老鼠上树为害时即被棕丝挂住牙齿而不敢下口。②根颈裸露：果园进行覆盖时，应露出树干和根颈部位，以根颈部为圆心留出直径20～30 cm圆形空地，以防北方田鼠等对树干根颈部皮层的为害。③改顶果枝为吊果枝：对于结果多的主枝，过去多用立支棍向上顶住主枝的办法，立棍增加了害鼠上树的途径，改为吊枝可减轻鼠害。④灌水灭鼠：在果园灌水时，可以将害鼠从洞中逐出捕而杀之，或淹死在洞里，无鼠时可破坏鼠洞结构。⑤及时采摘：对成熟的果实应及时采摘，可以减轻鼠害；如一时市场出售不完，应找适宜的场所储存，并做好储存期的防鼠工作。⑥间作驱鼠：利用间作对鼠类有忌避作用的植物进行驱鼠，如天南星、红海葱、山豆根、苦参等，这些植物多为中草药，其本身有特殊气味或含有可以致死害鼠的化学物质；或果园间种黄花菜，可有效减轻中华鼢鼠的为害。⑦清理落叶：果树落叶后，彻底清除果园中作物秸秆、草籽及落叶，减少老鼠越冬食物来源；⑧其他措施：根据来自山西的报道，栽果树前先准备些猪鬃，栽时在果树根层主要分布区均匀撒些，可预防中华鼢鼠啃啮根系。

(2)物理防治　①器具捕鼠：果园常用的有捕鼠拍(夹)、粘鼠板、捕鼠笼、电猫(电子捕鼠器)。用捕鼠拍、捕鼠笼、粘鼠板捕鼠，每捕住一只鼠后，应用水冲洗干净，以免留下异味，影响捕鼠效果。用电子捕鼠器捕鼠，应注意人畜安全。②挖洞捕杀棕色田鼠：在该鼠经过的小隧道上挖一个直径16 cm、深50 cm的垂直洞，上面用草皮盖好，当鼠扒沙子扒到这里时就会掉到洞里。每隔0.5 h检查一次，如果发现洞内有鼠即进行捕杀，尔后再将草皮盖好。这样在一个洞里一般可跌鼠3～5只，最多可跌11只。

(3)生物防治 ①保护家猫、野猫、黄鼠狼、狐狸、獾、貂、刺猬、蛇、猫头鹰等鼠类天敌，利用天敌对鼠类进行捕灭和抑制。②利用C型肉毒梭细菌产生的蛋白毒素(简称肉毒素)防治害鼠。

(4)化学防治 最佳防治时期和原则是"春秋结合，预防为主，春防主治压基数，秋季挑治保丰收"。3月份和8月份是防治的最佳时期。3月份气温回升，鼠类走出越冬期，活动频繁，开始繁殖。此时，田间无粮，越冬复苏的老鼠极度饥饿，大量出巢觅食，饥不择食，易食毒饵。采取统一购买鼠药和饵料、专业队统一配制和统一投放毒饵的"三统一"灭鼠方法，效果极佳。8月份，鼠类进入秋季繁殖高峰，鼠害上升，此时开展集中有效的灭鼠，既保收成，又可压低越冬鼠类基数，利于来春防治。

①毒饵诱杀：药剂可选择杀鼠迷、溴敌隆、氯鼠酮钠盐等慢性抗凝血杀鼠剂，田间毒饵以稻谷、玉米或大米为宜。由于山边或田边交接处害鼠盗食率较高，在投饵时遇到山边或田边交接处应多投放一些毒饵，以提高灭鼠效果。不同鼠密度取食量有较大差异，鼠密度低取食量较少，鼠密度高取食量较大，因此，对不同鼠密度应投放不同毒饵量。在鼠密度5%～10%的区域每亩投饵130～160 g，10%以上的区域每亩投饵180～200 g，以达到经济有效的灭鼠目的。对于喜食水果的松鼠类和社鼠、黄胸鼠、褐家鼠等，除选用上述饵类外，也可用残、次、落果做诱饵。

②药剂熏蒸：一般多用固体的磷化铝、磷化钙。磷化铝一般为片剂，每片3 g，每个鼠洞投药2～3片，然后立即封死洞口。如用磷化钙，因其含有杂质，毒力只有磷化铝的1/4，故使用时应增加剂量。

③药物保护：用50%的福美双可湿性粉剂8倍液或90%敌百虫或菊酯类农药药泥涂干，对啃食主干皮层的害鼠有驱避作用。采用鼠类驱避剂福美双、抗生素(Tetranactin)等药物浸果袋后套果，有驱鼠保果之功效。利用某些除草剂(如灭草隆等)既可除草又可驱鼠的双重作用，对害鼠进行防治。春季在新栽植果树四周30 cm深的根系分布层放若干卫生球，可有效防止中华鼢鼠对根系的啃食。将硫磺粉与生石灰粉按1∶2混合，加入3～5份水搅成糊状，均匀涂在果树根茎部，其防效可达96%；在树茎干上涂刷FSB1忌食剂30倍液，可减轻老鼠对龙眼果实的为害。

参考文献

[1]吕佩珂，苏慧兰，庞震. 中国果树病虫原色图谱. 北京：华夏出版社，1993.

[2]华南农业大学. 农业昆虫学：上、下册. 北京：农业出版社，1982.

[3]仵均祥. 农业昆虫学：北方本. 北京：中国农业出版社，2002.

[4]刘奇志，王玉柱，魏开封. 新编果树病虫害防治及农药使用技术. 北京：中国林业

出版社，1996.
[5]曹子刚，董桂枝.梨主要病虫害及其防治.2版.北京：中国林业出版社，2000.
[6]曹子刚，等.苹果主要病虫害及其防治.2版.北京：中国林业出版社，2000.
[7]曹子刚，等.葡萄主要病虫害及其防治.2版.北京：中国林业出版社，2000.
[8]王克，等.果园病虫害综合防治历.北京：中国林业出版社，1995.
[9]徐志华，冯随林，姚圣忠.果树林木病害生态图鉴.北京：中国林业出版社，2000.
[10]司胜利.核桃病虫害防治.北京：金盾出版社，1998.
[11]杨丰年.新编枣树栽培与病虫害防治.北京：中国农业出版社，1996.
[12]梅汝鸿，胡敦孝.北方果树病虫害防治技术.2版.北京：中国农业大学出版社，1997.
[13]王江柱，侯保林.桃树病害原色图说.北京：中国农业大学出版社，2001.
[14]强胜.杂草学.北京：中国农业出版社，2001.
[15]王祖望，张知彬.鼠害治理的理论和实际.北京：科学出版社，1996.
[16]张知彬，王祖望.农业重要害鼠的生态学与控制对策.北京：海洋出版社，1998:114-174.

思考题

1. 苹果腐烂病发生因素及防治方法有哪些？
2. 梨黑星病发生因素及防治方法有哪些？
3. 葡萄霜霉病发生因素及防治方法有哪些？
4. 桃穿孔病发生因素及防治方法有哪些？
5. 桃树根癌病发生因素及防治方法有哪些？
6. 葡萄采后病害的种类及发生因素有哪些？
7. 介壳虫的防治中，生物防治为什么特别重要？
8. 试分析蚜虫的为害和繁殖特点。试举一例说明如何进行防治。
9. 区别卷叶类害虫各种幼虫的形态特征和为害症状是什么？
10. 梨小食心虫和桃小食心虫的为害特点有哪些相同和不同？如何防治？
11. 试说明天牛的综合防治措施。
12. 试述蛴螬为害的季节性与周期性现象，并分析其原因。
13. 如何做好苹果叶螨的防治工作？
14. 相对于农田，果园杂草的种类和发生规律有何特点？
15. 影响果园害鼠种类和数量的因素有哪些？
16. 如何控制果园杂草？
17. 果园害鼠的防治策略是什么？

第 10 章　豆类作物病虫草鼠害

10.1　豆类病害

豆类常见病害有锈病、叶斑病、炭疽病、花叶病和丛枝病(病毒性病害)、细菌性叶斑病和线虫性病害等。不同气候条件和不同耕作制度及栽培条件下,发生的病害种类和危害程度不同。

10.1.1　叶部病害

大豆叶部病害种类很多,主要引起各种叶斑,其中多数发病较轻,可造成损失的有以下几种叶斑病。

10.1.1.1　大豆灰斑病

灰斑病又称蛙眼病,是由一种真菌侵害引起的。

(1)*症状*　主要侵害大豆叶片,产生四周红褐色、中央灰色、直径 2～5 mm 的圆形斑,病斑与蛙眼相似,故又称蛙眼病。叶上病斑多时互相合并,使病叶部分或全部枯死。气候潮湿时,病斑中央产生一层灰色霉状物,叶背霉层更厚,是病菌的孢子。病害还可以侵害豆荚,然后从荚蔓延到种子。荚上的病斑为圆形或不规则形,边缘褐色,中央灰色,或全为褐色。种子上的病斑与叶斑相似,多数为圆形。

(2)*病原*　大豆尾孢菌(*Cercospora sojina* Hara.),属半知菌亚门尾孢属。分生孢子梗 5～12 根成束从寄主气孔伸出,不分枝,淡褐色。

(3)*病害循环*　以菌丝体在种子或病残体上过冬。病残体为主侵染来源。表土层的病原体越冬后遇适宜环境可产生分生孢子进行初侵染,田间主要靠气流传播。地势低洼易积水,田间湿度大,发病重。

(4)*防治方法*

①选用抗病品种:种植抗病品种是防治灰斑病最主要的方法。抗灰斑病的品种比较容易得到,用杂交育种和选种的办法都可以获得农艺性状好的高产抗病品种。黑龙江省培育的合丰 29 号、合丰 30 号及绥农 8 号等都是对灰斑病高抗的品

种。但是由于病菌侵染能力的变化,抗病品种很容易失去抗病力。目前绥农 8 号已变成感病品种,而新育成的绥农 10 号为抗病品种,品种抗病性往往只能维持 3～5 年。因此得到一个抗病品种并不能长期无忧无虑,还应密切注意其抗病性的变化,及时更换品种。

②药剂防治:大面积高度机械化种植大豆的农场,在病害流行年份还可喷洒农药控制病害,于开花至结荚高感期,如病叶率达 15%左右、多雨潮湿时,喷洒 40%多菌灵悬剂 500 倍液,喷洒一次,对病粒的防治效果达 70%。

10.1.1.2 大豆锈病

大豆锈病在长江以南发生很严重,在广东、福建及台湾常猖獗为害,造成严重损失。

(1)症状　主要为害叶片,产生褐色小圆点,内为一堆粉末,是病菌的孢子。后期病斑变成黑色,病重时叶片上长满病斑,叶片枯焦脱落,荚及豆粒小或不结实。茎和叶柄上也可以有病斑。

(2)病原　疣顶单胞锈菌(*Uromyces appendiculatus*(Pers)Ung.),属担子菌亚门单胞锈菌属真菌。

(3)病害循环　病菌以孢子越冬。通过气流传播进行再侵染。一代只需 7～9 d,一年可以产生许多代。生长季节多雨、叶面湿润时间长、日平均温度在 28℃以下的地区此病易流行。花期前一般不易感病,花后易感病,越接近成熟期越易感病。

(4)防治方法

①选用抗病品种:锈病的防治主要依靠抗病品种,品种间抗病性有明显差别。

②改善田间条件:轮作或间作,选排水性好的地块种大豆,改善田间通风条件,增施磷钾肥以提高抗病力。

③药剂防治:重病地可用内吸剂粉锈宁喷洒。粉锈宁残效期长,耐雨水冲刷,防锈病效果好。百菌清、氧化萎锈灵也有显著的防病效果。

10.1.1.3 大豆紫斑病

(1)症状　紫斑病在叶片上产生紫色圆形小点,以后扩大,受叶脉限制成为多边形斑或不规则斑,病斑多时合并成大斑块。气候潮湿时病斑上密生灰色霉层,以叶背面为多。茎及叶柄上病斑为长条形或梭形,紫褐色或深褐色,常合并成不规则的长条。严重时整段茎或叶柄变成紫黑色。豆粒上的症状最明显,为艳紫色斑块,有时大部分种皮变成深紫色,有龟裂条纹。

(2)病原　菌池尾孢(*Cercospora kikuchii*(Matsumoto et Tomoyasu)Chupp),属半知菌亚门尾孢属。

(3)病害循环　主要以菌丝体潜伏在种皮内越冬，也可以菌丝和分生孢子在病残体上越冬。在田间主要依靠气流和雨水传播，长期高湿有利于发病。病粒播种后，长出的幼苗子叶上便出现褐色龟裂，幼茎上可见到病斑，早熟品种较晚熟品种易感病。

(4)防治方法

①抗病品种：选用抗病品种为最基本的防治措施。

②农业防治：合理轮作，清除残枝病叶，选用无病田的种子。

③种子处理：用拌种双、多菌灵或福美双的种衣剂拌种。

④田间喷药：开花结荚初期可喷洒多菌灵、甲基托布津等。

10.1.2 根及茎部病害

10.1.2.1 大豆孢囊线虫病(图 10-1)

对我国大豆为害面积最大，俗称“火龙秧子”。

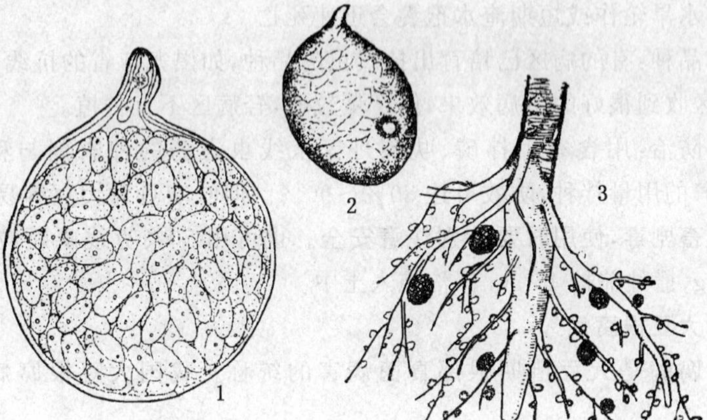

图 10-1 大豆孢囊线虫病

1. 胞囊　2. 雌虫腹面　3. 寄生于幼根上的雌虫

(1)症状　在整个大豆生育期都可为害。大豆受害后，根系不发达，须根增加，根瘤减少，至 6 叶期，在须根上产生大量白色颗粒，渐渐变成褐色，是线虫的孢囊。孢囊线虫为害初期，地上部无症状，后期叶片发黄，植株矮小，与缺氮肥相似，有人称为黄萎病。

(2)病原　大豆胞囊线虫(*Heterodera glycines* Ichinoche)，属异皮科胞囊线虫属。

(3)病害循环　此病主要以土中的孢囊越冬,成为初侵染来源。孢囊的抗逆性很强,可在土中存活 3～4 年,甚至 7～8 年。孢囊也可以混杂于种子或土块中成为初侵染来源,或远距离传播。田间农事操作时,以农具或人畜携带传播。排灌的流水或雨水、未腐熟的肥料都可能带有孢囊而传病。线虫本身活动的距离很短,一年仅能移动 30～60 cm,所以病株在田间往往呈块状分布。

通气良好、瘠薄干旱的沙土或沙壤土,最适合线虫的生长繁殖和存活,碱性土壤更适宜线虫生长,所以盐碱地区此病发生严重。在潮湿或淹水的土中,孢囊存活时间短甚至很快死亡。孢囊线虫的寄生范围广,但大部分是大豆生长地区没有的植物或杂草,作物中除大豆外还能侵染豌豆、绿豆、蚕豆、豇豆、某些品种的菜豆、三叶草、苜蓿以及野豌豆等杂草。

(4)防治方法

①轮作:防治孢囊线虫病最基本的措施是轮作。有病的地块必须轮作 3 年以上,可与玉米、小麦等禾本科作物轮作。每轮作一年土中的孢囊数量可减少 15%～25%。南方水旱轮作或短期淹水孢囊会迅速死亡。

②抗病品种:有的病区已培育出抗线虫的品种,如黑龙江省的抗线 2 号很少发病,在重病区收到很好的防病效果,但产量较低,轻病区不宜种植。

③药剂防治:用含有甲拌磷、呋喃丹等杀线虫农药的种衣剂与种子比例为 1∶(50～70)的用量拌种,防效可达 80%～90%。但呋喃丹对大豆容易产生药害,甲拌磷对人畜剧毒,使用时要特别注意安全。也可用 50%克线磷颗粒剂,每公顷 4.5～6.0 kg,播种前挖 15 cm 深沟施入土中。

10.1.2.2　大豆根腐病

大豆根腐病是大豆苗期根部真菌病害的统称。我国大豆根腐病菌主要有 3 种。

(1)镰刀菌根腐病　东北地区及山东省、江苏省、安徽省都有发生,是 3 种根腐病中发生最普遍的一种。幼苗的根及茎基部产生褐色或红褐色长条不规则病斑。发病轻时后期可恢复正常,病重时幼苗枯死。病株侧根及须根不发达,或部分坏死,植株矮小,下部叶片提早脱落。

(2)腐霉根腐病　东北及黄、淮海豆区都有发生。多发生在土壤十分潮湿或有积水的地块。这种根腐病不及镰刀菌根腐病菌发生普遍,但危害性较大,引起出土前或出土后幼苗猝倒、枯死,病菌侵染幼苗迅速枯死。

(3)疫霉根腐病　近几年在黑龙江省多个地区发现。病害发生在潮湿或有积水的地块,发病面积不大,但危害性很大。病害除引起出土前后幼苗腐烂外,至分枝期还可为害。茎基部出现水渍病斑，以后变深褐色，病斑可环绕茎部并向上下蔓延，致使病株萎蔫，而后枯死。

3 种根腐病的病菌都存在土壤中。镰刀根腐病菌常年在土壤中生长，在豆株生长不良时侵入为害。后 2 种根腐病菌产生厚壁的卵孢子，可在土中存活几年。前 2 种根腐病菌的寄主范围很广，疫霉根腐病菌的寄主范围则很窄小。

防治方法主要有：

①轮作：因病菌来自土壤和病残体，必须轮作才能减少病菌的来源。对于寄主范围狭窄的疫霉根腐病，轮作防治效果很显著。

②改进耕作栽培方法：提高整地质量，适时播种、中耕，防止土壤板结，及时排水，避免田间积水，可大幅度减轻根腐病。

③药剂防治：用含福美双等杀菌剂的种衣剂拌种，其用量与种子的比例为 1：(50～70)，防治镰刀菌根腐病菌的效果可达 70%。用含瑞毒或甲霜灵的种衣剂拌种，防治腐霉根腐病菌及疫霉根腐病菌效果高达 80%～90%。福美双等防治腐霉、疫霉的效果很差。

④抗病品种：大豆品种对根腐病菌的抗性有明显差别，东北地区的品种中有对疫霉根腐病菌高抗的品种，但对镰刀菌根腐病菌尚未发现高抗品种。

10.1.3 病毒病

病毒病在我国南北豆区都有发生，一般南方病毒病重于北方。在我国发生较普遍、危害性较大的主要是大豆花叶病，是各种病毒病中发生最普遍的一种病毒病。

(1)症状 病害从单叶期到成株期都可发生，最明显的症状为叶片上有褪绿斑块，称为花叶，可呈黄色花叶。严重时叶片皱缩，沿叶脉有深绿色疱斑，植株矮小，有时因叶脉坏死引起卷叶，或茎自顶端向下逐渐枯死，形成顶枯。病株豆粒有时从脐部开始有放射状色斑，或云纹状斑，病斑颜色与豆脐颜色一致，褐脐豆产生褐色斑，称为褐斑粒，黑脐豆则产生黑色斑纹。

(2)病原 大豆花叶病毒(Soybean mosaic virus，SMV)，属马铃薯 Y 病毒组(Potyvirus)。

(3)病害循环 大豆花叶病毒通过种子传至幼苗，成为田间初次侵染来源。播种种子的传毒率与田间发病的程度高度相关。气温直接影响潜育期，潜育期短，流行速度快。病毒在大田还可由蚜虫传播，引起再侵染。蚜虫传播大豆花叶病毒是非持久性的，但蚜虫发生多时，迁飞较远，传病距离也增加，病害可通过多次重复侵染传播到几百米以外。

(4)防治方法

①健全种子繁育体系:播种无毒或低毒种子,在一般条件下种子传毒率低于0.2%,病害不能引起明显损失。新推广的品种要严格控制种子传毒率,种子田应提供无毒或低毒种子,种子田与其他大豆、蚕豆、紫云英田隔离100 m以上。在蚜虫发生前结合中耕铲除病苗。花期认真检查发病情况,此时发病率不超过1%的地块,所收获的种子可留做种子用。种子传毒率的测定,可在播前于温室或塑料大棚内播种300~500粒种子,幼苗长至第2片复叶展开后调查病苗数,计算种子传毒率,也可以委托大专院校和科研单位,用抗血清检测种子传毒率,一天内可以得出结果。

②选用抗病品种:多数推广品种为高度感病品种。近来各地都培育出一些优秀的抗病品种,南方要求品种的抗性要高于北方。抗病品种的面积越大,种植年限越长,越容易退化。

③治蚜防病:因蚜虫传病非常快,一般杀虫剂的治蚜效果虽然很好,但对于防病却基本无效。传毒蚜虫在接触杀虫剂后死亡前已完成传播病毒的全部过程。目前还没有找到治蚜防病的药剂。

10.1.4 豆菟丝子

菟丝子(*Cuscuta chinensis*)又称为黄丝藤、无根草,是一种一年生恶性寄生杂草,分布很广,我国南北各豆区都有发生,严重时减产50%以上,甚至绝产。

(1)症状　被害的大豆矮小,茎叶变黄,结荚少,重者豆株上缠满菟丝子,全株萎黄甚至枯死。

(2)病原　病原为菟丝子,属旋花科菟丝子属。

(3)病害循环　菟丝子种子成熟后大部分落入土中,少部分混入种子中。用混有菟丝子种子的大豆秸秆做饲料或使用含有菟丝子种子的粪肥,都可成为第二年的初侵染来源。低洼地,多雨潮湿天气,菟丝子为害严重。

(4)防治方法

①采用无病种子:播种豆种中不能混有菟丝子,尽量不用病田种子播种,或经过筛选清除菟丝子种子后使用。菟丝子种子很小,过筛很容易清除。

②轮作:病田落入土中的菟丝子数量很大,一株菟丝子可产生100多万粒种子,未完全成熟的种子也能萌发,病田连作或隔年种植大豆都非常危险。菟丝子除大豆外,还可以为害马铃薯、花生等多种作物。为防治菟丝子应与禾本科作物如小

麦、玉米等轮作。

③深翻：菟丝子种子小，幼苗生长细弱，自养只能生长至 5～7 cm 长，如幼苗出土后长到 5 cm 左右还遇不到寄主即很快死亡。幼苗钻出土的能力也很低，覆土 1 cm 幼苗出土率为 29%，2 cm 为 17%，5 cm 以上不能出土。病田秋季深翻可大幅降低菟丝子幼苗出苗率。

④拔除病株：菟丝子出现初期尚未开始结种子，及时拔除病株，带出豆田，晒干烧毁。不可只摘除菟丝子，留在田间的病株上如残留一小段菟丝子，也可以再继续生长为害，必须连同病株一起拔除。拔出的病株或菟丝子断茎也不能散留田内。菟丝子种子成熟并落入土中后拔除病株，对当年和以后都无防治效果。

⑤药剂防治：许多豆田除草剂可以防治菟丝子，其中地乐胺防治效果最好。国产 48%的乳剂用 150～200 倍稀释液，始花期喷洒，防效可达 80%以上。大豆始花期后抗药能力增强，此时菟丝子种子大多已经萌发，容易发现，可只喷洒病株，喷药后 3～5 d 菟丝子变褐色，枯死脱落。

10.2　豆田害虫

10.2.1　主要类群

我国是大豆生产大国，为害大豆的害虫种类较多，主要包括食叶和蛀荚两大类，通常为害较严重的害虫有大豆食心虫(*Leguminivora glycinivorella*)和豆荚螟(*Ebiella zinckenella* (Treitschke))、大豆蚜(*Aphis glycines* Matsumura)、豆天蛾(*Clanis bilineata* Walker)、豆芫菁(*Epicauta gorhami* Marseull)。

10.2.1.1　食心虫和豆荚螟的形态特征

大豆食心虫(图 10-2)和豆荚螟的形态特征见表 10-1。

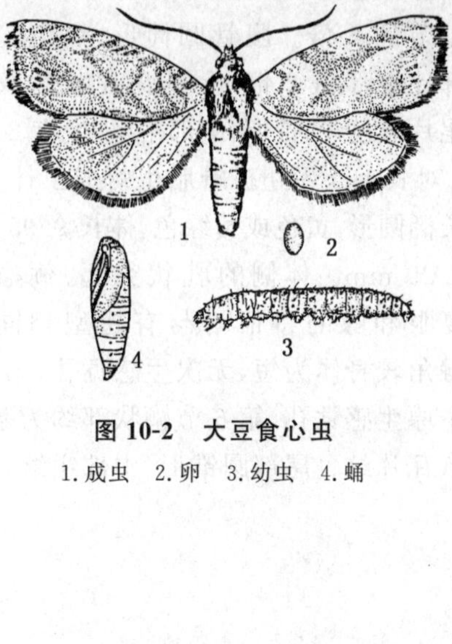

图 10-2　大豆食心虫

1. 成虫　2. 卵　3. 幼虫　4. 蛹

表 10-1 大豆食心虫与豆荚螟形态特征比较

阶段	特征	大豆食心虫	豆荚螟
成虫	体长/mm	5～6	9.5～12.5
	翅展/mm	12～14	20～24
	前翅	前缘有淡黄与黑紫色相间的短斜纹10条	近前缘基部到顶角有1条白色纵带，亚基线外侧有1条金黄色横带
	后翅	灰色	灰白色
幼虫	体色	老熟幼虫全身橘红色	老熟幼虫背面紫红色，体侧及腹面绿色
	前胸侧毛组	具3毛	具2毛
	腹足趾钩	单序环状	双序环状

10.2.1.2 大豆蚜的形态特征

大豆蚜（图10-3）属同翅目蚜科。有翅孤雌胎生蚜成虫体为长卵形，黄色或黄绿色，体长0.96～1.52 mm。体侧有显著的乳状突起，额瘤不显著，复眼暗红色。喙较长，超过中足基节。触角6节，约与体等长，灰黑色，第3节上有6或7个次生感觉孔，排成一列，每个感觉孔的距离不等。第5节的末端及第6节各生有1个原生感觉孔，第6节的鞭状部约为基节的4倍。腹管圆筒形，黑色，基部比端部粗2倍，上具瓦片状轮纹。尾片黑色，圆锥形，中部略缢，生有2～4对长毛。无翅孤雌胎生蚜成虫体为长椭圆形，黄色或黄绿色，体长0.95～1.29 mm。体侧的乳状突起、额瘤、复眼和喙的特征均与有翅型相同。触角较身体为短，无次生感觉孔，第5节末端及第6节基部和鞭状部相接处各有1个原生感觉孔，第6节鞭状部约为基部的2～3倍。腹管黑色，圆筒形，基部稍宽，有瓦片纹。尾部圆锥形，中部缢缩，有3或4对长毛。若虫特征似成虫。

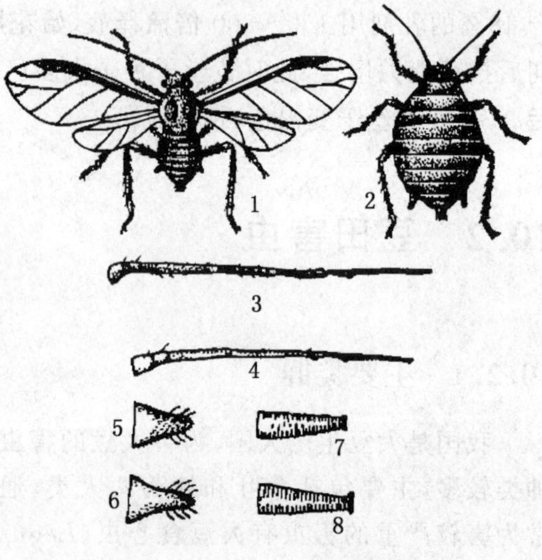

图 10-3 大豆蚜

1.有翅孤雌胎生蚜 2.无翅孤雌胎生蚜 3.有翅孤雌胎生蚜触角 4.无翅孤雌胎生蚜触角 5.有翅孤雌胎生蚜尾片 6 无翅孤雌胎生蚜尾片 7. 有翅孤雌胎生蚜腹管 8. 无翅孤雌胎生蚜腹管

10.2.1.3　豆天蛾的形态特征(图10-4)

成虫体梭形，黄褐色，体长40～45 mm，翅展100～120 mm，头胸部中央有一条条深褐色纵纹，前翅正面有数条不明显的横纹，前缘中央有一淡黄褐色近似半圆形的大斑，反面自顶角向后缘至M2有1条深褐色斜纹。另外还有3条横线，沿中室后缘生有一丛深褐色较软的毛。后翅暗褐色，基部及臀角附近呈黄褐色并有2条明显的波状纹。老熟幼虫体长70～90 mm，全身黄绿色，有黄色小疣状突起，胸足黄色，幼虫第8腹节有尾角，尾角青色，长约4 mm，从腹部第1节起各腹节两侧有1条白色斜线，共有7对。

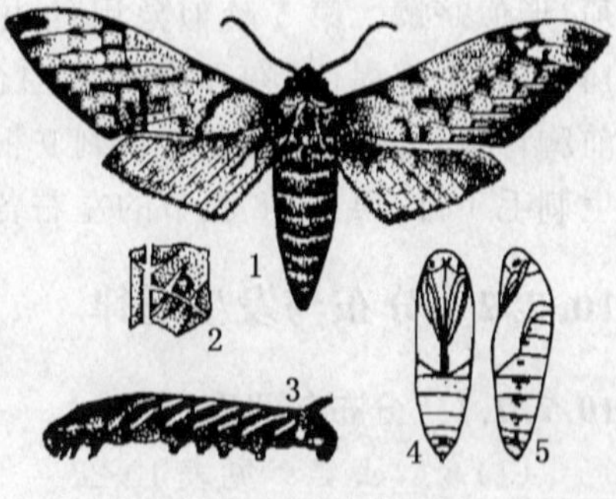

图10-4　豆天蛾

1.成虫　2.卵　3.幼虫　4,5.蛹

(1,4,5仿西北农业大学，

2,3仿河南农业大学)

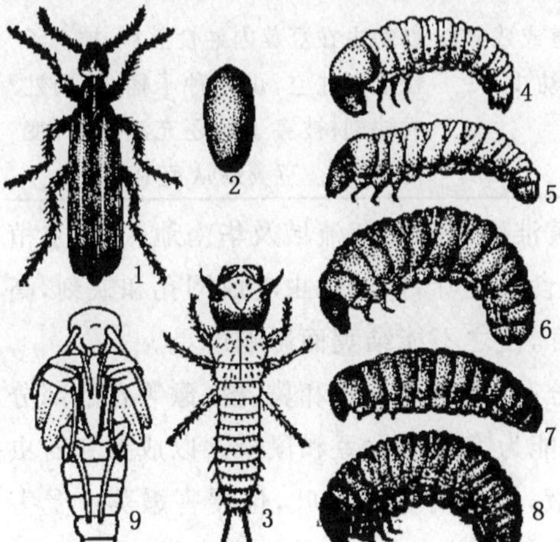

图10-5　豆芫菁

1.雄成虫　2.卵　3.第一龄幼虫　4.第二龄幼虫

5.第三龄幼虫　6.第四龄幼虫　7.第五龄幼虫

8.第六龄幼虫　9.蛹(仿河北农业大学)

10.2.1.4　豆芫菁的形态特征(图10-5)

豆芫菁属鞘翅目芫菁科，别名白条芫菁。在我国为害大豆的芫菁除本种外还有中华芫菁(*E. chinensis* Laporte)、红头芫菁(*E. erythrocephala latelineolatus*)、凹腹芫菁(*E. xantusi* Kaszab)、黄黑小芫菁(*Mylabris cichorii* L.)、黄褐大芫菁(*M. phalarata* Pallas)、金绿芫菁(*Lytta caraganae* Pallas)及短翅芫菁(*Meloe auriculatus* Marseul)等。

豆芫菁成虫体长11～19 mm，头部红色，胸腹和鞘翅均为黑色，头部略呈三角形，触角近基部几节暗红色，基部有1对黑色瘤状突起。雌虫触角丝状，雄虫触角第3～7节扁而宽。前胸背板中央和每个鞘翅都有1条纵行的黄白色纹。前胸两侧、鞘翅的周缘和腹部各节腹面的后缘都生有灰白色毛。卵长椭圆形，长2.5～3.0 mm，宽0.9～1.2 mm，初产乳白色，后变黄褐色，卵块排列成菊花状。幼虫各龄的形态都不相同。初龄幼虫似双尾虫，口器和胸足都发达，每足的末端都具3爪，腹部末端有1对长的尾须。2～4龄幼虫的胸足缩短，无爪和尾须,形似蛴螬。第5龄似象甲幼虫,胸足呈乳突状。第6龄又似蛴螬,体长13～14 mm,头部褐色,胸和腹部乳白色。蛹体长约16 mm,全体灰黄色,复眼黑色。前胸背板后缘及侧缘各有长刺9根,第1～6腹节背面左右各有刺毛6根,后缘各生刺毛1排,第7～8腹节的左右各有刺毛5根。翅端达腹部第3节。

10.2.2 分布与发生规律

10.2.2.1 分布与为害

(1)食心虫类 见表10-2。

表10-2 大豆食心虫的分布与为害

项目	大豆食心虫	豆荚螟
分布	主要分布于长江以北,尤其是北方大豆产区	华东、华中、华南等地区
食性和寄主	食性单一,主要为害大豆及野生大豆	为寡食性,寄主为豆科植物
为害特点	以幼虫蛀食豆荚,被害豆粒咬成沟道或残破状,幼虫蛀入前均做一白丝网罩住幼虫,一般从豆荚合缝处蛀入	以幼虫在豆荚内蛀食豆粒,被害子粒重则蛀空,仅剩种子柄,轻则蛀成缺刻;被害子粒还充满虫粪,变褐,霉烂。豆荚螟从荚中部蛀入

(2)豆天蛾 豆天蛾主要分布于我国黄淮流域和长江流域及华南地区,寄主植物有大豆、绿豆、豇豆和刺槐等。以幼虫取食大豆叶,低龄幼虫吃成网孔和缺刻,高龄幼虫食量增大,严重时可将豆株吃成光秆,使之不能结荚而影响严重。

(3)大豆蚜 我国主要大豆产区都有分布,以东北三省和冀、鲁、豫等省的部分地区为害较重,栽培作物中仅为害大豆,也能为害野生大豆和鼠李。以成虫和若虫集中在豆株的顶叶、嫩叶和嫩茎上刺吸汁液,严重时布满茎叶,也侵害嫩荚。受害后叶片卷缩,生长停滞,植株矮小,结果枝和结荚减少,豆粒千粒重降低,苗期发生严重时,可使整株死亡。

(4)豆芫菁 从南到北广泛分布于我国很多省(市)。寄主植物除大豆外,还有花生、棉花、马铃薯、甜菜、麻、番茄、苋菜、蕹菜等。主要以成虫为害大豆的叶片,尤喜食幼嫩部位。将叶片咬成孔洞或缺刻,甚至吃光,只剩网状叶脉。也为害嫩茎及花瓣,有的还吃豆粒,使不能结实,对产量影响大。幼虫以蝗卵为食,是蝗虫的天敌。

10.2.2.2 发生规律

见表10-3和表10-4。

表 10-3　大豆食心虫和豆荚螟的发生特点

项　目	大豆食心虫	豆荚螟
发生世代	一年仅发生 1 代	一年可发生 2～8 代
越冬场所	老熟幼虫在豆田、晒场及附近土内做茧越冬	主要以老熟幼虫在寄主植物附近土表下 5～6 cm 深处结茧越冬，也有少数地区以蛹越冬，也可在晒场周围表土下结茧越冬
成虫习性	成虫出土后由越冬场所逐渐飞往豆田，成虫飞翔力不强，受惊时才作短促飞翔。成虫有趋光性，黑光灯下可大量诱到成虫。成虫产卵时间多在黄昏，绝大多数的卵产在豆荚上，少数卵产于叶柄、侧枝及主茎上。以 3～5 cm 的豆荚上产卵最多，2 cm 以下的很少产卵；幼嫩绿荚上产卵较多，老黄荚上较少；一般豆荚上产卵 1～3 粒不等	成虫昼伏夜出，傍晚开始活动，趋光性不强。成虫羽化后隔天产卵。一荚一般只产 1 粒卵，少数 2 粒以上。其产卵部位大多在荚上的细毛间和萼片下面，少数可产在叶柄等处。在大豆上尤其喜产在有毛的豆荚上；在绿肥和豌豆上产卵时多产在花苞和残留的雄蕊内部而不产在荚面
幼虫习性与为害	初孵幼虫行动敏捷，在豆荚上爬行时间一般不超过 8 h，个别可达 24 h 以上。入荚的幼虫可咬食约 2 个豆粒，并在荚内为害直达末龄，正值大豆成熟时，幼虫逐渐脱荚入土，做茧越冬。	初孵幼虫先在荚面爬行 1～3 h，再在荚面吐丝结一白色薄茧（丝囊）躲藏其中，经 6～8 h，咬穿荚面，蛀入荚内。幼虫进入荚内后，即蛀入豆粒内为害，3 龄后才转移到豆粒间取食，4～5 龄后食量增加，每天可取食 1/3～1/2 粒豆，1 头幼虫平均可吃豆 3～5 粒。可以转荚为害，每一幼虫可转荚为害 1～3 次。豆荚螟为害先在植株上部，渐至下部，一般以上部幼虫分布最多。除为害豆荚外，幼虫还能蛀入豆茎内为害。 越冬代成虫在豌豆、绿豆或冬季豆科绿肥上产卵发育为害；第 2 代幼虫为害春播大豆或绿豆等其他豆科植物；第 3 代为害晚播春大豆、早播夏大豆及夏播豆科绿肥；第 4 代为害夏播大豆和早播秋大豆；第 5 代为害晚播夏大豆和秋大豆

表 10-4　豆天蛾、大豆蚜和豆芫菁的发生特点

项目	豆天蛾	大豆蚜	豆芫菁
发生世代	一般黄淮流域发生1代,长江流域和华南地区发生2代	在豆田以孤雌胎生方式繁殖10余代	在东北、华北一年发生1代,在长江流域及长江流域以南各省每年发生2代
越冬	以末龄幼虫在土中9～12 cm深处越冬,越冬场所多在豆田及其附近、土堆边、田埂等向阳地	大豆蚜以卵在鼠李的芽腋或枝条缝隙里越冬,以在枝茎下部居多	以第5龄幼虫(假蛹)在土中越冬
各代发生或转移时间	山东、河南、江苏等1代区,越冬幼虫6月上、中旬化蛹,6月下旬成虫羽化,7月中下旬为羽化盛期。在山东,幼虫盛期在7月下旬至8月下旬。在湖北2代区,第1代幼虫发生期为5月下旬至7月上旬,第2代则在7月下旬至9月上旬	越冬卵孵化的无翅雌蚜取食萌芽的鼠李,并且繁殖1～2代,东北鼠李开花前后第1次向豆田迁飞。第2次迁飞约在6月下旬,第3次迁飞在7月中旬,第4次迁飞在9月份,由豆田迁回越冬寄主	在1代区的越冬幼虫6月中旬化蛹,成虫于6月下旬至8月中旬出现,8月份为严重为害时期,尤以大豆开花前后最重。2代区越冬代成虫于5～6月间发生
成虫习性	成虫昼伏夜出,白天栖息于生长茂盛的作物茎秆中部,傍晚开始活动。飞翔力强,可作远距离高飞。有喜食花蜜的习性,对黑光灯有较强的趋性。卵多散产于豆株叶背面,少数产在叶正面和茎秆上。每叶上可产1或2粒卵	第1次迁飞到豆田的蚜量不多,呈点状发生;第2次迁飞为扩散蔓延阶段,有蚜株率上升,为防治关键时期;第3次迁飞正值大豆开花期,单株蚜量急剧增加,如条件适宜,往往出现严重为害	豆芫菁集中为害早播大豆,以后转害蔬菜。第1代成虫为害大豆最重,以后数量逐渐减少,并转至蔬菜上为害。成虫白天活动,在豆株叶枝上群集为害,活泼善爬。成虫受惊时迅速散开或坠落地面,且能从腿节末端分泌含有芫菁素的黄色液体,如触及人体皮肤,能引起红肿起疱。成虫产卵于土中约5 cm处,每穴70～150粒卵
幼虫习性	初孵幼虫有背光性,白天潜伏于叶背,1～2龄幼虫一般不转株为害,3～4龄因食量增大则有转株为害习性。在2代区,第1代幼虫以为害春播大豆为主,第2代幼虫以为害夏播大豆为主		

10.2.3　影响发生的主要因素

影响大豆害虫发生的主要因素和各省发生的世代数量见表 10-5 和表 10-6。

表 10-5　影响大豆害虫发生的主要因素

虫　别	因素			
	温度和湿度	土壤状况	寄主及栽培条件	天　敌
大豆食心虫	喜中温高湿，高温干燥和低温多雨均不利于成虫产卵。冬季低温会造成大量死亡	土壤的相对湿度为 10%～30% 时有利于化蛹和羽化；低于 10% 时有不良影响；低于 5% 则不能羽化	多毛品种有利于成虫产卵，结荚时间长的品种受害重，大豆荚皮的木质化隔离层厚的品种对幼虫钻蛀不利。大豆连作田受害重	赤眼蜂、胡蜂、小茧蜂、白僵菌等
豆荚螟	喜干燥性，在适温条件下，湿度对其发生的轻重有很大影响，雨量多、湿度大则虫口少，雨量少、湿度低则虫口大	地势高的豆田，土壤湿度低的地块比地势低，湿度大的地块为害重	结荚期长的品种较结荚期短的品种受害重，荚毛多的品种较毛少的品种受害重，豆科植物连作田受害重	豆荚螟甲腹茧蜂、小茧蜂、豆荚螟白点姬蜂、赤眼蜂等，以及一些寄生性微生物
豆天蛾	化蛹和羽化期间，如雨水适中，分布均匀，发生就重。雨水过多，则发生期推迟。天气干旱不利于其发生	地势低洼、土壤肥沃的淤地发生较重	植株生长茂密、早熟、秆叶柔软、含蛋白质和脂肪量多的品种受害较重	赤眼蜂、寄生蝇、草蛉、瓢虫等对豆天蛾的发生有一定控制作用
大豆蚜	春季雨水充足，营养条件好，利其繁殖。夏季盛发期前，旬均温在 22～24℃、相对湿度在 78%以下时，最适合大豆蚜发生为害，盛夏一般降雨增加，又有高温，则蚜量骤降		越冬寄主鼠李的分布广，数量多，则大豆蚜初发期一般较早，为害期较长	瓢虫类、食蚜蝇、草蛉类、蚜茧蜂、瘿蚊、蜘蛛类等对其有一定的控制作用

表 10-6 部分省份平均温度与豆荚螟发生代数的关系

项 目	省 份										
	广东	广西	江西	湖南	湖北	浙江	江苏	安徽	山东	陕西	辽宁
年均温/℃	21.8	20.4	17.3	17.1	16.7	16.3	16.2	16.1	12.9	12.8	10.3
发生代数	7～8		4～5						2～3		

10.2.4 主要防治方法

10.2.4.1 大豆食心虫

(1)农业防治 选种抗虫品种。品种与大豆食心虫为害关系密切,要选种光荚大豆品种、木质化程度高的品种等。合理轮作,尽量避免连作。豆田翻耕,尤其是秋季翻耕,可增加越冬死亡率,减少越冬虫源基数。

(2)生物防治 赤眼蜂对大豆食心虫的寄生率较高,可以在卵高峰期释放赤眼蜂,每公顷释放 30 万～45 万头,可降低虫食率 43%左右。将白僵菌撒入田间或垄台上,增加对幼虫的寄生率,可减少幼虫化蛹率。

(3)药剂防治 ①熏蒸:敌敌畏熏蒸,在成虫盛发期每亩用 80%敌敌畏乳油 100～150 mL,将高粱秆或玉米秆切成 20 cm 长吸足药液,制成药棒,每亩播 40～50 棒熏蒸成虫。注意敌敌畏对高粱有药害。②喷粉:用 2%杀螟松粉剂、1.5%甲基 1605 粉剂或 3%混灭威粉剂,每亩 1.5～2 kg。③喷雾:用 10%多来悬浮剂,每亩 65～130 mL,或 10%氯氰菊酯乳油,每亩 35～45 mL,或 5.7%百树得乳油,每亩 26～44 mL,或敌杀死乳油,有效成分 0.5～1 g。上述药剂均需对水喷雾。

10.2.4.2 豆荚螟

(1)农业防治 ①合理轮作,避免豆科植物连作,采用大豆与水稻等轮作或玉米与大豆间作的方式,可减轻豆荚螟的为害。②灌溉灭虫。在水源方便的地区,可在秋、冬灌水数次,提高越冬幼虫的死亡率,在夏大豆开花结荚期,灌水 1 或 2 次,可增加入土幼虫的死亡率,增加大豆产量。③选种抗虫品种。种植大豆时,选早熟丰产、结荚期短、豆荚毛少或无毛品种种植,可减少豆荚螟的产卵。④豆科绿肥在结荚前翻耕沤肥,种子绿肥及时收割,尽早运出本田,减少本田越冬幼虫的量。

(2)生物防治 于产卵始盛期释放赤眼蜂,对豆荚螟的防治效果可达 80%以上;老熟幼虫入土前,田间湿度高时,可施用白僵菌粉剂,减少化蛹幼虫的数量。

(3)药剂防治 ①地面施药,在老熟幼虫脱荚期毒杀入土幼虫。可用 90%晶体敌百虫 700～1 000 倍液,或 50%倍硫磷乳油 1 000～1 500 倍液,40%氧化乐果 1 000～2 000 倍液,50%杀螟松乳油 1 000 倍液,或 2.5%溴氰菊酯 4 000 倍液。

粉剂有 2%杀螟松、1.5%甲基 1605、2%倍硫磷等,每亩 1.5～2 kg 喷粉。②晒场处理。在大豆堆垛地及周围 1～2 m 范围内,撒施上述药剂、低浓度粉剂或含药毒土,可使脱荚幼虫死亡 90%以上。

10.2.4.3　豆天蛾

(1)农业防治　在种植大豆时,选用成熟晚、秆硬、皮厚、抗涝性强的品种,可以减轻豆天蛾的为害。及时秋耕、冬灌,降低越冬基数。水旱轮作,尽量避免连作豆科植物,可以减轻为害。

(2)物理防治　利用成虫较强的趋光性,设置黑光灯诱杀成虫,可以减少豆田的落卵量。

(3)生物防治　用杀螟杆菌或青虫菌(每克含孢子量 80 亿～100 亿)稀释 500～700 倍液,每亩用菌液 50 kg。

(4)药剂防治　①喷粉:用 2.5%敌百虫粉剂或 2%西维因粉剂,每亩喷 2～2.5 kg。②喷雾:用 90%晶体敌百虫 800～1 000 倍液,或 45%马拉硫磷乳油 1 000 倍液,或 50%辛硫磷乳油 1 500 倍液,2.5%溴氰菊酯乳油 5 000 倍液,每亩喷药液 75 kg。

10.2.4.4　大豆蚜

(1)处理越冬寄主　在初冬期割除鼠李地上部分,减少越冬卵量。在春季越冬蚜卵孵化后尚未迁飞时,对鼠李进行统一防治,减少迁移的蚜量。

(2)药剂防治　①喷粉:用 1.5%乐果粉剂或 5%西维因粉剂、1.5%害扑威粉剂,每亩 1.5～2 kg。②撒施毒土:用 50%敌敌畏乳油,每亩 0.1～0.2 kg,加细潮土 15 kg 左右拌匀成毒土,于大豆蚜爬迁期撒施于地面,效果较好。或用 50%异丙磷乳油,每亩 50 mL,加细潮土 10～15 kg,制成毒土,每隔数垄撒施均匀,进行熏蒸。③喷雾:用 40%乐果乳剂、50%灭蚜净乳油或 50%辛硫磷乳油 1 500～2 000 倍液、50%辟蚜雾可湿性粉剂 1 000 倍液进行喷雾,也可以用 40%乐果乳油或 88%～90%乙酰甲胺磷 10 倍液,每亩稀释液 350 mL 左右,进行超低溶量快速喷雾。

10.2.4.5　豆芫菁

(1)越冬防治　根据豆芫菁以幼虫在土中越冬的习性,冬季翻耕豆田,增加越冬幼虫的死亡率。

(2)人工网捕成虫　成虫有群集为害习性,可于清晨用网捕成虫,集中消灭。

(3)药剂防治　①喷粉:用 1.5%甲基 1605 粉剂或 2%杀螟松粉剂、2.5%敌百虫粉剂,每亩 1.5～2.5 kg。②喷雾:用 80%敌敌畏乳油或 90%晶体敌百虫 1 000～1 500 倍液,20%杀灭菊酯乳油,2.5%溴氰菊酯 2 000～2 500 倍液,每亩用 75 kg 药液。

10.3　豆田杂草

大豆在我国有数千年的栽培历史,全国各地均有种植。杂草为害是大豆减产的重要原因之一,特别是北方,5～8 月份杂草发生期正值雨季,由于人少地多,管理粗放,常常造成草荒。一般草荒地块杂草每平方米达 400～500 株,多者千余株,可减产 20%～70%。如稗草大量发生的地块,荚数、粒数均减少,百粒重降低,造成减产。如每亩地有苍耳 6 000 株以上,与大豆共生,对大豆为害 4、8 和 16 周以后,使大豆分别减产 10%、40%和 80%。如果为害发生在大豆萌发至初花期,至少减产 50%以上,花期以后继续为害,减产更为严重。

10.3.1　豆田杂草的主要种类及发生规律

我国幅员辽阔,自然条件复杂,由于各地种植方式、耕作制度和栽培措施的差异,从而在大豆田形成了类型繁多的杂草种群。我国的大豆栽培,按耕作制度可分为 3 大区域:①北方春作大豆区(北方区);②黄、淮、海河流域夏作大豆区(黄淮海区);③南方多作大豆区(南方区)。我国大豆田杂草种类很多,但常发生造成严重为害的只有 20 多种。其中一年生禾本科杂草有稗草、狗尾草、马唐、野燕麦、牛筋草等;一年生阔叶杂草有苍耳、龙葵、风花菜、香薷、狼把草、本氏蓼、酸模叶蓼、猪毛菜、藜、菟丝子、鸭跖草、马齿苋、猪殃殃、繁缕等;多年生杂草有问荆、苣荬菜、大蓟、刺儿菜、芦苇等。

10.3.1.1　鸭跖草

鸭跖草学名为 *Commelina communis* L.,一年生草本。茎下部匍匐生根,上部直立或斜生,长 30～50 cm。叶互生,披针形至卵状披针形,表面光滑无毛,有光泽。基部下延成鞘,有紫红色条纹。叶对生,卵状心形,稍弯曲,边缘常有硬毛。花序聚伞状,有花数朵,略伸出苞外;花瓣 3 枚,其中 2 枚较大,深蓝色;1 枚较小,浅蓝色,有长爪。蒴果椭圆形,2 室,有种子 4 粒;种子表面凹凸不平,土褐色或深褐色。

种子繁殖,为晚春性杂草,雨季蔓延迅速;入夏开花;8～9 月份果实成熟,种子随成熟随脱落,抗逆性强。喜潮湿,耐干旱,发生密度大,为害严重,成为大豆田难治杂草。鸭跖草从种子萌发到 3 叶期前耐药性弱,3 叶期以后抗药性明强增加,化学除草难以防治。

大豆田化学除草可在秋季施药或春季播前施药或播后苗前施药,施药后最好浅混土或起垄种大豆,施后培土 2 cm。可用的药剂有宝收、禾耐斯(乙草胺)、金都尔、异丙草胺、乐丰宝、广灭灵、普施特、阔草清、速收。大豆苗后真叶期到 1 片复叶期，鸭跖草 3 叶期以前施药。

10.3.1.2　苣荬菜、刺儿菜

苣荬菜学名为 *Sonchus brachyotus* DC.，多年生草本，具地下横走根状茎，株高 30～80 cm，全株含乳汁。茎直立，上部分枝或部分枝。基生叶丛生，有柄；茎生叶互生，无柄，基部抱茎；叶片长圆状披针形或宽披针形，有稀疏缺刻或羽状浅裂，边缘有尖齿，两面无毛，幼时常带紫红色，中脉白色、宽而明显。花序头状，顶生；总苞钟形，苞片多层，密生棉毛；花鲜黄色，全为舌状。瘦果长椭圆形，扁，有纵棱，红褐色，具白色冠毛。以种子和根蘖进行繁殖。种子繁殖和根茎繁殖，能力强，根系深达地下 50 cm 以上，侧根可达 1～1.5 m。根细嫩易被断成许多小段，即使是 1 cm 长，也能长成一个新的植株。

刺儿菜学名为 *Cephalanoplos segetum*（Bge.）Kitam.，多年生草本，具地下横走根状茎，株高 20～50 cm。茎直立，无毛或有蛛丝状毛。叶互生，无柄，基生叶较大，茎生叶较小；叶片椭圆形或长圆状披针形，全缘或有齿裂，有刺，两面被蛛丝状毛。花序头状，单生于茎顶，花单性，雌雄异株；雄花序较小，总苞长约 18 mm，花冠长 17～20 mm；雌花序较大，总苞长约 23 mm，花冠长约 26 mm；总苞钟形，苞片多层，先端均有刺；花冠淡红色或紫红色，全为筒状。瘦果长椭圆形或长卵形，具污白色羽状冠毛。主要靠根茎繁殖，根系极发达，深入地下达 2～3 m，根上生有大量的芽。

苣荬菜、刺儿菜耐干旱、抗盐碱、抗药性强，防治困难，已成为大豆、玉米、小麦、油菜田难治杂草。可用的药剂有广灭灵、阔草清、大豆欢、2,4-滴丁酯＋广灭灵；大豆苗后 2 片复叶期用排草丹（灭草松）、氟磺胺草醚、广灭灵＋氟磺胺草醚。

10.3.1.3　问荆

问荆学名为 *Equisetum arvense* L.，多年生草本，具发达根茎，入土深 1～2 m，并常具有小球茎。地上茎直立，有 2 种类型：一是孢子茎，先发，肉质，高 10～30 cm，不分枝，黄白色或淡黄色，叶退化为鞘状，具长而大的棕褐色鞘齿，孢子囊穗状顶生；二是营养茎，于孢子茎枯萎前在同一根茎上生出，高 15～60 cm，有轮生分枝，单一或再生，绿色，具棱脊 6～15 条，表面粗糙，叶变成鞘状，有黑色小鞘齿。根茎在土壤中横长，可达几米长。喜潮湿微酸性土壤，耐药性强，防治困难，大豆田为害严重。防治药剂有：氟磺胺草醚，大豆苗后用；广灭灵，大豆拱土期或苗后早期施药。

10.3.1.4　芦苇

芦苇学名为 *Phragmites communis* Trin.，多年生草本，具粗壮匍匐根状茎，高 1～3 m。秆直立，节下常有白粉。叶鞘无毛或具细毛；叶舌有毛；叶片披针形。花序圆锥状，粗大，分枝多而稠密，斜上伸展，下部枝腋间具长柔毛；小穗含 4～7 花；

颖具3脉,第1颖短小,第2颖稍长;第2外稃先端长而渐尖,基盘具6~12 mm长的丝状柔毛;内稃背上粗糙。适生于水湿地、低洼地,其根状茎繁殖力强,耐干旱,耐盐碱,大豆田、麦田为害严重,难以防除。大豆苗后芦苇株高40~50 cm施药:精稳杀得,用涂抹法施药;精稳杀得+药笑宝或信得宝或快得7,喷雾;精禾草克+药笑宝或信得宝或快得7,喷雾;高效盖草能+药笑宝或信得宝或快得7,喷雾。

10.3.1.5 苍耳

苍耳学名为*Xanthium sibiricum* Patrin.,一年生草本,高30~100 cm。茎直立,粗壮,多分枝,有钝棱及长条状斑点。叶互生,具长柄;叶片三角状卵形或心形,边缘浅裂或有齿,两面均被贴生的糙状毛。花序头状,腋生或顶生,花单性,雌雄同株;雄花序球形,淡黄绿色,集于枝顶;雌花序椭圆形,生于雄花序下方,总苞有沟刺,内含2花。瘦果包于坚硬的总苞中;种子长椭圆形,种皮深灰色膜质。适应性强,抗干旱,耐瘠薄,酸性或碱性土壤均能生长。幼苗最适出土深度3~5 cm。最深达13 cm,苍耳枝叶繁茂,与大豆伴生竞争性强。苍耳拱土能力强,一般苗前药效差,苗后易防治。可用的药剂有:赛克(嗪草酮)、广灭灵、阔草清、速收,大豆苗前施药;氟磺胺草醚(苍耳4叶期前)、克阔乐(苍耳4叶期前)、杂草焚(苍耳4叶期内株高10 cm前)、排草丹(灭草松)、克莠灵(苍耳株高15 cm前)、普施特(苍耳株高20 cm前)、利收(苍耳3叶期前)、金豆(苍耳株高20 cm前)、虎拿草(苍耳4叶期前)、耕田易(苍耳4叶期前),大豆苗后施药。

10.3.2 主要防治方法

(1)化学防治 以禾本科为主的地块,在大豆播前可选用氟乐灵、卫农(灭草威)、地乐安,播后苗前可用都尔、乙草胺、拉索,苗后可用拿普净、精稳杀得、精禾草克、高效盖草能、禾草灵加威霸等。以阔叶杂草为主的地块,在播前和播后苗前可用茅毒、塞克津,其中北方地区在播后苗前也可用2,4-滴丁酯;苗前可选用苯达松、杂草焚、虎威、克阔乐、阔叶散、骠马。所有药剂基本采取喷雾法。

(2)农业防治 大豆田宜采用小麦-玉米-大豆轮作,前茬小麦便于防治阔叶杂草,在播种小麦前进行深翻,既可将表层一年生杂草种子翻入土壤深层,又能防治田间多年生杂草,而小麦本身对一年生杂草的控制作用较强。玉米田便于中耕,有利于防治多年生杂草。小麦收获后,深松土层可消灭多年生杂草的地下根茎,又可避免深层草籽转翻到表土层而加重草害。厚垄播种、深松耙茬或浅松耙茬,保持原有土壤结构,有利诱草萌发、集中灭草。轮作对防治菟丝子有明显的效果。施用有机肥料或覆不含杂草子实的麦秆等可减轻田间杂草的发生和为害。增施基肥、窄行密播,可充分利用作物群体抑草。视天气、墒情、苗情、草情等辅以人工拔大草。大豆收获后深翻可切割、翻埋、干、冻消灭各种杂草等,为减轻下茬草害打下基础。

10.4 豆田鼠害

10.4.1 主要种类及发生规律

鼠害是世界性灾害,为害遍及人类生产、生活、健康等各个方面,农业鼠害是其中的一部分。我国地域广阔、地形复杂、气候多变,农业鼠类有15个分布型和广布的人类伴生型,为害严重的农田鼠害有20种。

为害豆类的主要鼠群有大仓鼠(*Cricetulus triton*)、黑线仓鼠(*Cricetulus barabensis*)、达乌耳黄鼠(*Citellus dauricus*)、长爪沙鼠(*Meriones unguiculatus*)和黑线姬鼠(*Aepodemus agrarius*)等。可参考麦田、玉米田、稻田等鼠害内容。

10.4.2 农田鼠害的综合防治

在了解鼠害基本规律的基础上,应坚持"预防为主,综合防治"的方针,因时、因地、因作物区别对待,以生态灭鼠为基础,化学药物毒鼠为重点,统一行动,做好防治工作。

10.4.2.1 农业措施

农业措施主要是通过耕作等方法,创造不利于害鼠发生和生存的环境,达到防鼠减灾的目的,具有良好的生态效应和经济效应。

①科学调整作物布局,连片种植,可减少食源,并且有利于统一防治;

②彻底清除田间、地头、渠旁杂草,消灭荒地,堵塞鼠洞,减少害鼠栖息藏身之处;

③采取深翻耕和精耕细作,消灭害鼠,提高作物抗鼠能力,一般可减少损失5%～10%,旱地作用尤为明显;

④灌水灭鼠,旱地在雨季集雨灌洞,水浇地保障冬、春、夏灌,可降低本田害鼠数量的30%～60%。

10.4.2.2 化学防治

化学防治必须坚持"经济、安全、高效"的原则。

(1)投毒时期　针对优势种群,在麦、油作物返青、害鼠繁殖、为害上升的早春进行第一次防治,此时灭鼠可收"杀一灭百"之效,抑制其几何级上升的繁殖率。此时田间无粮,越冬复苏的老鼠,极度饥饿,大量出巢觅食,饥不择食,易食毒饵,灭鼠效果极佳,从而保障全苗正常生长。第二次一般在9～10月份,此期秋收、秋播正在进行，害鼠数量大，活动频繁，利于防治和减灾保苗。

（2）选择适宜饵料及药剂　饵料一般选择小麦、玉米及水果类（苹果、梨等），而药剂则应选择高效、无二次中毒的0.5％溴敌隆、7.5％杀鼠醚及80％额敌鼠钠盐。以上药剂交替使用防效可达90％以上。禁止使用含氟乙酰胺、氟乙酸钠等剧毒、高毒鼠药，以免发生二次中毒和环境污染，破坏生态平衡。

10.4.2.3 物理捕鼠

在鼠洞边放置并固定鼠夹，在乏食季节效果非常好。

10.4.2.4 生物防治

蛇类是老鼠的头号天敌，其自然种群庞大，分布极广，有鼠的地方均有蛇。其身细长，善于穿穴入洞，捕食老鼠。蛇是生物链中抑制鼠群膨胀的主要天敌，猫头鹰、黄鼠狼、狐狸、猫也是鼠的重要天敌，都在保护之列，严禁捕杀这些天敌。

总之，要组织大面积灭鼠活动，必须做到防治"三集中"：集中时间、集中人力、集中财力，和"五统一"：统一指挥、统一行动、统一组织、统一方法、统一配置毒饵，实现"三不漏"：不漏房、不漏田、不漏外环境，加强测报：一个行政区域内，要建立鼠情测报网络，及时检测交流鼠害发生情况和迁入鼠害情况，保持高度戒备，把鼠害扑灭在萌芽阶段，杜绝暴发性鼠害发生。

参考文献

[1]西北农业大学.农业昆虫学.北京：中国农业出版社，1996.

[2]华南农业大学.农业昆虫学：上、下册.北京：中国农业出版社，1995.

[3]王志平，张荣宗.豆荚螟的发生特点与防治措施.福建农业科技，1999(1)：35-36.

[4]李建学.安康地区豆荚螟发生规律及其防治对策.陕西农业科学，1999(1)：24-26.

[5]李含毅，柳克绒.豆荚螟发生规律与防治技术.陕西农业科学，1999(1)：43-45.

[6]刘保华，陈新，贾洪聚.大豆食心虫田间成虫消长与防治适期.大豆通报，2000(2)：13.

[7]董金皋.农业植物病理学：北方本.北京：中国农业出版社，2001.

[8]王就光.蔬菜病虫防治及杂草防除.北京：农业出版社，1993.

[9]吕佩珂，李明远，吴钜文.中国蔬菜病虫原色谱图.北京：农业出版社，1992.

[10]刘惕若，王守正，李丽丽.油料作物病害及其防治.上海：上海科技出版社，1983.

[11]谢开春，惠金木.灭鼠技术问答.北京：中国商业出版社，1988.

[12]黄秀琴,冯志勇.我国农田鼠害防治及今后对策.植物保护,2001,3(5):71-75.
[13]屠林孝.浅谈鼠害及其综合治理.植物医生,2001,14(4):11.
[14]邓址.毒饵灭鼠.中国媒介生物学及控制杂志,1996:7(2):5-8.
[15]郭全保,汪诚信.中国鼠类及其防治.北京:农业出版社,1984.
[16]赵桂芝,施大钊.中国鼠害防治.北京:中国农业出版社,1994.
[17]李晓华,郭云祥,孙承业,等.禁用杀鼠剂销售、使用情况调查.中国媒介生物学及控制杂志,1998,9(1):61-62.

思考题

1. 豆类病害的种类和发生规律有何特点?
2. 简述大豆孢囊线虫病的症状和发病规律。
3. 豆类叶部病害的防治有哪些措施?
4. 豆田鼠害种类有什么特点?
5. 豆田鼠害的发生规律是什么?
6. 如何防治豆田鼠害?
7. 比较大豆食心虫和豆荚螟的分布与为害习性。
8. 如何防治大豆食心虫和豆荚螟?

第 11 章　贮粮害虫、地下害虫和迁飞害虫

11.1　贮粮害虫

贮粮害虫系指在仓库内为害储藏粮食的许多害虫，也叫仓库害虫。据统计，全世界已经定名的贮粮害虫约有 492 种。我国已发现的贮粮害虫有 254 种，分属于昆虫纲的 7 个目 42 个科。在这些害虫中，凡能为害整粒原粮并且在仓中发生最早的叫做初期性害虫。例如我国最重要的 3 大贮粮害虫——玉米象、谷蠹、麦蛾，都属于初期性害虫。只能为害初期性害虫吃剩的碎粮及粉屑并且在仓内多发生在初期性害虫之后的叫后期性害虫。例如锯谷盗及长角扁谷盗等。另外像赤拟谷盗及杂拟谷盗等，既为害粉粮，也为害整粒原粮，则属于中间性害虫。本章仅介绍最为常见和为害较重的种类，此外较常见的种类还有米出尾虫、黑粉虫、黑菌虫、姬拟谷盗、长头谷盗、紫斑螟蛾、地中海粉螟、米蛾等。

世界各国贮粮害虫对粮食所造成的损失约为 5%，贮粮害虫不但将许多粮食吃掉，直接造成粮食数量的损失，破坏维生素，减少蛋白质及淀粉含量，破坏各种酶，损坏胚部，使米粒脆折，缺少膨胀性和黏性，食味变劣，使粮食的营养价值大大降低，其粪便、尸体还杂于粮内，造成污染，影响人畜健康。被粉螨感染的面粉，常带有似薄荷的刺激气味，用来做面包时，影响发酵，带有酸味，色泽不良。遭虫害的种子，发芽率大为降低。同时还引起粮食发热和霉变。因此，正确识别贮粮害虫，从而制定相应的害虫防治措施，保证粮食的安全储藏和不受虫蚀，是广大植保工作者的重要责任。

11.1.1　主要种类及发生规律

11.1.1.1　玉米象

玉米象(*Sitophilus zeamais* Motschulsky)属鞘翅目象虫科。

(1)分布与为害　玉米象在 1853 年首次发现于南美圭亚那的玉米中，现在世

界各地均有分布，以成虫取食禾谷类的种子、荞麦、花生仁、若干豆类、大麻子、谷粉、干果、酵母饼、饼干、通心粉、面包等，其中以小麦、玉米、糙米及高粱受害最重，幼虫只在禾谷类种子内为害。玉米象是一种重要的初期性害虫，贮粮被玉米象咬食而造成许多碎粒及粉屑，易引起后期性害虫的发生。据调查，在适宜的环境中，其为害 3 个月后粮食重量损失达 11.25%，6 个月后达 35.12%，同时还造成粮食含水量增加，发热变质。此虫能飞往田间为害。

(2)形态特征(图 11-1)　成虫体长 2.5～2.9 mm，体宽 0.85～1.0 mm，暗赤褐色。头延伸呈象鼻状，2 条外咽缝愈合。触角膝状 8 节。前胸背板的刻点圆形。有时每鞘翅基部及端部各有一个橙黄色或赤褐色的椭圆斑纹，后翅发达。长期以来，人们认为玉米象同米象属于同一个种，但 Kuschel(1961)指出：米象和玉米象是 2 个不同的种，雄虫外生殖器的特征是区别这 2 个种的最重要和最可靠依据。

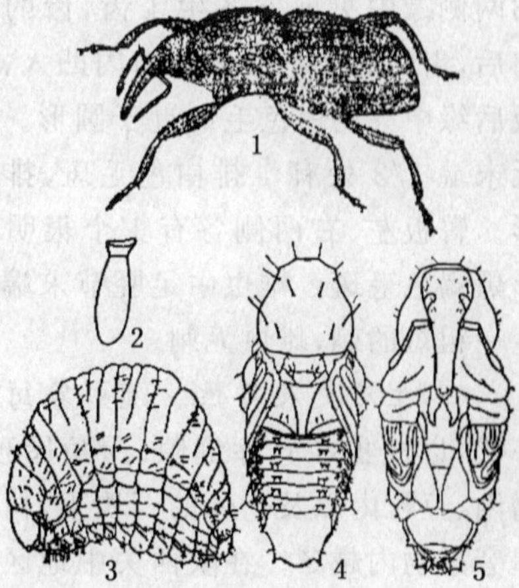

图 11-1　玉米象

1. 成虫　2. 卵　3. 幼虫　4. 蛹背面观　5. 蛹腹面观（仿浙江农业大学）

(3)生活史和习性　生活史因各地情况不同而异，每年发生世代数 1～7 代不等。北方寒冷地区为 1～2 代；中原地区为 3～4 代；南方温暖地区为 3～5 代；亚热带地区为 6～7 代。各地以成虫越冬为主，秋季气温降低到 15℃以下时，成虫潜伏到阴暗潮湿的场所越冬。少数以幼虫在粮粒内越冬。一般卵期 3～16 d，幼虫期 13～28 d，蛹期 4～12 d，成虫期 54～311 d。每完成一代需 21～58 d 不等。在气温 27℃，相对湿度 80%的条件下，完成一代需 27 d。成虫一般在粮堆内活动，大部分分布在上层，成虫羽化后 1～2 d 便在晚上交尾，交尾后平均约经过 5 d 开始产卵。卵产于粮粒内，产卵一般集中在上层，离粮面 7 cm 以内，再向下则较少。幼虫孵化后，在粮粒内蛀食。幼虫共有 4 个龄期，在 27℃及 69%相对湿度下，1～4 龄的历期分别为 3.6 、4.7、4.8 及 5 d。幼虫老熟后即在粒内化为前蛹，前蛹再蜕皮一次化为蛹，然后羽化。成虫在粒内羽化后停留约 5 d 始蛀孔外出。成虫也蛀食粮粒，善于爬行并有向上爬习性；受惊则呈假死状；有趋温及趋湿习性；畏光，喜在黑暗处活动，遇光则向黑暗聚集；喜欢飞向有花蜜的花中活动。

11.1.1.2　豌豆象

豌豆象(*Bruchus pisorum* (Linne))属鞘翅目豆象科。

(1)分布与为害　此虫分布遍及世界各地。在国内除西藏及东北尚未发现外，其余各省(区)都已发现。豌豆象被列为内检对象之一。在国内豌豆象只为害豌豆，为豌豆的严重害虫。豌豆的受害率可达50%～90%。豌豆一般减重60%左右。人畜吃了生虫的豌豆，可引起肠炎。

(2)形态特征(图 11-2)　成虫长约5 mm，黄褐色，全体密披绒毛。前胸背板的两侧缘中央前方各生1齿，齿的尖端指向后，齿的后方不显著地向内凹入；前胸背板后缘中央的白色毛斑近于圆形。每鞘翅近末端1/3处有1排白色毛斑，排成斜线形。臀板左、右两侧各有1个很明显的圆形黑褐色毛斑。雄虫中足胫节末端内方着生一粗短的刺，雌虫无刺。

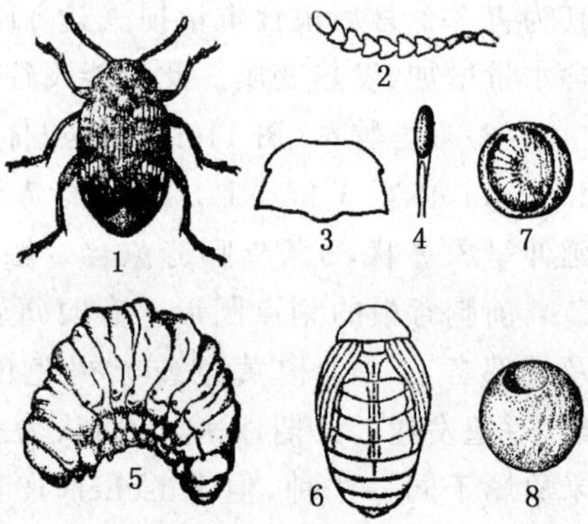

图 11-2　豌豆象

1.成虫　2.成虫触角　3.成虫前胸背板　4.卵
5.幼虫　6.蛹的背面观　7.豆粒内为害的幼虫
8.豆粒上的羽化孔(仿浙江农业大学)

(3)生活史及习性　豌豆象每年发生一代，以成虫在仓库缝隙、屋角屋顶、包装物内、豆粒内以及仓外的石块下、树皮下和屋旁杂物内越冬。在陕西关中地区越冬成虫于4月上中旬飞到麦田苜蓿田或油菜田里活动，到豌豆开花时又飞到豌豆田取食花粉及花蜜，并交尾产卵。越冬成虫的产卵盛期，陕南在5月上旬，关中为5月中旬。卵散产在幼嫩豆荚表面，荚上常产有双重卵和少量的三重卵，但不少都是单产的卵。然而不管是三重卵还是双重卵，只有其中一个卵可以孵出幼虫并钻进豆荚内。这种产卵方式可能是逃避寄生蜂的一种适应，即上面的卵可以保护下面的卵不被寄生。每荚上可产卵数粒到10余粒。每雌虫一年可产卵72～380粒，平均150粒。卵期5～7 d。幼虫孵出后，即从卵壳下蛀入荚内，再钻入豆粒内蛀食。一粒豌豆虽有数头幼虫蛀入，但最后只有1头幼虫可以完成发育和成活。豆粒上的幼虫侵入孔只有针尖大小，稍带褐色。被蛀的豆粒表面多皱纹，并带淡红色。幼虫蜕皮3次，幼虫期约37 d。豌豆成熟时，幼虫尚未老熟，即随豌豆收获带入仓内继续取食和发育。到6月下旬至7月下旬幼虫才老熟，即在豆荚内化蛹。蛹期14～21 d，平均8.3 d。幼虫在化蛹之前，先在豆粒上咬成1个圆形羽化孔，种皮仍保留在孔口。7月上中旬成虫在粒内羽化。羽化后的成虫稍受惊动即从羽化孔外出，并飞往各处寻觅适当场所越夏和越冬，也有少数成虫留在豆粒内越冬。

成虫有假死性，受惊即落地，旋即飞去。产卵多在白天进行，多喜欢选择在落花 7 d 以后的嫩荚上产卵。成虫的飞翔能力强，一般多靠近地面飞行，但有些可以飞到 21 m 的高度，飞行距离可远到 4.83 km。成虫寿命一般可长达 10 个多月。据国外报道，有的成虫在豆粒内可度过 2 个冬天。

11.1.1.3　麦蛾

麦蛾(*Sitotroga cerealella* (Olivier))属鳞翅目麦蛾科。

(1)分布与为害　麦蛾为世界性害虫。在国内除新疆、辽宁及西藏尚未发现外，其余各省(区)都有分布，尤以长江以南各省(区)发生最普遍，为害也较严重。幼虫多在大小麦、大米、稻谷、高粱、玉米、裸麦、燕麦、荞麦以及禾本科杂草种子内食害，被害粮粒大部蛀空，以小麦及稻谷受害最烈，其次为玉米及高粱。受害的稻麦种子的重量损失达 56%～75%，并严重影响种子发芽力。一头幼虫为害玉米时，平均吃去 32.9 mg，占每粒玉米重量的 10.35%。此虫在仓内及田间都能繁殖为害，是一种严重的初期性害虫。

(2)形态特征(图 11-3)　成虫为淡黄色小蛾，体长 4.5～6.5 mm，翅展 12～15 mm。头顶无毛丛，复眼黑色。下唇须发达，向上弯并超过头顶，3 节，第三节尖细而弯曲。触角长丝状。前翅竹叶形，后翅菜刀形，前后翅缘毛特长，几与翅宽相等。雄蛾比雌蛾小，腹部较细，腹部两侧带灰黑色，腹末钝形。雌蛾体较大，腹部较粗，腹末尖形。

(3)生活史和习性　在寒冷地方，麦蛾每年发生 2～3 代；在温暖地方每年发生 4～6 代；在炎热地方或仓内适宜条件下每年最多可发生 10～12 代。例如在黑龙江每年发生 2 代，在河北、山西、内蒙古每年约发生 3 代，在陕西关中每年发生 4～5 代，在浙江每年发生 6 代，在江西及湖南每年发生 6～7 代。以老熟幼虫在粮粒内越冬，极少数以蛹及初龄幼虫在粮粒内越冬。

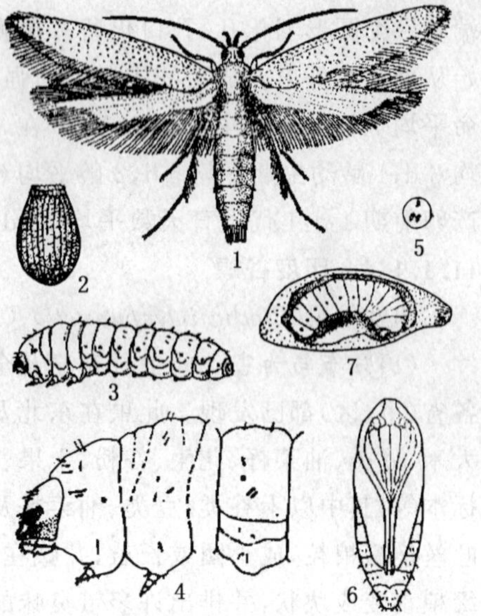

图 11-3　麦蛾

1. 成虫　2. 卵　3. 幼虫　4. 幼虫头部、前胸和第四腹节侧面观　5. 幼虫第六腹节右腹足趾钩　6. 蛹　7. 幼虫在谷粒内为害状(仿浙江农业大学)

在发生 3 代的地区，越冬幼虫于次年 4 月下旬至 5 月上旬化蛹(在黑龙江，越冬幼虫于 6 月份化蛹)，5 月中下旬羽化(陕西关中于 4 下旬至 5 上旬羽化)。第一代成虫的一小部分仍在仓内粮堆表层产卵繁殖；大部分飞到田间麦穗上产卵繁殖，卵孵化为幼虫后，即蛀入麦粒内食害，老熟后即在粒内化蛹，于6月上中旬随同收获的麦粒带进仓内，在仓内羽化为第2代成虫。第2代成虫的小部分飞到田间禾本科作物或杂草上产卵繁殖，大部分在仓内麦堆内产卵繁殖，于7月下旬至8月上旬羽化为第3代成虫。第3代成虫的一部分在仓内产卵繁殖和越冬；一部分飞到田间玉米、水稻等禾本科作物的穗上产卵，孵出的幼虫蛀入谷粒，收获时又随同谷粒带进仓内越冬。

成虫羽化1 d后即交尾，交尾后1～2 d即开始产卵。交尾和产卵多在清晨及黄昏进行，卵多产在小麦种子的腹沟内或稻谷的护颖内，散产或集产。在仓内卵多产在粮堆表层，主要集中在表层约20 cm范围以内，约占总卵数的88%，在表层7 cm以内的卵占55.8%，因此可以移顶20～30 cm粮面防治麦蛾。每只雌蛾一生可产卵63～124粒，平均86.7粒。幼虫孵化后，多从子粒的胚部蛀入粒内，也有从胚乳部蛀入的，被害谷粒大部分被蛀空。幼虫老熟后，先在谷粒上对着胚乳的一端咬一个圆形羽化孔，孔口仍留有薄膜，然后在粒内结成薄茧化蛹，羽化为成虫后，始从羽化孔外出。成虫的飞翔能力强，但飞翔持久力平均只有79.7 s。雌成虫寿命平均7.2 d，雄成虫平均5.5 d。在30℃及70%相对湿度下，用面粉饲养，卵期平均3 d；1龄幼虫期平均6 d，2龄平均6 d，3龄平均5 d，4龄平均7 d；蛹期平均5 d；产卵前期1 d：1代发育天数平均33 d。

11.1.1.4　印度谷螟

印度谷螟（*Plodia interpunctella*（Hübner））属鳞翅目斑螟科，别名印度谷蛾。

(1)分布与为害　此虫分布遍及全世界。在国内除西藏尚未详细调查外，其余各省(市、区)都已发现。此虫在东北及华北为害特别严重。幼虫食害玉米、小麦、大米、豆类、油菜籽、花生、谷粉、干果、米麦制成品、奶粉、糖果、香料、生药材及昆虫标本等，其中以禾谷类、豆类、油菜籽及谷粉被害最烈。幼虫咬食粒胚部及表皮，并吐丝连缀粮粒，成小团或长茧，并藏在里面食害，或者吐丝结网封闭粮面。日久被缀粮食变成块状，并排出许多带臭味的粪便，造成污染，以至严重地造成贮粮的质量和数量上的损失。此外，在北京郊区，印度谷螟幼虫还在果园为害新鲜枣果，但在室外每年只繁殖1代。

(2)形态特征(图11-4)　体长6～9 mm，赤褐色。前翅长三角形，翅面在亚基线与中横线之间为灰黄色，其余均为赤褐色，并散生有紫黑色的小斑点。后翅灰白色。

(3)生活史和习性　印度谷螟一年通常发生4～6代，在温暖地区一年可发生7～8代。在辽宁南部每年发生3～4代。在上海每年发生5代：初见期在5月份，高峰期在8月上中旬，到11月份开始越冬；第1代发生在5月份，第2代在6月下旬至 7 月上旬，第 3 代在 8 月上旬，第 4 代在 9 月下旬，第 5 代在 10 月下旬。以幼虫在包装物、屋柱及板壁等缝隙中越冬，少量在粮食中越冬。越冬时幼虫喜欢吐丝结网群集在一起。此虫发生极不规则，在同一时期可发现卵、幼虫、蛹及成虫。卵期一般 2～14 d，幼虫期 22～35 d，蛹期 7～14 d，成虫寿命 8～14 d。成虫在粮堆或油料种子的表面产卵，散产或集产，产卵期 1～18 d，产卵多在夜间。每只雌蛾一生可产卵 39～275 粒，平均 152.3 粒。初孵出的幼虫先蛀食粮粒的胚部，再剥食外皮。最喜食害玉米，常蛀入玉米胚部，潜伏其中为害。幼虫老熟后即离开粮堆并爬向墙壁、梁柱、天花板、包装物等缝隙，或者背风角落吐丝结茧越冬或化蛹，少数则在粮堆中吐丝连缀粮粒所成的小团中越冬或化蛹。

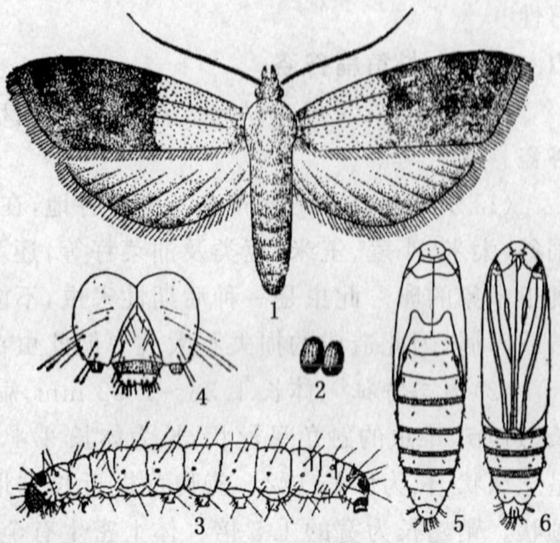

图 11-4　印度谷螟

1. 成虫　2. 卵　3. 幼虫　4. 幼虫头部
5. 蛹背面观　6. 蛹腹面观(仿吴维钧、管致和)

11.1.1.5　粉斑螟蛾

粉斑螟蛾(*Ephestia cautella* (Walker))属鳞翅目斑螟科。

(1)分布与为害　此虫分布遍及世界各地，在国内也已普遍发现。幼虫为害干果，也为害稻谷、大米、玉米、高粱、小麦、面粉、大豆、花生、可可豆、棉籽等。幼虫常吐丝把粮粒连缀成块，藏在里面食害，散装粮堆被害严重时，常见其中表层布成厚网。

(2)形态特征　体长 6～7 mm，灰黑色。前翅三角形，翅面近中横线处有一淡色纹横断前翅。后翅灰白色。

(3)生活史和习性　此虫每年通常发生 4 代。第 1 代发生于 5 月份，第 2 代发生于 7 月份，第 3 代发生于 8 月份，第 4 代发生于 9 月份。每完成一代约需 64 d。在温度较高的地方，每年可发生 4 代以上。以幼虫在包装物上、仓库缝隙及阴暗角落等处越冬，翌春化蛹和羽化。雌成虫交尾以后，将卵散产于粮面或包装物的缝隙中。初孵幼虫以成虫尸体及碎粮或粉屑为食，稍长大后，则吐丝连缀粉屑及粮粒成长巢，藏在巢内食害。幼虫在爬行时有吐丝成网的习性。幼虫老熟以后即在包装物上或仓库缝隙内或粮食内做成白色的强韧薄茧化蛹。幼虫也有群集做茧越冬的习性。

11.1.1.6 长角扁谷盗

长角扁谷盗(*Cryptolestes pusillus* (Schöenherr))属鞘翅目扁甲科，别名长角谷盗。

(1)分布与为害 分布遍及世界各地，在国内各地均有发现。此虫为害破碎的稻谷、大米、小麦、玉米、豆类及油菜籽等，还为害面粉、谷粉及干百合等，也偶尔咬食玉米象的卵。此虫是一种后期性害虫，不能为害完整的粮粒，只能为害破碎的粮粒或碎屑，因此造成的损失不太大。但此虫在粮食内非常普遍。

(2)形态特征 体长1.38～1.92 mm，扁平，黄褐色。头部近三角形。触角较长，11节，雄虫的触角呈丝状，长为体长3/4，末3节二侧缘近于平行；雌虫的触角呈念珠状，长为体长1/2。前胸背板近长方形，宽稍大于长，前胸与鞘翅衔接处呈颈状。鞘翅长为宽的1.5倍。体上密生有金黄色细毛。前足基节窝后开放式。雄虫跗节5－5－4式，雌虫5－5－5式。

(3)生活史和习性 长角扁谷盗每年发生3～6代，在广东每年发生4～6代。以成虫在较干燥的碎粮、粉类或尘芥中越冬。成虫产卵于粉类表层约5 mm以内，或产于缝隙内。成虫善飞翔。幼虫为害碎粮及粉屑，并喜吃种子的胚部。幼虫老熟后即连缀粉屑做成白色薄茧，在茧内化蛹。夏天每完成一代需24～27 d。

11.1.2 影响发生的主要因素

(1)玉米象 玉米象在谷物含水量为14%时的发育温度范围为12.5～34℃，其活动温度范围约为13～38℃。在7.2℃以下及35℃以上停止产卵，10℃时开始产卵。卵及幼虫的发育起点为11℃。生长繁殖适宜温度为24～30℃，适宜的谷物含水量为15%～20%。其最适发育温度约为29.1℃，最高发育温度约为32.3℃。在谷物含水量为9.5%时停止产卵。产卵最低含水量为10%，最适含水量约为17.5%，最大含水量约为25%。在谷物含水量只有8.2%时即不能存活。成虫如果暴露在－5℃下经4 d即死，暴露在50℃下经过1 h即死。

成虫在粮堆内的分布，一般随分层粮温的变化而迁移活动。例如在春末夏初气温达15℃时，越冬成虫大都在30 cm以上粮堆的上层或向阳面粮温较高的部位活动。夏季及初秋，当气温达30℃以上，粮堆上层及向阳面的粮温超过成虫的适温时，即大批转入粮堆下层、背阳面或其他比较通风阴凉的部位活动。秋凉以后，又转入粮堆中层或向阳面粮温较高的部位。

(2)豌豆象 成虫在10～12℃下即停止发育；在18℃才开始取食、交尾和产卵；最适发育温度为27～28℃，在35℃时产卵减少。在低温时活动亦减少，雨天停止活动。成虫虽取食豌豆的茎叶及花，但主要是取食花粉后才能成熟产卵。

(3)麦蛾　麦蛾发育适宜温度范围为21～35℃，在15～21℃时发育缓慢，在11～15.6℃时发育最慢。发育起点为10.3℃。成虫在45℃时经过35 min即死亡。在43℃经过42 min即死亡。卵、幼虫及蛹在44℃经过6 h即全部死亡。幼虫在－17℃经过25 h即死亡。当谷物含水量在8%以下，或相对湿度26%以下时，幼虫即不能生存。

麦蛾的猖獗发生与气候条件密切相关。每年5～8月份的平均温度最少达到12.5℃的地区，麦蛾都有猖獗发生的可能。如遇夏秋雨季的经常高温，尤其是前一年冬季气候温暖，加上七八月份特别炎热，麦蛾即有猖獗发生的可能。

(4)印度谷螟　此虫的生长繁殖适宜范围为24～30℃，在27～30℃时每完成一代约需36 d；在21℃，发生一代需6～8周。幼虫如暴露在48.8℃经过6 h即死亡。各虫期在低温下的致死温度时间分别为：－3.9～1.1℃为90 d；－6.7～－3.9℃为28 d；－9.4～－6.7℃为8 d；－12.2～－9.4℃为5 d。

(5)粉斑螟蛾　此虫的抗寒能力较弱，在0℃下经过1周各虫态虫即全部冻死。幼虫在20℃及50%～70%相对湿度时，以小麦饲养，从卵发育到成虫约需64 d；在25℃时需41～45 d。

(6)长角扁谷盗　此虫的最适温度为32℃，最适相对湿度为90%。在32℃下完成一代发育只需28 d，27℃下需40～50 d，在21.5℃下需80～100 d。在21℃下成虫寿命242 d，在32℃下98 d。在21℃下产卵较多，在32℃下产卵较少。在70%相对湿度下(21℃)产卵只有16.7粒，在90%相对湿度下可产卵85.1粒。

11.1.3 主要防治方法

(1)玉米象

①越冬防治：在秋末冬初，当粮堆内成虫大批爬出越冬时，可先在粮面或粮堆四周铺上麻袋，引诱成虫来袋下潜伏，再收集予以消灭。到了春天天气转暖时，可在仓外四周喷一条马拉硫磷药带，以阻止在仓外越冬的成虫返回仓内。

②曝晒过筛：玉米象在48℃时，经过1 h即会致死。在高温季节，热场出晒，薄摊勤翻，一般出晒4～6 h，粮温达到46℃以上，并保持2 h，即可保证杀死效果。但入仓水分应控制在12%以下。

③诱杀成虫：可利用玉米象成虫具有上爬和群体的习性，有意将粮面耙成许多30～50 cm高的小尖堆，引诱害虫向堆尖群集，定期将堆尖粮食取出过筛集中处理。

④施用谷物保护剂：粮食内可拌入10×10^{-6}的马拉硫磷或其他新谷物保

护剂。

⑤药剂熏蒸：常用剂型为95％硫酰氟(SO_2F_2)，在高压下将其液化并装在钢瓶内。在26.5℃下每28～32 m^3 用药226.8 g，熏蒸16 h即可。熏完后通风12 h，即可散尽毒气。

(2)豌豆象

①套囤：豌豆收后半个月内，当含水量降至12％～14％时，套囤密闭20 d，豆内豌豆象可全部窒息死亡。

②开水烫豆：适于少量豌豆处理。将豆子放入箩筐内，浸入开水中25 s并搅动，使水没过种子，然后取出箩筐在冷水中浸一下，摊开晒干后储藏。

③曝晒：豌豆脱粒后立即在晒场上铺2～3 cm厚曝晒6 d，杀虫效果在90％以上。

④拌药：豌豆拌 5×10^{-6} 马拉硫磷，杀虫效果甚好。

⑤药剂熏蒸：氯化苦每立方米粮堆用药36～50 g，空间用药30 g，密闭熏蒸48 h，气温低于20℃时熏72 h。磷化铝每100 kg豌豆用药1片(3 g)，插入豆堆或麻袋包中间，密闭3～5 d。要求在收获后半个月内进行，豌豆要经日晒，含水量14％以下。熏蒸过的豌豆1周后才能食用。

(3)麦蛾

①压盖粮面：用麦蛾不能为害、又无其他害虫的异种粮如大豆等，满装在无虫的麻袋中，把易感染麦蛾的虫粮粮面耙平，将上述粮包挨紧压盖在粮面上。

②日光曝晒：夏季高温季节晴天时，将小麦摊在场上，摊厚3～5 cm，每小时翻动一次，粮温上升至45℃时保持4～6 h，将小麦含水量降到12.5％以下时，趁热入仓，并加盖密封。

③移顶或揭面：在仓内，麦蛾卵主要产在粮堆表层20～30 cm以内，因此可将被害粮移去20～30 cm的粮面，加以曝晒或熏蒸。

④防止感染：仓库应安上纱门、纱窗，并经常关闭。尤其在田间禾谷作物抽穗结实时，要注意早晚密闭仓库门窗，防治麦蛾飞到田间产卵为害。

⑤诱杀：可在仓内用黑光灯或麦蛾性诱剂诱杀成虫，尤以黑光灯的诱杀效果更好。

⑥化学防治：春暖及粮食入仓时，在仓内用敌敌畏挂袋法熏杀麦蛾成虫，防止产卵为害。还可在贮粮中拌以谷物保护剂如黏土、硅藻土，也可施在粮表面。或用药剂熏蒸虫粮。

(4)印度谷螟

①清仓消毒：应特别注意剔刮虫茧，封堵嵌缝，以清虫源。

②曝晒：夏季利用高温曝晒虫粮，并趁热入仓密封贮藏。

③点灯诱蛾：在成虫盛发时，在仓内点黑光灯诱杀。

④化学防治：同防治麦蛾。

(5)粉斑螟蛾

与印度谷螟同。

(6)长角扁谷盗

①低温杀虫：长角扁谷盗抗低温的能力很小，可以利用冬季低温把粮仓门窗打开，进行通风。或者把虫粮在仓外摊薄，冻死害虫。或者利用鼓风机把冷空气送进粮堆，冻死害虫。

②高温杀虫：一般温度升高到 55℃以上，即可杀死长角扁谷盗。可结合粮食烘干时进行。风车扇或过筛或用净粮食处理。

另外还可应用谷物保护剂，或用药剂熏蒸。

11.2　地下害虫

地下害虫是指一生中大部分时间在土壤中生活、为害植物的地下部分或靠近地面根茎部的害虫，也称土壤害虫(soil pests)。

地下害虫是我国的重要农林害虫，发生遍及全国各地，为害粮食、棉花、油料、蔬菜、烟草、中草药、牧草、花卉、草坪等多种植(作)物。

11.2.1　主要种类及发生规律

目前我国发现的地下害虫有 320 余种，共计 8 目 38 科，主要有蝼蛄、蛴螬、金针虫、地老虎、根蛆等。

11.2.1.1　蝼蛄

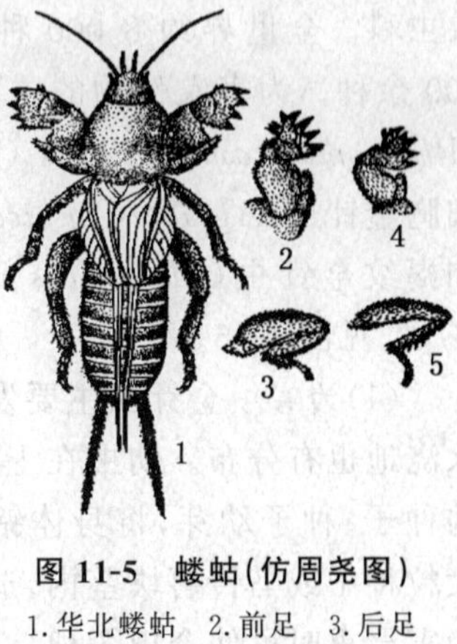

图 11-5　蝼蛄(仿周尧图)

1.华北蝼蛄　2.前足　3.后足　4.非洲蝼蛄前足　5.非洲蝼蛄后足

蝼蛄属直翅目蝼蛄科(*Orthoptera gryllotapidae*)。我国常见的有华北蝼蛄(*Gryllotalap unispina* (Saussure))(图 11-5)、东方蝼蛄(*Gryllotalap orientalis* (Burmeister))，另外仅分布我国南方的还有台湾蝼蛄(*Gryllotalap formosana* (Shiraki))。

(1)为害　蝼蛄主要为害播种期和幼苗期的作物，食性复杂。幼虫和成虫在土壤中喜食刚播下的和发芽的种子、幼苗嫩茎及其根系，造成缺苗断行。另外成若虫常在地表土层活动，钻筑坑道，虚土隆起，造成苗根土分离，干枯死亡。

(2)形态特征

①华北蝼蛄：成虫体长 36～66 mm。体黄褐色。触角鞭状。腹部近圆筒状。后足胫节背侧内缘有 1 或 2 个可动的棘刺或消失。

②东方蝼蛄：成虫体长 30～35 mm。体灰褐色。触角丝状。腹部近纺锤状。后足胫节背侧内缘有 3 或 4 个可动的棘刺。

(3)发生规律 魏鸿钧等研究表明，华北蝼蛄在北方地区 3 年发生一代，以 8 龄以上若虫或成虫在地下 60～120 cm 处越冬。越冬成虫在 6 月中下旬开始产卵，10～11 月份以若虫越冬。越冬若虫第 2 年 4 月上中旬开始活动，脱皮 3 或 4 次，到 12～13 龄期又开始越冬。第 3 年 8 月上中旬若虫脱最后一次皮变为成虫。

东方蝼蛄过去亦称非洲蝼蛄，生活史比华北蝼蛄短，在北方地区 2 年发生一代，在南方地区约 1 年一代，以若虫或成虫在地下 40～60 cm 处越冬。根据东方蝼蛄在土中活动规律，可分为 4 个时期：越冬休眠期(11 上旬至第二年 2 月下旬)、苏醒为害期(3 月上旬至 5 月下旬)、越夏繁殖为害期(6 月份至 8 月上旬)、秋播作物暴食为害期(8 月中旬至 11 月上旬)。

11.2.1.2 金针虫

金针虫是叩头甲的幼虫，属鞘翅目叩头虫科。全世界约 8 000 种，我国记载有 600 余种。为害农作物的主要有沟金针虫(*Pleonomus canaliculatus* (Faldemann))、细胸金针虫(*Agriotes fuscicollis* (Miwa))和褐纹金针虫(*Melanotus caudex* (Lewis))。见图 11-6。

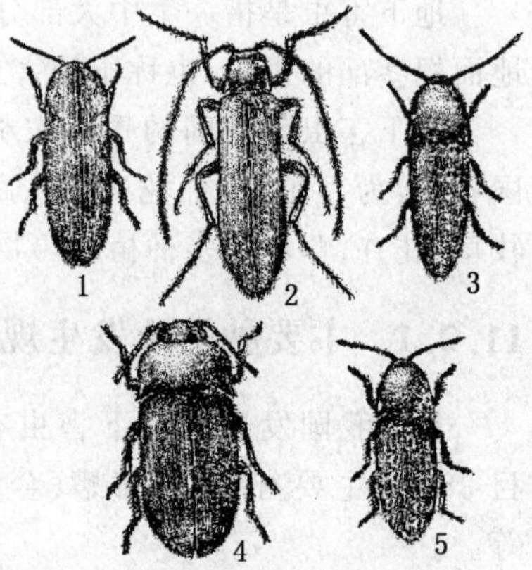

图 11-6 几种金针虫的成虫

1. 沟金针虫雌虫 2. 沟金针虫雄虫 3. 细胸金针虫 4. 宽背金针虫 5. 褐纹金针虫

(1、2、3、5. 仿西北农学院 4. 仿张履鸿、谭贵忠)

(1)为害 金针虫主要发生于旱作地，水浇地也有分布。幼虫在土壤中咬食播下的种子、种子幼芽，将身体钻入幼苗嫩茎、大粒种子或马铃薯块茎内，造成缺苗断垄，为害严重时可使全田毁种。

(2)形态特征 沟金针虫的老熟幼虫体长 20～30 mm，宽约 4 mm，呈筒形，细长略扁。各体节宽大于长，从头部至第 9 腹节渐宽。除前头和口器暗褐色外，体黄色，尾节深褐色。体壁坚硬而光滑，上有黄色细毛，尤以两侧较密。头扁平，上唇为三叉状突起，胸、腹部背面正中有一条细纵沟。尾节末端有两分叉，两叉内侧各有一小齿。

细胸金针虫老熟幼虫体长约 23 mm，宽约 1.3 mm，细长圆筒形，淡黄色，口器深褐色。体壳坚硬而光亮。头部扁平，第 1 胸节稍短于第 2、3 胸节。尾节圆锥形，背面近前缘两侧各有 1 个褐色圆斑和 4 条褐色纵纹，顶端具 1 个圆形红褐色小突起。

(3)发生规律　沟金针虫适生于干旱区域，2～3 年完成一代，以幼虫和成虫在土中越冬。翌年三四月份越冬成虫开始活动，4 月中旬至 5 月上中旬为活动盛期，白天潜伏于表土内，夜间出土交配产卵。雌虫无飞翔能力。每头雌虫平均产卵 200 粒左右。雄虫善飞，有趋光性。孵化后的幼虫在食料充足的条件下，当年体长可长到 15 mm 以上；第 3 年老熟幼虫在 16～20 cm 深的土层内做室化蛹，羽化后的成虫当年在原蛹室内越冬。

11.2.1.3　蛴螬

蛴螬为鞘翅目金龟子总科幼虫的总称，为地下害虫中分布最广、为害最严重的一大类群。全世界已记录约 2 万种，我国为 1 072 种（黄文琴，1985）。按其食性常可分为植食性、粪食性、腐食性 3 类。为害我国农作物的蛴螬种类有 60 余种。常见的有大黑鳃金龟子（图 11-7）、暗黑鳃金龟子（*Holotrichia parallela* (Motschulsky)）、铜绿丽金龟子（*Adoretus corpulenta* (Motschulsky)）等。

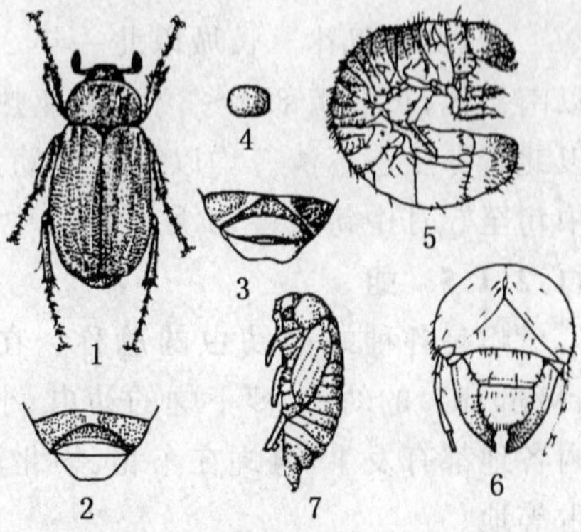

图 11-7　华北大黑鳃金龟子

1. 成虫　2. 雌虫前臀节腹面　3. 雄虫前臀节腹面　4. 卵　5. 幼虫　6. 幼虫头部　7. 蛹

(1)幼虫共同形态特征　体肥大，体型弯曲呈 C 形，多为白色，少数为黄白色。体壁较柔软，多皱，体表疏生细毛。头大而圆，多为黄褐色，生有左右对称的刚毛，刚毛数量的多少常为分种的特征。如华北大黑鳃金龟子的幼虫为 3 对，黄褐丽金龟子的幼虫为 5 对。蛴螬具胸足 3 对，一般后足较长。腹部 10 节，第 10 节称为臀节，臀节上生有刺毛，其数目的多少和排列方式也是分种的重要特征。

(2)发生规律　金龟子多 1 年一代，少数种类及生活在北方的种类 2 年一代，以幼虫或成虫在土中起冬，深可达 145 cm。以成虫越冬者，成虫多于 3～4 月份出土活动，6 月份为产卵盛期。以幼虫越冬者，成虫羽化后多于 6～7 月份出土活动，成虫约经1个月补充营养,大量取食各种叶片,卵产于土中。夏季气温高、土壤干燥,当年小蛴螬又下潜到土层深处,秋季再上升到表土层继续为害。10月份以后,天气渐冷,蛴螬也陆续下潜到深土层越冬。

11.2.1.4 地老虎

地老虎属鳞翅目夜蛾科,地方俗称截虫子、地根虫。地老虎是多食性害虫,能为害玉米、高粱、棉花、蔬菜等多种作物的幼苗。在蔬菜范围中,可为害茄科、豆科、十字花科、百合科、葫芦科多种蔬菜。因其食量大、食性暴,所以被称做地老虎。在我国主要有小地老虎(*Agrotis ypsilon* (Rottemburg))、黄地老虎(*Agrotis segetum* (Sdchiffermüller))、大地老虎(*Agrotis tokionis* (Butler))等。

(1)形态特征 以小地老虎为例。成虫体长16~23 mm,翅展40~54 mm,暗褐色,前翅肾状纹外侧有一列尖端向内的楔状黑斑。卵半球形,直径0.5 mm,表面有纵横隆纹,初产乳白色。幼虫体长37~50 mm,黑褐色,体密生大小颗粒,臀板有深褐色纵带2条。蛹长18~21 mm,赤褐色,有光泽。体背、侧面有刻点。

(2)发生规律 长城以北一年2代,黄河以北、长城以南3代,长江沿岸、黄河以南4代,长江南部4~5代,南亚热带6~7代。长江以南以幼虫及蛹越冬,长江以北越冬虫态不清。均以第1代幼虫为害重。在浙江3月中下旬成虫羽化,4月中旬至5月中旬为害,5月底在土中筑室化蛹。以后各代为害较轻。

11.2.1.5 蛆

蛆是各种蝇类幼虫的总称。在我国常见的根蛆有种蝇(*Hylemyia platura* (Meigen))的幼虫、萝卜蝇的幼虫、小萝卜蝇的幼虫和葱蝇的幼虫4种。种蝇在国内各地都有发生,葱蝇在东北、华北较多,萝卜蝇分布在东北、华北、西北以及内蒙古等地。

(1)形态特征 以种蝇为例。雌成虫体长4~6 mm,体灰黄至褐色,额暗红色。中足胫节的外方具1根刚毛。腹部中央有一黑色纵纹。卵长约1 mm,长椭圆形,乳白色。幼虫体长8~10 mm,蛆形,乳白色略带淡黄色,头退化,仅有一黑色口钩。蛹长4~5 mm,围蛹,长椭圆形,红褐色。

(2)发生规律 种蝇在北方一年发生3代。通常以蛹和少数老熟幼虫在土中越冬。早春开始羽化,3月下旬至5月上旬为第1代为害盛期。第2代幼虫在6月下旬至7月中旬为害洋葱和韭菜等。第3代幼虫于9月下旬至10月上旬发生。

11.2.2 影响发生的主要因素

①蝼蛄活动规律主要受土壤温湿度和食物因素的影响。土壤温度在8~29℃之间,土壤湿度在18%以上,有适宜的食料,蝼蛄均可活动为害。成虫有趋湿性、

趋光性，喜香味，喜粪土，因此有机肥施用过多的作物苗床和菜地易招引蝼蛄为害。

②金针虫在土壤中的活动也与土壤的温湿度有密切的关系。当 10 cm 深土温平均为 6.7℃时，沟金针虫幼虫开始活动，9.2℃时开始为害，15.1～16.6℃时为害最重。当土温升高到 19.1～23.3℃或再渐升时，幼虫则潜入深土层中越夏。由于沟金针虫雌成虫活动能力弱，一般多在原地交尾产卵，故扩散为害受到限制。

细胸金针虫一般多分布在水地或湿度大的低洼黏土水地。幼虫喜潮湿及微偏酸性的土壤，为害盛期的最适土温较沟金针虫低，为 7～13℃。当土温升至 17℃时即逐渐停止为害。

③魏鸿钧等总结蛴螬猖獗的主要原因有：a. 兴修水利，施肥增加，土壤有机质增多，及间作、套作制的改变，有利于蛴螬的发生和为害。b. 植树造林，农田林网化，给多种金龟子提供了丰富的食料，有利于蛴螬的繁殖。c. 防治策略和措施不够完善。蛴螬种类多，生活史长短不一，为害习性各异，防治措施未能做到有的放矢，防治效果不理想等。

④小地老虎发生数量和为害程度受多种环境因素影响。a. 与土壤含水量及土壤类型的关系：土壤含水量在 15%～20%的地区，小地老虎为害重。土壤过干或过湿，不利于成虫产卵和幼虫的生长发育。壤土、沙壤土土质疏松，保水力强，有利于杂草滋生，有利于成虫趋于产卵和幼虫的生长发育，也有利于化蛹和蛹羽化出土。b. 与温度的关系：小地老虎生长发育的适宜温度是平均月温 13.2～24.8℃，高温不利于小地老虎的生长与繁殖。c. 与前茬作物和田间杂草情况的关系：地老虎在春种作物上的为害程度与前茬作物的蜜源情况有关。

⑤种蝇的成虫喜晴朗干燥的天气，聚于臭味重的粪堆上，早晚和夜间凉爽时隐藏在土缝中。有机肥未腐熟或施肥不当、粪肥露撒在地面时，易招引大量成虫产卵。卵多产在比较潮湿的有机肥附近的土下或近地面的作物子叶上。

11.2.3　主要防治方法

(1)物理防治　利用蝼蛄、金龟子等的趋光性，用黑光灯等诱杀。

(2)农业防治　①冬深耕、深翻可以提高蛴螬过冬死亡率，耕翻时随犁捉虫、消除。②施用堆肥、厩肥一定要腐熟，避免成虫产卵。③适时早播，苗木可提早木质化，减轻为害。④水旱轮作。圃地育苗后，种一年水稻或用水浸一季再育苗，可杀死蛴螬、蝼蛄等。

(3)化学防治　用 75%辛硫磷乳油、25%乙酰甲胺磷乳油、25%异丙磷乳油 1 000 倍液灌根，效果良好。

(4)生物防治　卵孢白僵菌(*Beauveria brongniatii*)和乳状菌是蛴螬的寄生

菌。郭志红等(2001)报道,利用卵孢白僵菌防治苗圃地下害虫蛴螬(东北大黑鳃金龟子幼虫),每公顷施菌量 60～90 kg,防治效果为 68.8%～86.0%。白僵菌和化学农药混用有一定的增效作用,防治效果最高可达 91%。郭亚平等(2001)进行了苏云金杆菌乳剂对地下害虫细胸金针虫初步防治研究,结果表明,细胸金针虫对苏云金杆菌较为敏感,在室内饲养条件下设不同浓度梯度毒土接入健壮供试虫体,在 48～96 h 之内虫体死亡率达到最高,其中低龄幼虫更敏感。苏云金杆菌可以作为高效的微生物杀虫剂用于地下害虫金针虫的防治。

(5)小地老虎防治方法　①播种前精耕细耙,适当提前播种,出苗后及时除草,可避免或减轻为害。②利用黑光灯、糖醋酒液、杨树枝诱蛾,效果均好。③每亩放新采老泡桐叶 70 片或莴苣叶,清晨于叶下捕杀幼虫,或将桐叶浸 90%敌百虫 100 倍液后施用。④晚上或清晨在圃地见断苗捉虫。⑤喷 50%辛硫磷乳油 1 000 倍液,或做毒饵诱杀。

(6)种蝇防治方法

①人工诱杀成虫:以红糖、醋、水按 1∶1∶2.5 的比例并加少量锯末和敌百虫拌匀,放入直径 20～30 cm 的诱集盆内。诱液要保持新鲜,每 5 d 加半量,每天在成虫活动盛期打开盆盖。

②药剂防治:在成虫发生初期,喷洒 90%敌百虫 800～1 000 倍液,10 d 内为药剂防治卵和初孵幼虫的适期。

11.3 迁飞害虫

11.3.1 概述

害虫常常从一些田块或地区向另一田块或地区集中或分散。这种害虫成群的有明显出发点或去向的活动,被称为迁飞和扩散。扩散指昆虫在个体发育中日常的、小范围的分散或集中。迁飞指某些昆虫的成虫,在某一时期内从虫源地区成群地、远距离地迁移到另一地区繁殖为害,从而造成迁入地区严重的虫灾。迁飞和扩散是昆虫的生物学特性,是一种遗传本能,是在害虫的预测预报中需要研究的一个重要方面。

11.3.2 昆虫的扩散类型

①由虫源中心向外小范围的迁移。如棉红铃虫在棉仓、加工厂或村庄住地越

冬，第二年就成为虫源中心。

②由于趋性所引起的小范围分散或集中。如棉蚜在一株棉花上繁殖量过大，为害过重，造成卷叶、营养不适，就会向其他棉株上扩散。

③完全靠外部原因，如风力、水力或人力活动引起的被动转移。如许多鳞目幼虫可吐丝下垂靠风传播。

11.3.3　昆虫的迁飞特性

昆虫的迁飞一般发生在成虫的一个特定时期——“幼嫩阶段”的后期与交尾产卵之前。“幼嫩阶段”是指成虫刚羽化到翅骨化变硬之间的阶段。

11.3.3.1　迁飞昆虫的特征

①一种昆虫的种群数量在某一地区长期以来有季节性“突增”或“突减”的现象，由此造成上、下两代间的发生量十分悬殊。如黏虫在江苏冬季很少，3～4 月份却很多。

②一种昆虫的种群，在不相同的气候、地理条件大区域内具有“同期同发”的现象。例如 1975 年稻纵卷叶螟第二代，从浙江省中部的东阳、绍兴等地向北，一直到江苏省淮河以南一线的淮安、建湖、盐城一带，都同时在 6 月 24～26 日出现第一次蛾高峰。

③在高空或远离陆地的海面，可以捕捉到大量成虫。如中国科学院动物所和北京大学在渤海、黄海、东海海面上都曾捕得大量黏虫、褐飞虱、白背飞虱、黑尾叶蝉、棉铃虫等。

④人工标记释放某种昆虫，再在不同距离诱集回收。例如 1963 年中国农业科学院植保所和全国十多个单位协作，在山东、江苏、福建等地不同地区诱集回收。曾在距释放地点 600～1 400 km 外的地方诱捕到 12 头标记黏虫蛾，直接证实了黏虫远距离迁飞的事实。

⑤根据成虫发育期间雌虫卵巢发育情况或交尾情况来判断迁飞特性。由于迁飞发生在成虫幼嫩阶段的后期与交尾产卵之前，所以，在迁出地全代分期捕蛾进行雌蛾生殖器官解剖发现，其卵巢发育始终以一级占绝大多数，交尾率极低，说明留在本地继续发育的成虫极少，所捕捉的成虫都是刚羽化的，并且正在逐日迁出。相反，在迁入地全代分期解剖雌蛾发现，卵巢发育始终处在二级以上，交尾率显著较高，说明本地羽化的新成虫极少，基本上是外地迁来的。

11.3.3.2　迁飞昆虫的类型

(1)无固定繁育基地，连续几代迁飞类型　大多数迁飞昆虫属此类型。如黏虫

(*Mythimna separata*)、草地螟(*Crambus bolterellus*)、稻纵卷叶螟(*Cnaphalocrocis medinalis*)、稻褐飞虱、白背飞虱、灰飞虱、非洲黏虫(*Spodoptera exempta*)、甜菜夜蛾、甘蓝夜蛾、Y纹夜蛾(*Plusia gamma*)、非洲沙漠蝗(*Schistocerea gregaria*)等。其中大多数种类只作单程迁出,不迁返原来的地区,如草地螟只从我国西北迁往俄罗斯,飞行距离200～300 km或以上。另一些种类则像候鸟一样,上半年迁出,下半年又迁回,如黏虫。Y纹夜蛾也是这样往返于欧洲大陆与英国之间。稻纵卷叶螟、稻褐飞虱也有类似的特性。根据这些特点,测报时应南北配合。

(2)有固定繁育基地的迁飞类型　大多数飞蝗都属这种类型。例如东亚飞蝗(*Locusta migratoria* Manilensis)在我国是从几个沿湖(河)、海蝗区起飞,向几百千米以外的地区迁飞为害;非洲飞蝗(*L. m.* Migratoriodes)在非洲西部马里境内的尼日尔河流域中部地区的泛滥平原,向北迁飞到撒哈拉沙漠的南部,甚至飞到北非并跨越红海;而非洲红蝗(*Nomadacris septemfaciata*)发生在非洲南部、东南部及马尔加什、毛里求斯岛等地的一些季节性洪水泛滥的草原或湖沼平原,可迁飞到整个非洲南部。

(3)越冬或越夏迁飞类型　这类昆虫的成虫寿命较长,可从发生分布地区迁向越冬(夏)地区,在那里度过滞育阶段,滞育结束后又迁回到原来的地方产卵繁殖。例如我国的甘薯大象甲(*Alcides* sp.)和异色瓢虫(*Leis axyridis*)等,就是在秋季迁到山区向阳的石缝、树皮等处越冬,春暖后又飞出到大田繁殖。

(4)蚜虫迁飞类型　一方面是越冬型(冬-夏寄主交替),另一方面,在夏季当栖息场所的条件(营养条件或气候条件)不适宜时,常出现有翅型,需要迁飞或扩散到新寄主场所去繁殖后代。如棉蚜、桃蚜等。

11.3.3.3 迁飞昆虫的起飞规律

迁飞昆虫的飞翔是怎样开始的?与哪些因素有关?这些都属迁飞昆虫的起飞规律问题。黏虫翅的振动频率是在羽化后的第3～5天达到高峰,以后便开始降低;雌蛾的巢卵发育到第5天才成熟。蝗虫起飞前先要取食,并有数天的短距离旋回试飞,然后才迁飞。经研究,发现昆虫的起飞与外界环境因素的某些刺激有关。这些因素主要是:

(1)温度　小型昆虫对周围温度较敏感,这对白天起飞的昆虫来说尤其重要,一般都有一个起飞的温度,随着白天温度升高,起飞的虫数也达到高峰。例如蚕豆蚜起飞起始温度为15.5～20.3℃,非洲沙漠蝗起飞起始温度为17～21℃。

(2)光　许多迁飞昆虫还有光的起飞起始亮度,高于或低于此亮度时,则不能起飞。例如白天迁飞的蚕豆蚜在光亮度小于6.1 lx时不能起飞;而夜间迁飞的蛾类则相反,在光亮度大于6.1 lx时不能起飞。

光和温配合，形成起飞的日周期变化。一般白天起飞的昆虫，早晨主要受温度的影响，傍晚则主要受光亮的影响。

(3)风 一般大风可抑制起飞，弱风反而刺激起飞。例如黑尾叶蝉在风速大于12 km/h、褐飞虱在风速大于11 km/h时均不起飞。起飞后，大风有助于迁飞。

(4)雾 大雾一般抑制起飞。

11.3.3.4 迁飞昆虫长距离迁飞的降落条件

迁飞昆虫一旦起飞，其飞行高度如何？可飞多远？什么条件下着陆？新灾区在何处？这对于测报来说极为重要！

据飞机高空捕捉结果，在数百米到数千米高空都可捕到许多昆虫和螨类。一般小型昆虫是以高空随风迁飞，大型昆虫则以低空迁飞为主。急流层一般在240～600 m低空，午后形成，子夜达到高峰，次日早晨减退，风速可达80～128 km/h。

我国黏虫飞行高度为50～100 m，时速为20～40 km/h。草地蝗一般在50～75 m或以下随气层飞行，时速为15～25 km/h。东亚飞蝗则在微风时逆风飞行，风力3级以上时则顺风飞行。蚜虫在风力2级以上时就顺风飞行。

迁飞昆虫的降落主要与天气的冷锋、静止等有关，因此，根据降落时的天气情况，可将降落类型分为以下3种：

(1)春夏型 是指春季到梅雨季节时期。迁飞昆虫的降落常和冷锋、静止或气旋天气相吻合，有西南风和降雨过程。虫源来自西南。

(2)夏型 是指梅雨季节后的伏天到秋天的一段时期。这个时期的天气情况比较复杂，与太平洋的高压边缘、台风倒槽、冷锋面等有关。虫源来自南方。

(3)秋型 指秋季的冷锋或静止锋逐渐从北向南移动。迁飞昆虫降落常与秋雨锋面的天气相吻合，有强的偏气流。虫源来自北方。

11.3.3.5 迁飞的机制

关于昆虫迁飞的机制有很多的观点，大致可归纳为以下几种：

(1)气候决定论 认为迁飞是由于气候条件的恶化导致，或环境条件的有利导致。如瓢虫、蝗虫的迁飞。

(2)食物决定论 由于食物条件恶化，导致昆虫为寻找适宜的食物而迁飞。如黏虫、蚜虫等的迁飞。

(3)繁殖决定论 因为迁飞是现在成虫期的幼嫩阶段，而且这些成虫的卵巢发育也是在迁飞中成熟，如蛾类的迁飞，就像鱼类的生殖回游一样。

(4)遗传决定论 认为这是昆虫种的遗传物性，有的种类能迁飞，有的种类不能迁飞，这是在各自进化过程中形成的可遗传的物性。

参考文献

[1]华南农业大学.农业昆虫学:上册.2版.北京:农业出版社,1994.
[2]郑州工学院粮油工业系.贮粮害虫图册.北京:科学出版社,1975.
[3]陈耀溪.仓库害虫:增订本.北京:农业出版社,1984.
[4]魏鸿钧,张治良,王荫长.中国地下害虫.上海:上海科学技术出版社,1989.
[5]张继祖,徐金汉.中国南方地下害虫及其天敌.北京:中国农业出版社,1996.
[6]华南农业大学.农业昆虫学:上册.北京:农业出版社,1988.
[7]张孝曦,程遐年,耿济国.害虫测报原理和方法.北京:农业出版社,1997.
[8]马世骏.东亚飞蝗在中国的发生动态.昆虫学报,1995,8(4):1-40.
[9]马世骏.东亚飞蝗蝗区的结构比较.昆虫学报,1962,11:17-30.
[10]庞雄飞.猖獗周期性和害虫发生预报时平衡现象问题——对马世骏"论害虫大量发生及其预测(一)"的意见.昆虫学报,1962,11:207-213.
[11]林昌善,孙金如,陈瑞鹿,等.黏虫发生规律的研究Ⅰ.昆虫学报,1963,12:243-267.
[12]夏曾锐,蔡晓明,邓小山.黏虫发生规律的研究Ⅱ.昆虫学报,1963,12:552-564.

思考题

1.列举3种贮粮害虫,并比较其发生规律与防治措施的异同。
2.比较贮粮害虫与大田害虫防治方法的异同,并解释其原因。
3.试述地下害虫的成因及防治策略。
4.举例说明地下害虫为害特点。
5.阐述小地老虎的发生与环境的关系。
6.什么是昆虫的迁飞和扩散?
7.昆虫的迁飞有几种类型?起飞降落有什么规律?
8.昆虫迁飞的机制是什么?

第 12 章　有害生物综合治理技术体系组建的原理及实例

12.1　综合治理技术体系组建的原理

农田是经济—社会—自然复合生态系统，因此，有害生物防治策略和防治技术应充分考虑其经济、社会和生态的综合效益（图 12-1）。当前，有害生物危害是我国农业生产高产稳产的主要限制因素之一。由于农作物种类多，生长周期不一，换茬勤，间作、套种和前后作更替方式多变，从而形成了农田生态系统的不稳定性、病虫种类的多样性和发生演替规律的复杂性。

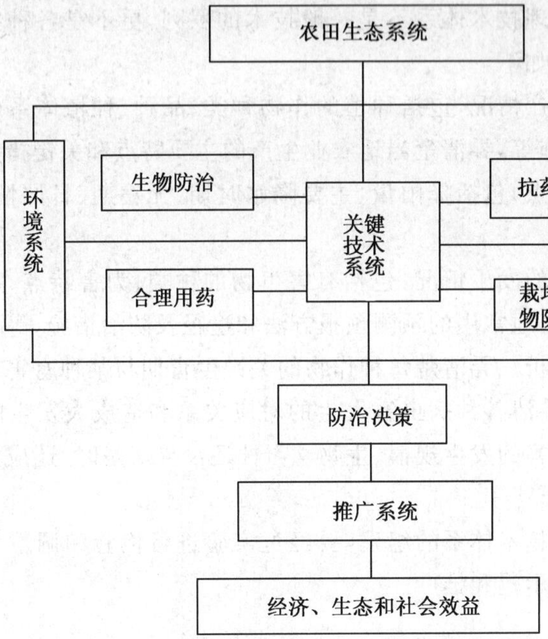

图 12-1　主要农田病虫害综合防治体系

因此，在组建综合治理技术体系时，应遵循一定的原则，不是技术措施的简单罗列。组建的技术体系应是时间的、空间的完整系统。

12.1.1 综合治理技术体系组建的原则

(1)连续性原则　即，从播种到收获整个时间发展过程中，在不同时期内出现不同的病害，应采取不同的或同一措施，但这些措施之间应有一定的连续性，达到相互衔接的效果。

(2)兼治性原则　即，在作物不同生长期会出现不同的病虫害，如果同一种措施可以对2种以上的有害生物有防治效果，就尽量采用这种具有兼治性效果的措施，而尽量少用仅对一种有害生物有效的技术措施。这样更能减少投入，节省成本。

(3)协调性原则　即，2种同一时期或相邻时期使用的技术措施，应该是相互协调的，不应该是相互矛盾的。例如：刚释放天敌，紧接着又喷洒广谱性农药，就会使两者出现矛盾，造成两种措施的抵消，得不偿失。

12.1.2 综合治理技术体系组建的程序

组建有害生物综合治理技术体系不是一般技术的罗列，更不是各种技术的简单排序。这一程序或步骤如下：

①了解当地的农业生产情况，包括种植的作物种类、品种、种植体系(一熟、二熟等)及主要农业丰产措施等，弄清楚当地农业生产的主要特点和关键措施。

②了解当地的气候特点，包括降雨量、主要降水时期、无霜期、日照情况、季风情况等。

③了解当地有害生物的发生情况，包括有害生物的种类、为害特点、主要有害生物的种类和发生规律，当地常用的预测预报方法和途径及防治措施，等等。

④对上述情况进行分析。弄清楚每种作物的关键生育期与某种有害生物发生为害期的对应关系，还要弄清各种病虫害发生的对应关系和造成大发生的关键因素等等。当有些主要病虫害的发生规律、生物学习性还没弄清楚时，还应做一定的研究工作。

⑤有害生物综合治理技术体系的组建，要经过实验进行检验和调整、完善，在此基础上才能进行大面积示范和推广。

12.2　综合治理技术体系实例

12.2.1　麦田有害生物综合治理技术体系

小麦种植范围很广，长江流域与黄河流域的小麦病虫害发生种类不太一样，但主要种类还是基本一致的，只是南、北方各有侧重。

12.2.1.1　主要防治对象

①小麦锈病，包括条锈病(*Puccinia striiformis*)、叶锈病(*P. recondita*)和秆锈病(*P. graminis tritici*)；

②麦类白粉病，病原为禾白粉菌(*Erysiphe graminis*)；

③麦赤霉病，病原为 *Gibberella zeae*；

④小麦矮腥黑穗病(TCK)，病原为 *Tilletia contraversa*，检疫性病害；

⑤麦蚜，分为麦长管蚜(*Macrosiphum avenae*)和麦二叉蚜(*Schizaphis graminum*)；

⑥麦红蜘蛛，分为麦长腿红蜘蛛(*Petrobia latens*)和麦圆红蜘蛛(*Penthaleus major*)；

⑦小麦吸浆虫，分为红吸浆虫(*Sitodiplosis mosellana*)和黄吸浆虫(*Contarinia tritici*)。

12.2.1.2　主要防治技术体系

①搞好植物检疫，以防止 TCK 等检疫性病虫害的传播蔓延。

②选育推广抗病虫品种。

③合理作物布局，可发展冬麦-玉米-油菜的间作套种，或麦-油菜-棉花的间作套种。保护和繁殖天敌，如草蛉、瓢虫等，以提供其对害虫的控制作用。

④加强栽培管理，增施基肥，适时播种，合理密植，创造适宜小麦健壮生长的条件和不适宜病虫害大发生的条件。

⑤适时用药进行化学防治。用 40%乐果乳油 1∶1 000 倍液喷洒可防治蚜虫和红蜘蛛，50%西维因可湿性粉剂 1∶400 倍液喷洒可防治吸浆虫，三环唑可防治锈病，石硫合剂可防锈病和白粉病，50%多菌灵可防治赤霉病等病害。

12.2.2　稻田有害生物综合治理技术体系

水稻是我国的主要粮食作物之一，主要在长江流域及其以南的地区种植。其病虫害的种类很多，害虫有250多种，病害有50多种，主要有稻螟虫、稻纵卷叶螟、稻叶蝉、稻瘟病、白叶枯病、稻纹枯病。近年来，随着农业生产的发展，耕作制度和栽培条件的变化，水稻品种的更换等因素的影响，水稻病虫害也正在发生变化，这些情况应加以重视。

12.2.2.1　主要防治对象

①水稻螟虫，包括三化螟（*Tryporyza incertulas*）、二化螟（*Chilo suppressalis*）、大螟（*Sesamia inferens*）等；

②稻纵卷叶螟（*Cnaphalocrocis medinalis*）；

③稻飞虱，包括褐飞虱（*Nilaparvata lugens*）、白背飞虱（*Sogatella furcifera*）、灰飞虱（*Laodelphax striatellus*）；

④稻叶蝉，包括黑尾叶蝉（*Nephotettix cineticeps*）、白翅叶蝉（*Erythroneura subrufa*）等；

⑤白叶枯病，病原为黄单胞杆菌属的 *Xanthomonas oryzae*；

⑥稻瘟病，病原为稻梨孢菌 *Piricularia oryzae*；

⑦稻纹枯病，病原为有性阶段担子菌亚门瓜亡革菌（*Thanatephorus cucumeris*），无性世代属半知菌亚门立枯丝核菌（*Rhizootonia solani*）。

12.2.2.2　主要防治技术体系

①搞好检疫，避免水稻细菌性病的传播蔓延。

②选用抗病虫品种。国际水稻所选育的IR28号、IR30号等系列可抗黑尾叶蝉和稻飞虱、白叶枯病等。

③认真处理稻草，早稻病草不返田。

④处理稻茬，特别是绿肥留种田的稻茬，必须在冬至前后拔除处理，并选用稻螟虫少的田作为绿肥留种田。

⑤适时翻耕、浇水，在春季稻螟羽化前，及时将休闲或一般绿肥田翻耕浇水，以杀死越冬蛹。

⑥用种衣剂处理种子，以杀死苗期病虫害。

⑦调整播期，错开水稻危险生育期与病虫害发生为害期，尤其是稻螟的卵盛孵期，以降低螟害。

⑧合理使用水肥，浅水勤浇，培育壮苗，以提高抗病虫特性。

⑨灯光诱杀。

⑩保护天敌。

⑪药剂防治。锐劲特防治水稻螟虫，20%叶蝉散、40%氧化乐果、50%马拉硫磷防飞虱和叶蝉，10%叶枯净可防治白叶枯病，50%多菌灵、20%三环唑等可以防

治稻瘟病。

12.2.3　棉田有害生物综合治理技术体系

棉花是我国的主要经济作物之一，从南到北均有种植。棉花的害虫有 300 余种，病害有 10 多种。其中普通发生的病虫害有 20 余种，但经常需要防治的病虫害仅不到 10 种。有些病虫害是检疫性的，有的则是毁灭性的，对棉花的生产威胁很大。当华北棉区大面积推广转 Bt 基因抗虫棉后，又有新的病虫严重发性，这种情况应予以重视。

12.2.3.1　主要防治对象

①棉蚜(*Aphis gossypii*)；

②棉铃虫(*Helicoverpa armigera*)；

③红蜘蛛，包括朱砂叶螨(*Tetranychus cinnabarinus*(Boisduval))、截形叶螨(*Tetranychnus truncatus* Ehara)和土耳其斯坦叶螨(*Tetranychus turkestani* Ugarov et Nikolski)；

④红铃虫(*Pectinophora gossypiella*)；

⑤棉枯萎病，病原为 *Fusarium vasinfectum*；

⑥棉黄萎病，病原为 *Verticillium albo-atrum*。

12.2.3.2　综合治理技术体系

①搞好植物检疫，防止红铃虫传入新疆地区，防止棉花枯、黄萎病传播蔓延。

②搞冬耕冬浇，以降低棉铃虫的越冬蛹基数。

③处理棉秆及运花工具，以降低红铃虫的越冬基数。

④搞好作物合理布局，合理轮作，尤其是水旱轮作，可以降低枯黄萎病的发病程度。

⑤搞好种子处理，尤其是种子包衣，以防治苗期病害和地下害虫和苗期害虫。

⑥培育抗病虫品种，在华北棉区提倡种植转基因抗虫棉花；大力推广抗枯萎、耐枯萎病的品种。

⑦释放天敌，尤其在非转基因棉种植区，如新疆棉区和长江流域及其以南的棉区，提倡释放赤眼蜂，以寄生棉铃虫卵；释放中红侧沟茧蜂，以防治棉铃虫及鳞翅目幼虫。

⑧灯光诱杀，在非转基因棉种植区，提倡用黑光灯或高压汞灯诱杀棉铃虫及鳞翅目害虫蛾。

⑨药剂防治。40%氧化乐果 1∶1 000 倍液防治蚜虫和盲蝽及红蜘蛛，吡虫灵 1∶2 000 倍液防治蚜虫、白粉虱，菊酯类农药防治其他鳞翅目害虫和蚜虫等。

12.2.4　苹果有害生物综合治理技术体系

果树的种类很多，北方果树以苹果、桃和梨为主，而这几类果树上的主要病虫害是基本相似的。在此，仅以苹果为例，说明果树的主要有害生物的综合防治体系。

12.2.4.1　主要防治对象

①桃小食心虫(*Carposina niponensis* Walsingham)，寄生苹果、梨、枣、山楂、桃、杏、李、梅、花红等。

②苹小食心虫(*Grapholitha inopinata* Heinrich)，寄生苹果、梨、山楂、桃、花红等。

③苹果蠹蛾(*Cydia pomonella* L.)，寄生苹果、梨、杏、沙果等。

④山楂叶螨(*Tetranychus viennensis* Zacher)，寄生苹果、梨、桃、李、杏、沙果、樱桃、山楂、海棠等。

⑤苹果全爪螨(*Panonychus ulmi* Koch)，寄生苹果、梨、桃、杏、李、沙果、樱桃、山楂、海棠等。

⑥苹果腐烂病，病原为 *Valsa mali* Miyabe et Yamada，寄生苹果、梨、桃、杏、李、海棠、山楂等。

⑦苹果轮纹病，病原为 *Physalospora pricola* Nose，寄生苹果、梨、桃、杏、李、海棠、山楂等。

⑧苹果炭疽病，病原为 *Gloeosporium fructigenum* Berk，寄生梨、桃、葡萄等。

⑨苹果疫腐病，病原为 *Phytophthora cactorum*(Leb. et Cohn)Schrot，寄生苹果、桃、梨等。

⑩苹果锈病，病原为 *Gymnosporangium yamadae* Miyabe 和 *G. haraeanum* Syd，寄生苹果、梨、山楂、海棠、沙果、山定子、木瓜、桧柏等。

12.2.4.2　主要综合治理技术体系

①植物检疫，防止苹果蠹蛾等危险性病虫害传播蔓延。

②收果后和冬季，及时清除果园的落果、病枝、病叶等，集中处理，以减少害源。

③冬季果树堵洞、刮皮、刷白，以杀死越冬虫源。

④培育无菌种苗。

⑤加强果园管理、合理水肥，尤其增施有机肥、磷、钾肥，增强树势，提高树体抗病能力。

⑥果园套种苜蓿等，以保护和繁殖天敌，增加天敌的自然控害作用。

⑦进行生物防治。在果园的蛾类害虫卵盛期，释放赤眼蜂，每代放蜂 2 万～

3 万头/亩，可以起到很好的控害作用；在食心虫幼虫出土时，喷洒新线虫(浓度为 40 万条/m^2)，可有效控制食心虫类害虫；白僵菌(1.3 kg)+对硫磷微胶束(0.2 kg)+水(150 kg)混合液在桃小食心虫越冬代幼虫出土期和第一代幼虫脱果期各喷洒地面 2 次，可有效控制食心虫类害虫。

⑧地膜覆盖。在食心虫出土时，以树冠大小的地膜覆盖树基表面，剪口处及周围用土盖严，既能阻止成虫在果面产卵，还能保墒保温，促进果树生长。

⑨药剂防治。菊酯类农药 2 000～5 000 倍液喷洒，可有效地防治食心虫、蚜虫、叶螨等害虫；50%西维因可湿性粉剂 800～1 000 倍喷洒，可有效防治苹果蠹蛾等害虫；5%阿维菌素 3 000～5 000 倍液、2.5%克螨特 2 500 倍液、50%尼索朗 2 000 倍液、阿波罗 4 000～5 000 倍液，可有效防治叶螨；50%退菌特、40%福美砷 50 倍液、40%多菌灵-万菌清胶悬剂 250 倍液，可有效防治腐烂病、轮纹病、炭疽病等病害；25%粉锈宁可湿性粉剂 1 500 倍液、20%萎锈灵 400 倍液、35%瑞毒霉 700～1 000 倍液、波尔多液、石硫合剂等可有效地防治锈病；25%粉锈宁可湿性粉剂 1 000～1 500 倍液、70%甲基托布津 800～1 000 倍液、世高、福美砷、石硫合剂等可有效地防治白粉病等。

12.2.5 黄瓜主要病虫害综合治理技术体系

黄瓜的种植分为保护地和露地种植 2 类，由于种植环境的差异，也导致病虫害的发生为害情况的不同。但主要病虫害种类差异不大，只是发生的时期和为害程度不同。在此，我们将分为保护地种植和露地种植 2 种种植方式下的有害生物综合治理技术体系。

12.2.5.1 主要防治对象

①霜霉病(*Pseudoperonospora cubensis*)；

②枯萎病(*Fusarium oxysporuw* f. sp. *cucumerinum*)；

③疫病(*Phytophthora melonis*)；

④温室白粉虱(*Trialeurodes vaporariorum*)；

⑤瓜蚜(*Aphis gossypii*)。

12.2.5.2 防治策略

掌握不同的栽培环境下病虫发生规律，采取以抗病品种和培育无病虫壮苗为基础，保护地黄瓜以生态防治为主，露地黄瓜以高畦栽培、加强排水、降低田间土壤湿度为重点，合理使用高效低毒残留农药的综合技术。

12.2.5.3 主要防治技术

(1)保护地黄瓜

①选用抗病品种：津杂 2 号、津杂 4 号、中农 5 号、碧春、长春密刺等。

②用无病种子或进行种子消毒：从无病留种田采种。一般种子要进行消毒。可用有效成分 0.1%多菌灵盐酸盐+0.1%平平加溶液浸种 1 h 后捞出，用清水冲洗干净；用 40%拌种双可湿性粉剂按种子重量的 0.3%拌种或 70℃干热处理干种子 120 h。

③培育无病虫壮苗：

a. 育苗房(床)应和生产温室(大棚)隔离。育苗前做好苗房清洁，彻底清除残株败叶和杂草，用敌敌畏烟剂按有效成分 150 g/亩密闭烟熏。在育苗过程中防止病虫迁入和人为传带。

b. 采用非菜园土塑钵育苗。如果用旧苗床，需进行消毒，方法为 50%多菌灵可湿性粉剂加 90%乙膦铝可湿性粉剂 1∶1 混匀，每平方米用药 8 g，先和 10 kg 细干土混匀后均匀施入床内。

c. 加强育苗管理，播种密度不宜过大，子叶期分苗，并适当放风、炼苗，控制幼苗徒长。发现病虫苗随时拔除处理。定植前喷药 1 次，4 叶期定植。定植要带土坨。

④轮作：黄瓜连作明显加重枯萎病、疫病、黑星病等，要与非瓜类蔬菜轮作 2～3 年。

⑤嫁接栽培：用云南黑籽南瓜做砧木、抗霜霉病品种做接穗进行嫁接，可有效防治枯萎病和疫病，又获早熟高产。

⑥栽培防治：

a. 施足充分腐熟的优质肥料 5 000～7 500 kg/亩，磷钾肥 25～30 kg/亩。结瓜期分 3～4 次追施速效性氮肥。

b. 采用高畦栽培，或地膜覆盖栽培，保护根系。

c. 及时绑蔓打杈，中耕除草，摘除枯黄病叶和底叶，携出田外处理，加强通风、透气。

⑦生态防治：大棚黄瓜管理要求叶面不结露，或结露时间不超过 2 h。生长前期早上放风 1 h 排出湿气，上午闭棚，温度上升至 28～35℃，但不超过 35℃，空气相对湿度 80%～95%；中午、下午放风，温度降低至 20～30℃，相对湿度 70%～80%。傍晚闭棚，最低温度可降低至 11～12℃。如果气温达 13℃以上，则可整夜放风，降低棚内温度。浇水应在晴天上午进行，浇完后闭棚，使温度升至 35～40℃，闷 1 h 后缓慢放风，晚上也要放风降湿。遇连阴雨天或发生霜霉病、角斑病，应控制浇水，夜间通风。

⑧生物防治：霜霉病、白粉病发生前或初见病斑时，喷 2%抗霉菌素水剂 200 倍液，每 5 d 喷一次，连喷 3 或 4 次。

⑨药物防治：

a. 霜霉病：用45%安全型百菌清烟剂，每次0.2～0.25 kg/亩，发病前开始烟熏，每7 d一次；或用10%百菌清复合粉，1 kg/亩，喷粉，7～9 d一次；或用64%杀毒矾可湿性粉剂500倍液，每7 d喷药一次，连续3或4次。

b. 枯萎病：定植后半个月内或在发病初期，50%多菌灵可湿性粉剂500倍液每株灌0.25 kg，隔7 d灌一次，连续灌2次。

c. 蚜虫(瓜蚜)：有蚜虫为害时，可用10%杀瓜蚜烟剂，0.5 kg/亩，或用22%敌敌畏烟剂，0.3 kg/亩，密闭烟熏3 h。如果喷药，可在蚜虫点片发生时用21%灭杀毙乳油4 000～6 000倍液，或2.5%天王星乳油5 000倍液，隔7～10 d一次，连续用2次。

d. 温室白粉虱：当平均成虫3头/株以下时，喷25%扑虱灵可湿性粉剂1 500倍液，当成虫约为10头/株时，可将25%扑虱灵可湿性粉剂1 500倍液与2.5%天王星乳油5 000倍液混用，防治1或2次可解决产生抗药性白粉虱的为害。防治成虫用烟雾法同瓜蚜。

(2)露地黄瓜

①选用抗病品种：北方可用津杂2号、3号、4号，津研4号、7号，中农1101等。长江中下游地区可用洋径和津杂2号、3号。两广地区可用早青1号、2号和夏青3号、4号等。

②种子消毒：用有效成分0.1%多菌灵盐酸盐＋0.1%平平加溶液浸种1 h后捞出，用清水冲洗干净后直接播种；或用40%拌种双可湿性粉剂以种子质量的0.3%拌种。

③培育无病虫壮苗：同保护地。南方发生疫病地区，用95%敌克松可湿性粉剂5 g/m^{2}与乙膦铝可湿性粉剂6～8 g/m^2，加细土15 kg拌匀后施入苗床内。定植前3～4 d喷一次叶面肥。直播地区，将药土直接撒入播种穴内。

④栽培防治：

a. 选择与非瓜类蔬菜轮作2～3年；选地势较高、能灌能排、质地比较肥沃的地块栽培。

b. 施足优质和经过充分腐熟的有机质底肥，每亩5 000 kg/以上，磷钾肥每亩25～30 kg。

c. 定植前蹲苗4～5 d。晴天上午定植。栽苗带土坨，保护根系。

d. 北方采取半高畦或高畦地膜栽培，南方高畦深沟栽培。结瓜前少浇水，多中耕，地下15 cm地温15～18℃或以上。

e. 雨季加强排水，追施氮肥，及时打杈、绑蔓。

f. 发现霜霉病、疫病，立即摘除病叶、病瓜，适当控制浇水，进行中耕，降低田间相对湿度。

⑤化学防治和生物防治：

a. 霜霉病、疫病：可喷 64%杀毒矾可湿性粉剂、58%甲霜锰锌可湿性粉剂 400～500 倍液、40%甲霜铜可湿性粉剂 500 倍液或 25%甲霜灵可湿性粉剂 600 倍液。霜霉病为主的地区，可在发病前或发病初期喷 2%农抗 120 水剂 200 倍液，隔 7～10 d 喷一次，以后使用杀菌剂。疫病初发生时要立即防治，重点在雨季进行，连续喷灌 2 或 3 次，药剂交替使用。

b. 蚜虫：喷 21%灭杀毙乳油 4 000～6 000 倍液，或 40%乐果乳油 1 000 倍+80%敌敌畏乳油 2 000 倍混合液，隔 7 d 一次，连用 2 或 3 次。

c. 白粉虱：喷 25%扑虱灵可湿性粉剂 1 500 倍液，连喷 2 次。

12.2.6 贮粮有害生物综合治理技术体系

贮粮有害生物中，尤以贮粮害虫和鼠害为主。贮粮害虫个体小，对环境的适应性强，食性广，繁殖力强，防治困难；贮粮害虫还能增加粮堆的温湿度，引起粮食发热霉变；其分泌物、粪便、尸体还污染粮食，影响人、畜健康。因此，对于贮粮害虫的防治尤为重要，应予以重视。

12.2.6.1 主要防治对象

①麦蛾(*Sitotroga cereabella*)；

②谷象(*Sitophilus granarius*)；

③谷蠹(*Rhizopertha dominica*)；

④拟谷盗，包括赤拟谷盗(*Tribolium castaneum*)和杂拟谷盗(*T. confnsum*)；

⑤印度谷螟(*Plodia interpunetella*)；

⑥豆象，包括蚕豆象(*Bruchus rufimanus*)、豌豆象(*B. pisorum*)和绿豆象(*Callosobruchus chinensis*)。

12.2.6.2 综合治理技术体系

①植物检疫。以免危险性病虫害的引进和传播。

②田间和场头防治。豆象和麦蛾等，应抓住田间的预测预报，并进行田间防治；粮食收获脱粒时，要注意粮场清洁，将带虫粮食分开脱粒；贮前要晒干、吹净，做到入仓粮食要干燥、无虫、无杂质。

③搞好仓库清洁卫生。粮仓要求干燥、干净、防潮、排水方便，还要能防鸟、防鼠，安全。要经常打扫，清除杂草、垃圾。贮前用 80%敌敌畏乳油杀虫(200～300 倍液喷施后，密闭熏蒸 3～4 d)。

④物理防治。可以人为调节仓内温度,使其升高到害虫的死亡温度,以杀灭害虫;或降低仓温到−4℃以下,以杀死害虫;或用塑料薄膜密闭仓库,使其缺氧,或充入二氧化碳、氮气等气体,经过 3～5 d,使害虫窒息而死;或用大型电子束器械处理粮仓,以杀死害虫和病菌。

⑤机械防治。在数量少时,可用风筛除虫、压盖密闭、防虫粮袋、诱虫筒等方法杀虫。

⑥生物防治。Bt 和颗粒体病毒对蛾类防治效果好;花氏微孢子虫可防治拟谷盗类害虫;灭幼脲等激素对粉斑螟蛾、谷蠹、锯谷盗、赤拟谷盗等有较好的防治效果。

⑦药剂防治。a. 磷化铝熏蒸;b. 用 95％的脱臭马拉硫磷与贮粮混拌,用量为 10×10^{-6},可以有效防治主要害虫达一年左右。

参考文献

[1]湖南省教育局. 作物病虫害防治学. 长沙:湖南教育出版社,1990.

[2]张青文,高希武,蔡青年. 棉铃虫防治新技术. 北京:中国农业大学出版社,1996.

[3]蔡青年,丁军,张青文. 北方蔬菜病虫害防治新技术. 北京:中国农业大学出版社,1998.

[4]韩金声. 植物医院实用技术指南. 北京:中国农业大学出版社,1996.

思考题

1. 组建有害生物综合治理技术体系时,除了考虑安全、有效、经济、简便的原则外,还应考虑什么原则?
2. 组建有害生物综合治理技术体系前,应做哪些准备工作?
3. 如何组建番茄、甘蓝的有害生物综合治理技术体系?
4. 如何组建葡萄的有害生物综合治理技术体系?
5. 如何组建草坪的有害生物综合治理技术体系?

图书在版编目(CIP)数据

有害生物综合治理学/张青文主编.—北京:中国农业大学出版社,2007.3
(2019.12 重印)

ISBN 978-7-81117-064-1

(面向 21 世纪课程教材,北京市高等教育精品教材立项项目)

Ⅰ.有… Ⅱ.张… Ⅲ.①有害动物-综合治理 ②有害植物-综合治理
Ⅳ.①Q95 ②S45

中国版本图书馆 CIP 数据核字(2006)第 043511 号

书　名　有害生物综合治理学

作　者　张青文　主编

策划编辑　孙　勇　　责任编辑　张苏明

封面设计　郑　川　　责任校对　陈　莹　王晓凤

出版发行　中国农业大学出版社

社　址　北京市海淀区圆明园西路 2 号　　邮政编码　100193

电　话　发行部 010-62818525,8625　　读者服务部 010-62732336

编辑部 010-62732617,2618　　出　版　部 010-62733440

网　址　http://www.cau.edu.cn/caup　　e-mail　cbsszs@cau.edu.cn

经　销　新华书店

印　刷　涿州市星河印刷有限公司

版　次　2007 年 4 月第 1 版　2019 年 12 月第 3 次印刷

规　格　787×980　16 开本　20.75 印张　383 千字

定　价　46.00 元